高等职业教育机电类“十一五”规划级材

机械加工生产性实训教程

主　编　欧阳刚

主　审　蒋士博

电子科技大学出版社

图书在版编目（CIP）数据

机械加工生产性实训教程 / 欧阳刚主编.—成都：电子科技大学出版社，2009. 8

ISBN 978-7-5647-0353-0

I. 机… II.欧… III.机械加工—高等学校：技术学校—教材 IV.TG506

中国版本图书馆 CIP 数据核字（2009）第 151325 号

内 容 提 要

本书根据高职院校机械加工实训教学要求，主要介绍了车工、铣工、刨工、磨工几个岗位的实训教学内容。

本书设计了入厂教育和车削加工外圆、端面等 11 个学习情景，各学习情景根据学习任务的要求，依据典型生产流程对相关理论知识点、技能点等职业能力的要求进行了讲解。

本书可以作为高职院校机械制造、数控加工、计算机辅助设计与制造、模具设计与制造等机械类专业的实训教材，也可供高职高专、成人教育、职大、电大等同类专业以及企业新职工培训选用。

高等职业教育机电类“十一五”规划教材

机械加工生产性实训教程

主编　欧阳刚

主审　蒋士博

出　　版：电子科技大学出版社（成都市一环路东一段 159 号电子信息产业大厦　邮编：610051）
策划编辑：朱　丹
责任编辑：辜守义
主　　页：www.uestcp.com.cn
电子邮箱：uestcp@uestcp.com.cn
发　　行：新华书店经销
印　　刷：电子科技大学出版社印刷厂
成品尺寸：185mm×260mm　　印张　17.75　　字数　420 千字
版　　次：2009 年 8 月第一版
印　　次：2009 年 8 月第一次印刷
书　　号：ISBN 978-7-5647- 0353 - 0
定　　价：32.90 元

编 委 会

前　言

生产性实训模式是依据现代企业岗位标准和行业发展趋势制订职业标准，并根据企业真实工作过程实施教学的新型实训模式。生产性实训模式要求全面培养学生职业素质，改变原来过于重视职业技能培养而淡化职业素质全面提高的情况。生产性实训模式要求学院和企业加强交流和合作，在实训教学过程中邀请行业、企业专家进行充分论证，并对实训要求根据行业发展的趋势做出准确的评估，是一种典型的工学结合、校企合作的实训教学人才培养模式。

本教材依据生产性实训模式要求，以真实的生产过程为主线，在实践教学中按照完成加工任务的步骤，逐点讲解完成加工任务所涉及的理论知识点和技能点，并在实训过程中全面培养学生的职业能力。

本书所采用的典型案例均来自不同企业的生产现场，为了保证技术文件的真实性，编者未对技术文件内容进行修改（为了便于学生学习，编者只将工艺文件的格式进行了统一）。由于案例所采用技术文件的编制单位涉及大、中、小型机械加工企业，各企业的技术水平差异较大，造成了技术文件中存在个别错误，请在使用本书进行教学时针对所采用技术文件中的错误给予讲评。

本书由欧阳刚主编，蒋士博（副教授）主审。另外参加编写的人员还有：王建军（四川工程职业技术学院——国家首批示范性高职学院）、吴冬梅、杨林嵩。

本书在编写过程中参阅了国内外同行的相关资料、文献，得到了许多企业、专家和同行的支持与帮助，在此一并致以衷心的感谢。由于编者的水平有限，加之编写时间仓促，书中难免有误，恳请读者予以批评指正。

编　者

2009 年 6 月

目　录

学习情景1 入厂教育

【学习任务】

通过本环节的学习，需要了解并掌握如表1-1所示的相关知识。

表 1-1

序号	理论知识点
1	三级安全教育与危险源辨识
2	了解企业管理相关知识，熟悉生产技术管理部门、质量管理部门的功能
3	学习企业相关管理制度，重点学习企业职工奖惩条例、生产管理与组织、质量检测与控制、设备维护与检测等相关制度
4	了解作为一名优秀的员工应该具备哪些社会能力

【安全教育】

一、三级安全教育

安全是企业生产永恒的主题，安全教育是安全生产当中必不可少的内容，特别是在高职教育的实践教学工作中，安全教育课是实践教学环节的重中之重，是保证学生顺利完成实践教学任务的前提，是保证学生实习质量的前提，是学院产学结合培养人才的前提。我们要从思想认识方面、安全教育的具体实施等方面做好机械类专业实习学生的安全教育工作。

1．厂级安全教育

（1）讲解《实习工厂》的制度以及考勤制度、管理制度等。

（2）讲解国家有关安全生产的政策、法规，使用劳动保护的意义、内容及基本要求，使新入厂人员树立《安全第一、预防为主》和《安全生产，人人有责》的思想。

（3）介绍《实习工厂》的安全生产情况，包括企业发展史（含企业安全生产发展史）、企业设备分布情况（着重介绍特种设备的性能、作用、分布和注意事项）、主要危险及要害部位，介绍一般安全生产防护知识和电气、机械方面的安全知识。

（4）介绍企业的安全生产组织架构及成员，企业的主要安全生产规章制度等等。

（5）介绍企业安全生产的经验和教训，结合企业和同行业中常见事故案例进行剖析讲解（着重讨论对案例的预防），阐明伤亡事故的原因及事故处理程序等。

（6）提出希望和要求（如要求受教育人员要按企业管理制度积极工作）。在生产劳动过程中努力学习安全技术、操作规程，经常参加安全生产经验交流、事故分析活动和安全检查活动。要遵守操作规程和劳动纪律，不擅自离开工作岗位，不违章作业，不随便出入危险区域及要害部位，注意劳逸结合，正确使用劳动保护用品等。

2．车间级安全教育

各车间有不同的生产特点和不同的要害部位、危险区域和设备。因此，在进行车间安全教育时，应根据各车间的特殊性详加讲解。由车间主任及安全主任负责讲解。

（1）重点介绍本车间生产特点、性质。如车间的生产方式及工艺流程、车间人员结构，安全生产组织及活动情况。

（2）车间主要工种及作业中的专业安全要求，车间危险区域、特种作业场所，有毒、有害岗位情况。

（3）车间安全生产规章制度和劳动保护用品穿戴要求及注意事项，事故多发部位、原因及相应的特殊规定和安全要求。车间常见事故和对典型事故案例的剖析，车间安全生产总结的经验与存在的问题等。

（4）根据车间的特点介绍安全技术基础知识。

（5）介绍消防安全知识。

3．班组级安全教育

生产活动是以班组为基础，班组是企业生产最前线。由于操作人员活动在班组，机器设备在班组，事故常常也发生在班组。因此，班组安全教育非常重要。班组级安全教育由班组长负责。

（1）介绍本班组生产概况、特点、范围、作业环境、设备状况及消防设施等。重点介绍可能发生伤害事故的各种危险因素和危险部位，用一些典型事故实例去剖析讲解。

（2）讲解本岗位使用的机械设备、工器具的性能，防护装置的作用和使用方法。

（3）讲解本工种安全操作规程和岗位责任及有关安全注意事项，使学员真正从思想上重视安全生产，自觉遵守安全操作规程，做到不违章作业，爱护和正确使用机器设备、工具等；介绍班组安全活动内容及作业场所的安全检查和交接班制度。

（4）教育学员发现事故隐患或在发生事故时，应及时报告领导或有关人员，并学会如何紧急处理险情。

（5）讲解正确使用劳动保护用品及其保管方法和文明生产的要求。

（6）实际安全操作示范，重点讲解安全操作要领，边示范、边讲解，说明注意事项并讲述哪些操作是危险的、哪些是违反操作规程的，使学员懂得违章作业会造成的严重后果。

二、危险源辨识及安全防范措施

1．危险源辨识

重大危险源是指长期地或者临时地生产、搬运、使用或者储存危险物品，且危险物品的数量等于或者超过临界量的单元（包括场所和设施）。

危险源辨识（Hazard Identification）是发现、识别系统中危险源的工作。这是一件非常重要的工作，它是危险源控制的基础，只有辨识了危险源之后才能有的放矢地考虑如何采取措施控制危险源。

以前，人们主要根据以往的事故经验进行危险源辨识工作。例如，美国的海因里希建议通过与操作者交谈或到现场检查，查阅以往的事故记录等方式发现危险源。由于危险源是“潜在的”不安全因素，比较隐蔽，所以危险源辨识是一件非常困难的工作。在系统比较复杂的场合，危险源辨识工作更加困难，需要利用专门的方法，还需要许多知识和经验。

（1）进行危险源辨识所必需的知识和经验

① 关于对象系统的详细知识，诸如系统的构造、系统的性能、系统的运行条件、系统中能量、物质和信息的流动情况等；

② 与系统设计、运行、维护等有关的知识、经验和各种标准、规范、规程等；

③ 关于对象系统中的危险源及其危害方面的知识。

（2）危险源辨识方法分类

① 对照法

对照法是指与有关的标准、规范、规程或经验相对照来辨识危险源。有关的标准、规范、规程以及常用的安全检查表，都是在大量实践经验的基础上编制而成的。因此，对照法是一种基于经验的方法，适用于有经验可供借鉴的情况。

20世纪60年代以后，国外开始根据标准、规范、规程和安全检查表辨识危险源。例如，美国职业安全卫生局（OSHA）等安全机构制订、发行了各种安全检查表，用于危险源辨识。安全检查表是集合以往事故经验形成的，其优点是简单易行；其缺点是重点不突出，难免挂一漏万。对照法的最大缺点是在没有可供参考的先例的新开发系统的场合无法应用，它很少被单独使用。

② 系统安全分析法

系统安全分析法是从安全角度进行的系统分析，通过揭示系统中可能导致系统故障或事故的各种因素及其相互关联来辨识系统中的危险源。系统安全分析法经常被用来辨识可能带来严重事故后果的危险源，也可用于辨识没有事故经验的系统的危险源。

例如，拉氏姆逊教授在没有核电站事故先例的情况下预测了核电站事故，辨识了危险源，并被以后发生的核电站事故所证实。系统越复杂，越需要利用系统安全分析法来辨识危险源。

2．危险源控制

危险源控制（Hazard Control）是利用工程技术和管理手段消除、控制危险源，防止危险源导致事故、造成人员伤害和财物损失的工作。危险源控制的基本理论依据是能量意外释放论。

控制危险源主要通过工程技术手段来实现。危险源控制技术包括防止事故发生的安全技术和减少或避免事故损失的安全技术。前者在于约束、限制系统中的能量，防止发生意外的能量释放；后者在于避免或减轻意外释放的能量对人或物的作用。显然，在采取危险源控制措施时，我们应该着眼于前者，做到防患于未然；另一方面也应做好充分准备，一旦发生事故时防止事故扩大或引起其他事故（二次事故），把事故造成的损失限制在尽可能小的范围内。

管理也是危险源控制的重要手段。管理的基本功能是计划、组织、指挥、协调、控制。通过一系列有计划、有组织的系统安全管理活动，控制系统中人的因素、物的因素和环境因素，以有效地控制危险源。

3．危险性评价

危险性是指某种危险源导致事故、造成人员伤亡或财物损失的可能性。一般的，危险性包括危险源导致事故的可能性和一旦发生事故造成人员伤亡或财物损失的后果严重程度两个方面的问题。

系统危险性评价（System Risk Assessment）是对系统中危险源危险性的综合评价。危险源的危险性评价包括对危险源自身危险性的评价和对危险源控制措施效果的评价两方面。

系统中危险源的存在是绝对的，任何工业生产系统中都存在着若干危险源。受实际的人力、物力等方面因素的限制，不可能完全消除或控制所有的危险源，只能集中有限的人力、物力资源消除、控制危险性较大的危险源。在危险性评价的基础上，按其危险性的大小把危险源分类排序，可以为确定采取控制措施的优先次序提供依据。

采取了危险源控制措施后进行的危险性评价，可以表明危险源控制措施的效果是否达到了预定的要求。如果采取控制措施后危险性仍然很高，则需要进一步研究对策，采取更有效的措施使危险性降低到预定的标准。当危险源的危险性很小时可以被忽略，则不必采取控制措施。

4．危险源辨识、评价与控制的实施

按一般意义上的理解，应该在危险源辨识的基础上进行危险源评价，根据危险源危险性评价的结果采取危险源控制措施。实际工作中，这三项工作并非严格地按这样的程序分阶段独立进行，而是相互交叉、相互重叠的，如图 1-1 所示。

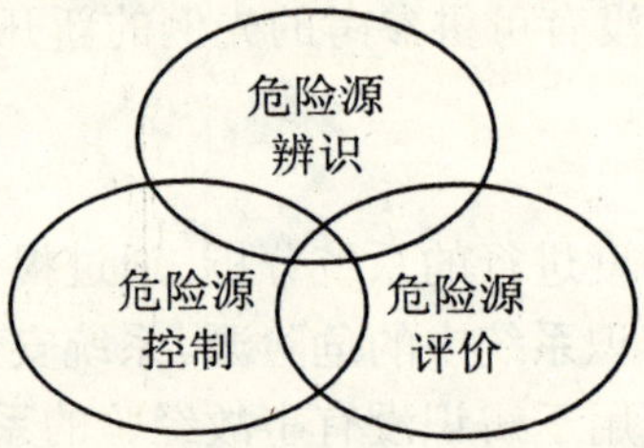

图 1-1　危险源辨识、控制和评价

如前所述，系统中存在着大量的不安全因素，按定义都可被看成是危险源。实际上受人力、物力等因素的制约，只能把其中一部分危险性达到一定程度的不安全因素当成危险源来处理，忽略危险性较小的不安全因素。因此，在辨识危险源的过程中也需要进行危险性评价，以判别被考察的对象是否是危险源（不可忽略的、必须控制的）。

在选择控制措施控制危险源时，需要对控制措施的控制效果进行评价，通过评价选择最有效的控制措施。这种评价通常是通过对比控制前和控制后危险源的危险性进行的。在采取危险源控制措施时虽然可以控制原有的危险源，危险源控制措施本身却又可能带来新的危险源和危险性。因此，在进行危险源控制时，仍然需要进行危险源辨识和评价工作。

【企业知识】

一、机构设置及部门职能

1．普通 ISO2000 体制管理机械类企业组织机构图及部门功能解析

（1）行政部

企业的行政管理体系可以说是企业的中枢神经系统，它是以总经理为最高领导、由行政副总分工负责、由专门行政部门组织实施，其触角深入企业的各个部门和分支机构的方方面面的一个完整的系统、网络。

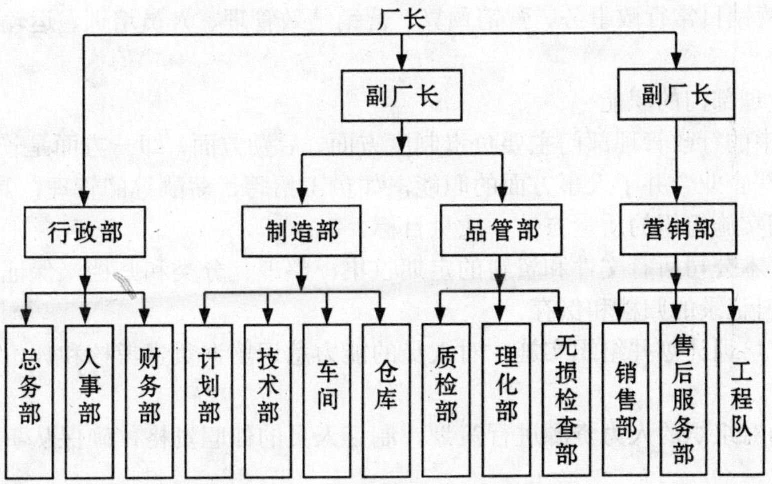

图 1-2　大型机械类企业组织机构图

行政管理体系担负着企业的管理工作，企业中除行政管理之外的工作，都是某个方面的“业务”。行政管理体系推动和保证着企业的技术（设计）、生产（施工）、资金（财务）、经营（销售）、发展（开发）几大块业务顺利、有效地进行和相互之间的协调。

行政管理工作可以说是千头万绪、纷繁复杂。企业行政人员每天都面临着大量琐碎的、不起眼的事务。但是，这些事务只不过是行政管理这棵大树上的枝枝叶叶而已。概括起来说，行政管理在企业中主要有管理、协调、服务三大功能。其中管理是主干，协调是核心，服务是根本。总而言之，行政管理的实质就是服务。

（2）制造部

制造部负责基础设施的管理、生产环境的控制、生产计划的下达、生产过程的控制、产品和状态标识的控制、产品防护等。

（3）品管部

品管部主要负责产品的质量管理。

① 品质活动：来料检验；过程检验；成品检验；出货检验；建立产品检验规范。

② 质量管理：品质管理体系建立；品质管理制度建立；制定品质目标；制定品质审核计划；定期监督品质目标达成；客户投诉处理；开展品质改进活动；质量异常的调查、统计、分析、处理、追踪；协助供应商考核评估；负责组织协调品质管理相关活动。

③ 质量策划：品质定位策划；参与工艺质量设计；建立相应的品质培训制度并组织实施；制订培训计划，定期对员工进行培训；开展品质活动，提升员工品质意识。

（4）营销部

营销部职能范围是组织、分析、策划、控制、改善其他营销职能部门的活动，同时对企业营销活动实行日常性管理。

营销部应承担的具体职能包括通过营销信息的收集分析与评价在各种营销状态下所面临的市场机会与竞争威胁；制订能满足顾客和企业两方面需求的产品最佳计划；进行营销渠道的维持、管理和促进活动；承担对促销对象、促销目标、促销手段的选择、确定等多因素的管理；以及营销日常行政事务、营销预算、营销绩效管理、人员培训、运输库存等日常营销行为等。

2．行政管理部门的职能

一般企业中的行政管理部门主要负责制度方面、后勤方面，即一方面是管理；另一方面是服务。也有些企业合并了人事方面的职能，如员工招聘、薪酬等的管理，具体的有：

（1）贯彻实施组织的质量方针、质量目标。

（2）负责本公司所有文件和资料的定期收集、整理、分类和归档，保证文件的有效、受控。做好资料记录的归档和保存。

（3）制订培训计划并组织实施，对人员的能力意识培训负责考核和评价，保存人员的业绩归案。

（4）协助对组织的人力资源进行策划，制订人员的任职资格，确保从事工作的人员是能够胜任的。

（5）搞好行政工作，制订各部门和各岗位的职责权限。

（6）负责供方的选择和评价，建立合格的供方名录。

（7）负责编制采购计划，并组织实施。

（8）负责协助质量管理体系的认证、复检、内审、管理评审和日常管理工作。

（9）负责外来人员的接待工作。

（10）负责本公司内部宣传工作，召集会议，做好会议记录。

（11）严格考勤制度，协调有关部门，共同抓好劳动纪律。

（12）负责本公司制度的制订、宣传、执行与考核工作。

（13）负责本部员工人事档案的收集、整理、更新。

（14）负责本部员工人事管理工作，包括企业人力资源规划、员工招聘、入职培训、薪酬管理、绩效管理、劳动关系管理等。

（15）完成上级布置的临时性工作。

3．生产管理部门的职能

（1）贯彻实施组织的质量方针、质量目标。

（2）编制生产计划，做好各车间的协调，组织好均衡生产、安全生产和文明生产。

（3）参与有特殊要求的合同评审，并按合同要求组织生产。

（4）负责生产设备的管理，负责本公司生产设备的申购、报废的审核。

（5）负责确定并管理达到符合要求所需的工作环境。确保工作场所的卫生、整洁、有序。

（6）负责做好本部门质量记录的归档和保存。

（7）参与技术质量、市场等部门组织的产品实现的策划，使适于本组织的运作方式。

（8）策划并在受控条件下进行生产和服务提供，确保受控条件的实现。

（9）配合技术质量部在生产现场做好产品及其状态的标识，采取隔离措施。

（10）负责对体系的生产过程实施监测，以证实过程实现结果的能力。

（11）发扬互助协作精神，协调好与其他部门的工作关系。

（12）负责原料仓库的管理与控制，严格执行材料入库检验制度，不合格不能入库，在生产过程中发现的原材料质量问题，及时办理退换。

（13）监督仓库做好不合格品的标识、记录、隔离和处置，并参加评审。

（14）负责对车间的工艺纪律检查和监督。

（15）完成上级布置的临时性工作。

4．技术部门的职能

（1）贯彻实施组织的质量方针、目标。

（2）负责提供生产中所需的标准、图样、工艺文件和其他技术文件。

（3）管理内、外技术文件和相应的质量记录。

（4）负责新工艺设备选型和设备及工装模具的设计工作。

（5）贯彻工艺规程，进行现场技术指导，负责生产工艺改进信息的收集、验证和实施。

（6）负责产品实现的策划工作。

（7）负责编制各项检验规范、检验标准；严把质量关，做好外购原材料、外协件、过程产品、最终产品、顾客提供产品的检验和试验，确保质量指标的标准。

（8）参与供方的评价与选择。

（9）完成上级布置的临时性工作。

5．设备管理部门的职能

（1）负责企业的设备资产管理，使其保持安全、稳定、正常、高效的运转，以保证生产的需要。

（2）负责企业的动力等公用工程系统的运转，保证生产的电力、热力、能源等的需要。

（3）制订设备检修和改造更新计划，制订本企业的设备技术及管理的制度、规程。

（4）负责企业生产设备的维护、检查、监测、分析、维修，合理控制维修费用，保持设备的可靠性，发挥技术效能，产生经济效益。

（5）负责企业设备的技术管理。设备是技术的综合实体，需要机械、电气、仪表、自动控制、热工等专业技术的管理与维修。同时还要执行国家相关部门制定的有关特种设备的安全、卫生、环保等监察规程、制度。

（6）负责企业的固定资产管理，参加对设备的选型、采购、安装、投产、维护、检修、改造、更新的全过程管理，做出经济技术分析评价。

（7）管理设备的各类信息，包括设备的图样、资料、故障及检修档案以及各类规范和制度，并根据设备的动态变化修改其内容。

6．质量检测部门的职能

（1）贯彻实施组织的质量方针、目标。

（2）管理内、外技术文件和相应的质量记录。

（3）负责产品实现的策划工作。

（4）负责编制各项检验规范、检验标准，严把质量关，做好外购原材料、外协件、过程产品、最终产品、顾客提供产品的检验和试验，确保质量指标的标准。

（5）负责检验过程中产品的状态标识。

（6）负责对不合格品的控制，组织对不合格品的评审和处置工作。

（7）负责对本公司的生产、检验结果进行必要的数据分析。

（8）牵头组织有关品质问题的分析会议，负责质量知识的讲座、讲解等培训工作，负责应知应会考试、考核工作。

（9）质量事故，组织生产部分析原因，检查纠正和预防措施的执行和结果。

（10）负责质量检验记录的控制以及保管、归档、借阅和处理，每月对全公司当月质量请况进行总结。

（11）参与供方的评价与选择。

（12）完成上级布置的临时性工作。

二、企业管理知识简介

1．企业职工管理条例

企业为加强和规范劳动纪律管理、维护正常的生产工作秩序、促进各项目标任务的完成，会根据《中华人民共和国劳动合同法》要求，依法建立和完善劳动规章制度，保障劳动者享有劳动权利、履行劳动义务。许多企业都根据自身特点制定合法的管理条例，如下例所示：

×××公司管理条例

第一条　公司积极营造员工爱岗敬业、积极向上、学习创新的浓厚氛围。公司对以下行为将予以奖励：

（一）为公司创造显著经济效益的；

（二）为公司获得重大社会荣誉的；

（三）在实训教学和教学改革工作中取得突出成绩的；

（四）为公司挽回重大经济损失的；

（五）改进管理和技术取得显著成绩的；

（六）建议获得公司采纳并有直接或间接经济效益及社会效益的；

（七）弘扬正气、见义勇为、助人为乐、事迹突出的。

第二条　奖励分单项奖、年度奖等形式，奖励方式实行精神奖励和物质奖励相结合，分别授予荣誉称号，颁发证书和奖金等多种形式，并予以公示表彰。

（一）单项奖励

公司设年度“技术质量标兵”、“设备维护标兵”、“先进集体”、“先进个人”、“优秀党员”、“学术奖励”、“技术攻关奖励”和季度“技术质量标兵”等单项奖励，获奖员工分别授予荣誉称号，颁发证书和奖金。

（二）年度奖励

公司设“年度奖励”，根据员工在自然年内工作情况，分 A、B、C 三个等级发放年度奖金。

第三条　公司各部门应加强员工思想教育、道德教育、素质教育和遵纪守法教育。公司对下列行为以公示通报批评予以告诫，并根据违纪行为给予适当的扣款处理：

（一）严重违纪行为

（1）违反职务行为准则，侵害公司利益或造成恶劣影响的；

（2）盗窃公司财物，滥用和破坏公司财产的；窃取公司机密和外泄公司重要机密的；

（3）玩忽职守致使公司遭受重大经济损失的；

（4）因本人过失或违规操作造成设备、设施重大损坏或产品损坏，造成经济损失在 10000 元以上的；

（5）弄虚作假、牟取私利或骗取荣誉的；

（6）工作时间内无理取闹、聚众闹事、打架斗殴等扰乱正常生产工作秩序的；

（7）纠缠谩骂他人、侮辱他人人格、影响他人工作的；

（8）工作时间内组织和参与赌博的；

（9）违反公司有关制度规定屡教不改的，或有违法乱纪行为的；

（10）违反专项协议约定给公司造成严重损害的。

（二）重大违纪行为

（1）无正当理由不服从工作分配、调动、消极怠工的；

（2）因本人过失或违规操作造成设备、设施重大损坏或产品损坏，造成经济损失在5000元以上，10000元以内的；

（3）违反环境、安全管理等规定，造成其他重大损失的；

（4）违反安全、消防或卫生规定情节严重的；

（5）逾假不归或旷工的（未经请假或假满不到岗者为旷工。上班时间15分钟后到岗者、下班时间15分钟以前下班者，均按旷工半天处理）；

（6）经常迟到、早退、中途溜号违反劳动纪律，不坚守工作岗位的；

（7）酒后上班和工作时间内饮酒的。

（三）一般违纪行为

（1）工作时间内迟到、早退、中途溜号的；

① 迟到：上班时间后15分钟以内到岗者为迟到。

② 早退：下班时间前15分钟以内提前下班者为早退。

③ 中途溜号：工作时间内擅自离开工作岗位者为中间溜号。

（2）不按规定使用劳动保护用品的；

（3）未按规定参加公司集体活动的；

（4）故意损坏公共设施或其他公物的；

（5）在工作时间串岗、困岗、嬉闹的；

（6）在禁止吸烟场所或车间内吸烟的；

（7）随地乱扔杂物或踩踏草坪、损坏花木的；

（8）在办公场所大声喧哗或吵闹，严重影响他人工作的；

（9）未经批准在工作场所或员工宿舍私自搭接电气线路或使用电炉和其他加热器设备违反安全用电管理制度的。

第四条　凡受警告告诫的员工，严重类一次警告、重大类二次警告以上、一般类三次警告以上的，为严重违反公司规章制度或造成重大损害的行为，负有经济赔偿责任的应赔偿相应经济损失，公司可根据其违纪行为依法解除劳动合同。

第五条　违反公司劳动纪律规定的员工，在受到警告告诫的同时，依据其违纪行为的事实，扣发相应的效益工资：

（1）严重违纪的，扣发当月奖金；因严重违纪被解除劳动合同的，公司依法要求其赔偿造成的经济损失；

（2）重大违纪的，一次扣发100元；

（3）一般违纪的，一次扣发50元。

第六条　违反公司其他关于设备管理、教学管理、生产管理、质量管理等制度的行为，依据相应的管理办法予以处理。

第七条　对严重违纪职工的处理，由所在主管部门提出书面处理意见（同时附上违纪材料），提交厂务办公会讨论决定。

第八条　本制度自×××年×××月×××日开始执行，解释权属职工代表大会。

2．生产管理

生产管理与生产过程组织是企业生产活动的核心内容，不同的企业应根据自身特点拟订规则用于保障生产活动的有序进行。伴随着时代的发展和科技的进步，管理作为一门重要的学科逐步得到企业的重视，逐步产生了许多国际流行的生产管理模式和生产过程管理办法，下面将对近年来在国内大型企业流行的 ERP 管理模式进行简要的介绍。

从 20 世纪 90 年代初期，国际著名的管理软件评估机构 Gartner Group 提出 ERP 以来，ERP 系统无论是在自身完善还是在普及应用方面都取得了巨大的成功。ERP 系统已经与供应链管理系统、客户关系管理系统、人力资源系统等系统高度集成，它的进一步发展将会是一个企业内部和企业之间资源的集成系统，其中包含了不同行业众多企业的管理模式。这个系统的实施需要站在企业内部管理模式与企业间管理模式高度来协调，这样有利于促进企业内部和企业之间的组织变革和创新，有利于把 21 世纪的虚拟企业、敏捷制造、外包战略等最新的管理模式吸收到 ERP 软件的企业参考管理模型中。

ERP——Enterprise Resource Planning 企业资源计划系统，是指建立在信息技术基础上，以系统化的管理思想为企业决策层及员工提供决策运行手段的管理平台。ERP 系统集信息技术与先进的管理思想于一身，成为现代企业的运行模式，反映时代对企业合理调配资源、最大化地创造社会财富的要求，成为企业在信息时代生存、发展的基石。我们可以从管理思想、软件产品、管理系统三个层次给出它的定义：

（1）是由美国著名的计算机技术咨询和评估集团 Garter Group Inc.提出的一整套企业管理系统体系标准，其实质是在 MRP II（Manufacturing Resources Planning，“制造资源计划”）基础上进一步发展而成的面向供应链（Supply Chain）的管理思想；

（2）是综合应用了客户机/服务器体系、关系数据库结构、面向对象技术、图形用户界面、第四代语言（4GL）、网络通讯等信息产业成果，以 ERP 管理思想为灵魂的软件产品；

（3）是整合了企业管理理念、业务流程、基础数据、人力物力、计算机硬件和软件于一体的企业资源管理系统。

常用 ERP 系统的特点及核心内容包括：

（1）企业内部管理所需的业务应用系统，主要是指财务、物流、人力资源等核心模块。

（2）物流管理系统采用了制造业的 MRP 管理思想；FMIS 有效地实现了预算管理、业务评估、管理会计、ABC 成本归集方法等现代基本财务管理方法；人力资源管理系统在组织机构设计、岗位管理、薪酬体系以及人力资源开发等方面同样集成了先进的理念。

（3）ERP 系统是一个在全公司范围内应用的、高度集成的系统。数据在各业务系统之间高度共享，所有源数据只需在某一个系统中输入一次，保证了数据的一致性。

（4）对公司内部业务流程和管理过程进行了优化，主要的业务流程实现了自动化。

（5）采用了计算机最新的主流技术和体系结构：B/S、Internet 体系结构，Windows 界面。在能通信的地方都可以方便地接入系统中来。

（6）集成性、先进性、统一性、完整性、开放性。

具体来讲，ERP 与企业资源的关系、ERP 的作用以及与信息技术的发展的关系等可以表述如下：

（1）企业资源与 ERP

厂房、生产线、加工设备、检测设备、运输工具等都是企业的硬件资源，人力、管理、信誉、融资能力、组织结构、员工的劳动热情等就是企业的软件资源。企业运行发展中，这些资源相互作用，形成企业进行生产活动、完成客户订单、创造社会财富、实现企业价值的基础，反映企业在竞争发展中的地位。

ERP 系统的管理对象便是上述各种资源及生产要素，通过 ERP 的使用使企业的生产过程能及时、高效地完成客户的订单，最大程度地发挥这些资源的作用，并根据客户订单及生产状况做出调整资源的决策。

（2）调整运用企业资源

企业发展的重要标志便是合理调整和运用上述的资源，在没有 ERP 这样的现代化管理工具时，企业资源状况及调整方向不清楚，要做调整安排是相当困难的，调整过程会相当漫长，企业的组织结构只能是金字塔形的，部门间的协作交流相对较弱，资源的运行难以比较把握并做出调整。信息技术的发展，特别是针对企业资源进行管理而设计的 ERP 系统正是针对这些问题设计的，成功推行的结果必使企业能更好地运用资源。

（3）信息技术对资源管理作用的阶段发展过程

计算机技术特别是数据库技术的发展为企业建立管理信息系统，甚至对改变管理思想起着不可估量的作用，管理思想的发展与信息技术的发展是互成因果的环路。而实践证明：信息技术已在企业的管理层面扮演着越来越重要的角色。

3．质量管理

质量是企业的生命，是企业求存图强的基础。一个企业要在激烈竞争的市场经济中生存与发展，尽管可以使尽有利于经营的千般解数，但最终只能依靠过硬的产品质量。一个企业一个行业，质量是企业和行业生存之本、立足之基、实力所在，在生产过程中减少质量问题，也能相对地降低生产成本。

中国质量管理协会对质量管理的解释是：为保证和提高产品质量或工程质量所进行的调查、计划、组织、协调、控制、检查、处理及信息反馈等各项活动的总和。当今，质量已成为全世界的共同语言，是全球追求的目标。企业要想在激烈的市场竞争中求得更好的发展，除了需要不断采用高新技术、开发新产品以满足社会的新需求外，更重要的是提高产品和服务的质量水平，扩大产品的市场份额。

质量不但与企业发展有关，也关系到企业的未来。未来的市场是企业品质竞争的决战场，谁会在战场中取胜，主要是看企业产品的质量；质量也是企业建立竞争优势的关键性因素。作为最基础的管理，企业的管理者一定要按品质标准严格把关，达到国标的要求，同时也要把品质意识灌输到每个成员的头脑中去，按工艺要求，把每一个细节做好。

随着科技进步和社会的向前发展，电视机从黑白到彩色、背投，计算机从单片机到 286、386、586、奔级，空调从窗机到挂机、柜机、中央空调，可以看出，消费者的需求越来越高，要求企业必须更新质量观念，从产品质量单纯符合标准转变为满足市场用户要求。对质量要求，不能只限于其基本性能，还要注重外观的质量，既要满足用户现有的质量要求，又要引导用户潜在的质量要求，在保证产品内部质量的基础上，确保外部质量。

提高质量必须真正从单纯检查把关转变为预防为主的全过程质量管理，开展持续、有组织的质量改进，把该做好的工作扎扎实实地做好，只有产品质量过硬，才能满足用户的要求，才能合理地组织有序的生产，才能得以生存，才能参与竞争。

ISO9001：2000 是国际标准化组织融合现代管理学最新的理念精华而推出的最新质量管理体系标准，适用于各种行业的组织。ISO9000 提供了可靠的架构，以系统化的方法来管理业务流程（组织的活动），并将“以客户为中心”的理念贯穿到标准的每一个要素中去，使产品或服务可持续地符合客户的期望，同时也意味着我们拥有持续满意的客户。ISO9001：2000 采用了 P（策划）——D（实施）——C（检查）——A（改进）的过程管理模式，提高了环境管理体系等其他标准的兼容性，为建立其他管理体系提供了基础和条件。

ISO9001：2000 质量管理体系的八个质量管理原则：

（1）以顾客为中心。专家认为：组织依存于顾客。因此，组织应理解顾客当前的和未来的需求，满足顾客要求并争取超越顾客期望。顾客是每一个组织存在的基础，顾客的要求是第一位的，组织应调查和研究顾客的需求和期望，并把它转化为质量要求，采取有效措施使其实现。这个指导思想不仅领导要明确，还要在全体职工中贯彻。

（2）领导作用。专家认为：领导必须将本组织的宗旨、方向和内部环境统一起来，并创造使员工能够充分参与实现组织目标的环境。领导的作用，即最高管理者具有决策和领导一个组织的关键作用。为了营造一个良好的环境，最高管理者应建立质量方针和质量目标，确保关注顾客要求，确保建立和实施一个有效的质量管理体系，确保充分应用资源，并随时将组织运行的结果与目标比较，根据情况决定实现质量方针、目标的措施，决定持续改进的措施。在领导作风上还要做到透明、务实和以身作则。

（3）全员参与。专家认为：各级人员是组织之本，只有他们的充分参与，才能使他们的才干为组织带来最大的收益。全体职工是每个组织的基础。组织的质量管理不仅需要最高管理者的正确领导，还有赖于全员的参与。所以要对职工进行质量意识、职业道德、以顾客为中心的意识和敬业精神的教育，还要激发他们的积极性和责任感。

（4）过程方法。专家认为：将相关的资源和活动作为过程进行管理，可以更高效地得到期望的结果。过程方法的原则不仅适用于某些简单的过程，也适用于由许多过程构成的过程网络。在应用于质量管理体系时，2000 版 ISO9000 族标准建立了一个过程模式。此模式把管理职责，资源管理，产品实现，测量、分析和改进作为体系的 4 大主要过程，描述其相互关系并以顾客要求为输入、提供给顾客的产品为输出，通过信息反馈来测定的顾客满意度，评价质量管理体系的业绩。

（5）管理的系统方法。专家认为：针对设定的目标，识别、理解并管理一个由相互关连的过程所组成的体系，有助于提高组织的有效性和效率。这种建立和实施质量管理体系的方法，既可用于新建体系，也可用于现有体系的改进。此方法的实施可在三方面受益：一是提供对过程能力及产品可靠性的信任；二是为持续改进打好基础；三是使顾客满意，最终使组织获得成功。

（6）持续改进。专家认为：持续改进是组织的一个永恒的目标。在质量管理体系中，改进指产品质量、过程及体系有效性和效率的提高。持续改进包括：了解现状，建立目标，寻找、评价和实施解决办法，测量、验证和分析结果，把更改纳入文件等活动。

（7）基于事实的决策方法。专家认为：对数据和信息的逻辑分析或直觉判断是有效决策的基础。以事实为依据做决策，可防止决策失误。在对信息和资料做科学分析时，统计技术是最重要的工具之一。统计技术可用来测量、分析和说明产品和过程的变异性，统计技术可以为持续改进的决策提供依据。

（8）互利的供方关系。专家认为：通过互利的关系，增强组织及其供方创造价值的能力。供方提供的产品将对组织向顾客提供满意的产品产生重要影响，因此处理好与供方的关系，影响到组织能否持续稳定地提供顾客满意的产品。对供方不能只讲控制不讲合作互利，特别对关键供方，更要建立互利关系，这对组织和供方都有利。

持续改进是注重通过不断地提高企业管理的效率和有效性，实现其质量方针和目标的方法。持续改进（强调了以一系列彼此衔接的步骤进行改进的思想）是为了满足顾客日益增长的需求和希望并确保质量管理体系的不断进步。

企业实施 ISO9001：2000 的主要作用：

（1）使顾客满意，进一步开拓市场

准确地识别顾客需要并不断满足顾客需要，争取超越顾客期望和增强顾客满意，扩展顾客网络。强调以顾客为中心的理念，明确公司通过各种手段去获取和理解顾客的要求，确定顾客要求，通过体系中各个过程的运作满足顾客要求甚至超越顾客要求，并通过顾客满意的测量来获取顾客满意程序的感受，以不断提高公司在顾客心中的地位，增强顾客的信心；取得 ISO9000 质量认证标志是产品质量信得过的证明。带有认证标志的产品在市场上具有明显的竞争力，受到更多顾客的信任。经验证明，在市场经济条件下，取得 ISO9000 质量体系认证是组织在竞争中取胜、提高利润的有利手段。

（2）提高质量管理水平

获得质量认证必须具备一个基本条件，即必须按照 ISO9000 标准建立质量体系。建立质量体系是组织实现质量好、成本低的目标的必由之路，可使组织具有减少、消除、特别是预防质量缺陷的机制，使组织的质量管理工作规范化、标准化。在申请认证过程中，认证咨询机构将通过各种方式指导其建立新的质量体系，达到 ISO9000 系列标准的要求。标准明确要求公司最高管理层直接参与质量管理体系活动，从公司层面制定质量方针和各层次质量目标，最高管理层通过及时获取质量目标的达成情况以判断质量管理体系运行的绩效；标准明确要求公司最高管理层直接参与定期的管理评审掌握整个质量体系的整体状况，并及时对于体系不足之处采取措施，从公司层面保证资源的充分性；明确各职能和层次人员的职责权限以及相互关系，并从教育、培训、技能和经验等方面明确各类人员的能力要求，以确保他们是胜任的，通过全员参与整个质量体系的建立、运行和维持活动中，以保证公司各环节的顺利运作。

（3）降低成本，提高质量

以服务顾客为中心，建立完善的制度化管理体系，建立公司工作流程，提高工作效率，降低成本，持续改进企业产品质量和服务质量。明确控制可能产生不合格产品的各个环节，对于产生的不合格产品进行隔离、处置，并通过制度化的数据分析，寻找产生不合格产品的根本原因，通过纠正或预防措施防止不合格发生或再次发生，从而不断地降低公司发生的不良质量成本，并通过其他持续改进的活动来不断提高质量管理体系的有效性和效率，从而实现公司成本的不断降低和利润的不断增长。

（4）提高组织声誉，增强组织竞争力

获得质量认证证书可以给组织带来良好的声誉，能得到行业管理部门的认同，并取得顾客的信任，还可获得投标的权利。通过单一的第三方注册审核代替累赘的第二方工厂审查，第三方专业的审核可以更深层次地发现公司存在的问题，通过定期的监督审核来督促公司的人员按照公司确定的质量管理体系规范来开展工作。

（5）树立品牌企业形象

通过 ISO 国际标准化认证，公司具备了满足顾客质量要求的能力，从而取得了顾客的信任，扩大了企业的知名度，促进了业务的发展。

（6）有利于开拓国际市场

实行质量认证制度是当今世界各国特别是工业发达国家的普遍做法。许多从事国际贸易的采购商愿意或者指定购买经过认证的产品。有些采购商在订货时要求生产厂家提供按 ISO9000 标准通过质量体系认证的证明。总之，组织取得质量认证，是使产品进入国际市场和扩大出口的需要，是取得客户配套资格和进入国际市场的敲门砖，也是目前企业开展供应链管理很重要的依据。

4.“QC”活动

QC 即英文 Quality Control 的简称，中文意义是质量控制，其在 ISO8402：1994 的定义是“为达到质量要求所采取的作业技术和活动”。

产品经过检验后再出货是质量管理最基本的要求。质量控制是为了通过监视质量形成过程，消除质量环上所有阶段引起不合格或不满意效果的因素，以达到质量要求、获取经济效益而采用的各种质量作业技术和活动。在企业领域，质量控制活动主要是企业内部的生产现场管理，它与有无合同无关，是指为达到和保持质量而进行控制的技术措施和管理措施方面的活动。质量检验从属于质量控制，是质量控制的重要活动。

有些推行 ISO9000 的组织会设置一个部门或岗位，负责 ISO9000 标准所要求的有关质量控制的职能，担任这类工作的人员就叫做 QC 人员，相当于一般企业中的产品检验员，包括进货检验员（IQC）、制程检验员（IPQC）和最终检验员（FQC）。

（1）QC 小组的组建

① QC 小组的定义：QC 小组即质量管理小组。是指在生产现场或工作岗位上的职工自愿组织起来，运用质量管理的基本理论和方法，开展群众性的质量管理活动的小组，解决工作场所存在的问题，以达到质量改善的目的。QC 小组是质量管理的一种有效的组织形式。

② QC 小组活动的作用：a. 有利于开发智力资源，提高人的素质；b. 预防质量问题，并不断地进行改进；c. 有利于改善人际关系，强化团队意识和质量意识，从而提高团队的工作效率。

③ 组建 QC 小组的原则：a. 自愿参加，自愿结合是组建 QC 小组的基本原则；b. 由上而下，上下结合是组建 QC 小组的基础；c. 领导、技术人员和工人三结合是组建 QC 小组的最好形式；d. 事实求是，结合实际。

④ QC 小组的人数：QC 小组人员不宜过多，一般 3～10 人为宜。

⑤ QC 小组组长的职责：a. 组织小组成员制订活动计划，进行工作分工，并带头按计划开展活动；b. 负责联络协调工作，及时向上级主管部门汇报小组活动情况，争取支持和

帮助；c. 抓好质量教育，组织小组成员学习有关业务知识，不断提高小组成员的质量意识和业务水平；d. 团结小组成员，充分发扬民主，为小组成员创造宽松的环境，增强小组的凝聚力；e. 经常组织召开小组会议，研究解决各种问题，做好小组活动记录并负责整理成果和发表。

（2）QC 小组活动步骤

① 活动课题的选择：选题范围：提高改善产品质量的课题；降低损耗的课题；优化环境的课题；改善管理的课题；提高职工素质的课题。对选题的要求：坚持实事求是，先易后难；提倡大小课题相结合，以小课题为主；选题要具体明确；选题应选周期短、见效快的课题，一个课题一般应在 3～6 个月完成，最多不超过一年时间。

② 现状的调查：通过调查表或其他形式，运用数据说话的方式明确所要解决的问题，并确定解决问题的主攻方向，为设定目标提供依据。

③ 设定目标：制订的目标应是经过大家的努力可以达到的。

④ 原因分析：运用恰当的工具，把现状调查的主要问题按人、机、料、法、环、测等六大因素，采用调查表、因果图、排列图等恰当的工具进行分析，从中找出造成质量问题的具体原因，并确定主要原因。注意：在原因分析时，应召开小组会议，运用头脑风暴法，发挥团队的智慧，尽可能将原因一一找出。

⑤ 制定对策：一般以对策表的形式列出具体项目，在制订对策表时，应采用 5W1H 法，多问几个为什么。因此对策表应包括：为什么要制定对策（Why）、达到什么目标（What）、在哪里执行（WHere）、谁去执行（Who）、什么时间完成（When）和如何执行（How）等。

⑥ 实施对策：按制订的对策或计划执行。

⑦ 效果检查验证。

⑧ 巩固措施：根据检查的结果进行总结，并纳入有关的标准、作业指导书、制度和规定之中，以巩固已取得的成绩，同时防止类似问题再次发生。

5.“5S”现场管理

5S 起源于日本，是指在生产现场中对人员、机器、材料、方法等生产要素进行有效的管理，这是日本企业独特的一种管理办法。

1955 年，日本的 5S 的宣传口号为“安全始于整理，终于整理整顿”。当时只推行了前两个 S，其目的仅为了确保作业空间和安全。后因生产和品质控制的需要而又逐步提出了 3S，也就是清扫、清洁、修养，从而使应用空间及适用范围得到进一步拓展。到了 1986 年，日本的 5S 的著作逐渐问世，从而对整个现场管理模式起到了冲击的作用，并由此掀起了 5S 的热潮。

企业将 5S 运动作为管理工作的基础，推行各种品质的管理手法，在丰田公司的倡导推行下，5S 对于塑造企业的形象、降低成本、准时交货、安全生产、高度的标准化、创造令人心旷神怡的工作场所、现场改善等方面发挥了巨大作用，逐渐被各国的管理界所认识。随着世界经济的发展，5S 已经成为工厂管理的一股新潮流。

根据企业进一步发展的需要，有的企业在原来 5S 的基础上又增加了安全（Safety），即形成了“6S”；有的企业再增加了节约（Save），形成了“7S”；也有的企业加上习惯化（Shiukanka）、服务（Service）及坚持（Shikoku），形成了“10S”，有的企业甚至推行“12S”。但是万变不离其宗，都是从“5S”里衍生出来的，例如，在整理中要求清除无用的东西或物品，这在某些意义上来说，就能涉及节约和安全，具体一点例如横放在安全通道中无用的垃圾，这就是安全应该关注的内容。

“5S”是整理（Seiri）、整顿（Seiton）、清扫（Seiso）、清洁（Seikeetsu）和修身（Shitsuke）这 5 个词的缩写。因为这 5 个词日语中罗马拼音的第一个字母都是“S”，所以简称为“5S”，开展以整理、整顿、清扫、清洁和修身为内容的活动，称为“5S”活动。

“5S”活动相当于我国企业开展的文明生产活动。“5S”活动的对象是现场的“环境”，它对生产现场环境全局进行综合考虑，并制订切实可行的计划与措施，从而达到规范化管理。“5S”活动的核心和精髓是修身，如果没有职工队伍修身的相应提高，“5S”活动就难以开展和坚持下去。“5S”活动的主要内容如下：

（1）整理

把要与不要的人、事、物分开，再将不需要的人、事、物加以处理，这是开始改善生产现场的第一步。其要点是对生产现场的现实摆放和停滞的各种物品进行分类，区分什么是现场需要的，什么是现场不需要的；其次，对于现场不需要的物品，诸如用剩的材料、多余的半成品、切下的料头、切屑、垃圾、废品、多余的工具、报废的设备、工人的个人生活用品等，要坚决清理出生产现场，这项工作的重点在于坚决把现场不需要的东西清理掉。对于车间里各个工位或设备的前后、通道左右、厂房上下、工具箱内外以及车间的各个死角，都要彻底搜寻和清理，达到现场无不用之物。坚决做好这一步，是树立良好作风的开始。日本有的公司提出口号：效率和安全始于整理！

整理的目的是：① 改善和增加作业面积；② 现场无杂物，行道通畅，提高工作效率；③ 减少磕碰的机会，保障安全，提高质量；④ 消除管理上的混放、混料等差错事故；⑤ 有利于减少库存量，节约资金；⑥ 改变作风，提高工作情绪。

（2）整顿

把需要的人、事、物加以定量、定位。通过前一步整理后，对生产现场需要留下的物品进行科学合理的布置和摆放，以使用最快的速度取得所需之物，在最有效的规章、制度和最简捷的流程下完成作业。

整顿活动的要点是：①物品摆放要有固定的地点和区域，以便于寻找，消除因混放而造成的差错；②物品摆放地点要科学合理。例如，根据物品使用的频率，经常使用的东西应放得近些（如放在作业区内），偶而使用或不常使用的东西则应放得远些（如集中放在车间某处）；③物品摆放目视化，使定量装载的物品做到过目知数，摆放不同物品的区域采用不同的色彩和标记加以区别。

生产现场物品的合理摆放有利于提高工作效率和产品质量，保障生产安全。这项工作已发展成一项专门的现场管理方法——布置管理（其内容将在第三节中进一步介绍）。

（3）清扫

把工作场所打扫干净，设备异常时马上修理，使之恢复正常。生产现场在生产过程中会产生灰尘、油污、铁屑、垃圾等，从而使现场变脏。脏的现场会使设备精度降低，故障多发，影响产品质量，使安全事故防不胜防；脏的现场更会影响人们的工作情绪，使人不愿久留。因此，必须通过清扫活动来清除那些脏物，创建一个明快、舒畅的工作环境。

清扫活动的要点是：① 自己使用的物品，如设备、工具等，要自己清扫，而不要依赖他人，不增加专门的清扫工；② 对设备的清扫，着眼于对设备的维护保养。清扫设备要同设备的点检结合起来，清扫即点检；清扫设备要同时做设备的润滑工作，清扫也是保养；③ 清扫也是为了改善。当清扫地面发现有飞屑和油水泄漏时，要查明原因，并采取措施加以改进。

（4）清洁

整理、整顿、清扫之后要认真维护，使现场保持完美和最佳状态。清洁是对前三项活动的坚持与深入，从而消除发生安全事故的根源。创造一个良好的工作环境，使职工能愉快地工作。

清洁活动的要点是：① 车间环境不仅要整齐，而且要做到清洁卫生，保证工人身体健康，提高工人劳动热情；② 不仅物品要清洁，而且工人本身也要做到清洁，如工作服要清洁，仪表要整洁，及时理发、刮须、修指甲、洗澡等；③ 工人不仅要做到形体上的清洁，而且要做到精神上的“清洁”，待人要讲礼貌、要尊重别人；④ 要使环境不受污染，进一步消除混浊的空气、粉尘、噪音和污染源，消灭职业病。

（5）修身

修身即教养，努力提高人员的修身，养成严格遵守规章制度的习惯和作风，这是“5S”活动的核心。没有人员素质的提高，各项活动就不能顺利开展，开展了也坚持不了。所以，抓“5S”活动，要始终着眼于提高人的素质。

三、设备维护与管理

正确使用与维护设备是设备管理工作的重要环节，是由操作工人和专业人员根据设备的技术资料及参数要求和保养细则来对设备进行一系列的维护工作，也是设备自身运动的客观要求。

设备维护保养工作包括：日常维护保养（一保）、设备的润滑和定期加油换油、预防性试验、定期调整精度和设备的二、三级保养。维护保养的好坏直接影响到设备的运作情况、产品的质量及企业的生产效率。

1．设备的检查

设备检查是及时掌握设备技术状况，实行设备状态监测维修的有效手段，是维修的基础工作，通过检查及时发现和消除设备隐患，防止突发故障和事故，是保证设备正常运转的一项重要工作。

（1）日常检查（日常点检）

日常检查是操作工人按规定标准，以五官感觉为主，以设备各部位进行技术状况检查，以便及时发现隐患，采取对策，尽量减少故障停机损失。对重点设备，每班或一定时间由操作者按设备点检卡逐项进行检查记录。维修人员在巡检时，根据点检卡记录的异常进行及时有效的排除，保证设备处于完好工作状态。

（2）定期检查

按规定的检查周期，由维修工对设备性能和业余度进行全面检查和测量，发现问题除当时能解决之外，将检查结果认真做好记录，作为日后决策该设备维修方案的依据。

（3）精度检查

这是对设备的几何精度、加工精度及安装水平的测定、分析、调整。此项工作由专职检查员按计划进行，其目的是为确定设备的实际精度，为设备调整、修理、验收和报废提供参考依据。

对设备进行各项检查、准确地记录设备的状态信息，能为日后维修提供可靠的依据及维修成本。

2．日常保养

设备的日常保养可归纳为八个字：整齐、清洁、润滑、安全。

整齐：工具、工件、附件放置整齐；安全防护用品齐全；线路管道安全完整。

清洁：设备内外清洁干净；各滑动面、丝杆、齿条、齿轮、手柄手轮等无油垢、无损伤；各部位不漏油、漏水，铁屑垃圾清扫干净。

润滑：定时定量加油换油，油质符合要求，油壶、油枪、油杯齐全；油标、油线、油刮保持清洁，油路畅通。

安全：实行定人、定机、凭证操作和交接班制度；熟悉设备结构，遵守操作规程，合理使用，精心保养，安全无事故。

3．二级保养

该级保养以操作工作为主，维修工作配合。保养周期可根据设备的工作环境和工作条件而定，如金切机械可定为400～600运转小时，停歇时间和保养工时可按设备每复杂系数0.5小时计算。二级保养内容：

（1）根据设备使用情况，进行部分零件的拆卸、清洗、调整，更换个别易损件；

（2）彻底清扫设备内外部，去“黄袍”及污垢；

（3）检查、清理润滑油路，清洗油刮、油线、滤油器，适当添加润滑油，并检查滑动面的上油情况；

（4）对设备的各运动面配合间隙进行适当的调整；

（5）清扫电气箱（电工配合）及电气装置，做到线路固定整齐、安全防护牢靠；

（6）清洗设备附件及冷却系统；

二级保养后达到设备内外清洁，呈现本色；油路畅通，油标明亮，油位清晰可见；操作灵活，运转正常。保养完毕后由专人负责验收，认真填写保养完工记录单。

4．设备修理

设备在使用运生过程中，由于某些零部件的磨损、腐蚀、烧损、变形等缺陷，影响到设备的精度、性能和生产效率，正确操作和精心维护虽然可以减少损伤，延长设备使用寿命，但设备运行毕竟会磨损和损坏，这是客观规律。所以，除了正确使用和保养外，还必须对已磨损的零部件进行更换、修理或改进，安排必要的检修计划，以恢复设备的精度及性能，保证加工产品质量和发挥设备应有的效能。

（1）设备维修方式

预防维修：为防止设备性能劣化或降低设备故障的概率，按事先规定的计划和技术条件所进行的维修活动。就是从预防“医疗”的立场出发，根据设备经常的检查记录或运转对产品质量、生产效能存在不正常的征兆，在设备发生故障前就进行预防性的修理改进。预防维修通常根据设备实际运作情况来编排计划。

故障维修：设备发生故障或性能降低时采取的非计划性维修，亦称事后维修。

生产维修：从经济效益出发提高设备生产效率的维修方法，它根据设备对生产的影响程度区别对待。不重要的设备采用事后维修，重点关键设备则进行预防维修。

预知维修：根据状态监测和诊断技术所提供的信息，在故障发生前进行必要和适当的维修，也称状态监测维修。

除以上几种维修方式外，还有改善维修、定期维修及无维修设计等方式。

（2）预防维修的意义

对设备进行的计划的预防维修，防患于未然，通过掌握设备的磨损规律，有计划地进行周期性的维护检修，是维持设备正常运转、最大限度发挥其功能的重要保证。

有计划地预防维修是设备管理工作的重要环节，也是企业生产、技术、财务计划的一个组成部分。实行正确和切合实际的预修计划，可以统一安排人力、物力及早做好修前准备工作，缩短设备停机时间，减少修理费用，做到既能按时检修设备，又能有计划、有节奏地安排生产，做到生产、维修两不误。

（3）修理的主要类别

三级保养（亦称小修）：小修是以维修工人为主操作工人参加的定期检修工作。对设备进行部分解体、清洗检修、更换或修复严重磨损件，恢复设备的部分精度，使之达到工艺要求。

金属切削设备的保养间隔一般为2500～3000运转小时，主要内容是：

a. 更换设备中部分磨损快、腐蚀快、烧损快的零部件；

b. 清洗部分设备零部件，清除可以调整的被扩大了的问题。紧固机件里的卡楔和螺丝；

c. 按照规定周期更换润滑脂；

d. 测量并记录设备的主要精度及部分零配件的磨损、烧损变形和腐蚀的情况。

针对性修理（亦称项修）：是针对设备的结构和使用特点及存在问题，在满足工艺要求的前提下，对设备的一个或几个项目进行的部分修理。其工作量相当于设备大修的20%～70%。

整机大修：这是工作量最大的一种修理方式。大修设备全部解体，修理基准件、更换或修复所有损坏零配件，全面消除缺陷，恢复原有精度、性能、效率，达到出厂标准或满足工艺要求的标准。在设备进行大修时，应尽量结合技术改造进行，提高原设备的精度和性能。除以上几种维修类别外，还有定期的清洗换油、修前预检以及对动力运行设备和预防性试验、季节性的技术维护等维修方式，以确保不同类型设备的正常运行。大修的验收标准分为验收精度、相关精度、无关精度三类，其中验收精度即项修中所恢复部位精度，必须达到出厂标准；相关精度则要求不低于修前精度即可；无关精度可不做检查。

现代工业企业中，设备反映了企业现代化程度和科学技术水平，在企业生产经营过程中占据着日趋重要的地位，对企业产品的质量、产量、生产成本、交货期限、能源消耗及人机环境等都起着极其重要的作用。随着科技的迅速发展，企业的生产技术装备在不断更新，产品生产的自动化、连续化程度越来越高。所以，设备对企业的生存发展和市场竞争能力已占踞着举足轻重的地位。

设备维护与维修工作与企业生产经营和效益密切相关，无论是大型企业，还是中、小型企业，都是不容忽视的，应引起各级领导及管理部门的重视，尤其是当前企业设备不断地更新，高精度、高效率、自动化设备日趋增多，更显出设备维护与维修工作的重要性。

【社会能力要求】

各种社会活动中，社会能力的强弱在很大程度上左右了个人角色活动的效果。许多具备扎实专业技能的能手因为不善于沟通或不能协调好团队的合作，对自己的发展造成了障碍。良好的社会能力并不是溜须拍马、阿谀奉承，也不是盲目听从。

社会能力作为个人从事职业活动所需要的行动能力，其主要包括社会责任感、参与能力、小组工作中与人合作的能力、交流与协商的能力、自信心、成功感、诚实守信、乐于助人、环境意识和职业道德及批评与自我批评的能力。

如何培养个人社会关键能力，应该对以下几个方面有足够的重视，并在生活、学习和工作中逐步加强自身社会能力的锻炼。

一、社会适应能力

社会适应能力是指人适应自然和社会环境的能力，包括生活、学习、劳动、人际交往能力、独立思考判断问题和解决问题的能力。社会适应能力是一种综合能力，因为社会是人的组织化实存状态的总和，是人们以物质生产活动为基础的相互联系的总体。人生活的社会错综复杂，社会现象丰富多彩，社会关系盘根错节，社会问题形形色色。要适应这样复杂的社会，必然涉及对社会的适应，必然需要具备适应社会的能力。因而，社会适应能力实际上就是这些适应社会能力的综合体。

二、沟通能力

一般说来，沟通能力指沟通者所具备的能胜任沟通工作的优良主观条件。简言之，人际沟通的能力指一个人与他人有效地进行沟通信息的能力，包括外在技巧和内在动因。其中，恰如其分和沟通效益是人们判断沟通能力的基本尺度。恰如其分，指沟通行为符合沟通情境和彼此相互关系的标准或期望；沟通效益，则指沟通活动在功能上达到了预期的目标，或者满足了沟通者的需要。

从表面上来看，沟通能力似乎就是一种能说会道的能力，而实际上它包罗了一个从穿衣打扮到言谈举止等一切行为的能力。一个具有良好沟通能力的人，他可以将自己所拥有的专业知识及专业能力进行充分的发挥，并能给对方留下“我很棒”“我能行”的深刻印象。因此建议程序员们在某些场合还是要注意一下仪表，不能邋里邋遢、蓬头垢面，讲话要有力，要有自信，在工作中与人交往时要采用正确、合理的方法进行沟通。

刚刚毕业进入职场的新人，应该忘掉自己的学历，忘掉自己曾经的荣誉，以一个初学者的身份对待工作和同事，尤其是同事中有学历不如你的人时，更要放下架子，放下清高，亲切待人。工作中遇到的所有事情，无论大事小事，都要当成自己的事那样用心做，做到你能力能达到的最好的效果，这样，不但工作出色，你也能学到更多东西。

对待工作中遇到的人，无论是客户还是同事，都要姿态谦恭，因为客户是公司效益的来源，同事是你的前辈、老师、战友。你从他们的身上不但可以学到做事的方法经验，更可以得到人生方面的收获。内心要宽厚包容，无论客户还是同事，他们也都是人，是人就会犯错误，你要调整自己的心态，原谅他们，并从他们的错误中汲取教训，这样今后就会避免犯同样的错误。

（1）社会活动需要沟通能力。人们在生活中每时每刻都离不开实践活动，总不免要与他人沟通。但是，沟通本身也不是非常容易的事。要向他人表达一个意思，会始终说不清楚；要为他人办一件好事，但有可能弄巧成拙；本来想与他人解除原有的隔阂，但可能弄得更僵。所以说，现实的实践活动需要有一定的沟通能力。

（2）沟通也是个人身心健康的保证。与家人沟通，能使你享受天伦之乐；与恋人沟通，能使你品尝到爱情的甜美；在孤独时，沟通会使你得到安慰；在忧愁时，沟通会使你得到快乐。英国著名文学家、哲学家培根有句名言：如果把快乐告诉朋友，你将获得两个快乐；如果你把忧愁向朋友倾吐，你将被分担一半优愁。

（3）提高沟通能力的方法：

① 悉心倾听：不打断对方，眼睛不躲闪，全神贯注地用心来听；

② 勇敢讲出：坦白讲出自已的内心感受、想法和期望；

③ 不能口出恶言：恶言伤人，就是所谓的“祸从口出”；

④ 对事不对人；

⑤ 理性沟通，有情绪时避免沟通；

⑥ 敢于认错，勇于承担责任；

⑦ 要有耐心，也要有智慧；

⑧ 学会拒绝。

三、执行能力

执行力指的是贯彻战略意图，完成预定目标的操作能力。它是把企业战略、规划转化成为效益、成果的关键。执行力包含完成任务的意愿、完成任务的能力和完成任务的程度。

企业的执行力是一个系统、组织和团队。一个企业是一个组织、一个完整的肌体，企业的执行力也应该是一个系统、组织和团队的执行力。执行力是企业管理成败的关键。只要企业有好的管理模式、管理制度，好的带头人，充分调动全体员工的积极性，管理执行力就一定会得到最大的发挥，企业就一定能创造百年企业的目标。企业要实现“办一流企业、出一流产品、创一流效益”的经营宗旨，解决管理中存在的问题，就必须在员工中打造一流的企业执行力。一个执行力强的企业，必然有一支高素质的员工队伍，而具有高素质员工队伍的企业，必定是充满希望的企业。

要提高企业的执行力，不仅要提高企业从上到下的每一个人的执行力，而且要提高每一个单位、每一个部门的整体执行力，只有这样，才会形成企业的系统执行力，从而行成企业的执行力，竞争力。

执行力差是企业的最大内耗，不仅会消耗企业的大量人才、财力，还会错过机会、影响企业的战略规划和发展。要提高企业的执行力，首先要从管理上得以体现，用管理的方法来形成企业的整体风格和氛围，最后使整个企业和人员都具备这种能力。

在这个世界里，人之所以有优秀与一般之分，在于优秀者更有实现构想的能力，这就是一个人的执行力，而不是更有思想；企业亦如此，一个优秀的企业在与其他企业做着同样的事情，只是比别人做得好，落实更到位，执行更有效果

四、学习能力

学习能力就是要求个人不仅要学习宽泛广博的知识，还要学会学习的方法，树立终身学习的理念，与时俱进。一个人的学习能力往往决定了一个人竞争力的高低，也正因如此，无论对于个人还是对于组织，未来唯一持久的优势就是有能力比你的竞争对手学习得更多、更快。一个组织如果想要在激烈的竞争中立于不败之地，它就必须不断地有所创新，而创新则来自于知识，知识则来源于学习。

管理大师德鲁克说："真正持久的优势就是怎样去学习，就是怎样使得自己的企业能够学习的比对手更快。"学习也是一种生存能力的表现，通过不断的学习，专业能力需要不断提升技能组合以及刺激学习能力相配合，所以不论处于职业生涯的哪个阶段，都不应该停止学习。因为在职业生涯发展中，需要胜任工作的能力和能够迅速取得新能力的方法。为了求生存和求发展，每个人都必须不断学习那些自然和本能没有赋予他的生存技术，而为取得新的生存技术就必须不断地学习。如果停止学习，必定要落后于人，而在当今社会里，落后就会被淘汰。

五、创新能力

创新是人类为了满足自身的需要，不断拓展对客观世界及其自身的任职与行为的过程和结果的活动。或具体讲，创新是指人为了一定的目的，遵循事物发展的规律，对事物的整体或其中某些部分进行变革，从而使其得以更新与发展的活动。而创新能力是指人在顺利完成以原有知识经验为基础的创建新事物的活动中表现出来的潜在的心理品质。创新能力具有综合独特性和结构优化性等特征。遗传素质是形成人类创新能力的生理基础和必要的物质前提，它潜在决定着个体创新能力未来发展的类型、速度和水平；环境是人的创新能力提高的重要条件，环境优劣影响着个体创新能力发展的速度和水平；实践是人创新能力形成的唯一途径。实践也是检验创新能力水平和创新活动成果的尺度标准。

创新的本质是进取，是推动人类文明进步的激情；创新就要淘汰旧观念、旧技术、旧体制，培育新观念、新技术、新体制；创新的本质是不做复制者。

创新的能力有一部分是来自于不断发问的能力和坚持不懈的精神；创新能力在一定的知识积累的基础上可以训练出来、启发出来，甚至可以"逼出来"；创新最关键的条件是要解放自己，因为一切创造力都根源于人的潜在能力的发挥。

六、团队合作能力

1994 年，组织行为学权威、美国圣迭戈大学的管理学教授斯蒂芬·罗宾斯首次提出了"团队"的概念：为了实现某一目标而由相互协作的个体所组成的正式群体。在随后的 10 年里，关于"团队合作"的理念风靡全球。

团队合作能力是一种为达到既定目标所显现出来的自愿合作和协同努力的精神。它可以调动团队成员的所有资源和才智，并且会自动地驱除所有不和谐和不公正现象，同时会给予那些诚心、大公无私的奉献者适当的回报。如果团队合作是出于自觉自愿时，它必将会产生一股强大而且持久的力量。

1．如何提高团队合作能力

（1）要有一个明确的工作职责分配，要量化每个人的工作量，并让大家都知道。

（2）要有一个明确的奖惩机制，谁做得好，就应该奖励；谁做错了，就应该惩罚。奖励多少，如何惩罚，都应该让团队的每一个人都清楚。

（3）领导要以身作则，树立典范。

（4）要有一个规范的监督机制，量化团队成员的工作绩效，这样才能对接下来的奖惩有一个可参考的依据。

总而言之，要团队合作，首先要有一个充满激情、有头脑的领导者，其次要有一个非常合理的管理机制，这样才能真正提高团队的合作能力。还有一个方法也很有效，就是大家一起参加户外拓展训练，在活动中提高团队意识。

2．团队合作的表现

成员密切合作，共同决策和与他人协商；决策之前听取相关意见，把手头的任务和别人的意见联系起来；在变化的环境中担任各种角色；经常评估团队的有效性和本人在团队中的长处和短处。

3．团队合作与智囊团

团队合作的形态很像智囊团，但与智囊团却有很大区别。在智囊团中，将各个独立的人组织成小团体，他们都具有共同的强烈欲望和明确目标，并且能从日益增进的热忱、想象力和知识中获得明确的利益。由于团队中的成员未必都具有相同强烈的欲望和明确目标，所以，要求必须更努力地使团队成员不断地为工作奉献。同时，严格要求自己，不断地为成员做出贡献并发掘他们的欲望，给他们以适当的回报。

可见，团队合作与智囊团的不同之处在于：前者针对的是一个组织的全体成员，出发点在于调动团队成员中各方的努力，但这些努力未必都具有明确目标和相互和谐；而后者针对的则是直接参与咨询、决策和领导的少数智囊团成员，并以这些成员之间的明确目标以及相互和谐为重要因素，出发点在于充分激发全体成员的智慧，并将这种智慧汇集成一股实现目标的合力。

4．团队合作的四大基础

（1）建立信任

要建设一个具有凝聚力并且高效的团队，第一个且最为重要的步骤就是建立信任。这不是任何种类的信任，而是坚实的以人性脆弱为基础的信任。

这意味着一个有凝聚力的、高效的团队成员必须学会自如地、迅速地、心平气和地承认自己的错误、弱点、失败和求助。另外，他们还要乐于认可别人的长处，即使这些长处超过了自己。

在理论上，或在幼儿园里，这并不很困难。但当一个领导面对着一群有成就的、骄傲的、有才干的员工时，要让他们解除戒备、甘冒丧失职务权力的风险，是一个极其困难的挑战。而唯一能够发动他们的办法，就是领导本人率先做出榜样。

对于很多领导来说，表现自己的脆弱是很难受的事情，因为他们养成了在困难面前展现力量和信心的习惯。在很多情况下这当然是一种高尚的行为，但当犹豫的团队成员需要他们的领导率先脱光衣服、跳进冷水中展示以人性脆弱为基础的信任时，这些高尚行为就必须弱化。其实这反而需要领导具有足够的自信来承认自己的弱点，以便让别人仿效。曾有一位管理者，由于没能在团队中建立信任，结果目睹着自己的企业衰落。其中一个重要原因就是他没能带头塑造以人性脆弱为基础的信任。就像他曾经的一位直接下属后来说的：“团队中没有人被允许在任何方面超过他，因为他是管理者。”其后果：团队成员彼此之间也不会敞开心扉，坦率承认自己的弱点或错误。

以人性脆弱为基础的信任在实际行为中到底是什么样的？像团队成员之间彼此说出“我办砸了”、“我错了”、“我需要帮助”、“我很抱歉”、“你在这方面比我强”这样的话，就是明显的特征。以人性脆弱为基础的信任是不可或缺的离开它，一个团队不能、或许也不应该，产生直率的建设性冲突。

（2）良性冲突

团队合作一个最大的阻碍，就是对于冲突的畏惧。这来自于两种不同的担忧：一方面，很多管理者采取各种措施避免团队中的冲突，因为他们担心丧失对团队的控制，以及部分人的自尊会在冲突过程中受到伤害；另外一些人则是把冲突当做浪费时间。他们更愿意缩短会议和讨论时间，果断做出自己看来早晚会被采纳的决定，留出更多时间来实施决策，以及其他他们认为是“真正的”工作。

无论是上述哪一种情况，管理者们都相信：他们在通过避免破坏性的意见分歧来巩固自己的团队。这很可笑，因为他们的做法其实是扼杀建设性的冲突，将需要解决的重大问题掩盖起来。久而久之，那些未解决的问题会变得更加棘手，而管理者也会因为这些不断重复发生的问题而越来越恼火。

管理者和他的团队需要做的是学会识别虚假的和谐，引导和鼓励适当的、建设性的冲突。这是一个杂乱的、费时的过程，但这是不能避免的；否则，一个团队要建立真正的承诺就是不可能完成的任务。

（3）坚定不移地行动

要成为一个具有凝聚力的团队，领导必须学会在没有完善的信息、没有统一的意见时做出决策。而正因为完善的信息和绝对的一致非常罕见，决策能力就成为一个团队最为关键的行为之一。

但如果一个团队没有鼓励建设性的和没有戒备的冲突，就不可能学会决策。这是因为只有当团队成员彼此之间热烈地、不设防地争论，直率地说出自己的想法，领导才可能有信心做出充分集中的集体智慧的决策。不能就不同意见而争论、交换未经过滤的坦率意见的团队，往往会发现自己总是在经常面对同样的问题。实际上，在外人看来机制不良、总是争论不休的团队，往往是能够做出和坚守艰难决策的团队。

需要再次强调的是：如果没有信任，行动和冲突都不可能存在。如果团队成员总是想要在同伴面前保护自己，他们就不可能彼此争论。这又会造成其他问题，如：不愿意对彼此负责。

（4）彼此负责

卓越的团队不需要领导提醒团队成员竭尽全力工作，因为他们很清楚需要做什么，他们会彼此提醒注意那些无助于成功的行为和活动。而不够优秀的团队一般对于不可接受的行为采取向领导汇报的方式，甚至更恶劣：在背后说闲话等。这些行为不仅破坏团队的士气，而且让那些本来容易解决的问题迟迟得不到办理。

承担责任看似简单，但实施起来则很困难。教会领导如何就损害团队的行为批评自己的伙伴是一件不容易的事情。但是，如果有清晰的团队目标，有损这些目标的行为就能够轻易地纠正。

团队合作并非是难以理解的理念，但当所涉及的人是具有坚强意志、自身已经成功的领导时，它极其难以实现。团队合作并非不值得经历这些艰辛，但其回报鲜见且又代价高昂。如果领导没有勇气强迫团队成员去实现团队合作所需的条件，还不如彻底远离这个理念。不过，这又需要另一种勇气——不要团队的勇气。

5．团队合作的好处

（1）视野开阔，一个人看到的绝对没有几个人看到的多；

（2）力量急升，一个人的力量绝对没有几个人的力量强；

（3）动作迅速，一个人的效率绝对没有几个人的效率高；

（4）信誉提高，一个人的优势绝对没有几个人的优势大。

【思　考　题】

[1] 作为一名企业管理者，如何去容纳一名频繁迟到、早退、窝工的新职工？采取措施前是否会先查阅国家相关法律文件？

[2] 浅谈对企业文化的理解，阐述对团队合作能力的理解，客观评价自身是否具备参与一个优秀团队的基础。

[3] 剖析自己的社会能力，阐述如何加强自我训练成为一名优秀员工。

学习情景2　车削加工外圆、端面

【学习任务】

通过本环节的学习，需要了解并掌握如表 2-1 所示的相关知识与技能。

表 2-1　学习任务

序号	理论知识点	技能点
1	车床的组成结构及功能	车床的正确操作
2	车刀的主要角度	正确选用、安装刀具、正确使用和维护量具
3	切削用量的选择	简单零件加工
4	机床的润滑与保养知识	机床的润滑与保养

【危险源辨识】

危险源辨识如表 2-2 所示。

表 2-2　危险源辨识表

序号	危害事件	危险源	预防措施
1	绞伤	头发、衣物绞入旋转的卡盘或其他旋转部件	1. 正确穿戴劳保用品、不接近正在旋转的部件； 2. 装拆、测量工件时将高低速手柄变到空挡位置，按下机床停止按钮
2	砸伤	卡盘上放置的卡盘扳手、工具柜上放置的工件等物品	卡盘扳手用完以后应该立即取下，物品正确摆放，工件应装夹牢固
3	烫伤	加工时飞出的铁屑	选择合理的切削用量、正确站位
4	划伤	工件毛刺、带状铁屑	正确清理毛刺，用专用工具清理铁屑
5	触电	电气线路破损，私自开启电控柜	电气故障必须由专职电工进行维修，操作人员不得拆接电气线路、元件，不得开启电控柜

【典型零件生产流程】

一、信息分析

1. 零件图与技术文件

（1）零件图

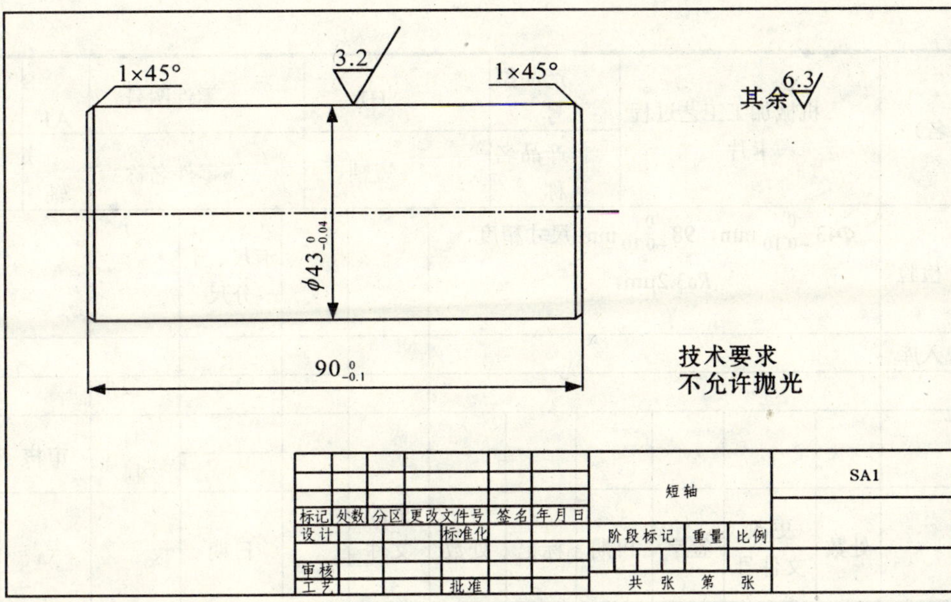

图 2-1

（2）技术文件

① 机械加工工艺过程卡

列出零件加工所经过的整个工艺路线以及工装设备和工时等内容，多作为生产管理使用；以工序为单位简要说明产品或零件、部件加工过程的一种工艺文件，如表 2-3 所示。它以工序为单位列出了零件加工的工艺路线（包括毛坯、机械加工和热处理等），是制定其他工艺文件的基础。

② 机械加工工艺卡

按产品零件加工阶段编制的一种工艺文件，详细说明产品在机械加工阶段中的工序号、工序名称、工序内容、工艺参数、操作要求以及采用的设备、工艺装备等，如表 2 4 所示。工艺卡片多用于成批量生产的零件和小批量生产的重要零件。

表 2-3　机械加工工艺过程卡片

（厂名）	机械加工工艺过程卡片	产品型号	H1	零件图号	SA1	共 1 页
		产品名称	短轴	零件名称	短轴	第 1 页

材料牌号	20	毛坯种类	棒料	毛坯外形尺寸	Φ45×110	毛坯件数	10	每台件数	10	毛坯质量	优

工序号	工序名称	工序内容	车间	工段	设备	工艺装备	工时	
							准备	单件
1	下料	下料：Φ45×110mm	机加		J4250			
2	车	按图纸车准 $\Phi43_{-0.10}^{\ 0}$ mm×98 $_{-0.10}^{\ 0}$ mm	机加	车	Ck6140	三卡爪盘		

（续表）

（厂名）	机械加工工艺过程卡片		产品型号	H1		零件图号	SA1		共 1 页
			产品名称	短轴		零件名称	短轴		第 1 页
3	检验	$\Phi43_{-0.10}^{\ 0}$ mm，$98_{-0.10}^{\ 0}$ mm 尺寸精度，$Ra3.2\mu m$，				卡尺、千分尺			
4	入库								
							编制	审核	会签
记标	处数	更改文件号	签字	日期	标记	处数	更改文件号	签字	日期

表 2-4　机械加工工艺卡片

（厂名）		机械加工工艺过程卡片		产品型号		H1	零件图号		SA1			共 1 页	
				产品名称		短轴	零件名称		短轴			第 1 页	
材料牌号		20	毛坯种类	棒料	毛坯外形尺寸	$\Phi45\times100$	毛坯件数		10	每台件数	10	毛坯质量	优
工序	安装	工步	工序内容	同时加工工件数	背吃刀量	切削用量：切削速度（m/min）	切削用量：转数（r/min）	切削用量：进给量（mm/r）	设备名称	工艺装备		工时：准备	工时：单件
1	三爪卡盘	1	车端面	1	见光	60	425	0.21	CK6140				
		2	打中心孔	1	2mm	60	700	手动	CK6140				
2	一夹一顶	1	粗车外圆至 $\Phi44$	1	1mm	60	425	0.3	CK6140				
		2	精车外圆符图，倒角	1	1mm	100	700	0.21	CK6140				
3	三爪卡盘	1	调头，平端面，定总长 $98_{-0.10}^{\ 0}$，倒角	1	0.4mm	100	700	0.1	CK6140				
									编制	审核	会签		
记标		处数	更改文件号	签字	日期	标记	处数	更改文件号	签字	日期			

2．加工难点分析

（1）加工尺寸精度的保证：如图纸中$\phi 43_{-0.10}^{0}$mm，公差值下偏差为−0.1mm，在加工中难以保证，这需要在加工时刻度盘计算要准确；测量时要精确。

（2）粗糙度的保证：在加工时应该选择合适的切削用量。精加工时刀具要锋利。

二、工艺准备

1．工装及夹具准备（见表 2-5）

表 2-5　工装及夹具准备表

	夹具名称	工具名称
1	三爪卡盘	刀架扳手
2		卡盘扳手
3		加力套筒
4		活顶尖

2．量具及刀具准备（见表 2-6）

表 2-6　量具及刀具准备表

	量具名称	刀具名称
1	游标卡尺	45°端面车刀
2		90°外圆车刀
3		中心钻

三、生产过程组织

1．毛坯检测

首先根据图纸检测毛坯量是否足够，根据毛坯量的大小来确定粗、精加工的余量。

2．加工过程

（1）启动设备：观察设备外观情况，排查危险源。打开机床电源开关，将主轴速度调整为 30～100 转/分范围内；检查卡盘上卡爪的松动情况，在符合安全要求的情况下启动主轴。

（2）点检润滑：按照设备润滑点检表要求，进行设备润滑；检视各部分油窗内润滑油量；

（3）空载试车：按空载试车要求，检查各操作手柄、按钮的状态。

（4）刀具安装：按要求装夹 45°端面车刀和 90°外圆车刀。

（5）装夹工件：该工件用三爪卡盘直接装夹。

（6）按制定的工艺过程加工工件。

四、质量检测

1．首件检查记录表（见表 2-7）

表 2-7　首件检查记录表

任务号	D1	材料牌号或代号		20	数量	1
零件图号		SA1		零件名称	短轴	
工序号	图示尺寸	实测尺寸				测量工具、编号
		自检	签字	专检	签字	
5	$98^{0}_{-0.10}$	98		97.94		游标卡尺
8	$\Phi43^{0}_{-0.10}$	Φ42.96		Ø 42.94		游标卡尺
	*Ra*3.2	*Ra*3.2		*Ra*3.2		粗糙度对照板

2．抽检记录表（见表 2-8）

表 2-8　过程抽检记录表

（厂名）	编号：1				共 1 页		
	尺寸抽检记录表				第 1 页		
序号	1		零件标识		H1		
零件名称	短轴		零件图号		SA1		
材料	20		数量		1		
零件序号	设计尺寸	$\Phi43^{0}_{-0.10}$	$98^{0}_{-0.10}$	*Ra*3.2μm			
	实测尺寸						
4		Φ42.98	97.92	*Ra*3.2			
8		Φ42.94	97.98	*Ra*3.2			
操作者			日期	2009-5-4	检查	日期	2009-5-4

3．质检员检测记录表（见表 2-9）

表 2-9　质检员检测记录表

（厂名）	编号：2 尺寸检查记录表		共 1 页 第 1 页
序号	1	零件标识	H1
零件名称	短轴	零件图号	SA1
材料	20	数量	10

零件序号	设计尺寸	$\Phi 43_{-0.10}^{\ 0}$	$98_{-0.10}^{\ 0}$	$Ra3.2\mu m$				
	实测尺寸							
1		Φ42.96	97.98	合格				
2		Φ42.96	97.98	合格				
3		Φ43.04	97.98	合格				
4		Φ42.98	97.92	合格				
5		Φ42.96	97.94	不合格				
6		Φ42.96	98．1 98.2	合格				
7		Φ42.96	97.94	合格				
8		Φ42.94	97.98	合格				
9		Φ42.94	98	合格				
10		Φ42.94 Φ42.04	97.92	合格				
操作者			日期	2009-5-4	检查		日期	2009-5-4

五、质量事故分析与改进措施

1．车外圆的质量分析

（1）如表 2-9 所示，表零件序号 3 外圆尺寸超差+0.04mm，原因可能是车削时粗心大意，看错尺寸；刻度盘计算错误或操作失误；测量时不仔细、不准确而造成的。

（2）如表 2-9 所示，零件序号 5 粗造度不合格， 表面粗糙度差。原因是车刀不锋利，手动走刀摇动不均匀或太快，自动走刀切削用量选择不当。

（3）如表 2-9 所示，零件序号 10 外径有锥度：原因可能是吃刀深度过大，刀具磨损；刀具或拖板松动；用小拖板车削时转盘下基准线不对准“0”线；两顶尖车削时床尾“0”线不在轴心线上；精车时加工余量不足造成的。

2．车端面的质量分析

如表 2-9 所示，零件序号 6 总长尺寸超差+0.1 mm，原因可能是刀具在加工中磨损没有及时调整。在加工中还可能产生端面不平，产生凸凹现象或端面中心留“小头”。原因是车刀刃磨或安装不正确，刀尖没有对准工件中心，吃刀深度过大，车床有间隙拖板移动。

【职业能力分解】

根据示例零件的生产过程分析，完成以上要求的加工任务，需要掌握以下相关知识及操作技能。

一、理论知识

1．车工安全操作规程

（1）工作时应穿工作服，戴袖套。女同志应戴工作帽，将长发塞入帽子里。夏季禁止穿裙子、短裤和凉鞋上机操作。

（2）工作时，头不能离工件太近；为防止切屑飞入眼中，必须戴防护眼镜。

（3）工作时，必须集中精力，注意手、身体和衣服不能靠近正在旋转的机件，如工件、带轮、胶带、齿轮等。

（4）工件和车刀必须装夹牢固，以防飞出伤人。卡盘应装有保险装置。装夹好工件后，卡盘扳手必须从卡盘上取下。

（5）凡装卸工件、更换刀具、测量加工表面及变换速度时，必须先停车。

（6）车床运转时，不得用手去摸工件表面，尤其是加工螺纹时，严禁用手摸螺纹面，以免伤手。严禁用棉纱擦抹转动的工件。

（7）应用专用铁钩清除切屑，不允许用手直接清除。

（8）在车床上操作不准戴手套。

（9）不准用手去刹住转动着的卡盘。

（10）不准拆装电气设备，以免发生触电事故。工作中若发现机床、电气设备有故障，应及时申报，由专业人员检修，未修复不得使用。

2．车工文明生产

（1）开车前检查车床各部分机构及防护设备是否完好，各手柄是否灵活、位置是否正确。检查各注油孔，并进行润拖。然后使主轴空运转 1～2min，待车床运转正常后才能工作。若发现车床有故障，应立即停车并申报检修。

（2）主轴变速必须先停车，变换进给箱手柄要在低速下进行。为保证丝杠的精度，除切削螺纹外，不得使用丝杠进行机动进给。

（3）刀具、量具及工具等的放置要稳妥、整齐、合理，有固定的位置便于操作时取用，用后应放回原处。主轴箱盖上不应放置任何物品。

（4）工具箱内应分类摆放物件。精度高的应放置稳妥，重物放下层、轻物放上层，不可随意乱放，以免损坏和丢失。

（5）正确使用和维护量具。经常保持清洁，用后擦净、涂油、放入盒内并及时归还工具室。所使用量具必须定期校验，以保证其度量准确。

（6）不允许在卡盘及床身导轨上敲击或校直工件，床面上不准放置工具或工件。装夹、找正较重工件时，应用木板保护床面。下班时若工件不卸下，应用千斤顶支撑。

（7）车刀磨损后，应及时刃磨，不允许用钝刃车刀继续车削，以免增加车床负荷、损坏车床，影响工件表面的加工质量和生产效率。

（8）批量生产的零件，首件应送检。在确认合格后，方可继续加工。精车工件要注意防锈处理。

（9）毛坯、半成品和成品应分开放置。半成品和成品应堆放整齐、轻拿轻放，严防碰伤已加工表面。

（10）图样、工艺卡片应放置在便于阅读的位置，并注意保持其清洁和完整。

（11）使用切削液前，应在床身导轨上涂抹润滑油。

（12）工作场地周围应保持清洁整齐。

（13）工作完毕后，将所用过的物件擦净归位，清理机床、刷去切屑、擦净机床各部位的油污；按规定加注润滑油，最后把机床周围打扫干净；将床鞍摇至床尾一端，各转动手柄放到空挡位置，关闭电源。

3．车床基础知识

如图 2-2 所示是用于车削加工的一种机床。车工的职业定义是：操纵车床，进行工件旋转表面车削加工的人员。车削加工就是在车床上利用工件的旋转运动和车刀的直线运动（或曲线运动）来改变毛坯的尺寸、形状使之成为合格工件的一种金属切削方法。

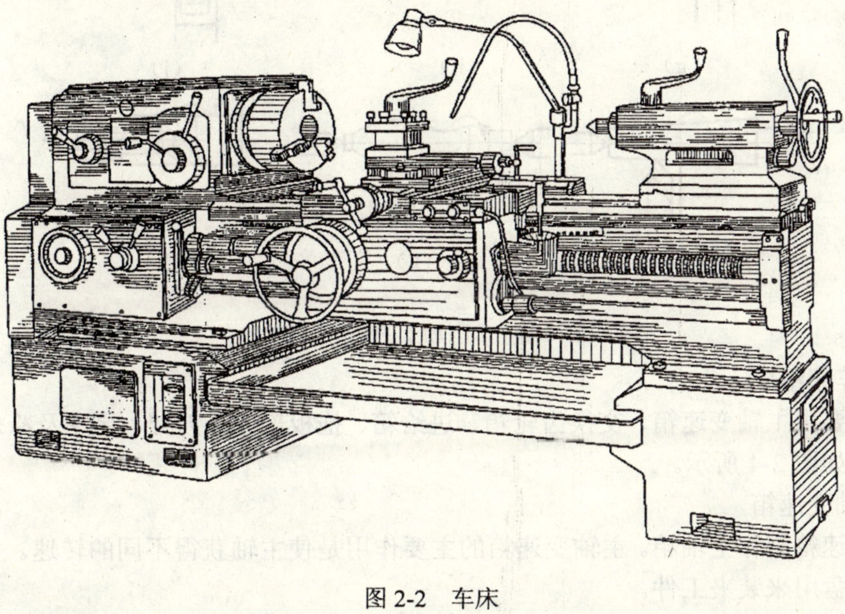

图 2-2　车床

机器中带有回转面的工件很多，这些回转面大都需要车削加工。车削加工基本上是金属切削加工中的第一道工序，所以它在切削加工中占有重要的地位。车床的台数几乎要占机床总台数的 30%～50%。车削加工的范围（如图 2-3 所示）很广，它可以车外圆、车端面、切断、车沟槽、钻心孔、钻孔、扩孔、锪孔、镗孔、铰孔、车圆锥面、车成形面、滚花、车螺纹等。若对车床夹具做些改进，可以车代磨、以车代刨、以车代镗等，从而大大提高车床的加工范围。

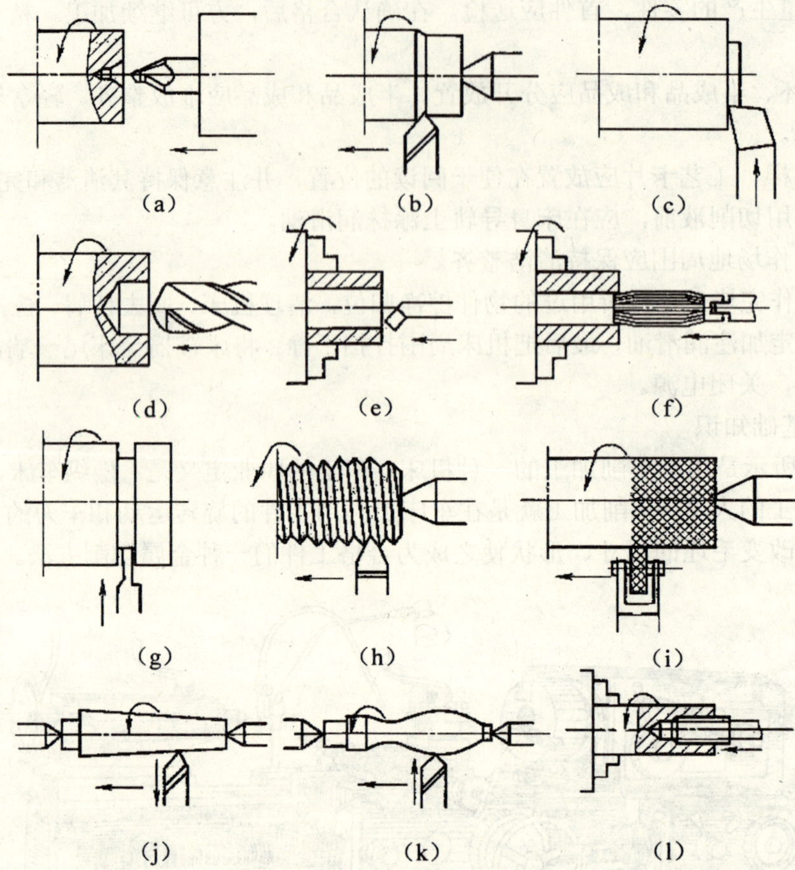

图 2-3　车削加工的基本内容

（1）车床组成

车床主要由主轴变速箱、交换齿轮箱、进给箱、拖板部分、刀架、尾座及冷却、照明等部分组成，如图 2-4 所示。

① 主轴变速箱

主轴变速箱简称主轴箱。主轴变速箱的主要作用是使主轴获得不同的转速。主轴用来安装卡盘，卡盘用来装夹工件。

② 交换齿轮箱

交换齿轮箱的作用是把主轴的运动传给进给箱。通过改变交换齿轮箱齿轮的齿数，配合进给箱的变速运动，可车削出不同螺距的螺纹工件及满足大小不同的纵、横进给量。

③ 进给箱

进给箱的作用是把交换齿轮箱传来的运动，经过变速后传递给光杠、丝杠，以满足车螺纹与机动进给的需要。

④ 拖板箱

拖板箱的作用是把光杠或丝杠传来的运动传递给床鞍及中拖板，以形成车刀纵向或横向进给运动。

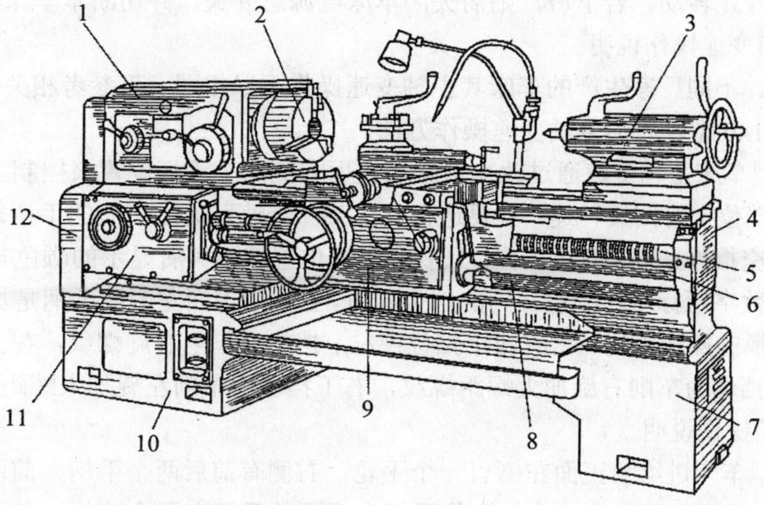

1—主轴箱；2—卡盘；3—尾座；4—支架；5—丝杆；6—光杠；
7—后底座；8—操纵杆；9—拖板箱；10—前底座；11—进给箱；12—交换齿轮箱

图 2-4　车床

⑤ 床鞍和拖板

床鞍用于支承拖板与实施纵向进给。拖板分中拖板和小拖板，中拖板用于横向进给，小拖板用于对刀、短距离的纵向进给、车圆锥等。

⑥ 刀架

刀架用来装夹车刀。

⑦ 尾座

尾座的用途广泛，装上顶尖可支顶工件，装上钻头可钻孔，装上板牙、丝锥可套螺纹和攻螺纹，装上铰刀可铰孔等。

⑧ 床身

床身是车床上精度要求很高的一个大型部件。它的主要作用是支承安装车床的其他部件。床身上面有两条精确的导轨（山形导轨和平导轨），床鞍和尾座可沿着导轨移动。

⑨ 冷却部分

冷却部分的作用是给切削区浇注充分的切削液，降低切削温度，提高工件加工质量和刀具寿命。

（2）车床基本操作

① 车床的启动操作说明

在启动车床之前必须检查车床各变速手柄是否处于空挡位置、离合器是否处于正确位置、操纵杆是否处于停止状态等，在确定无误后方可合上车床电源总开关，开始操纵车床。

先按下床鞍上的启动按钮（绿色）使电动机启动。接着将拖板箱右侧操纵杆手柄向上提起，主轴便逆时针方向旋转（即正转）。操纵杆手柄有向上、中间、向下三个挡位，可分别实现主轴的正转、停止和反转。若需较长时间停止主轴转动，必须按下床鞍上的红色停止按钮，使电动机停止转动。若下班，则需关闭车床电源总并关，并切断本车床电源闸刀开关。

② 主轴箱变速操作说明

不同型号、不同厂家生产的车床其主轴变速操作不尽相同，可参考相关的车床说明书。下面介绍 CA6140 型车床的主轴变速操作方法。

CA6140 型车床主轴变速通过改变主轴箱正面右侧两个手柄位置来控制。前面的手柄六个挡位，每一挡位上有四级转速，若要选择其中某一转速可通过后面的手柄来控制。后面的手柄除有两个空挡外，尚有四个挡位，只要将手柄位置拨到其所显示的颜色与前面手柄所处挡位上的转速数字所标示的颜色相同的挡位即可。主轴箱正面左侧的手柄是加大螺距及螺纹左、右旋向变换的操作机构。它有四个挡位：左上挡位为车削右旋螺纹，右上挡位为车削左旋螺纹，左下挡位为车削右旋加大螺距螺纹，右下挡位为车削左旋加大螺距螺纹。

③ 进给箱操作说明

CA6140 型车床进给箱正面左侧有一个手轮，右侧有前后两个手柄，前面的手柄有 A、B、C、D 四个挡位，是丝杠、光杠变换手柄；后面的手柄有四个挡位与有八个挡位的手轮相配合，用以调整螺距及进给量。实际操作应根据加工要求，查找进给箱油池盖上的螺纹和进给量调配表来确定手轮和手柄的具体位置。当后手柄处于正上方时是第 V 挡，此时齿轮箱的运动不经进给箱变速，而与丝杠直接相连。

④ 拖板部分的操作说明

a. 床鞍的纵向移动由拖板箱正面左侧的大手轮控制，当顺时转动手轮时，床鞍向右运动；逆时针转动手轮时，床鞍向左运动。

b. 中拖板手柄控制中拖板的横向移动和横向进刀量。当顺时针转动手柄时，中拖板向远离操作者的方向移动（即横向进刀）；逆时针转动手柄时，中拖板向靠近操作者的方向移动（即横向退刀）。

c. 小拖板可作短距离的纵向移动。小拖板手柄顺时针转动，小拖板向左移动；逆时针转动小拖板手柄，小拖板向右移动。

⑤ 刻度盘及分度盘的操作说明

a. 拖板箱正面的大手轮轴上的刻度盘分为 300 格，每转过 1 格，表示床鞍纵向移动 1mm。

b. 中拖板丝杠上的刻度盘分为 100 格，每转过 1 格，表示刀架横向移动 0.05mm。

c. 小拖板丝杠上刻度盘分为 100 格，每转过 1 格，表示刀架纵向移动 0.05mm。

d. 小拖板上的分度盘在刀架需斜向进刀加工短锥体时，可顺时针或逆时针地在 90°范围内转过某一角度。使用时，先松开锁紧螺母，转动小拖板至所需要角度后，再锁紧螺母以固定小拖板。

⑥ 自动进给的操作说明

拖板箱右侧有一个带十字槽的扳动手柄，是刀架实现纵、横向机动进给和快速移动的集中操纵机构。该手柄的顶部有一个快进按钮，是控制接通快速电动机的按钮。当按下此钮时，快速电动机工作；放开按钮时，快速电动机停止转动。该手柄扳动方向与刀架运动的方向一致，操作方便。当手柄扳至纵向进给位置，且按下快进按钮时，则床鞍作快速纵向移动；当手柄扳至横向进给位置，且按下快进按钮时，则中拖板带动小拖板和刀架作横向快速进给。

⑦ 开合螺母操作手柄的操作说明

在拖板箱正面右侧有一开合螺母操作手柄，专门控制丝杠与拖板箱之间的联系。一般情况下，车削非螺纹表面时，丝杠与拖板箱间无运动联系，开合螺母处于开启状态，该手柄位于上方。当需要车削螺纹时，扳下开合螺母操纵手柄，将丝杠运动通过开合螺母的闭合而传递给拖板箱，并使拖板箱按一定的螺距（或导程）作纵向进给。车完螺纹后，又将该手柄扳回原位。

⑧ 刀架操作说明

四方刀架相对于小拖板的转位和锁紧，依靠刀架上的手柄控制刀架定位、锁紧元件来实现。逆时针转动刀架手柄，刀架可以逆时针转动，以调换车刀；顺时针转动刀架手柄时，刀架则被锁紧。

⑨ 尾座的操作说明

a. 尾座可在床身内侧的山形导轨和平导轨上沿纵向移动，并依靠尾座架上的两个锁紧螺母使尾座固定在床身上的任一位置。

b. 尾座架上有左、右两个长把手柄。左边为尾座套筒固定手柄，顺时针扳动此手柄，可使尾座套筒固定在某一位置。右边手柄为尾座快速紧固手柄，逆时针扳动此手柄可使尾座快速地固定于床身的某一位置。

c. 开尾座架左边长把手柄（即逆时针转动手柄），转动尾座右端的手轮，可使尾座套筒作进、退移动。

4．车刀简介

在切削过程中，刀具切削部分承受切削力、切削热的作用，同时与工件及切削之间产生剧烈的摩擦，因而发生磨损。在切削余量不均匀或切削断续表面时，刀具还受到很大的冲击和震动。因此，刀具切削部分的材料应满足下列基本要求：

（1）对车刀切削部分材料的要求

① 硬度高：常温下刀头的硬度要在 60HRC 以上。

② 耐磨性好：耐磨性指车刀抵抗工件磨损的性能。一般讲，材料越硬其耐磨性越好。

③ 耐热性好：车刀在高温下仍有良好的切削性能。

④ 有足够的强度和韧性：车刀切削时要承受较大的冲击力，所以要求车刀刀头必须有足够的强度和韧性。

⑤ 有良好的工艺性能：车刀刀头材料要具备可焊接、煅造、热处理、磨削加工等工艺性能。

（2）常用车刀材料

常用车刀材料有高速钢和硬质合金两大类。

① 高速钢：高速钢是含有钨、铬、钒、钼等合金元素较多的合金钢。高速钢车刀的特点是制造简单、刃磨方便、刃口锋利、韧性好并能承受较大的冲击力，但高速钢车刀的耐热性较差，不宜高速车削。

高速钢主要适合制造小型车刀、螺纹刀及形状复杂的成形刀。常用的钨系高速钢牌号是 Wl8Cr4V；钼系高速钢牌号是 W6Mo5Cr4V2。

② 硬质合金：硬质合金是一种硬度高、耐磨性好、耐高温（在 800℃～1000℃时仍有良好的切削性能）适合高速车削的粉末冶金制品。但它的韧性差，不能承受较大的冲击力。

硬质合金是由碳化钨、碳化钛粉末，用钴作黏合剂，经高压成型、高温煅烧而成。含钨量多的硬度高，含钴量多的强度较高、韧性较好。

常用的硬质合金有三类：

a. 钨钴类（K 类）。这类硬质合金是由碳化钨和钴组成。它的牌号由汉语拼音字母 YG 和数字表示。字母表示钨钴类，数字表示钴含量的质量百分数，常用的牌号有 YG3、YG6、YG8 等多个牌号。钨钴类硬质合金适应于加工铸铁、有色金属等脆性材料。YG3 因含钨量多而含钴量少，硬度高而韧性差，所以适用于精加工。YG8 含钨量少而含钴量多，其硬度低而韧性好，适用于粗加工。

b. 钨钛钴类（P 类）。这类硬质合金是由碳化钨、碳化钛粉末，用钴作黏合剂制成。钨钛钴类硬质合金耐磨性好、能承受较高的切削温度，适合加工塑性金属及韧性较好的材料。因为它性脆，不耐冲击，因此不宜加工脆性材料（如铸铁等）。常见的牌号有 YT5、YTl5、YT30 等，牌号中的字母 YT 表示钨钛钴类，数字表示含钛量的质量百分数。YT5 含碳化钛少而含钴量多，其抗弯强度较好，能承受较大冲击力，适用于粗加工。YT30 含碳化钛多而含钴量少，适用于精加工。

c. 钨钛钽（铌）钴类（M 类）。这类硬质合金是在钨钛钴类基础上加入少量的碳化钽或碳化铌制成的，其抗弯强度和冲击韧度都比较好，所以应用广泛，不仅可加工脆性材料，也可加工塑性材料。常见的牌号有 YW1、YW2 等。它主要用于加工高温合金、高锰钢、不锈钢、铸铁及合金铸铁等。

（3）常用车刀的种类和用途

① 车刀的种类

车刀按其车削的内容不同分外圆车刀、端面车刀、切断刀、内孔车刀、成形车刀和螺纹车刀等。

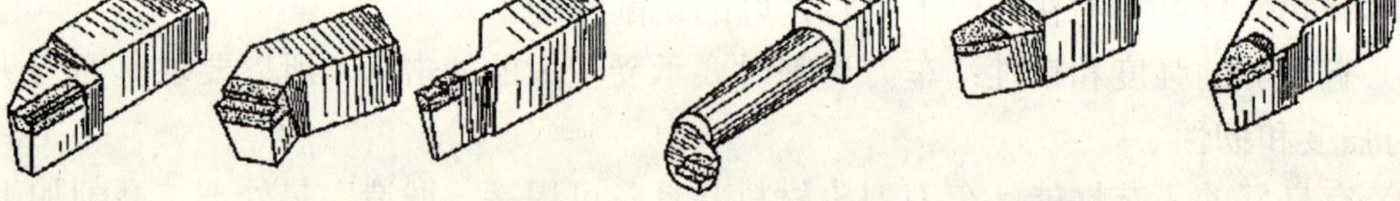

（a）外圆车（b）端面车刀 （c）切断刀 （d）内孔车刀 （e）成形车刀 （f）螺纹车刀

图 2-5　车刀的种类

②车刀的用途

90°车刀又叫偏刀，主要用来车削外圆、端面和阶台。75°车刀用来粗车外圆。45°车刀又叫做弯头刀，主要用来车外圆、端面和倒角。切断刀用来切断、车槽。成形刀用来车削成形面。螺纹车刀用来车削螺纹。

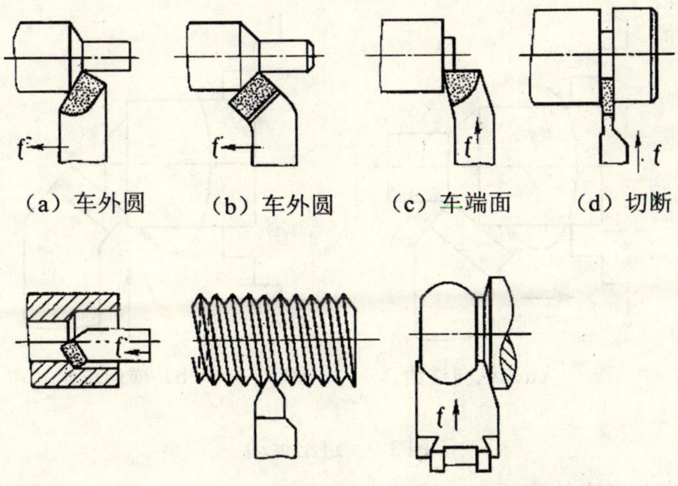
（a）车外圆　（b）车外圆　（c）车端面　（d）切断

（e）车内孔　（f）车螺纹　（g）车成形面

图 2-6　车刀的用途

③硬质合金可转位车刀

硬质合金可转位车由刀杆、刀片、刀垫和夹紧装置等部分组成，如图 2-7 所示。

刀片担负着各种切削任务。当刀片磨钝后、只需松开夹紧装置，将为片转一个角度就可以用新切削刃进行切削。硬质合金可转位车刀大大缩短了换力、装刀、磨刀等时间，因此是今后车刀发展的方向。

（4）车削运动

① 车削运动

车床的切削运动主要指工件的旋转运动和车刀的直线运动。车刀的直线运动又叫做进给运动，进给运动分为纵向进给运动和横向进给运动。

a. 主运动。车削时形成切削速度的运动叫做主运动。工件的旋转运动就是主运动。

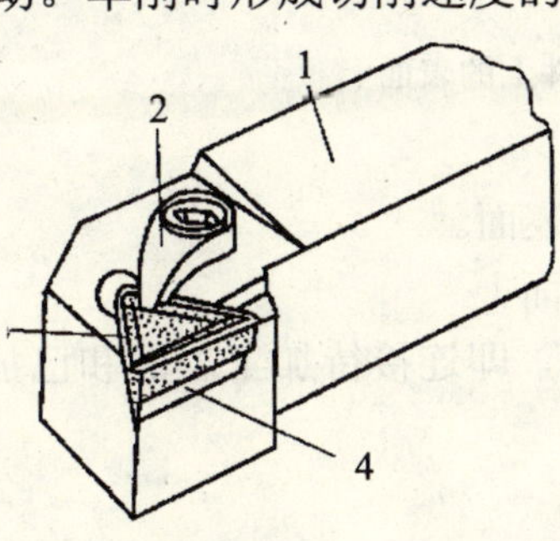

1—刀杆；2—夹紧装置；3—刀片；4—刀垫

图　2-7

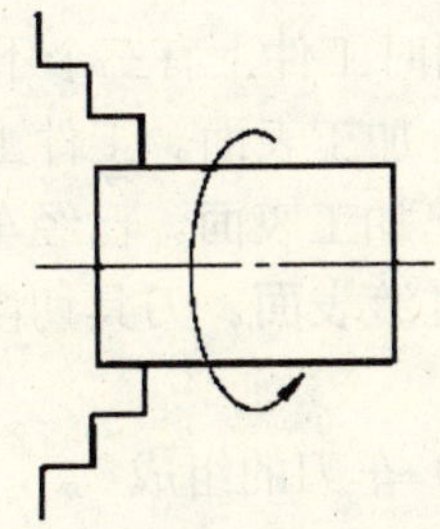
图 2-8　主运动

b. 进给运动。使工件多余材料不断被车去的运动叫做进给运动。车外圆是纵向进给运动，车端面、切断、车槽是横向进给运动。

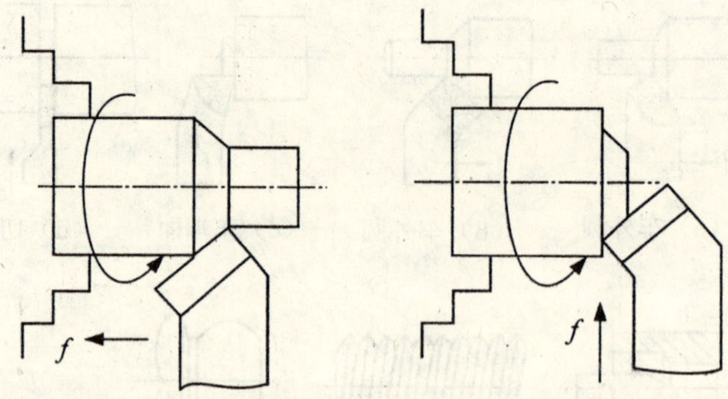

（a）纵向进给　　（b）横向进给

图 2-9　进给运动

② 车削时工件上形成的表面

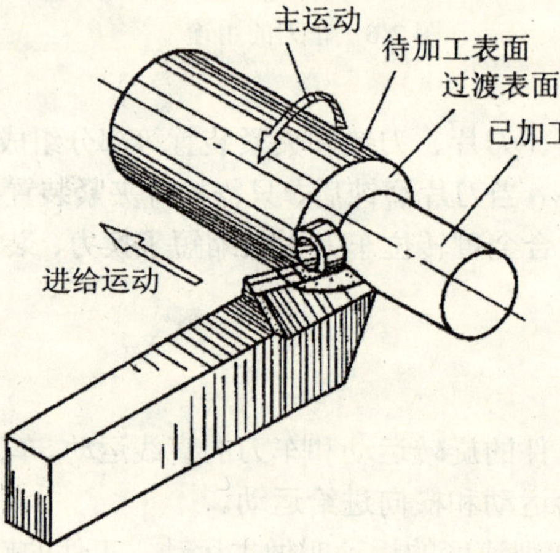

图 2-10　车削运动和工件上的表面

车削时工件上有三个不断变化的表面：

a. 待加工表面。工件上将要被车去多余金属的表面。

b. 已加工表面。已经车去金属层面形成的新表面。

c. 过渡表面。刀具切削刃在工件上形成的表面，即连接待加工表面和已加工表面之间的表面。

（5）车刀的组成

车刀由刀体和刀柄两部分组成，刀体担负切削任务，因此又叫做切削部分。刀柄的作用是把车刀装夹在刀架上。

① 前刀面：切屑排出时经过的表面。

② 后刀面：后刀面又分主后刀面和副后刀面。主后刀面是和工件上过渡表面相对的车刀刀面；副后刀面是和工件上已加工表面相对的车刀刀面。

③ 主切削刃：前刀面和主后刀面相交的部位，它担负着车刀的主要切削任务。

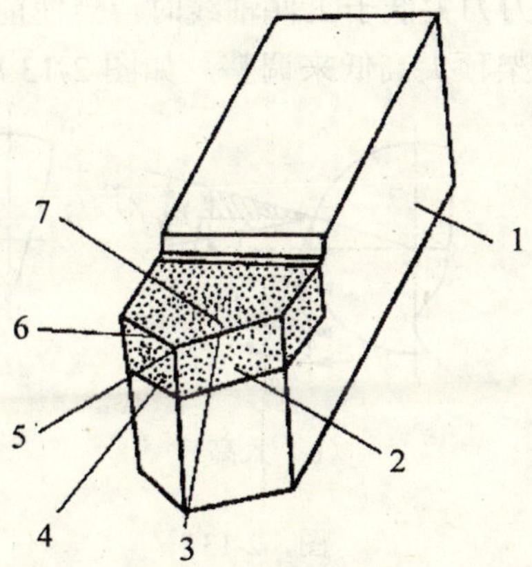

图 2-11　车刀的组成

1—刀杆；2—主后刀面；3—主切削刃；4—副后刀面；5—刀尖；6—副切削刃；7—前刀面

④ 副切削刃：前刀面和副后刀面相交的部位，它担负着车刀次要的切削任务。

⑤ 刀尖：主切削刃和副切削刃相交的部位。为提高刀尖的强度，常把刀尖部分磨成圆弧形或直线形，圆弧或直线部分的刀刃叫做过渡刃。

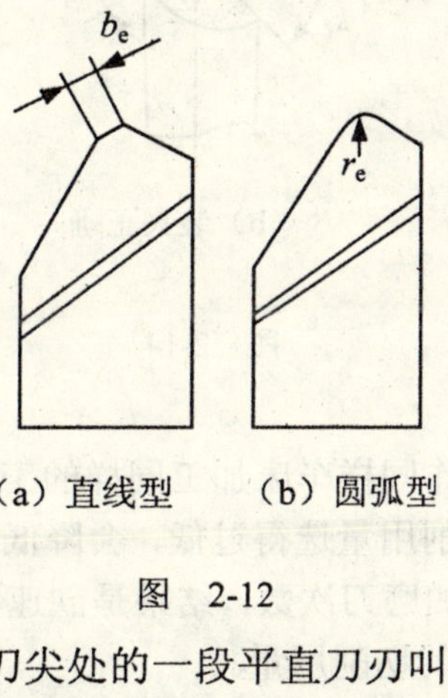

（a）直线型　（b）圆弧型

图　2-12

⑥ 修光刃：副切削刃前段近刀尖处的一段平直刀刃叫做修光刃。装夹车刀时只有把修光刃与进给方向平行，且修光刃的长度大于进给量才能起到修光工件表面的作用。

（6）车刀的安装

车刀安装得正确与否将直接影响切削能否顺利进行和工件的加工质量。安装车刀时应注意下列问题：

① 车刀安装在刀架上，伸出部分不宜太长，伸出量一般为刀杆高度的 1～1.5 倍。伸出过长会使刀杆刚性变差，切削时易产生振动，影响工件的表面粗糙度。

② 车刀垫铁要平整，数量要少，垫铁应与刀架对齐。车刀至少要用两个螺钉压紧在刀架上，并交替压紧。

③ 车刀刀尖一般应与工件轴线等高，否则会因基面和切削平面的位置发生变化，而改变车刀工作时的前角和后角的数值。当车刀刀尖高出工件轴线时，会使后角减小，增大车刀

后刀面与工件间的摩擦；当车刀刀尖低于工件轴线时，会使前角减小，切削不顺利，会使刀尖崩碎。刀尖的高低可根据尾架顶尖高低来调整，如图 2-13 所示。

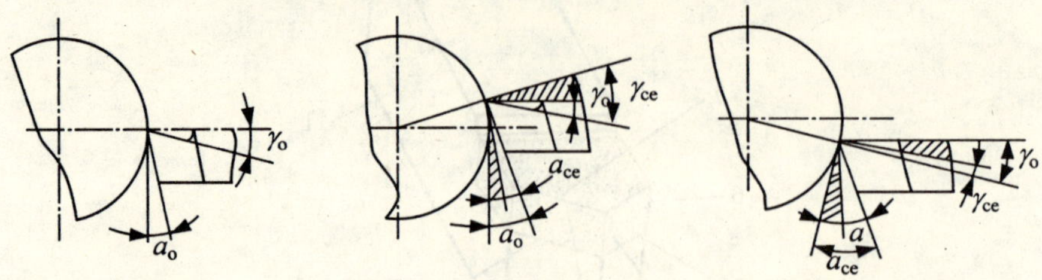

（a）正确　　（b）太高　　（c）太低

图　2-13

④ 如图 2-14 所示，车刀刀杆中心线应与进给方向垂直，否则会使主偏角和副偏角的数值发生变化。

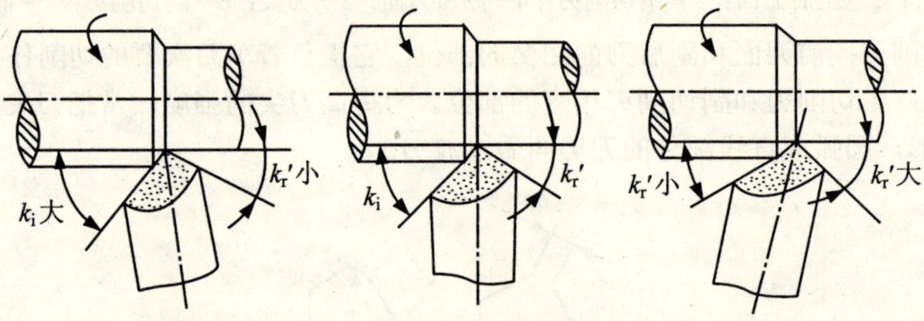

（a）k_r增大　　（b）装夹正确　　（c）k_r减小

图　2-14

5．切削用量的选择

在实际生产中，有时虽然操作同样车床加工同样的工件，但由于切削用量选择不同，却会造成完全不同的切削效果。切削用量选得过低，会降低生产率，延长生产工期；切削用量选得过高，会加快车刀磨损，增加磨刀次数，结果是欲速则不达，同样会影响生产成本和降低生产率。因此，必须选择合理的切削用量。

（1）合理选择切削用量的意义

合理选择切削用量对提高劳动生产率、延长车刀使用寿命、保证加工质量、增加经济效益都有十分重要的意义。切削用量是否合理的标准是：

① 是否能保证工件表面的加工质量。

② 在机床刚性允许的条件下是否能充分发挥机床的功率。

③ 在保证加工质量和刀具寿命条件下是否能充分发挥刀具的切削性能。

（2）切削用量（又称切削三要素）

切削用量包括吃刀深度、进给量和切削速度。

① 吃刀深度 a_p：车削时工件待加工表面与已加工表面间的垂直距离。切断、车槽时的背吃刀量等于车刀主切刃的宽度。车外圆时吃刀深度的计算公式是：

$$a_p = \frac{d_w - d_m}{2}$$

式中，a_p 为吃刀深度（mm）；d_w 为工件待加工表面直径（mm）；d_m 为已加工表面直径（mm）。

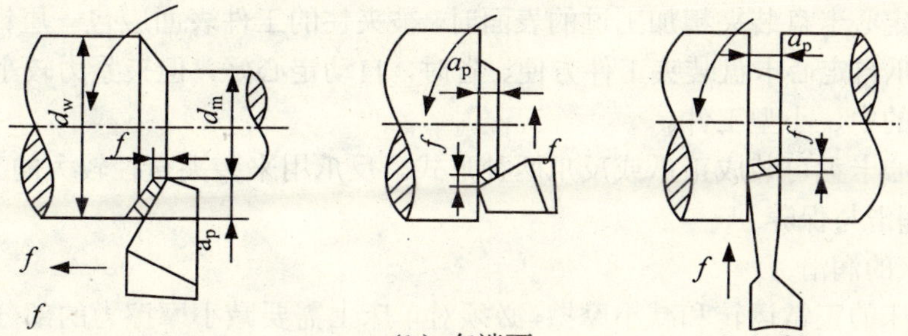

（a）车外圆　　（b）车端面　　（c）切断

图 2-15　进给量和吃刀深度

② 进给量 f：工件每转一圈，车刀沿进给方向移动的距离叫做进给量，单位是 mm / r。

③ 切削速度 v_c：

$$V_c = \frac{n\pi d_w}{1000}$$

式中，v_c 为切削速度（m/min）；n 为主轴转速（r/min）；d_w 为工件待加工表面直径（mm）。

（3）选择切削用量的基本原则

① 粗车时切削用量的选择

粗车时主要以提高生产率为主，应尽快地把多余材料切除，原则上应选大的切削用量，但又不能将切削用量三要素同时增大。因为切削用量中对车刀寿命影响最大的是切削速度，其次是进给量，影响最小的是吃刀深度。合理的切削用量应该是：首先选用一个大的吃刀深度，将粗车余量切除，若余量太大、一次无法切除的可分两次或三次，但第一次的吃刀深度要尽可能大一些。其次，为缩短进给时间再选择一个较大的进给量。当吃刀深度和进给量确定之后，在保证车刀寿命的前提下，再选择一个相对大而合理的切削速度。

② 半精车、精车时切削用量的选择

半精车、精车时，主要以保证工件加工精度为主，但也要注意提高生产率及保证车刀寿命。半精车、精车的切削余量是根据技术要求由粗车留下的，原则上半精车和精车都是一次进给完成。若工件表面粗糙度值要求较小，一次进给无法保证表面质量时才可分两次或三次进给，但最后一次进给的吃刀深度不应小于 0.1mm。

半精车、精车的进给量应选得小一些，切削速度应根据刀具材料选择。高速钢车刀应选较低的切削速度（V_c<5m/min）；硬质合金车刀应选择较高的切削速度（V_c>80m/min）。

6．工件的装夹

车削加工前，必须将工件在机床夹具中定位和夹紧，使工件在整个切削过程中始终保持正确位置。由于轴类工件形状、大小的差异和加工精度及数量的不同，应分别采用不同的装夹方法。

三爪自定心卡盘的三个卡爪是同步运动的，能自定心，一般不需找正。但在装夹较长的工件时，工件离卡盘夹持部分较远处的旋转中心不一定与车床主轴旋转中心重合，这时必须找正。当三爪自定心卡盘使用时间较长，已失去应有精度，而工件的加工精度要求又较高时，也需要找正。

用三爪自定心卡盘装夹精加工过的表面时，被夹住的工件表面应包一层铜皮，以免夹伤工件表面。三爪自定心卡盘装夹工件方便、省时，自动定心好，但夹紧力较小，所以适用于装夹外形规则的中、小型工件。

三爪自定心卡盘可装成正爪或反爪两种形式。反爪用来装夹直径较大的工件。

7．车床润滑与保养

（1）车床的润滑

为保证车床的正常运转和减小摩擦，必须对车床上需要减小摩擦力的部分进行充分的润滑。根据车床不同部位采用不同的润滑方式。

车床上常用的润拖方式有：浇油润滑、油绳润滑、直通式压注油杯润滑、旋盖式油杯润滑、溅油润滑（车床齿轮箱内的零件利用齿轮的转动把润滑油飞溅到各处进行润滑）和油泵循环润滑等。

（2）车床的保养

车工不仅仅只是操作车床，还要爱护车床、保养车床。车床保养的好坏直接影响加工质量的好坏和生产效率的高低。为了保证车床的加工精度并延长它的使用寿命，必须定期对车床进行保养。

当车床运转 500 小时后，需进行一级保养。主要是进行清扫、润滑和必要的调整。保养工作以操作工人为主、维修工人配合进行。

二、操作技能分解

1．正确启动机床

在启动车床之前必须检查车床各变速手柄是否处于空挡位置、离合器是否处于正确位置、操纵杆是否处于停止状态等，在确定无误后方可合上车床电源总开关，按下床鞍上的启动按钮（绿色）使电动机启动，开始操纵车床。

2．试车操作

（1）主轴启动与停止：开启机床电源——电动机启动——操纵主轴正转——操纵主轴停止——操纵主轴反转——操纵主轴停止——关闭电动机按钮。

（2）机动进给：电动机启动——操纵主轴正转——手动纵、横进给——手动退回——机动纵向进给——机动快速退回——机动横向进给——机动快速退回——停止主轴转动——关闭电动机。

3．设备点检润滑

如图 2-16 所示为 C6140 型普通车床的润滑系统位置示意图。润滑部位用数字标出，主轴箱内应注意有足够的润滑油，一般加到油标孔的一半即可。箱内齿轮用溅油法进行润滑，主轴后轴承用油绳进行润滑，主轴前轴承等重要部位用柱塞泵供油润滑。

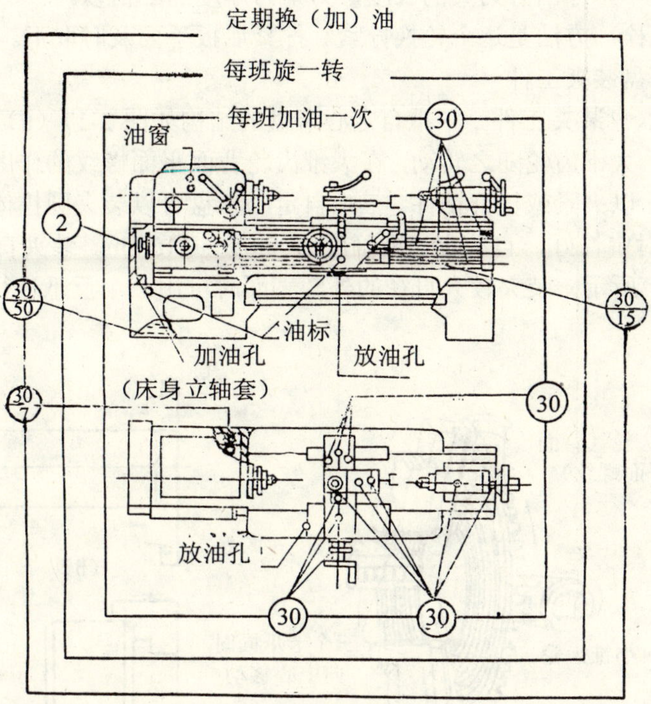

图 2-16　C6140 型车床润滑系统位置

交换齿轮轴头有一塞子，每班拧动一次。

溜板箱下部是储油槽，应把油注到油标的中心上。刀架和横向丝杆、床尾套筒和丝杆、导轨的润滑用油枪加油每班加油一次。

4．车刀的选择与安装

（1）车刀的选择

① 外圆粗车刀：粗车外圆的特点是切屑深度大、进给快。所以，粗车刀必须有足够的强度，切屑条件好。常用的硬质合金外圆粗车刀有主偏角为 45°、75°、90°等几种。这里选用 90°外圆粗车刀。

② 外圆粗车刀：精车的特点是要求车外圆后，达到外圆表面的尺寸、形状和位置精度以及表面粗造度要求。所以要求切屑刃光洁和锋利。

③ 车端面选择使用 45°端面车刀。

（2）车刀的装夹

① 准备：选择车削加工刀具 45°端面车刀和 90°外圆车刀，合适数量的垫片备用。

② 车刀要紧固得稳妥牢靠，至少要有 2 个螺栓紧固。

③ 车刀刀尖应与车床主轴中心等高，车刀刀头不能歪斜（保证主、副偏角安装正确），以便能更好地发挥刀具的切削效能。但是粗车外圆时，允许车刀刀尖的安装稍高于工件中心；精车时则允许车刀刀尖的安装稍低一些，这样能够收到较好的切削效果。刀尖高或低的调整量应在一定范围之内。调整车刀高度用的垫片要平整，垫片数量应为 2～3 片，不宜过多以免引起车刀振动影响切削。

④ 调整刀具的车刀伸出方刀架的长度，为车刀厚度的 2 倍以内。

⑤ 最后紧固螺栓：方法是逐个轮换拧紧。拧紧后扳手要及时取下。

5．使用三爪卡盘装夹工件

用三爪自定心卡盘装夹工件　三爪自定心卡盘的结构如图 2-17（a）所示。当用卡盘扳手转动小锥齿轮时，大锥齿轮随之转动，在大锥齿轮背面平面螺纹的作用下，使三个爪同时向中心移动或退出，以夹紧或松开工件。三爪自定心卡盘可以装夹圆柱体工件、截面形状为正六方的工件，且对中性好，自动定心准确度为 0.05～0.15mm。装夹直径较小的外圆表面情况如图 2-17（b）所示，装夹较大直径的外圆表面时可用三个反爪进行，如图 2-17（c）所示。

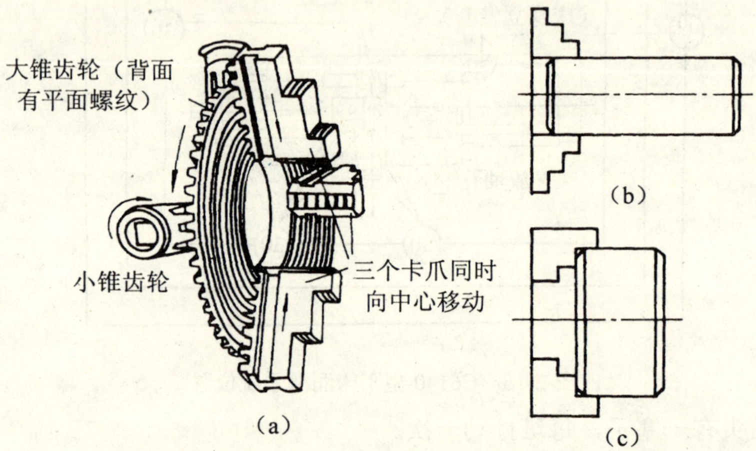

（a）三爪自定心卡盘　（b）反爪装夹　（c）反爪装夹

图 2-17　三爪自定心卡盘装夹工件

粗加工时可用目测和划针盘找正工件毛坯表面；半精车、精车时可用百分表找正工件外圆和端面；装夹轴向尺寸较小的工件时，可在刀架上装夹一圆头铜棒，再轻轻夹紧工件，然后使卡盘中速带动工件转动，移动床鞍，使刀架上的圆头铜棒轻轻接触已粗加工的工件端面，观察工件端面大致与轴线垂直后即停止旋转，并夹紧工件。

6．使用端面车刀车削加工零件端面

（1）车端面

开动机床使工件旋转，移动小拖板或床鞍，控制切削深度，然后锁紧床鞍。摇动中拖板手柄作横向进给，由工件外缘向中心车削，也可由中心向外缘车削。

车削端面的方法：

① 用 45°车刀车削端面

如图 2-18 所示，45°车刀又称为弯头刀，主偏角为 45°，刀尖角 ε_r 为 90°。45°车刀的刀头强度和散热条件比 90°车刀好，常用于车削工件的端面、倒角。另外，由于 45°车刀主偏角较小，车削外圆时，径向切削力较大，所以一般只能车削长度较短的外圆。

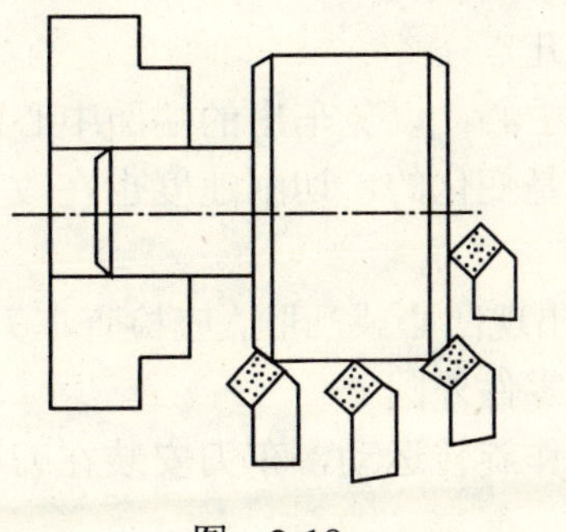

图 2-18

② 用偏刀车削端面

如图 2-19 所示，用右偏刀车削端面时，如果车刀由工件外缘向中心进给，使副切削刃切削。当吃刀深度 a_p 较大时，切削力会使车刀扎入工件而形成凹面。为防止产生凹面，可改为由中心向外缘进给，用主切削刃切削，但吃刀深度要小。或者在车刀副切削刃上磨出前角，使之成为主切削刃来车削。

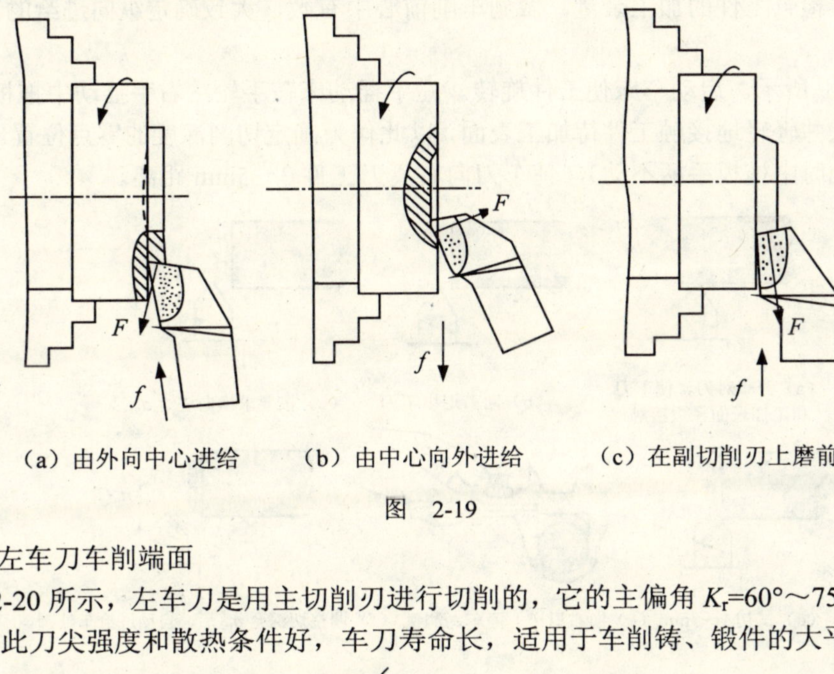

（a）由外向中心进给　（b）由中心向外进给　（c）在副切削刃上磨前角

图 2-19

③ 用左车刀车削端面

如图 2-20 所示，左车刀是用主切削刃进行切削的，它的主偏角 K_r=60°～75°，刀尖角大于 90°，因此刀尖强度和散热条件好，车刀寿命长，适用于车削铸、锻件的大平面。

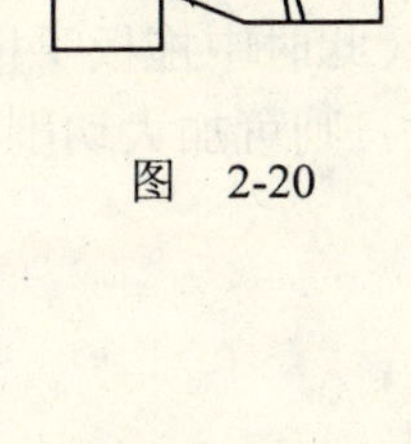

图 2-20

（2）车端面时应注意以下几点

① 车刀的刀尖应对准工件中心，以免车出的端面中心留有凸台。

② 端面的直径从外到中心是变化的，切削速度也在改变，在计算切削速度时必须按端面的最大直径计算。

③ 车直径较大的端面，若出现凹心或凸肚，应检查车刀和方刀架以及大拖板是否锁紧。

7．使用外圆车刀车削加工零件外圆

（1）将工件安装在卡盘上作旋转运动，车刀安装在刀架上使之接触工件并作相对纵向进给运动便可车出外圆。

（2）选择合适的切削用量：它的原则是充分发挥刀具材料的切削性能，充分利用车床的能力，保证加工质量，保证提高生产率。

（3）调整机床：调整主轴转数、调整进给量、检查车床有关运动部件的间隙是否合适。

（4）开车加工

① 准备

根据图样检查工件的加工余量，做到车削前心中有数，大致确定纵向进给的次数。

② 对刀

如图 2-21 所示，启动车床使工件旋转。左手摇动床鞍手轮，右手摇动中拖板手柄，使车刀刀尖靠近并轻轻地接触工件待加工表面，以此作为确定切削深度的零点位置。反向摇动床鞍手轮（此时中拖板手柄不动），使车刀向右离刀工件 3～5mm 距离。

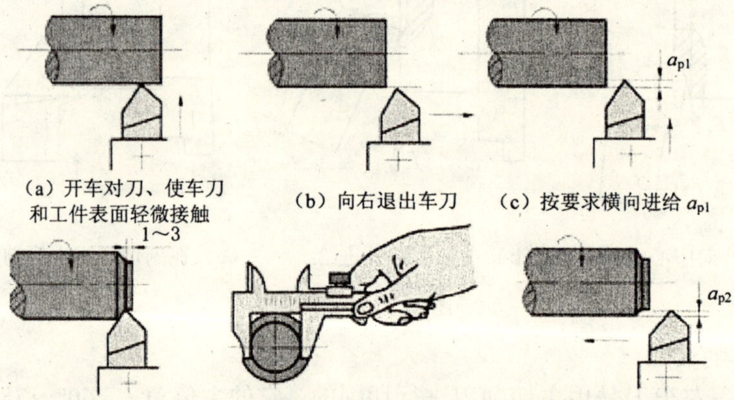

（a）开车对刀、使车刀和工件表面轻微接触　（b）向右退出车刀　（c）按要求横向进给 a_{p1}

（d）试初 1～3mm（e）向右退出、停车、测量（f）调整切深至 a_{p2} 后，自动进给车外圆

图　2-21

③ 进刀

摇动中拖板手柄，使车刀横向进给，其进给量为切削深度。其中大小通过中拖板上的刻度盘进行控制和调整。

④ 试切削

试切削的目的是为了控制切削深度，保证工件的加工尺寸。车刀进刀后作纵向进给切削工件 2mm 左右时，反向摇动床鞍手轮（此时中拖板手柄不动），纵向退出，停车测量。如尺寸符合要求就可继续切削；如尺寸还大，则可加大切削深度；若尺寸过小，则应减小切削深度。

⑤ 正常车削

通过试切削调节好切削深度便可正常车削。此时，可选择机动或手动纵向进给。当车削到所需部位时，退出车刀，停车测量。如此多次进给直到被加工表面达到图样要求为止。

刻度盘的原理和应用：

车削工件时，为了准确而迅速地掌握切削深度，通常用中拖板或小拖板上的刻度盘来作进刀的参考依据。

中拖板的刻度盘装在横向进给丝杠端头上，当摇动横向进给丝杆一圈时，刻度盘也随之旋转一圈，这时固定在中拖板上的螺母就带动中拖板、刀架及车刀一起移动一个螺距。如果中拖板丝杠螺距为 5mm，刻度盘分为 100 格，当手柄摇转一周时，中拖板就移动 5mm，当刻度盘每转过一格时，中拖板移动量则为：

$$5\div 100=0.05\text{（mm）}$$

小拖板的刻度盘可以用来控制车刀短距离的纵向移动，其刻度原理与中拖板的刻度盘相同。

如图 2-22 所示，转动中拖板丝杠时，由于丝杠与螺母之间的配合存在间隙，拖板会产生空行程（即丝杠带动刻度盘已转动，而拖板并未立即移动）。所以，使用刻度盘时要反向转动适当角度，消除配合间隙，然后再慢慢转动刻度盘到所需的格数；如果多转动了几格，绝不能简单地退回，而必须向相反方向退回全部空行程，再转到所需要的刻度位置。

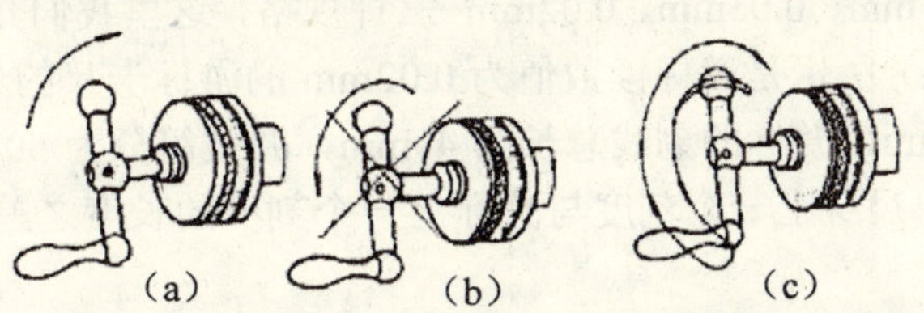

（a）　　（b）　　（c）

图　2-22

由于工件是旋转的，用中拖板刻度盘指示的切削深度实现横向进刀后，直径上被切除的金属层是切削深度的 2 倍。因此，当已知工件外圆还剩余加工余量时，中拖板刻度控制的切削深度不能超过此时加工余量的 1/2；而小拖板刻度盘的刻度值则直接表示工件长度方向的切除量。

8．使用游标卡尺进行尺寸检测

（1）游标卡尺的结构形状

游标卡尺的式样很多，这里只介绍常用的三用游标卡尺，如图 2-23 所示。

游标卡尺的构造由两部分组成，一部分为刻有毫米刻度的直尺 D，称为主尺，在主尺 D 上有量爪 A、A′；另一部分为附加在主尺上能沿主尺滑动并有量爪 B、B′的不同分度尺，称为游标 E。量爪 A、B 用来测量物体的厚度和外径；量爪 A′、B′用来测量内径；C 为尾尺，用来测物体孔深或槽深，待测物体的各种数值由游标零线和主尺零线之间的距离来表示。M 为固定螺钉，用螺钉固定后，可保持原测量值。

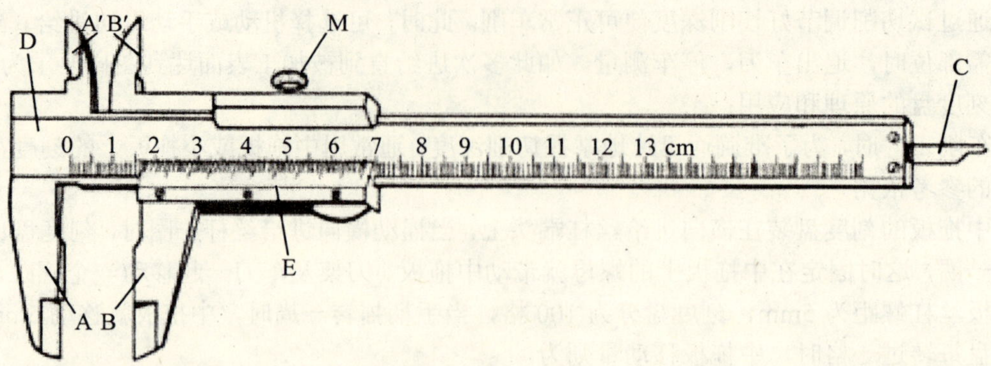

图 2-23　游标卡尺

（2）游标卡尺的读数原理及读数方法

游标卡尺的读数机构是由尺身和游标两部分组成。当（内）外量爪与尺框合拢时，尺身上的零线与游标上的零线对齐，此时量爪间的距离为“0”。当尺框向右移动到某一位置时，固定量爪与活动量爪之间的距离，就是零件的测量尺寸。此时零件尺寸的整数部分，可在游标零线左边的尺身刻线上读出来，而小于 1mm 的小数部分，可借助游标读出来。

游标读数值有 0.1mm、0.05mm、0.02mm 三种规格，这里我们介绍 0.02mm 的读数原理和方法，如图 2-24（a）所示是游标读数值为 0.02mm 的游标卡尺的刻线原理图。由图可见，尺身的刻线每格为 1mm，游标的刻线总长为 49mm，并被等分为 50 格，因此游标的刻度每格为 49÷50=0.98mm，尺身上一个刻度与游标上一个刻度的长度之差为 1－0.98=0.02mm。

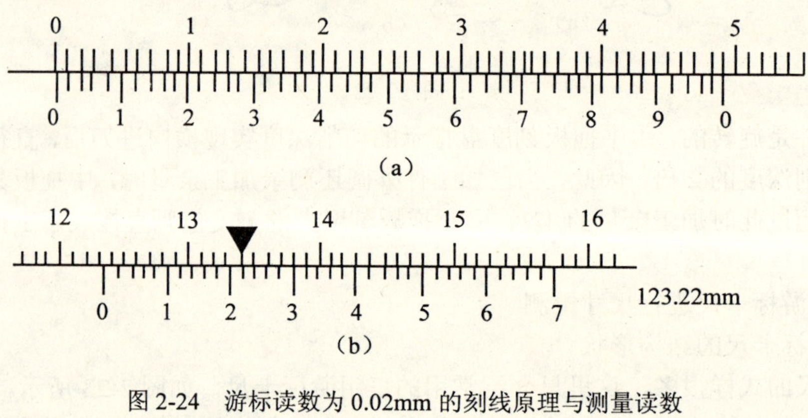

图 2-24　游标读数为 0.02mm 的刻线原理与测量读数

在图 2-24（b）中，游标零线在 123mm～124mm 之间，游标上的第 11 条刻线与尺身刻线对准。所以被测尺寸的整数部分为 123mm，小数部分为 11×0.02=0.22mm，被测总尺寸为 123+0.22=123.22 mm。

（3）游标卡尺的使用

游标卡尺仅用于已加工的光滑表面，表面粗造的工件或正在运动中的工件都不宜用游标卡尺测量，以免将量爪过快磨损。

用游标卡尺测量时，应使量爪逐渐与工件表面靠近，最后达到轻微接触，如图 2-25 所示。

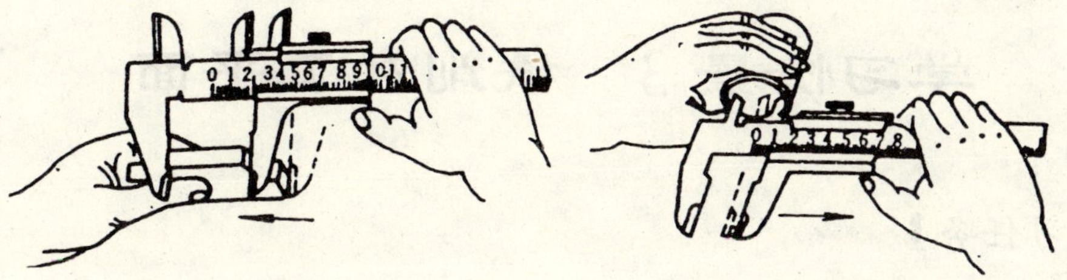

图 2-25

使用游标卡尺时应注意下列事项：

（1）使用前应检查卡尺检验合格证及计量合格有效期，无检验合格证和计量有效期的卡尺不允许应用于生产。

（2）使用前应擦净量爪，并将两爪闭合，检查尺身、游标零线是否重合，若不重合，则在测量后根据零线不重合误差修正读数。

（3）测量时，不要用量爪用力压工件，以免量爪变形或磨损，降低测量的准确度。

【思 考 题】

[1] 通过观察和询问，了解工段长的职责，如果作为一名新员工，首先将如何与工段长保持良好的上下级关系？

[2] 在进行生产过程中，将要对生产所使用的工、量、夹具进行准备，在这个过程中，将与那些部门接触？

[3] 请观察加工过程中刀具磨损的情况，分析刀具磨损的原因，查阅资料后提出降低磨损的有效措施。

学习情景 3　铣削加工平面

【学习任务】

通过本环节的学习，需要了解并掌握如表 3-1 所示的相关知识与技能。

表 3-1　学习任务

序号	理论知识点	技能点
1	了解铣削加工的应用、工艺范围及安全技术	铣床各部分的名称、作用、操作方法及维护保养
2	铣刀的选择	正确选用刀具、夹具、量具并能正确安装和使用
3	切削用量的选择	了解铣削加工平面的操作技能
4	机床的润滑与保养知识，掌握平面的铣削加工方法	机床的润滑与保养

【危险源辨识】

危险源辨识表如表 3-2 所示。

表 3-2　危险源辨识表

序号	危害事件	危险源	预防措施
1	绞伤	衣物绞入旋转的刀具或其他旋转部件	1．正确穿戴劳保用品、不接近正在旋转的部件； 2．更换铣刀时按下主轴紧急停止按钮
2	砸伤	1．工作台、工具柜上放置的工件等物品； 2．行车起吊物品掉落	1．物品正确摆放，工作台上不允许放置物品，工件应装夹牢固； 2．非专职人员不允许使用行车，遇行车起吊应绕行，不得在起吊物下穿行
3	烫伤	加工时飞出的铁屑	选择合理的切削用量、正确站位
4	划伤	工件毛刺、铣刀刃	正确清理毛刺，用专用工具清理铁屑，正确拆装铣刀
5	摔伤	工作台、脚踏板油污，攀爬机床换刀	换刀时攀爬动作应站稳，工作时注意留心脚下防止滑倒
6	触电	电气线路破损，私自开启电控柜	电气故障必须由专职电工进行维修，操作人员不得拆接电气线路、元件，不得开启电控柜

【典型零件生产流程】

一、信息分析

1．零件图与技术文件（如图 3-1、表 3-3、表 3-4 所示）

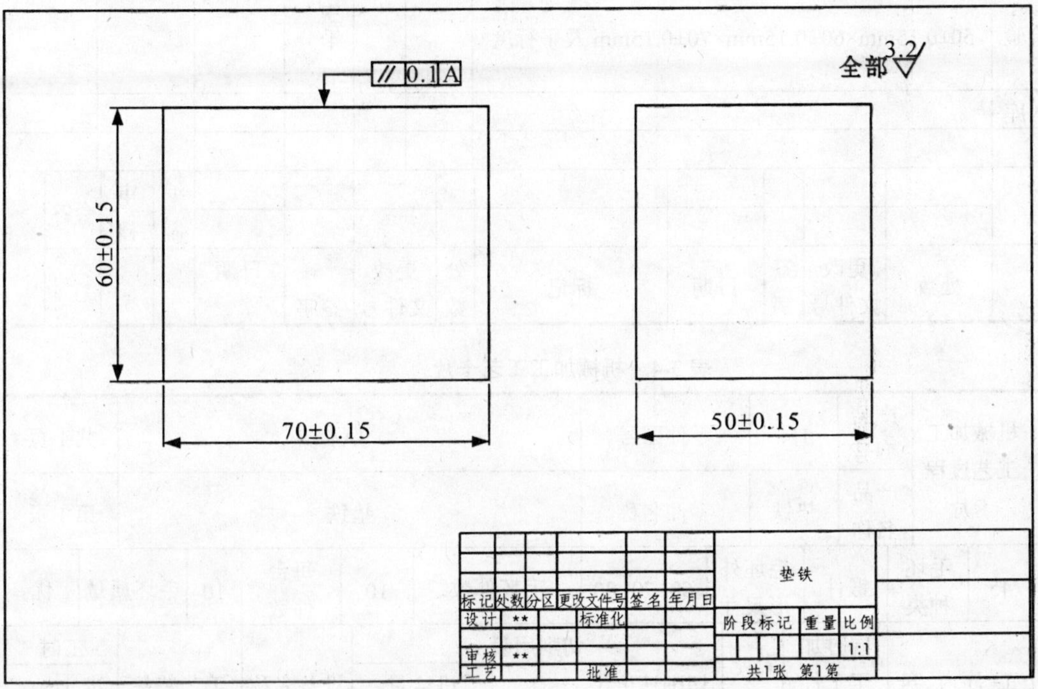

图 3-1

表 3-3 机械加工工艺过程卡片

（厂名）	机械加工工艺过程卡片			产品型号	H4		零件图号		SA4		共 1 页
				产品名称	垫铁		零件名称		垫铁		第 1 页
材料牌号	45	毛坯种类	锻件	毛坯外形尺寸	60×70×80	毛坯件数	10	每台件数	10	毛坯质量	优
工序号	工序名称	工序内容			车间	工段	设备	工艺装备	工时 准备	工时 单件	
1	下料	下料：60mm×70mm×80mm			热加		气割机				
2	铣	按图粗、精铣六方至尺寸 70±0.15mm×60±0.15mm×50±0.15mm，保证形位公差要求			机加	铣	X5032	平口钳			

（续表）

（厂名）	机械加工工艺过程卡片		产品型号	H4		零件图号		SA4	共1页
			产品名称	垫铁		零件名称		垫铁	第1页
3	检验	50±0.15mm×60±0.15mm×70±0.15mm 及平行度				卡尺、千分尺			
4	入库								
							编制	审核	会签
记标	处数	更改文件号	签字	日期	标记	处数	更改文件号	签字	日期

表 3-4　机械加工工艺卡片

（厂名）	机械加工工艺过程卡片		产品型号	H4	零件图号	SA4					共1页	
			产品名称	垫铁	零件名称	垫铁					第1页	
材料牌号	45	毛坯种类	锻件	毛坯外形尺寸	60×70×80	毛坯件数	10	每台件数	10	毛坯质量	优	
工序	安装	工步	工序内容	同时加工工件数	背吃刀量	切削用量：切削速度（m/min）	切削用量：转数（r/min）	切削用量：进给量（mm/min）	设备名称	工艺装备	工时：准备	工时：单件
1	平口钳夹工件	1	铣一个基准面	1	见光		600	118	X5032			
		2	以基准面铣相邻面	1	3mm		600	118	X5032			
		3	精铣保证各尺寸	1	0.2-1		900	118	X5032			
		4	锐边倒钝	1								
								编制	审核	会签		
记标	处数	更改文件号	签字	日期	标记	处数	更改文件号	签字	日期			

2．加工难点分析

① 平面度 0.05mm 的保证及尺寸的控制。

② 表面粗糙度 *Ra*3.2μm 的保证及切削用量的选择。

③ 尺寸 60±0.15mm，50±0.15mm 控制，平行度 0.10mm 的保证。

二、工艺准备

根据图样的精度要求，平面加工可在立式铣床上用硬质合金端面刀铣削加工，也可以在卧式铣床上用圆柱铣刀铣削加工。本例选用 X5032 型立式升降台铣床，并采用硬质合金端面刀铣削加工。

1．工具及夹具准备（如表 3-5 所示）

表 3-5　工装及夹具准备表

	夹具名称	工具名称
1	平口钳	平行垫铁
2	压板	平口钳扳手
3		锉刀
4		手锤

2．量具及刀具准备（如表 3-6 所示）

表 3-6　量具及刀具准备表

	量具名称	刀具名称
1	刀口尺	硬质合金端铣刀 ϕ80
2	游标卡尺	0～150mm

三、生产过程组织

1．毛坯检测

（1）目测检验毛坯件的形状和表面质量，如各面之间是否基本平行、垂直，表面是否有无法通过铣削加工的凹陷、硬点等。

（2）用钢直尺检验毛坯件是否有足够的余量 60mm×70mm×80mm，并结合各毛坯面的垂直和平行情况，测量最短的尺寸，以检验毛坯件是否有加工余量，加工余量不得小于 5mm。

2．加工过程

（1）启动设备：观察设备外观情况，检查各手柄是否在正确的位置，检查危险源。打开机床电源开关，在符合安全要求的情况下启动主轴；运行各个自动进给手柄，观察机床是否运行正常。

（2）点检润滑：按照设备润滑点检表要求，进行设备润滑；检视各部分油窗内润滑油量；

（3）空载试车：按空载试车要求，检查各操作手柄、按钮的状态。

（4）刀具安装

安装前将铣刀、主轴圆锥孔擦干净；安装时，先把端面铣刀套在刀轴上，再旋紧螺钉，把铣刀紧固。

（5）工件的装夹

在铣床上中小型工件一般用平口钳来装夹。装夹前将平口钳松开，把工件放在平口钳中，夹紧工件。

四、质量检测

1．首件检查记录表（如表 3-7 所示）

表 3-7　首件检查记录表

任务号		材料牌号或代号		45	数量	1
零件图号		SA4		零件名称	垫铁	
工序号	图示尺寸	实测尺寸				测量工具、编号
		自检	签字	专检	签字	
1	70±0.15	70.10		70.08		游标卡尺寸
2	60±0.15	60.06		60.08		游标卡尺寸
3	50±0.15	50.02		50.02		游标卡尺寸
4	$Ra3.2\mu m$	3.2		3.2		样板
5	平面度 0.05	0.02		0.08		百分表
6	平行度 0.1mm	0.08		0.03		千分尺

2．过程抽检记录表（如表 3-8 所示）

表 3-8　过程抽检记录表

（厂名）	编号：						共 1 页	
	尺寸抽检记录表						第 1 页	
序号			零件标识					
零件名称	垫铁		零件图号				SA4	
材料	45		数量				1	
零件序号	设计尺寸	70±0.15	60±0.15	50±0.15	$Ra3.2\mu m$	平面度 0.05mm	平行度 0.1mm	
	实测尺寸	70.10	60.04	50.02	3.2	0.03	0.06	
操作者			日期	09.2.5	检查		日期	09.2.5

3．质检员检测记录表（如表 3-9 所示）

表 3-9　质检员检测记录表

（厂 名）		编号：					共 1 页
		尺寸检查记录表					第 1 页
序号				零件标识			
零件名称		垫铁		零件图号		SA4	
材料		45		数量		10	
零件序号	设计尺寸	70±0.15	60±0.15	50±0.15	*R*a3.2μm	平面度 0.05mm	平行度 0.1mm
	实测尺寸						
1#		70.08	60.06	50.06	3.2	0.06	0.08
2#		70.08	60.02	50.04	3.2	0.04	0.08
3#		70.02	60.20	50.02	3.2	0.03	0.2
4#		70.02	60.06	50.06	6.3	0.03	0.06
5#		70.04	60.08	50.04	3.2	0.02	0.06
6#		70.08	60.02	50.06	3.2	0.04	0.08
7#		70.04	60.02	50.04	3.2	0.01	0.06
8#		70.04	60.02	50.08	3.2	0.03	0.08
9#		70.04	60.04	50.04	3.2	0.02	0.06
10#		70.04	60.06	50.06	3.2	0.03	0.04
操作者			日期	09.2.6	检查	日期	09.2.6

五、质量事故分析与改进措施

1．平面度的质量分析

如表 3-9 所示，1#工件平面度要求为 0.05mm，而实际测得平面度为 0.06mm，不在图样要求的范围内，经检查是由于工件没有装夹牢固。

影响平面超差的其他相关因素：铣削时，铣床与进给方向不垂直；铣削薄而长的工件时，工件产生变形；铣刀直径不够时，表面有接刀痕。

提高平面度的措施：铣床主轴轴心线与进给方向的垂直度要好；选择刀盘直径大于工件宽度，避免有接刀痕；

2．尺寸公差超差分析

如表 3-9 所示，3#工件尺寸 60±0.15mm，而实际测量尺寸为 60.20mm，不在图样要求的范围内，经检查为对刀不准影响尺寸的精度。

影响尺寸公差的其他相关因素有：刻度盘格数摇错或没有考虑间隙；对刀不准；测量不准；铣削时，铣床主轴与进给方向不垂直；在铣削过程中工件有松动现象。

改进措施：记准刻度盘值并消除刻度盘间隙；将工件夹牢，防止有松动现象；选用合适的量具，减小测量误差。

3. 表面粗糙度超差分析

如表 3-9 所示，4#工件表面粗糙度 *Ra* 为 3.2μm，而实际检测表面粗糙度为 6.3μm，不在图样要求的范围内，经检查为铣刀不锋利所影响。

影响表面粗糙度的其他相关因素有：铣削层深度太大和进给量太大，尤其是进给量过大时，使表面有明显的刀纹；铣刀不锋利；铣刀安装得不好，跳动量过大；有拖刀现象；铣削时有明显的振动。

提高表面粗糙度的措施：工作台导轨楔铁的松紧要调整好；主轴轴承的间隙要调整得适当；合理的选择进给量；减少和消除铣削时的振动；在铣削过程中不能停止进给，以免产生深啃现象。

【职业能力分解】

根据示例零件的生产过程分析，完成以上要求的加工任务，需要掌握以下相关知识及操作技能。

一、理论知识

1. 铣工安全技术规程

（1）实习前按规定使用防护用品，所穿戴工作服的袖口要扎好，女学员戴好工作帽，不得将头发和辫子甩在帽外，防止衣角、袖口、发辫卷入旋转的机件中去。操作时不准戴手套。

（2）铣削中，切不可用手触摸离旋转中的铣刀很近的工件表面，否则容易切伤手指。清理切屑时要使用铁钩子或刷子，铁屑很薄、很锋利，不可用手拉拔。

（3）铣削中，禁止用棉丝擦拭工件或旋转中的铣刀杆等运动部件。测量工件时要停车，切忌在切削中测量工件尺寸。不准采取用手抓或用嘴吹的方法清除切屑。

（4）高速铣削时，操作者要戴好防护眼镜。

（5）工、卡、量具要放稳放好，防止落下伤人。工件要夹持得牢固可靠，防止切削中工件松脱而发生事故。

（6）使用砂轮时，要站在砂轮侧面位置，防止砂轮碎裂后飞出伤人。

（7）操作时不要站在切屑流出的方向上。

（8）铣床上的防护罩等防护装置不可随意拆卸，防止传动带、齿轮等露在外面而发生伤害事故。

（9）在机动快速进给时，一定要把手轮离合器拉出。

（10）铣床上照明限用 36V 安全电压，要按规定用电。

（11）操作中如果发生故障应立即停机，切断电源，保护现场。

2. 铣工的文明生产

（1）保持机床整齐、清洁，做到每天一小擦，每周一大擦，做好一级保养工作。

（2）保持场地整洁，做到地上无油污、无积水、无积油。

（3）操作时，工具和量具应分类、整齐安放在工具架上，不得乱放、混放。完工后，需将其擦干净并分类整齐地放回工具箱内。

（4）高速铣削或浇注切削液时，应加放挡板，以防切屑飞出及切削液外溢。

（5）加工完毕的工件应整齐摆放，以免碰伤工件表面。

（6）保持图样或工艺文件的清洁、完整。

3. 铣床基础知识

铣削加工就是在铣床上利用刀具的旋转运动和工件的移动（或转动），使工件得到图样所要求的精度和表面质量的加工方法。它的用途广泛，效率高，类型很多，所以，铣床是机械制造行业的重要设备，目前常用的有卧式升降台铣床和立式升降台铣床。

（1）卧式升降台铣床

如图 3-2 所示，这种铣床为 XA6132 型卧式万能升降台铣床，它的特征为铣床主轴轴线与工作台台面平行。用它可以铣削平面、沟槽、成形面、齿轮和螺旋槽等。其中，万能升降台铣床纵向工作台与横向工作台之间有一回转盘并刻有度数，使工作台在水平面内可在左右回转 45°范围内扳转所需要的角度，以便应用圆盘铣刀加工螺旋槽、斜齿轮之类的工件。另外，还可利用机床附件如分度头、回转工作台等扩大卧式铣床的应用范围。

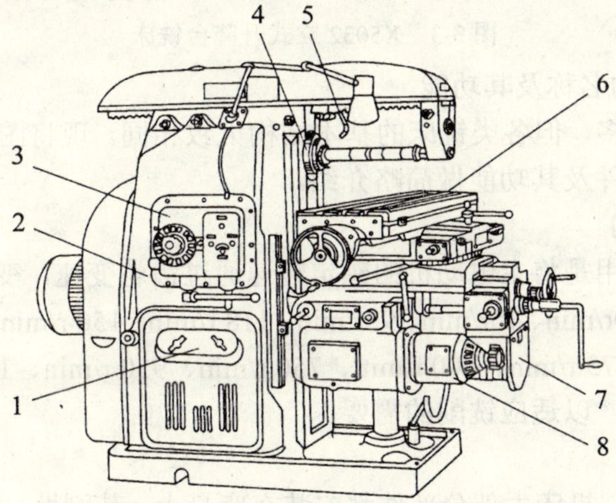

1—机床电器部分；2—床身部分；3—主轴变速部分；4—主轴部分；5—冷却部分；
6—工作台部分；7—升降台部分；8—进给变速部分

图 3-2　XA6132 型卧式万能升降台铣床

（2）立式升降台铣床

如图 3-3 所示，这种铣床为 X5032 型立式升降台铣床，它的特征为铣床主轴轴线与工作台台面垂直。该机床主轴部分称为立铣头，它可以转动角度使主轴轴线左右回转 45°。其纵向工作台与横向工作台连接没有回转盘，工作台不能扳转角度。用它可铣削平面、斜面、沟槽等。另外，利用机床附件，如回转工作台、分度头，还可以加工圆弧、成形面、齿轮螺旋槽等较复杂的工件。

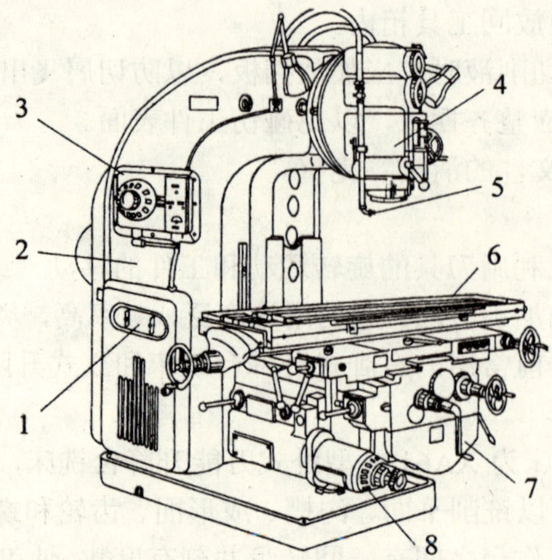

1—机床电器部分；2—床身部分；3—主轴变速部分；4—主轴部分；5—冷却部分；
6—工作台部分；7—升降台部分；8—进给变速部分

图 3-3　X5032 立式升降台铣床

4．铣床基本部件的名称及其功能

铣床的种类虽然很多，但各类铣床的基本结构大致相同。现将图 3-2 所示的 XA6132 型万能卧式铣床的基本部件及其功能做简略介绍。

（1）主轴变速机构

主轴变速机构的作用是将主电动机的额定转速通过齿轮变速，变换成 18 种（30r/min、37.5r/min、47.5r/min、60r/min、75r/min、95r/min、118 r/min、150 r/min、190 r/min、235 r/min、300 r/min、375 r/min、475 r/min、600 r/min、750 r/min、950 r/min、1180 r/min、1500 r/min）不同转速，传递给主轴，以适应铣削的需要。

（2）床身

床身是机床的主体，机床大部分部件都安装在床身上。其刚性、强度和精度对铣削效率和加工质量影响很大。因此床身一般用优质灰铸铁铸成，内壁有筋条，以增加刚性和强度。床身上的导轨和轴承孔为重要部位，必须经过精密的切削加工和时效处理，以保证其精度和耐用度。床身的前壁有燕尾形垂直导轨，升降台可沿导轨上下移动；床身顶部有水平导轨，横梁可在上面移动，床身的内部装有主轴、主轴变速机构、润滑油泵等。

（3）横梁

横梁上附带有一挂架，其作用是支持铣刀刀轴的外端，以增强刀轴的刚性。横梁向外伸出的长度可以根据刀轴的长短进行调节。挂架上有与主轴同一轴线的支持孔，以保证支持端与主轴同心，避免刀轴在铣削过程中因刚性不足而弯曲。

（4）主轴

主轴是前端带锥孔的空心轴，锥孔的锥度一般是 7∶24，铣刀刀轴就安装在锥孔中。主轴前端有两个键槽，通过键可以传递较大扭矩，在的主轴选用优质结构钢，并经过热处理和精密切削加工制造而成。

（5）挂架

挂架用于支撑刀杆的外端，增强刀杆的刚度。

（6）纵向工作台

纵向工作台是安装工件和带动工件做纵向移动的。工作台面上有 3 条 T 形槽，可用 T 形螺钉来安装固定工、夹具。T 形槽上部的直角槽，可以通过定位块对夹具和工件定位。工作台前侧有一条长槽，用来安装固定极限挡铁和自动循环挡铁。纵向工作台台面、导轨部分和 T 形槽上直槽部分的精度要求都很高，以保证工件、夹具的安装和加工的准确性。

（7）横向工作台

横向工作台在纵向工作台和升降台之间，用来带动纵向工作台作横向移动。万能铣床的横向工作台中间有回转盘，可使纵向工作台在左右回转 45°范围内扳转所需要的角度。

（8）升降台

升降台安装在床身前侧垂直导轨上，中部有丝杠与底座螺母相连接。升降台主要用来支持工作台，并带着工作台上下移动。工作台及进给部分的电动机、传动装置都安装在升降台上，因此，升降台的刚性和精度要求都很高；否则，在铣削过程中会产生很大振动，影响工件的加工精度。

（9）进给变速机构

进给变速机构的作用是将进给电动机的额定转速通过齿轮变速，变换成 18 种（23.5mm/min、30mm/min、37.5mm/min、47.5mm/min、60mm/min、75mm/min、95mm/min、118mm/min、150mm/min、190mm/min、235mm/min、300mm/min、375mm/min、475mm/min、600mm/min、750mm/min、950mm/min、1180mm/min）不同转速传递给进给机构，实现工作台移动的各种不同速度，以适应铣削的需要。要改变进给量，可操纵转换手柄和数码手柄。垂直方向进给量为横向、纵向进给量的 1/3。

（10）底座

底座是整部机床的支承部件，具有足够的刚性和强度。底座内腔盛装切削液，供切削时冷却润滑。

5．立式铣床的操作和调整

X5032 型立式铣床是一种常见的立式升降台铣床，其规格、操纵机构、传动变速情况均与 XA6132 铣床相同。主要不同点是：X5032 型铣床的主轴位置与工作台面垂直，铣刀安装在左右可以回转的立铣头体内；X5032 型铣床没有回转盘，工作台不能调转角度。

（1）X5032 型立式铣床的纵、横垂直方向各手柄的操作

工作台的纵、横、垂直方向手动进给操纵工作台纵向手动进给手柄（有二个），一个在工作台丝杠的左端，一个在工作台的右前方，这样可在不同的位置上对机床进行操作。将各手柄分别接通其手动进给离合器，摇动各手柄，带动工作台做各进给运动。顺时针方向摇动各手柄，工作台前进（或上升）；逆时针方向摇动各手柄，工作台后退（或下降）。摇动各手柄，工作台作手动进给时，进给速度应均匀适当。

注：纵向、横向刻度盘圆周刻线 120 格，每摇一转，工作台移动 6mm，每摇一格；工作台移动 0.05mm。垂直方向刻度盘，圆周刻线 40 格，每摇一转，工作台上升（或下降）2mm，每摇一格上升（或下降）0.05mm。摇动各手柄，通过刻度盘控制工作台在各进给方向的移动距离。

（2）主轴变速操作

以如图 3-4 所示为例。

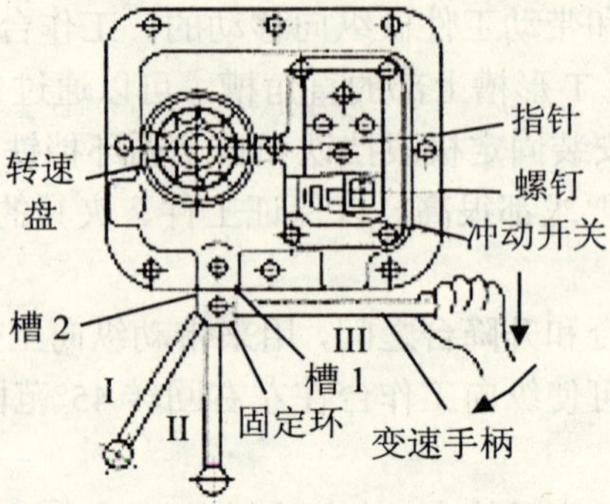

图 3-4 主轴变速操作

① 变速前，应开起总电源，将所有“急停”按钮旋出，将“夹紧放松”按钮处于“放松”位置。

② 变速时，手握变速手柄球部并下按，使其定位的榫块从固定环的槽 1 内脱出；

③ 将变速手柄快速向左转动 90°左右，使其定位的榫块送入固定环的槽 2 内，使变速手柄处于位置 I；

④ 转动转速盘，使需要的转速对准转速盘上的箭头；

⑤ 下压手柄，并快速推至位置 II，此时微动开关瞬时接通，使主电动机瞬时转动（但立即又被切断），以利于变速齿轮啮合

⑥ 将变速手柄由位置 II 推到位置 III，并将其定位的榫块送人固定环的槽 1 内，变速完毕；

⑦ 用手按“启动”按钮，主轴就获得要求的转速；

⑧ 变速操作时，一要快速，二是连续变换的次数不宜超过三次，必要时隔 5 分钟后再进行变速，以免因启动电流过大导致电动机超负荷，使电动机线路烧坏；

⑨ 变速时必须先停车。

（3）进给变速操作

现以如图 3-5 所示为例。

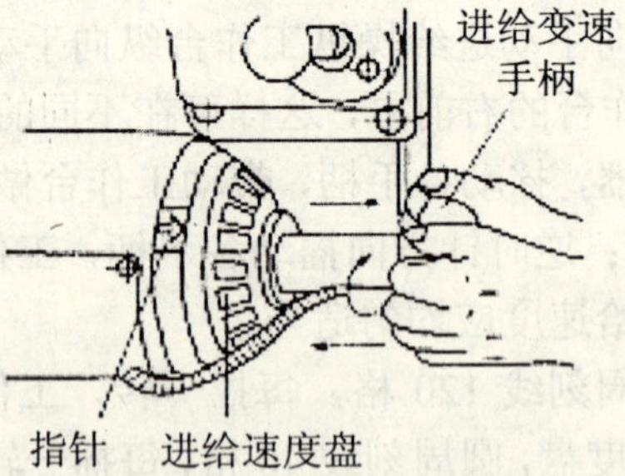

图 3-5 进给变速操作

① 变速前先起动主轴，将各个进给手柄放在空挡位置；

② 变速时，把菌形变速手柄拉出；

③ 转动菌形手柄带动进给速度盘旋转，使需要的进给速度与进给变速箱上的指针位置对准；

④ 将菌形手柄推回原位，变速完毕；

⑤ 按“启动”按扭使主轴旋转，再扳动自动进给操纵手柄，工作台就按要求的进给速度做自动进给运动。

6．铣刀简介

铣削所用的铣刀是多刀刃的刀具，要能顺利地把金属切削下来，获得一定表面质量的工件，对铣刀的材料及其几何形状都必须有一定的要求（具体内容请参照车工刀具材料部分）。

铣刀的种类很多，其分类方法也很多，现介绍几种通常的分类方法和常用的铣刀种类。

（1）按铣刀切削部分的材料分类

① 高速钢铣刀：这类铣刀有整体和镶齿的两种，一般形状较复杂的铣刀都是高速钢铣刀；高速钢铣刀一般都做成整体的，直径较大而不太薄的铣刀则大都做成镶齿的。

② 硬质合金铣刀：这类铣刀大都不是整体的，硬质合金刀片以焊接或机械夹固的方式镶装在铣刀刀体上，如硬质合金端铣刀、三面刃盘铣刀和立铣刀等。

（2）按铣刀的结构分类

① 整体铣刀：整体铣刀是指铣刀的切削部分、装夹部分及刀体成一整体。这类铣刀可用高速钢整料制成，也可用高速钢制造切削部分，用结构钢制造刀体部分，然后焊接成整体。直径不大的立铣刀、三面刃铣刀、锯片铣刀都采用这种结构，如图 3-6（a）所示。

（a）整体铣刀　　（b）镶齿铣刀　　（c）机械夹固式铣刀

图 3-6　不同结构的铣刀

② 镶齿铣刀：镶齿铣刀的刀体是结构钢，刀齿是高速钢，刀体和刀齿利用尖齿形槽镶嵌在一起。直径较大的三面刃铣刀和端铣刀，一般都采用这种结构，如图 3-6（b）所示。

③ 机械夹固式铣刀：这类铣刀是用机械夹固的方式把硬质合金刀片安装在刀体上，因而保持了刀片的原有性能。刀片磨损后，可将刀片转过一个位置继续使用。这种刀具节省了硬质合金材料，节省了刃磨时间，提高了生产效率，如图 3-6（c）所示。

（3）按铣刀的用途分类

① 加工平面用的铣刀：如图 3-7 所示，加工平面一般用端铣刀和圆柱铣刀，较小的平面也可用立铣刀和三面刃铣刀。

② 加工直角沟槽用的铣刀：一般直角沟槽用三面刃铣刀、立铣刀加工，加工键槽采用键槽铣刀和盘形槽铣刀

③ 加工特种沟槽和特形表面的铣刀：这类铣刀有 T 形槽铣刀、角度铣刀和凹凸圆弧铣

刀等。

④ 切断加工用的铣刀：常用的切断加工铣刀是锯片铣刀。

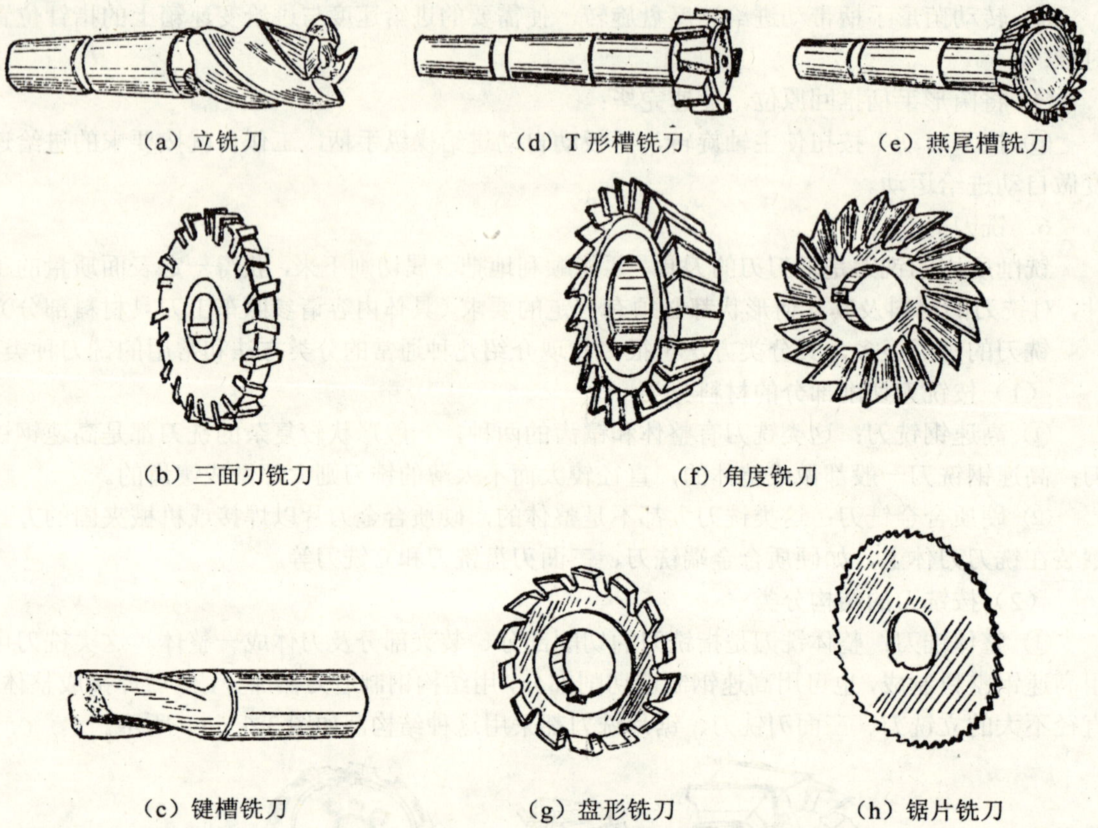

（a）立铣刀　（d）T 形槽铣刀　（e）燕尾槽铣刀

（b）三面刃铣刀　（f）角度铣刀

（c）键槽铣刀　（g）盘形铣刀　（h）锯片铣刀

图 3-7　各种不同形状和不同用途的铣刀

二、操作技能分解（铣削加工平面类零件相关操作技能）

1．正确启动机床

（1）在工作前将机床主轴速度调整为 30～100 转/分范围内；进给速度调整为 23.5mm/min 范围内；检查工作台锁紧手柄或锁紧螺钉是否松开，低数空运转 5～10min，检查各部动作、传动音响及润滑情况。

（2）工作开始时，应按所加工的工件规格要求，准确地计算好主轴的转数及进给量。

2．试车操作

（1）先手动试摇各手柄，观察没有不良情况后再把电源开关合上。

（2）检查主轴的旋转方向是否符合要求。

（3）启动机床，注意运转中有无异常现象，并检查油泵工作是否正常。

（4）松开各锁紧手柄，作空车机动进给，观察其运动情况是否正常。

（5）经过上述检查各部运动属于正常后，方可进行正常运行。

3．设备点检润滑

（1）一般铣床的润滑分为自动润滑和人工润滑两大类。

① 自动润滑：一般是用油泵将润滑油经过各种油路压向各润滑部位，对机件进行连续

润滑。铣床上的各种箱体内部多采用自动润滑。

②人工润滑：是用手动油泵或直接用油壶、油枪将润滑油加入油池和油杯中，对机件进行润滑。对每天要加油的地方，如各注油孔、手拉油泵或按钮式滑阀等，都应按时注油或拉、揿。对导轨、传动丝杠和丝杠螺母等每天上下班时，均应该擦净、加润滑油，对各类滑标和油窗，要经常观察是否正常。如表3-10所示是普通铣床润滑系统的位置及要求。

表3-10 机床润滑位置及要求

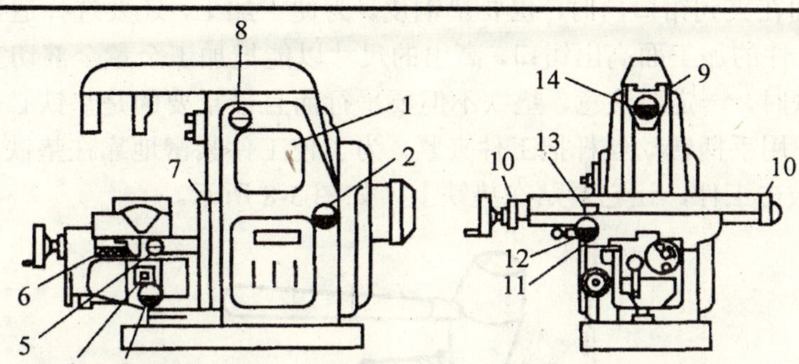

序号	润滑元件	作用及润滑部位	要求
1	注油方窗（兼）	使润滑油加入床身油池	油池内润滑油六个月换一次
2	油标	指示床身油池的油面高度	每班观察一次
3	油标	指示升降台油池的油面高度	每班观察一次
4	注油方窗（兼）	使润滑油加入升降台油池	油池内润滑油六个月换一次
5	油窗	指示进给变速机构是否有自动润滑	每班开车检查机床时观察一次，工作时顺便观察
6	旋套油标	使润滑油加入横向丝杆、丝母	每班加油一次
7	球阀油杯	使润滑油加入垂直导轨面	每班加油一次
8	油窗	指示主轴各主轴变速机构是否有自动润滑	每班开车检查机床时观察一次，工作时顺便观察
9	旋盖式油杯	使润滑油加入吊架油池	如经常使用，每两天加油一次，加油时如发现油面并不低于油标线应调节油量
10	球阀油杯	使润滑油加入纵向进给丝杠轴承	每班加油一次
11	油标	指示横向工作台油池的油面高度	每班观察一次
12	手动柱塞泵	将横向工作台油池中润滑油压入横向、纵向工作台和转台的导轨以及这几部分内部的齿轮、轴承、丝杠等润滑部位	每班拉动一次，每次拉足规定的次数
13	旋盖式油杯	使润滑油加入横向工作台油池内	两天加油一次，加油时如发现油面并不低于油标线，应检查油路
14	油标	指示吊架油池的油面高度	使用时每班检查一次

4．铣刀的选择

铣床上所采用的刀具要根据被加工零件的材料、几何形状、表面质量要求、热处理状态、切削性能及加工余量等来选择刚性好、耐用度高的刀具。

5．使用平口钳装夹工件

在用平口钳装夹工件之前必须把工件上的焊疤、毛刺去干净，将工件毛坯装夹在平口钳时，必须注意毛坯表面的状况，若是粗糙不平或有硬皮的表面，就必须在两钳口上垫紫铜皮。对粗糙度小的平面在夹到钳口内时，也要垫铜皮。为便于加工，还要选择适当厚度的垫铁垫在工件下面，使工件的加工面高出钳口，高出的尺寸以能把加工余量全部切完而不致铣到钳口为宜。选择垫铁时，一定要注意，垫铁不但要平行而且最重要的是垫铁必须要直。把工件放入钳口内以后，用手柄转动丝杆把工件夹紧。为了使工件紧密地靠在垫铁上，夹紧后可用铜锤或木锤轻轻敲击工件，让它紧贴在垫铁上，如图 3-8 所示。

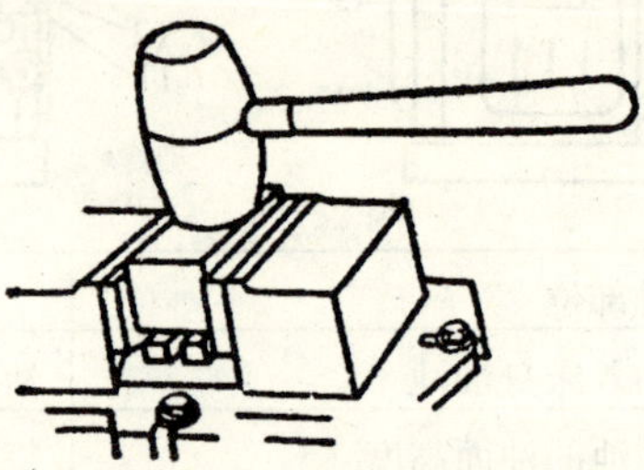

图 3-8　把工件安装在平口钳上

6．使用端铣刀铣削加工平面

（1）平面铣削的技术要求

在各个方向上都成直线的面称为平面。平面是机械零件的基本表面之一。平面铣削的技术要求包括平面度和粗糙度，还常包括相关毛坏面加工余量的尺寸要求。

（2）平面的铣削方法

起动机床，铣刀旋转后移动工作台使工件处于端铣刀下方，再摇动升降台手柄使工件慢慢上升开始对刀，当铣刀与工件刚刚接触时记下升降刻度盘的刻度值。然后，下降工作台，纵向退出工件，按毛坯实际尺寸调整铣削层深度。余量不大时可以采用一次进给至图样要求；反之，余量大时，可分粗铣和精铣。用端面刀铣出的平面，其平面度的好坏主要决定于铣床主轴轴线与进给方向的垂直度。若主轴与进给方向垂直，则刀尖在高的一端移向工件表面会铣成网状的刀纹；若铣床主轴与进给不垂直，则相当于用一个倾斜的圆形平面把工件表面切出一个凹面来，如图 3-9（a）所示，此时，铣刀刀尖在工件表面会铣出单向的弧形刀纹。在铣削过程中，若进给方向是从刀尖高的一端向刀尖低的一端时，则会产生“拖刀”现象，如图 3-9（b）所示；若进给方向是刀尖低的一端移向高的一端，则无“拖刀”现象。在实际工作中由于铣床主轴的间隙及铣刀刚性不够等原因，即使铣床主轴与进给方向垂直，有时也会出现有“拖刀”现象。为了避免这种现象，以减小表面粗糙度，往往使铣床主轴与进给方向有极微量的不垂直，此时铣出的平面虽然是凹的，但是程度极微，要比平面度所允许的误差小得多，所以是可取的。

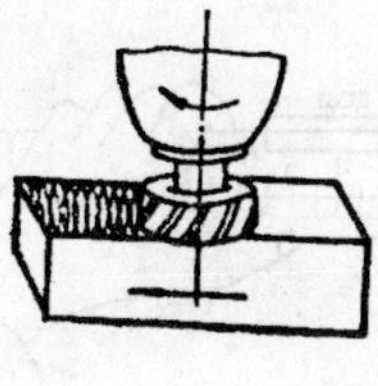

（a）

（b）

图 3-9　端铣

7．平面度的检测

平面度一般用钢直尺或刀口尺作透光法检验，如图 3-10（a）所示。用刀口尺沿加工面的纵向、横向和对角线方向逐一进行，以透过光线的均匀强弱来判断加工面是否平直。平面度误差值可用塞尺来检查确定。当所测平面较大时，可利用三点确立一个平面的原理，在标准平板上，用三个千斤顶将工件顶起，用百分表找正千斤顶上方三点等高，然后测量平面上的其他点如图 3-10（b）所示，若百分表变动值在平面度公差范围之内，则平面度符合要求。

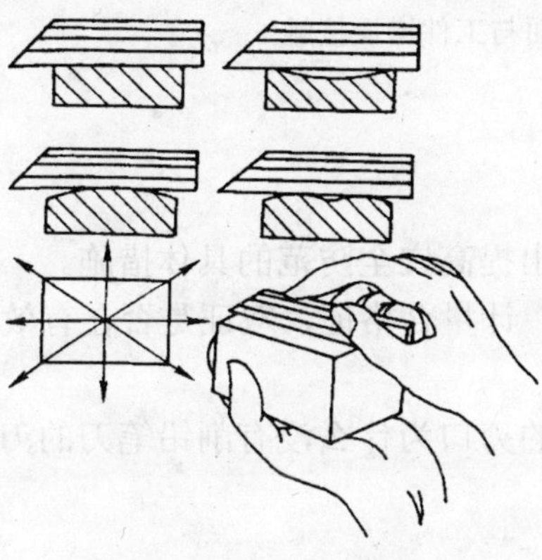

（a）用刀口尺测量

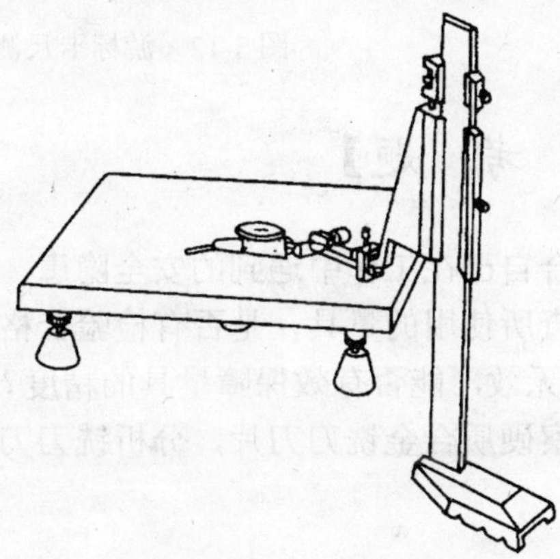

（b）用三点定平面原理测量

图 3-10　平面度检验

8．表面粗糙度的检验

表面粗糙度通常是与样板目测比照进行检验的。由于端铣和周铣的切削纹路是不同的，因此，比照时应选择与加工表面切削纹路一致的且粗糙度值符合图样要求的表面粗糙度样板。

9．使用游标卡尺进行尺寸检测

用游标卡尺进行测量时，内外量爪应张到略大于被测尺寸。先将尺框贴靠在工件测量基准面上，然后轻轻移动游标，使内外量爪帖靠在工件另一面上，如图 3-11 所示。并使游标卡尺测量面接触正确，不可处于如图 3-12 所示的歪斜位置，然后把紧固螺钉拧紧，读出读数。

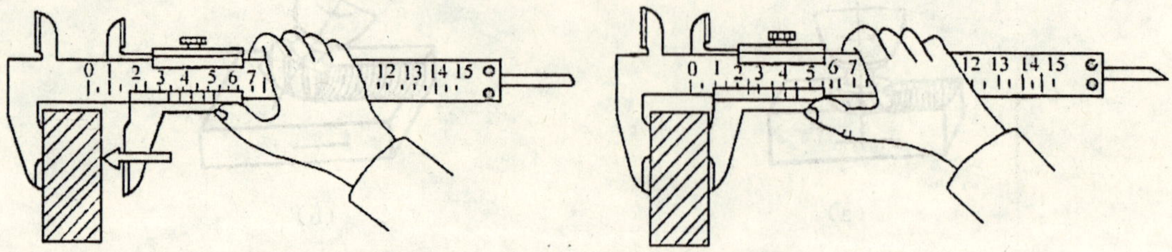

图 3-11　游标卡尺的使用方法

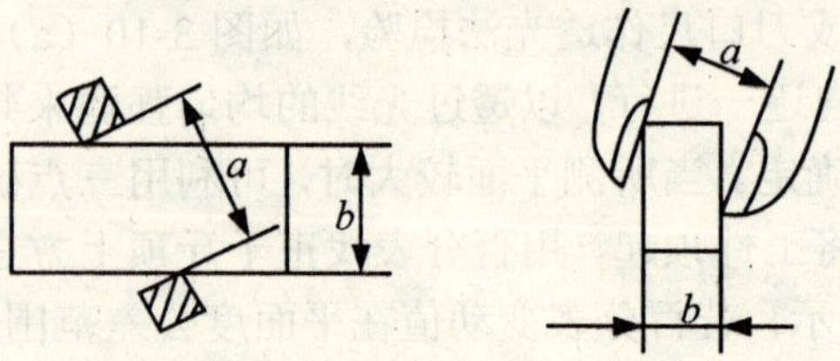

图 3-12　游标卡尺测量面与工件错误接触

【思　考　题】

[1] 结合自己在工作中遇到的安全隐患，提出提高安全防范的具体措施。

[2] 检查所使用的量具，是否有检验合格证、计量合格证，双证是否在有效期内，如果双证缺失或无效，能否有效保障量具的精度？

[3] 观察硬质合金铣刀刀片，分析铣刀刀片的刃口为什么没有削铅笔刀的刃口锋利。

学习情景4　磨削加工平面、外圆

【学习任务】

通过本环节的学习，需要了解并掌握如表 4-1 所示的相关知识与技能。

表 4-1　学习任务

序号	理论知识点	技能点
1	了解磨床的种类	磨床各部分的名称、作用、操作方法及维护保养
2	了解磨削加工的应用、工艺范围及安全技术	正确选用砂轮、夹具、量具并能正确安装砂轮
3	掌握平面的磨削加工方法，掌握零件的检测方法	磨削加工平面的操作技能
4	机床的润滑与保养知识	机床的润滑与保养

【危险源辨识】

危险源辨识如表 4-2 所示。

表 4-2　危险源辨识表

序号	危害事件	危险源	预防措施
1	绞伤	衣物绞入其他旋转部件	正确穿戴劳保用品、不接近正在旋转的部件
2	砸伤	1．工具柜上放置的工件等物品； 2．行车起吊物品掉落	1．物品正确摆放，工作台上不允许放置物品，工件应装夹牢固； 2．非专职人员不允许使用行车，遇行车起吊应绕行，不得在起吊物下穿行
3	划伤	工件毛刺	正确清理毛刺，用专用工具清理铁屑
4	摔伤	工作台、脚踏板油污	工作时注意留心脚下防止滑倒
5	触电	电气线路破损，私自开启电控柜	电气故障必须由专职电工进行维修，操作人员不得拆接电气线路、元件，不得开启电控柜

【典型零件生产流程】

一、信息分析

1．零件图与技术文件（如图 4-1、表 4-3、表 4-4 所示）

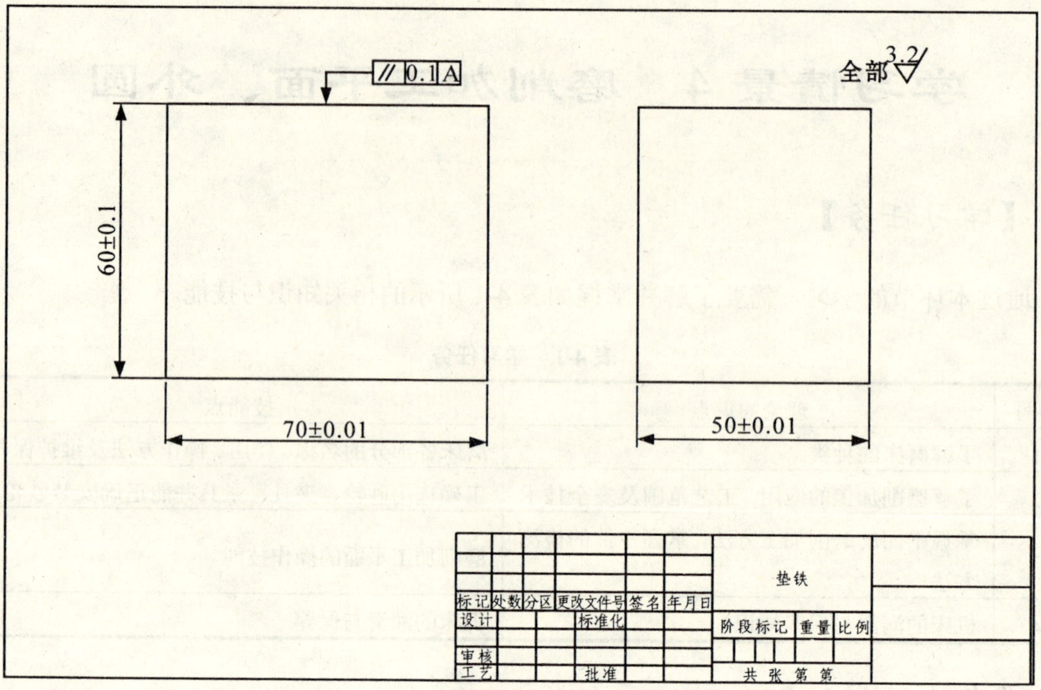

图 4-1

表 4-3 机械加工工艺过程卡片

（厂名）	机械加工工艺过程卡片	产品型号	H5	零件图号	SA5	共 1 页
		产品名称	垫铁	零件名称	垫铁	第 1 页

材料牌号	45	毛坯种类	锻件	毛坯外形尺寸	60×70×80	毛坯件数	10	每台件数	10	毛坯质量	优

工序号	工序名称	工序内容	车间	工段	设备	工艺装备	工时 准备	工时 单件
1	下料	下料：60mm×70mm×80mm	热加		气割机			
2	铣	按图铣至尺寸 50mm×60mm×70mm，各边留 0.3mm 余量，保证各平面的平面度。要求相对面平行；相邻面垂直	机加	铣	X5032	平口钳		
3	磨	按图样要求磨 50±0.01mm×60±0.01mm×70±0.01mm	机加	磨	M7120D	电磁吸盘		
4	检验	检查尺寸、平行度、垂直度			千分尺、角尺、刀口尺			
5	入库							

记标	处数	更改文件号	签字	日期	标记	处数	更改文件号	签字	日期	编制	审核	会签

表 4-4　机械加工工艺卡片

（厂名）	机械加工 工艺过程卡片	产品型号	H10	零件图号	SA10	共 1 页
		产品名称	楔铁	零件名称	楔铁	第 1 页

材料牌号	45	毛坯种类	锻件	毛坯外形尺寸	60×70×80	毛坯件数	10	每台件数	10	毛坯质量	优

工序	安装	工步	工 序 内 容	同时加工工件数	背吃刀量	切削用量 切削速度（m/min）	转数（r/min）	进给量（mm/min）	设备名称	工艺装备	工时 准备	单件
1	平口钳夹工件	1	铣基准面	1	见光	150	600	118	X5032			
		2	以基准面铣六方保证各尺寸 50mm×60mm×80mm 单边留磨削余量 0.30mm	1	3mm	150	600	118	X5032			
2	电磁吸盘装夹工件	1	磨尺寸 50±0.01mm×60±0.01mm×70±0.01mm 符图。保证图示形位公差要求	5	0.01				M7120D			

									编制	审核	会签
记标	处数	更改文件号	签字	日期	标记	处数	更改文件号	签字	日期		

2．加工难点分析

（1）平面度 0.01mm 的保证及尺寸的控制；

（2）表面粗糙度 *R*a0.8μm 的保证；

（3）尺寸 50±0.01mm×60±0.01mm×70±0.01mm 控制，平行度 0.01mm 的保证。

二、工艺准备

根据图样的精度要求，平面平行面的磨削只能在平面磨床上磨削，本例选择 M7120D 平面磨床上磨削加工。

1. 工具及夹具准备（如表 4-5 所示）

表 4-5　工装及夹具准备表

	夹具名称	工具名称
1	电磁吸盘	锉刀
2		扳手
3		木棒

2. 量具及刀具准备（如表 4-6 所示）

表 4-6　量具及刀具准备表

	量具名称	刀具名称
1	刀口尺	砂轮 Φ250mm
2	千分尺	

三、生产过程组织

1. 毛坯检测

（1）目测检验毛坯件的形状和表面质量，如各面之间是否基本平行、垂直，表面是否有无法通过铣削加工的凹陷、硬点等。

（2）用钢直尺检验毛坯件是否有足够的余量 60mm×70mm×80mm，并结合各毛坯面的垂直和平行情况，测量最短的尺寸，以检验毛坯件是否有加工余量，铣削加工余量不得小于 5mm。使用游标卡尺检测，磨削加工单边余量应不少于 0.2mm。

2. 加工过程

（1）启动设备：观察设备的外观情况，检查各手柄是否在正确的位置，检查危险源。打开机床电源开关，在符合安全要求的情况下启动主轴；运行各个自动进给手柄，观察机床是否运行正常。

（2）点检润滑：按照设备的润滑点检表要求进行设备润滑；检视各部分油窗内润滑油量；

（3）空载试车：按空载试车要求，检查各操作手柄、按钮的状态。

（4）砂轮修整

使用金刚石笔或其他修正器，进行砂轮修整。

（5）工件的装夹

在磨床上中小型工件一般用电磁吸盘直接装夹。

四、质量检测

1. 首件检查记录表（如表 4-7 所示）

表 4-7　首件检查记录表

任务号		材料牌号或代号		45	数量	1
零件图号		SA5		零件名称		垫铁
工序号	图示尺寸	实测尺寸				测量工具、编号
		自检	签字	专检	签字	
1	50±0.01	50.006		50.08		千分尺
2	60±0.01	60.005		60.01		千分尺
3	70±0.01	70.01		70.006		千分尺
4	*Ra*0.8μm	0.8		0.8		样板
5	平面度 0.01	0.01		0.01		百分表
6	平行度 0.01	0.01		0.01		千分尺

2．过程抽检记录表（如表 4-8 所示）

表 4-8　过程抽检记录表

（厂名）	编号：尺寸抽检记录表						共 1 页	
							第 1 页	
序号			零件标识					
零件名称	垫铁		零件图号		SA5			
材料	45		数量		1			
零件序号	设计尺寸	50±0.01	60±0.01	70±0.01	*Ra*0.8μm	平面度 0.01mm	平行度 0.01mm	
	实测尺寸							
		50.01	60.007	70.002	0.8	0.01	0.01	
操作者			日期	09.2.5	检查		日期	09.2.5

3．质检员检测记录表（如表 4-9 所示）

表 4-9 质检员检测记录表

（厂名）	编号：						共 1 页	
	尺寸检查记录表						第 1 页	
序号			零件标识					
零件名称		垫铁	零件图号		SA5			
材料		45	数量		10			
零件序号	设计尺寸	50±0.01	60±0.01	70±0.01	*R*a0.8μm	平面度 0.01mm	平行度 0.01mm	
	实测尺寸							
1#		50.008	60.003	70.006	0.8	0.06	0.008	
2#		50.008	60.002	70.004	0.8	0.004	0.008	
3#		50.002	60.020	70.002	0.8	0.003	0.02	
4#		50.002	60.006	70.006	1.6	0.003	0.006	
5#		50.004	60.008	70.004	0.8	0.002	0.006	
6#		50.008	60.002	70.006	0.8	0.004	0.008	
7#		50.004	60.002	70.004	0.8	0.001	0.006	
8#		50.004	60.002	70.008	0.8	0.003	0.008	
9#		50.004	60.004	70.004	0.8	0.002	0.006	
10#		50.004	60.006	70.006	0.8	0.003	0.004	
操作者			日期	09.2.6	检查		日期	09.2.6

五、质量事故分析与改进措施

1．平面度的质量分析

如表 4-7 所示的 1#工件平面度要求为 0.01mm，而实际测得平面度为 0.06mm，不在图样要求的范围内，经检查此工件是由于工件毛刺没有锉干净。

2．尺寸公差超差分析

如表 4-7 所示的 3#工件尺寸 60±0.01mm，而实际测量尺寸为 $60^{0}_{-0.020}$ mm，不在图样要求的范围内，经检查为刻度没有记好，影响尺寸的精度。

3．表面粗糙度超差分析

如表 4-7 所示的 4#工件表面粗糙度 *R*a0.8μm，而实际检测表面粗糙度为 1.6μm，不在图样要求的范围内，经检查为砂轮不锋利所致。

【职业能力分解】

根据示例零件的生产过程分析，完成以上要求的加工任务，需要掌握以下相关知识及操作技能。

一、理论知识

1．磨工安全技术规程

为了确保有效地进行生产，磨床操作者应认真对待生产中的安全问题。除了必须严格遵守工厂和车间的各项安全条例外，结合磨工的工作特点，还必须做到以下几点：

（1）工作时要穿工作服或紧身衣服，女同志要戴工作帽。

（2）必须正确安装和紧固砂轮，并要装好砂轮防护罩，砂轮圆周速度不应超过规定的安全圆周速度。

（3）磨削前，砂轮应经过 2min 空转试验后才能开始磨削。初开车时不可站在砂轮的正面，以防砂轮飞出伤人。

（4）开车前必须调整好换向撞块的位置并将其紧固，以免由于松动撞块而使工作台行程过头，使架头、卡盘或尾座碰撞砂轮。

（5）开始磨削前，必须细心检查工件的装夹是否正确、是否紧固牢靠，磁性工作台是否失灵。

（6）磨削时必须在砂轮和工件转动后再进给，在砂轮退刀后再停车，否则容易挤碎砂轮和损坏机床，而且容易使工件报废。

（7）测量工件或调整机床都应在磨床头架停车以后再进行，机床运转时，严禁用手接触工件或砂轮，不能在旋转的工件或砂轮附近做清洁工作。

（8）一个工件加工结束后，必须将砂轮架横向进给手轮（外圆磨床）或垂直进给手轮（平面磨床）退出一些，以免装好下个工件再开车时，砂轮碰撞工件。

（9）工作完成一个段落后，应将磨床有关操作手柄放在“空挡”位置上，以免再开车时部件突然运动而发生事故。

（10）磨床上所有的传动部分，如皮带轮等，都应该用罩壳或其他的防护设备加以保护。

（11）严禁二人同时操作一台机床，以免由于动作不协调而发生意外事故。

（12）注意用电安全，不要随便打开电器箱和乱动电器设备。工作中如果发现机床电器接地位置有问题，电线绝缘损坏或电器设备发生故障时应立即请电工进行检查维修。

（13）注意防火，容易引起燃烧的油棉纱、油布、油纸等应集中放置在铁桶或其他安全地方，以免引起火灾。

2．磨工的文明生产

在磨削加工中，操作者要养成文明生产的良好习惯，这既能让操作者感到精神愉快，更能使其有条不紊地进行工作，避免产生忙乱和出现差错，还有助于提高生产效率。

搞好文明生产应做到以下几点：

（1）在工作位置内只应放置为完成本工序所需要的物件，如工件毛坯、制成品、量具、技术文件等。与本工序无关的物件应放置在离机床较远的固定地方，不要杂乱地堆积在工件位置内，以免妨碍工作，甚至造成事故。

（2）合理安放工具、量具及工件的位置，以便缩短工作时走动的距离和减少不必要的动作。例如用右手拿的物件放在右面，将常用的物件放得近些等。

（3）工具箱要保持整齐清洁。各种工具应按照它们的大小和用途，有秩序地放在规定的位置上。轻而常用的工具放在工具箱上部，重而不常用的工具放在下部。量具与工具要分开放置，使用后要放回原处，以便再使用时拿取方便。

（4）爱护图样、量具和工具。图样最好挂在工具箱的图夹上，使用时不要用脏手拿取。污脏的图样使图形和尺寸模糊不清，既不便使用，又容易产生差错。使用量具时不能使它受撞击，使用以后要擦干并上油放妥。

（5）成批生产的零件，在精磨好第一个工件以后，送交检验员检验，合格后再继续加工。

（6）堆放经精加工后的工件时应注意不要碰伤光整的表面。工件不要堆得太高，以免翻倒碰伤。精度与表面粗糙度要求很高的重要零件（如机床主轴等）应放在特制的木箱中，放置时应避免要求高的表面相互接触。完工后零件要擦干并涂上防锈油或机油，以防生锈。

（7）做好交接工作，使接班的同志及时了解机床运转及工件加工情况。

3．磨床基础知识

磨削加工是用磨具（常见是砂轮）作为切削工具和以较高的线速度对工件进行的加工，其显著特点是加工精度高。普通磨削一般能达到的表面粗糙度为 R_a 0.8～0.4μm，尺寸精度为 IT5～IT6 级。磨削加工的范围很广，如图 4-2 所示，有外圆磨削（a）、内圆磨削（b）、平面磨削（c）、螺纹磨削（d）、花键磨削（e）、齿轮磨削（f）、曲轴磨削（g）、成形磨削（h）、无心外圆磨削（i）和刀具刃磨（j）等。其中，外圆磨削和平面磨削是最基本的磨削方式。后面以 M1432B 万能外圆磨床和 M7120D 型卧轴矩台磨床为例加以说明。

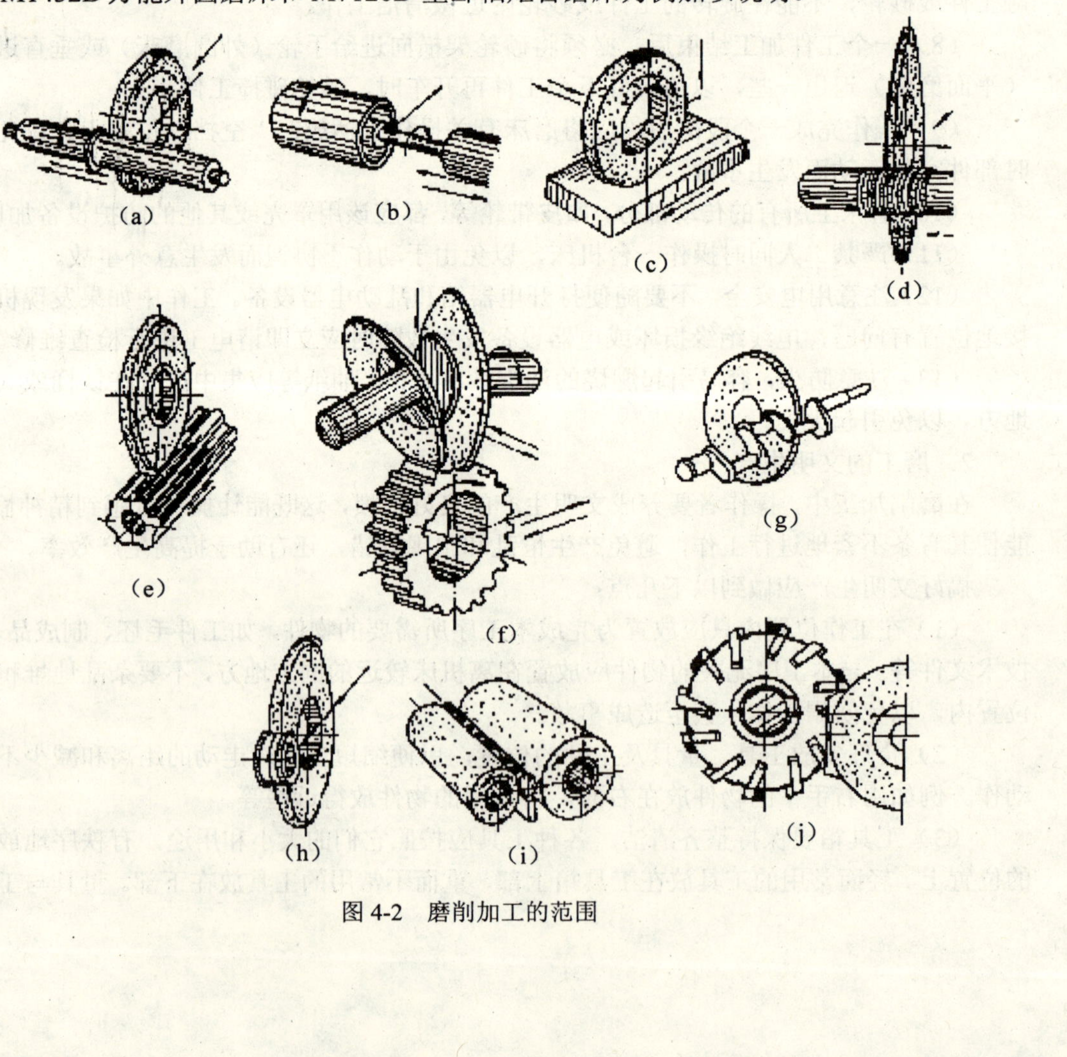

图 4-2　磨削加工的范围

4．平面磨床基本部件的名称及其功能

M7120D 型卧轴矩台平面磨床主要由床身 1、工作台 2、磨头 3、滑板 4、立柱 5、电器箱 6、电磁吸盘 7、电器按钮板 8、液压操作箱 9 等组成，如图 4-3 所示。

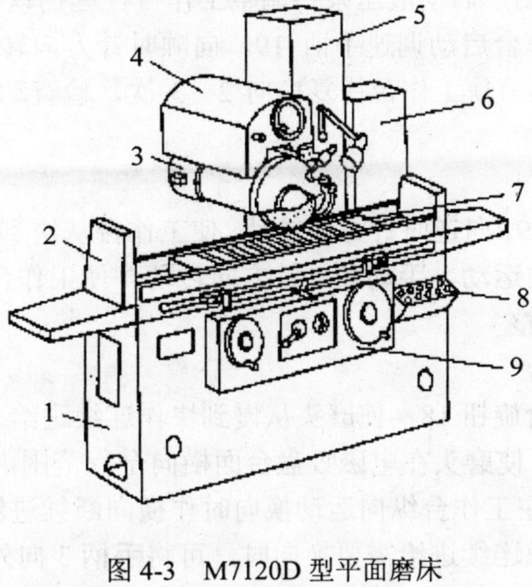

图 4-3　M7120D 型平面磨床

（1）床身：床身 1 为箱形体，上面有 V 形导轨及平导轨；工作台 2 安装在导轨上。床身前侧的液压操作箱上装有工作台手动机构、垂直进给机构、液压操作板等，用以控制机床的机械与液压传动。电器按钮板上装有电器控制按钮。

（2）工作台：工作台 2 是一盆形铸件，上部有长方形台面，下部有凸出的导轨。工作台上部台面经过磨削，并有一条 T 形槽，用以固定部件（如电磁吸盘）。在台面的四周装有防护罩，以防止切削液飞溅。

（3）磨头：磨头 3 在壳体前部，装有两套短三块油膜滑动轴承和两套控制轴向蹿动的球面止推轴承。主轴尾部装有电动机转子，电动机定子固定在壳体上。磨头 3 在水平燕尾导轨上有两种进给形式：一种是断续进给（工作进给），即工作台换向一次，砂轮磨头横向作一次断续进给，进给量为 1～12mm；另一种是连续进给（调节磨头位置或修整砂轮时用），磨头在水平燕尾导轨上往复连续移动，速度为 0.3～3m / min，有进给选择钮控制。磨头除了可液压传动外，还可作手动进给。

（4）滑板：滑板 4 有两组相互垂直的导轨，一组为垂直矩形导轨，用以沿立柱作垂直移动；另一组为水平燕尾导轨，用以作磨头横向移动。

（5）立柱：立柱为一箱形体，前部有两条矩形导轨，丝杠安装在中间，通过螺母使滑板沿矩形导轨作垂直移动。

（6）电器箱：M7120D 型平面磨床在电器安装上进行了改进，将原来装在床身上的电器元件等装到电器箱内。这样有利于维修和保养。

（7）电磁吸盘：电磁吸盘 7 主要用于装夹工件。

（8）电器按钮板：电器按钮板 8 主要用于安装各种电器按钮，通过操作按钮来控制机床的各项进给运动。

（9）液压操作箱：液压操作箱 9 主要用于机床的液压传动。

5．平面磨床的操作和调整

（1）液压操作步骤

① 液压操作步骤

按动液压泵启动按钮 15，启动液压泵→调整工作台行程挡铁 2 于两极限位置→在液压泵工作数分钟后，扳动工作台启动调速手柄 19，向顺时针方向转动，使工作台从慢到快运动→扳动工作台换向手柄 3，使工作台往复换向 2～3 次，检查动作是否正常，然后使工作台进行自动换向运动。

② 手动操作步骤

扳动工作台调速手柄 19，向逆时针方向转动，使工作台从快到慢运动直至停止运动——摇动手轮，使工作台作纵向运动，手动顺时针方向转动，使工作台向左移动。

（2）磨头的操作和调整

①磨头的横向液动进给

向左转动磨头液动进给旋钮 18，使磨头从慢到快作连续进给（如图 4-4 所示）；调节磨头左侧槽内挡铁 1 的位置，使磨头在电磁吸盘台面横向全程范围内往复移动，如图 4-5 所示向右转动旋钮 18，使磨头在工作台纵向运动换向时作横向断续进给；进给量可在 1～12mm 范围内调节。磨头在断续或连续进给需要换向时，可将手柄 3 向外拉出，使磨头向外进给；手柄向里推进，则使磨头向里进给，如图 4-5 所示。

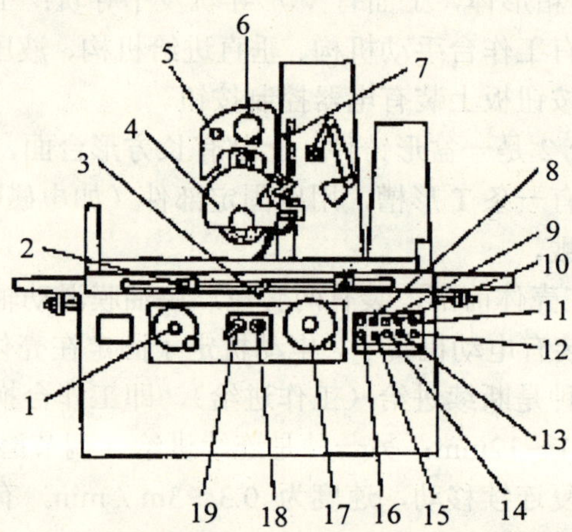

图 4-4　M7120D 型平面磨床的操纵示意图

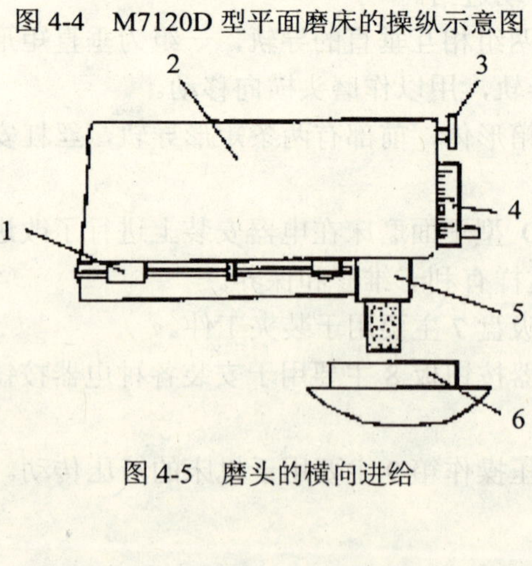

图 4-5　磨头的横向进给

② 磨头的横向手动进给

当用砂轮端面进行横向进给磨削时，砂轮需要停止横向液动进给。操作时，应将磨头进给旋钮 18 旋至中间停止位置；然后手摇磨头横向手动进给手轮 4，使磨头作横向进给（见图 4-5），顺时针方向摇动手轮，使磨头向外移动；逆时针方向摇动手轮，使磨头向里移动。手轮每格进给量为 0.01mm。

③ 磨头的垂直自动升降

磨头垂直自动升降是由电器控制的。操作时，先把垂直进给手轮 17 向外拉出，使操作箱内的齿轮脱开，然后按动按钮 14，使滑板沿导轨向上移动，磨头垂直下降；松开按钮，磨头就停止升降。磨头的自动升降一般用于磨削前的预调整，以减轻劳动强度、提高生产效率。

④ 磨头的垂直手动进给

磨头的手动进给是通过摇动垂直进给手轮 17 来完成的。操作时，把手轮 17 向里推紧，使操作箱内齿轮啮合；摇动手轮 17，使磨头垂直上下移动。手轮顺时针方向摇动一圈，磨头下降 1mm；每格进给量为 0.005mm。

（3）砂轮的启动

为了保证砂轮主轴使用的安全，在启动砂轮前，必须先启动润滑泵，使砂轮主轴得到充分润滑。M7120D 型平面磨床油箱采用水银限位开关来延迟砂轮启动时间，保证了砂轮启动时的安全。操作时，在润滑泵启动约 3min 后，水银开关被顶起，线路接通。先按动砂轮低速启动按钮 8，使砂轮作做速低运转；运转正常后，再按动砂轮高速启动按钮 10，使砂轮做高速运转；磨削结束后按动砂轮停止按钮 9；砂轮停止运转，若润滑泵不启动则砂轮无法启动。

（4）手动操作练习步骤

① 用左手转动手轮 1，使工作台慢速均匀移动，并能根据要求正确地使工作台向左或右移动，反应敏捷，动作自如，如图 4-4 所示。

② 用右手转动手轮 17，使磨头慢速均匀上下移动，并能根据要求准确地使砂轮进刀或退刀，不能弄错方向。

③ 将磨头液动进给旋钮 18 旋至中间位置，然后转动手轮 4 使磨头作横向进给（见图 4-5），并能根据要求，使磨头向里或向外移动，不能弄错方向。

（5）液压传动操作练习及电器按钮、旋钮操作练习步骤

① 调整工作台行程挡铁 2 于两极限位置。启动按钮 15 和操作手柄 19，练习工作台的启动和调速，要求操作熟练、动作自如。

② 向外拉出手轮 17，然后按动按钮 14 或 13，练习磨头的快速上升和下降，要求动作准确、注意安全。

③ 熟悉各个旋钮、按钮的作用，练习掌握使用方法。

6．操作注意事项

（1）熟悉平面磨床的性能、规格、各操作手柄位置及其操作具体要求，正确、合理地使用磨床。

（2）要求每台磨床都有齐全的防护设施。

（3）操作机床时，注意力集中；工作台启动前，应调整好挡铁位置并予以紧固。

（4）磨头在作横向或垂直进给前，应先按动磨头润滑按钮 7，润滑立柱导轨、磨头导轨、滚动螺母等，每班一次。

（5）磨头在作启动下降时，要注意安全；不要在砂轮与工件相距很近时才松开按钮，以免由于惯性使砂轮撞到工件上。

（6）在磨削时，如需要使用切削液，可转动切削开关 11，使切削液泵工作，然后调节喷嘴喷出切削液。

（7）变换砂轮速度时，必须先按停止按钮，然后再变换速度。从高速变到低速时，必须在砂轮速度降低后再启动，以免损坏机床。

（8）电磁吸盘的台面保持平整光洁，发现有划伤现象，应及时用磨石或金相砂纸修去。如果表面划痕和毛刺较多、较深或者有某些变形，影响工件的加工精度，可对电磁吸盘做一次修磨。注意，修磨量应尽量少。

（9）操作练习前必须经教师示范，掌握要领后再上机；练习时，不能两人同时操作一台机床以免产生事故。

（10）离开机床前必须停机和切断电源。

7. 外圆磨床基本部件的名称及其功能

如图 4-6 所示，M1432B 型万能外圆磨床主要由床身 1、工作台 2、头架 3、尾座 4、砂轮架 5 和电器操纵箱 6 等组成，其主要部件作用及结构如下：

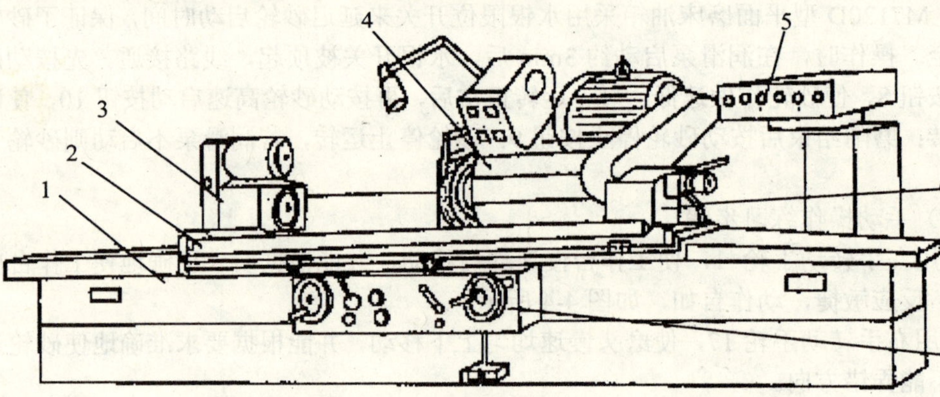

图 4-6　M1432B 型万能外圆磨床

（1）床身：床身是个箱形体，用于支撑磨床的各个部件。床身上有纵向和横向两组导轨。纵向导轨上有工作台，横向导轨上有砂轮架。床身内有液压传动装置和机械传动机构。

（2）工作台：工作台由上、下工作台两部分组成。上工作台可相对下工作台进行回转，顺时针方向可转 3°，逆时针方向可转 6°。上工作台的台面上有 T 形槽，以通过螺栓安装和固定头架和尾座。

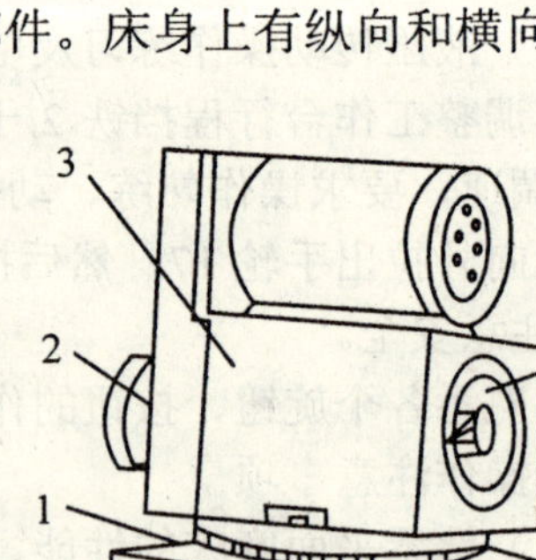

图 4-7　头架

（3）头架：头架主要由底座 1、壳体 3、主轴 4 和传动变速装置 2 等组成，如图 4-7 所示。头架壳体可绕定位柱在底座上面回转，可以逆时针方向 0°～90°范围内作任意角度的调整。双速电机装在壳体顶部。头架通过两个螺栓紧固在工作台上，松开螺栓，可在工作台面上移动（一般不移动）。头架主轴上可安装顶尖或卡盘，用以装夹和带动工件旋转。头架变速可通过改变双速电机转速来实现。

（4）尾座：尾座主要由壳体 1、套筒 2 和套筒往复机构 5 等组成（如图 4-8 所示）。尾座套筒内装有死顶尖，用于装夹工件。装卸工件时，可转动手柄 4 或踏尾座操纵板，实现套筒的往复。尾座通过 L 形螺栓紧固在工作台上，松开螺栓 3 可在工作台上移动（加工不同长度的工件，一般移动尾座）。

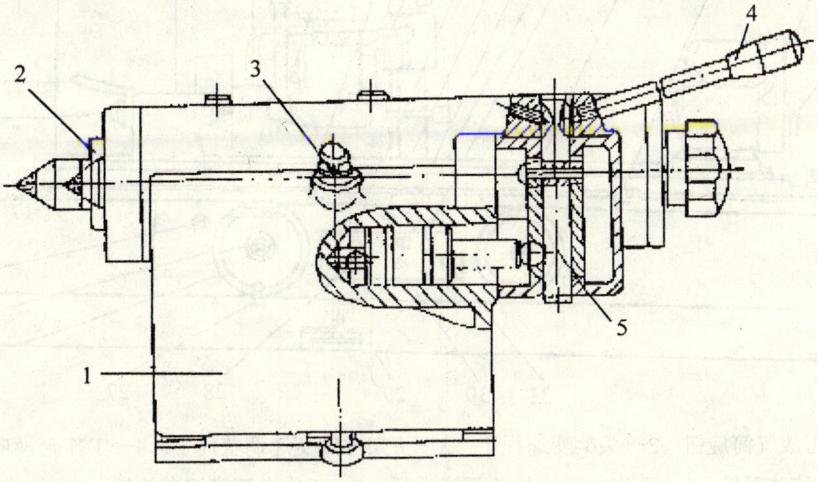

图 4-8　尾座

（5）砂轮架：砂轮架主要由壳体、主轴、内圆磨具及滑鞍等组成。外圆砂轮安装在主轴上，由单独的电机经 V 带传动进行旋转。壳体可在滑鞍上作正负 30°回转。滑鞍安装在床身横导轨上，可作横向进给运动。内圆磨具支架的底座安装在砂轮架壳体的盖板上，支架壳体可绕与底座固定的轴心回转，当需要进行内圆磨削时，将支架壳体翻下，通过两个球头螺钉和两个具有球面的支块，支承在砂轮架壳体前侧搭子上面，并用螺钉紧固。在外圆磨削时，须将支架壳体翻上去，并用插销定位好。

外圆磨床的操作图（如 4-9 所示）。

① 工作台的操作：

a. 手动操作

转动床身上的工作台，纵向移动手轮 5，使工作台作纵向移动。将手轮顺时针方向转动一周，工作台向右移动 5.9mm。

b. 液压操作

按油泵启动按钮 15，使油泵运转——调整工作台换向挡铁 4 和 12 的位置，控制工作台的纵向行程和运动位置——转动工作台开停手柄 6 至“开”的位置，再转动工作台速度调节旋钮 7，可使工作台做无级调速运动——转动工作台油压筒放气旋钮 1 至“开”的位置，油压筒开始放气（会有放气声），当声音全部消失后，关闭放气旋钮——转动工作台换向停调节留旋钮 30 或 31，砂轮在换向时可作一定时间的停留。

② 砂轮架横向进给的操作：

a. 砂轮架的手动进给操作

转动横向进给手轮 26，砂轮架做横向进给运动。手轮顺时针方向旋转一周，砂轮架向前进给（朝操作者方向）；反之为退。

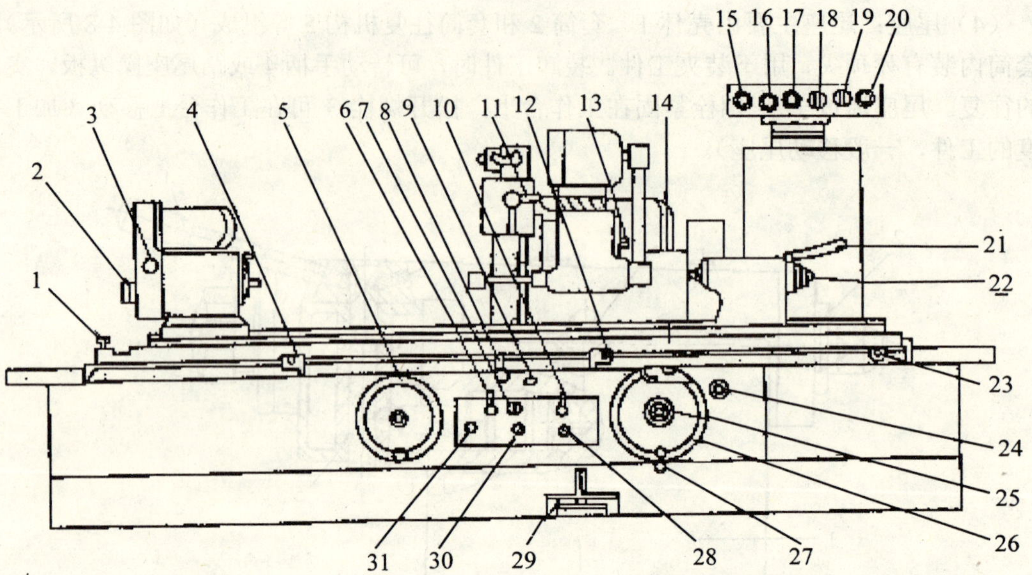

1—工作台油压放气筒旋钮；2—头架变速捏手；3—头架主轴变速调整捏手；4—工作台换向挡铁（左）
5—工作台纵向移动手轮；6—工作台液压传动开停手柄；7—工作台速度调节旋钮；8—工作台换向杠杆；
9—头架点动按钮；10—砂轮架快速进退手柄；11—切削液开关手柄；12—工作台换向挡铁（右）；
13—内圆磨具支架工作位置定位手柄；14—砂轮架横向进给手轮定位块；15—油泵启动按钮；
16—砂轮电动机启动按钮；17—砂轮电动机停止按钮；18—冷却泵电动机开停选择旋钮；
19—头架电动机停、慢速、快速选择旋钮；20—总停按钮；21—移动尾座套筒手柄；
22—工件顶紧压力调节捏手；23—工作台角度调整螺杆；24—自动周期进给量调节旋钮；
25—砂轮磨损补偿旋钮；26—砂轮架横向进给手轮；27—粗、细进给选择拉杆；
28—周期进给选择旋钮；29—尾座套筒液动踏板；30—工作台换向停留调节旋钮（右）；
31—工作台换向停留调节旋钮（左）

图 4-9　M1432B 型万能外圆磨床操纵图

拉出粗、细进给选择拉杆 27，手轮 26 转动时为细进给，手柄转一圈，砂轮架移动 0.5mm。推进拉杆 27，手轮 26 转动时为粗进给，手轮转一圈，砂轮架移动 2mm。

拉出砂轮磨损补偿旋钮 25，转动刻度盘，可调整零位，使手轮挡铁与砂轮架横向进给手轮定位块 14 相接触，调整完毕，将旋钮推进。

b. 砂轮架周期自动进给操作

转动周期进给选择旋钮 28 至单向（左或右）或双向进给位置，砂轮换向后，作自动横向进给。转动自动周期进给量调节旋钮 24，可控制周期进给量，进给量可在 0～0.02mm 的范围内选择。

c. 砂轮架快速进退的操作

在油泵启动后，逆时针方向转动手柄 10 至工作位置，砂轮架快速行进 50mm；反之为快退，此时便于装卸和测量工件。

③ 头架的操作：

在变速捏手 3 上涂有三条表示不同转速的色带，操作时只要推进或拉出捏手，使所需转速的色带对准标尺即可。头架电动机为双速电动机，通过速度选择旋钮 19 进行变速操作。该机床头架共有六档旋转速度可以使用。

当机床头架使用顶尖进行磨削加工时，切记顶尖不可以与工件同时旋转，这时将头架主轴间隙调整捏手转至间隙缩小位置；当机床头架使用卡盘进行磨削加工时，应将头架主轴间隙放大，使主轴随卡盘同时旋转。间隙调整范围在 0～0.01mm 之间。

④ 尾座的操作

a. 手动操作

扳动尾座套筒手柄 21，可使尾座套筒作伸缩运动，用于工件的装卸。旋转压力调节捏手 22，可调节尾座弹簧的压力；顺时针方向旋转时压力加大，逆时针方向旋转时压力减小。

b. 液动操作

当工件体积较大或重量较重需要双手托拿工件时，可脚踏液动踏板 29，使尾座套筒收缩，脚离开踏板，套筒自动伸回原处。操作时，手柄 10 应处在退出位置；否则脚踏液动踏板不起做用。

⑤ 电器按钮的操作

按动按钮 15 油泵启动→按动按钮 16 砂轮电动机启动→按动 17 砂轮电动机停止→启动砂轮应采用断续开停的方法，以使砂轮从静止逐渐转入高速旋转，以避免带来冲击→旋钮 18 为冷却泵电动机开停选择按钮。当旋钮处于停止位置时，只有在头架转动时冷却泵才能工作；当旋钮转到开动位置时，即使头架停转，冷却泵也能工作，一般在修整砂轮时使用→转动 19，可作头架电动机快速旋转、慢速旋转、停止旋转三挡选择→按钮 20 为总停按钮，在工作结束或紧急情况下使用。

⑥ 实作练习（手动操作练习步骤）

a. 用左手转动手轮 5，让工作台慢速均匀移动，并能根据要求，正确地使工作台向左或右移动，反应敏捷，动作自如。

b. 用右手转动手轮 26，使砂轮架慢速均匀地横向进给，能根据要求，准确地使砂轮架进刀或退刀，不能弄错方向。

c. 熟悉各手轮的间隙大小及准确的进给尺寸。

⑦ 液压传动操作练习及电器按钮、旋钮操作练习步骤

a. 操作手柄 6 和旋钮 7，练习工作台的启动和调速，要求操作熟练、动作自如。

b. 操作手柄 10，练习砂轮架的快速进退，要求动作准确并注意安全。

c. 熟悉各个按钮、旋钮的作用、位置，练习并掌握使用方法。

⑧ 操作注意事项

a. 熟悉外圆磨床的性能、规格、各操作手柄位置及其操作的具体要求，正确合理地使用磨床。

b. 要求每台磨床都有齐全的防护设施。

c. 操作前检查各手柄、旋钮等是否都在安全位置（一般为停止位置）。

e. 操作机床时，应注意力集中；工作台启动前，应调整好挡铁的位置并予以紧固。

f. 砂轮架快速行进时，要控制进给位置，防止砂轮与工件或尾座相撞。

g. 操作练习前必须经教师示范，掌握要领后再上机；练习时，不能两人同时操作一台机床。

h. 离开机床前必须停车和切断电源。

8．砂轮的简介

砂轮是特殊的刀具，又称磨具，它是由磨粒、结合剂、空隙三要素构成。砂轮的特性由磨粒、粒度、结合剂、硬度、组织、形状和尺寸、强度（最高工件速度）等 7 个要素来衡量。应按照实际的磨削要求来进行合理的选择和使用砂轮。

9．磨削用量的选择

在磨削过程中，砂轮的圆周速度、工件的圆周速度、工件的纵向进给速度、砂轮的横向或垂直进给量（磨削深度）等，统称为磨削用量。磨削用量选择是否适当，对工件的加工精度、表面粗糙度和生产效率将产生直接影响。其选择原则是：在保证加工质量的前提下，以获得最高的生产效率和最低的生产成本。

在磨削用量中，除砂轮的圆周速度外，其他项目及其意义视磨削不同而各异。下面以外圆磨削为例，说明磨削用量各要素的含义。

（1）砂轮圆周速度 v_0（又称磨削速度，单位：m/s）砂轮外圆表面上任一磨粒在单位时间内所经过的磨削路程，称为砂轮圆周速度。计算公式为：

$$v_0 = \frac{\pi \times D_0 \times n_0}{1000 \times 60}$$

式中，D_0——砂轮直径（mm）；n_0——砂轮转速（r/min）。

选择原则是：在砂轮强度和机床刚度、功率及冷却措施允许的条件下，尽可能提高砂轮的圆周速度。外圆磨削和平面磨削的磨削速度在 30～35m/s，磨削速度对磨削质量和生产率有直接影响。

（2）横向进给量的选择，主要是根据磨削方式、工件刚度、磨削性质、工件材料、砂轮特性等确定。磨削深度越大，生产率越高，但对磨削精度和表面粗糙度不利；磨削时，可根据技术要求，分粗磨、精磨进行加工。粗磨时，横向进给量可选择（0.1～0.4）B/双行程（B 为砂轮宽度）；垂直进给量可选择 0.015～0.03mm；精磨时，横向进给量可选择（0.05～0.1）B/双行程，垂直进给量为 0.005～0.0lmm。

二、操作技能分解（磨削加工平面类零件相关操作技能）

1．正确启动机床

（1）开车前必须调整好换向撞块的位置并将其紧固，以免由于松动撞块而使工作台行程过头，使架头、卡盘或尾座碰撞砂轮。

（2）磨削前，砂轮应经过 2min 空转试验后，才能开始磨削。初开车时不可站在砂轮的正面，以防砂轮飞出伤人。

2．试车操作

（1）先手动试摇各手柄，观察没有不良情况后再把电源开关合上。

（2）开始磨削前，必须细心检查工件的装夹是否正确，是否紧固牢靠，磁性工作台是否失灵。启动机床，注意运转中有无异常现象，并检查油泵工作是否正常。

（3）松开各锁紧手柄，作空车机动进给，观察其运动情况是否正常。

（4）经过上述检查各部运动属于正常后，方可进行正常运行。

3．设备点检润滑

（1）润滑

润滑是机床保养工作的重要内容之一。正确地润滑机床，使机床处于良好的润滑状态，可以减少磨损，保持机床精度，使机床操纵轻便、灵活。润滑不当常常是造成机床发生故障的主要原因之一。因此，必须重视对机床的润滑。

为了达到良好的润滑目的。应根据工作条件（即在工作状况下两摩擦面的压力、速度及温度等），选择适当黏度的润滑油。

各部位润滑情况如下：

① 砂轮主轴滑动轴承：常选用 2 号精密机床主轴油，每 3～6 个月更换一次。日常应注意检查油窗内油液面高度是否高于一半。

② 普通磨床导轨：平均室温在 20 度以下时用 10 号机械油；20 度以上时用 20 号机械油。

③ 内圆磨具：用 3 号锂基润滑脂或 3 号二硫化钼锂基润滑脂。一般结合修理时加油。

④ 一般滑动的摩擦面：20～50 号机械油。

⑤ 一般机构的滚动轴承：3 号轴承脂。

（2）保养

① 工作前后清理机床，检查磨床部件、机构、冷却系统是否正常。

② 磨床敞开的滑动面和机械机构须涂油防锈。

③ 人工（手动）润滑部位须按规定加注，并保证油面高度要求。

④ 定期更换冷却液并冲洗冷却系统。

⑤ 高速滚动轴承的工作温度应低于 60℃。

⑥ 不同精度等级和参数的磨床与加工工件的精度尺寸参数相对应。

⑦ 不碰撞或拉毛机床工作面和部件。

当磨床运转 500h 后，需要进行一级保养，一级保养工作以操作人员为主，维修人员配合进行。

4．砂轮的选择

（1）磨粒的选择

磨粒又称磨料，其选择主要与工件材料及其热处理方法有关；通常要使磨料的硬度大于工件材料的硬度。常见的磨料及其应用范围如下：

① 刚玉类

棕刚玉：代号 A（GZ）（括号内为旧代号，下同），棕色。硬度高、韧性大、抗弯强度高。适用于磨碳素钢、合金钢、淬火钢、铸铁和青铜。

白刚玉：代号 WA（GB），白色。比棕刚玉硬而脆、自锐性好、磨削力和磨削热量较小。适用于磨淬火钢、高速钢、合金钢、螺纹、齿轮、刀具、薄壁工件及细长轴等。

铬刚玉：代号（GG），粉红色。硬度与白刚玉相近而韧性较好。适用于磨合金钢、高速钢、锰钢及表面粗糙度值小的工件。

单晶刚玉：代号（GD），浅灰色或淡黄色。硬度和韧性都比白刚玉高，自锐性好。适用于磨不锈钢、高钒钢、高速钢等。

微晶刚玉：代号（GW），棕黑色。强度高、韧性和自锐性较好。适用于磨不锈钢、特种球墨铸铁。

② 碳化硅类

黑碳化硅：代号（TH），黑色或深蓝色。硬度高、韧性低而脆。适用于磨铸铁、黄铜及其他非金属。

绿碳化硅：代号（GL），绿色。硬度与黑碳化硅相近而脆性更大。适用于磨硬质合金、光学玻璃、钛合金等。

③ 超硬类

人造金刚石：代号（JR），无色透明。硬度极高，磨削性能好。适用于磨硬质合金、光学玻璃等高硬度材料。

立方碳化硼：代号 N（CRN），硬度略低于金刚石，有极好的切削性能。适用于磨高硬度、高韧性的难加工材料，如含钼、钒、钴较高的合金钢、不锈钢等。

（2）粒度的选择

粒度是表示磨粒尺寸大小的参数，颗粒尺寸大于 50μm 的磨粒用筛网法测定，粒度用所能通过每 25.4（1 英寸）长度上的筛网眼表示，数字越大，表示尺寸越小，如 40#；颗粒尺寸小于 40μm 时用显微镜测定法，数字越大表示颗粒越大。用 F 表示，如 F500。

常用粒度的使用范围如下：

40#～60#：用于一般磨削，能达到 2.5～1.25 的表面粗糙度；

60#～80#：用于半精磨或精磨，能达到 0.63～0.20 的表面粗糙度；

100#～240#：用于精密磨削，能达到 0.16～0.10 的粗糙度；

240#～F20：用于超精密磨削，能达到 0.08～0.02 的粗糙度；

F500～F600：用于超精密磨削、镜面磨削，能达到 0.04～0.008 的粗糙度。

（3）硬度的选择

砂轮的硬度是指结合剂黏结磨粒的牢固程度，也表示磨粒在磨削力的作用下，从砂轮表面脱落的难易程度。磨粒不易脱落的砂轮，称为硬砂轮；反之为软砂轮。自锐性越好，砂轮越软。

一般应按不同磨削条件选择砂轮硬度，并在保证加工精度的前提下使砂轮具有适当的自锐性。通常磨削硬度高的材料选用软砂轮，以保证磨钝的磨粒能及时脱落；磨削硬度低的材料用硬砂轮，以充分发挥磨粒的切削作用。硬度代号由软至硬分为 A、B、C、D、E、F、G、H、J、K、L、M、N、P、Q、R、S、T、Y 共 19 级。

（4）砂轮的代号

根据国标 GB/T2484-1994 规定，砂轮各特性参数以代号形式表示，其书写顺序为：砂轮形状、尺寸、磨粒、粒度、硬度、组织、结合剂、最高工作线速度。比如：砂轮 1-600×75×304-A60L5V-35m/GB/T2485 表示半径为 600mm、厚度为 75mm、孔径为 305mm、棕刚玉、粒度 60、硬度 L、5 号组织、陶瓷结合剂、最高工作线速度 35m/s 的平形砂轮。

5. 砂轮的检查

安装砂轮前，必须仔细检查砂轮。步骤如下：

（1）检查砂轮的牌号是否正确，是否符合选用的性能、形状和尺寸。

（2）安装前应仔细检查是否有裂纹或局部受潮。检查时，可将砂轮用绳索穿过内孔，悬空吊起，并用木柄轻轻敲其侧面，若声音清脆，说明砂轮无裂纹；若声音破哑，说明砂轮有裂纹，就不能使用。

（3）对橡胶或树脂结合剂的砂轮，应检查存放期，时间过长应进行回转试验。

6．平面磨床砂轮的安装

M7120D 型平面磨床选用直径 250mm 的平形砂轮，砂轮特性与外圆砂轮基本相同。安装与拆卸砂轮均采用专用的套筒扳手，如图 4-10 所示。安装步骤如下：

（1）擦干净磨头架主轴锥体外圆和砂轮法兰盘锥孔；

（2）将已安装好并经过静平衡的砂轮卡盘装到主轴上，用力推紧；

（3）装上专用垫圈；

（4）将紧固螺母旋到主轴上（左旋）；

（5）用专用套筒扳手（六角套筒）部分套到紧固螺母上，用锤子逆时针方向敲紧，使砂轮紧固在机床主轴上，如图 4-11 所示。

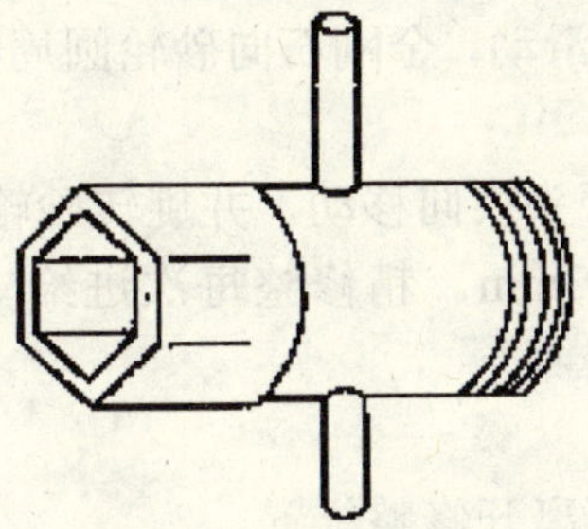

图 4-10　平面磨床专用套筒扳手

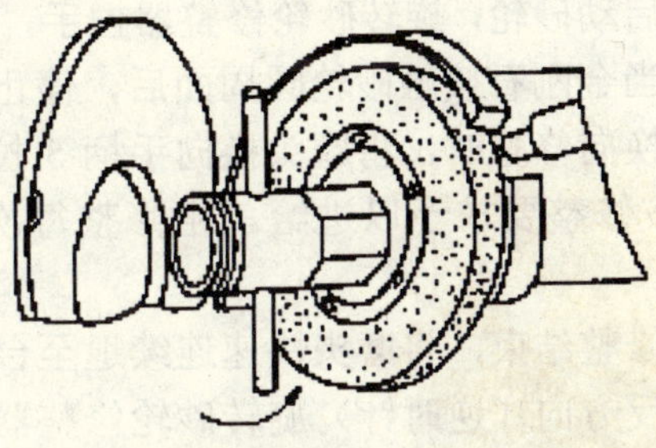

图 4-11　用专用套筒扳手紧固砂轮

（6）关上砂轮罩壳门，进行砂轮修整。

7．砂轮的拆卸

（1）打开砂轮罩壳门，用专用套筒扳手（六角套筒部分）套到机床主轴并紧螺母上，用锤子顺时针方向（砂轮旋转方向）敲击扳手，卸下并紧螺母和垫圈。

（2）将专用套筒扳手外螺纹部分按砂轮旋转方向旋转到砂轮卡盘螺孔内拧紧，如图 4-12 所示。

（3）用锤子敲击扳手，使砂轮连同卡盘从机床主轴上卸下来。

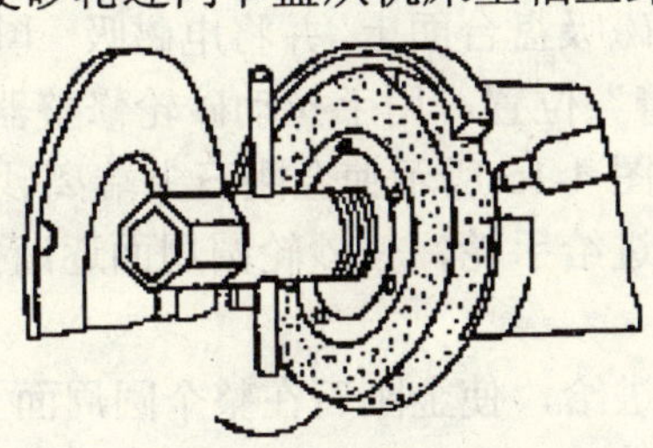

图 4-12　用专用套筒扳手拆卸砂轮

8. 砂轮的修整

（1）用滑板体上的砂轮修整器修整砂轮

M7120 型平面磨床在滑板体上装有固定的砂轮修整器，移动磨头，即可对砂轮进行修整。其优点是使用方便，金刚石不需经常拆卸；缺点是修整精度较低，如图 4-13 所示。

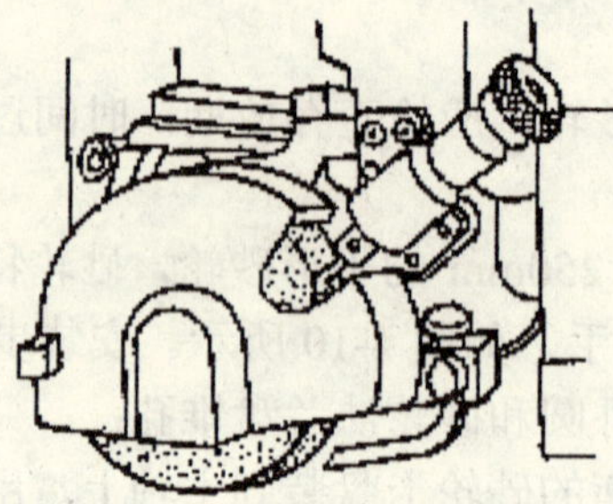

图 4-13　用滑板体上的砂轮修整器修整砂轮

修整砂轮的步骤如下：

① 在砂轮修整器上安装金刚石，并紧固。

② 移动磨头，使金刚石处在砂轮宽度范围内。

③ 启动砂轮，旋转砂轮修整器捏手，使套筒在轴套内滑动，金刚石向砂轮圆周面进给。

④ 当金刚石接触砂轮圆周面后，停止修整器进给。

⑤ 换向修整时，将磨头换向手柄 5 拉出或推进，使磨头换向移动，并旋转砂轮修整器捏手，按修整要求予以进给。粗修整每次进给 0.02～0.03mm。精修整每次进给 0.005～0.01mm。

⑥ 修整结束，将磨头快速连续退至台面边缘。

⑦ 反方向（逆时针）旋转砂轮修整器捏手，使金刚石离开修整位置。

（2）在电磁吸盘上用修整器修整砂轮

如图 4-14 所示，在吸盘上使用的砂轮修整器的优点是既能修整砂轮外圆，又能修整砂轮端面，而且修整精度较高。缺点是使用不方便，每次修整后要从台面上取下来。由于工件高度与修整器高度一般有一定差距，所以每次修整辅助时间较长。

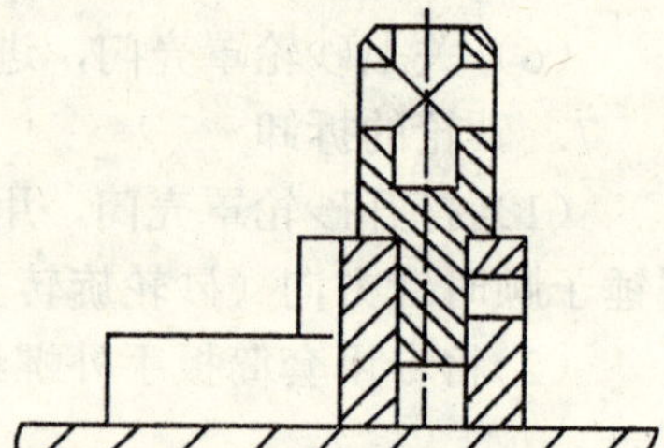

图 4-14　在吸盘上使用砂轮修整器

砂轮圆周面的修整步骤如下：

① 将金刚石装入砂轮修整器内，并用螺钉紧固。

② 将砂轮修整器安放在电磁吸盘台面上，并将电磁吸盘工作状态选择开关拨到“吸着”位置，用手拉动砂轮修整器，检查是否吸牢。

③ 移动工作台及磨头，如图 4-15 所示使金刚石尖端离砂轮中心线 1～2mm 左右。

④ 启动砂轮，并摇动垂直进给手轮，使砂轮圆周面逐渐接近金刚石，当砂轮与金刚石接触后，停止垂直进给。

⑤ 移动磨头，作横向连续进给，使金刚石在整个圆周面上进行修整，如图 4-16 所示。

⑥ 继续进给与修整。

⑦ 修整至要求后，将磨头快速连续退出。

⑧ 将电磁吸盘工作状态选择开关拨至“退磁”位置，取下砂轮修整器，修整砂轮结束。

砂轮端面的修整步骤如下：

① 将金刚石从侧面装入砂轮修整器内，并用螺钉紧固。

② 将砂轮修整器安放在电磁吸盘台面上，通磁吸住。

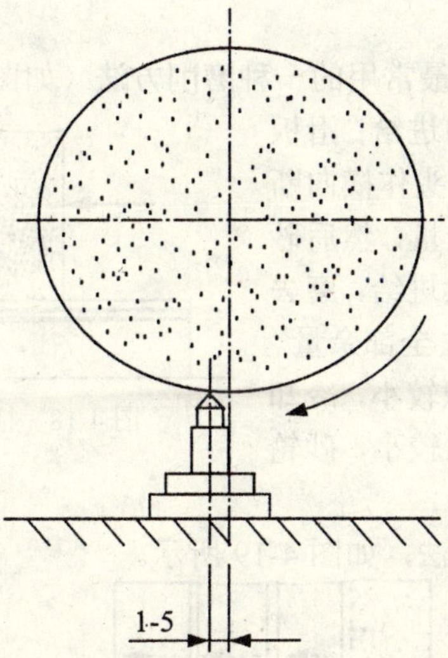

图 4-15　金刚石修整位置

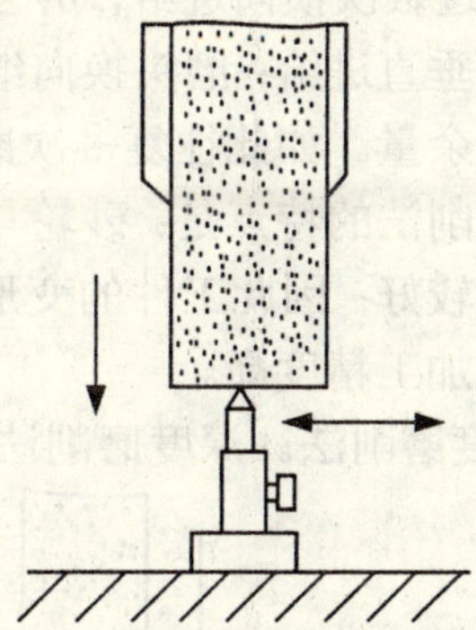

图 4-16 砂轮端面的修整

③ 移动工作台及磨头，使金刚石处于如图 4-17 所示左端的位置。

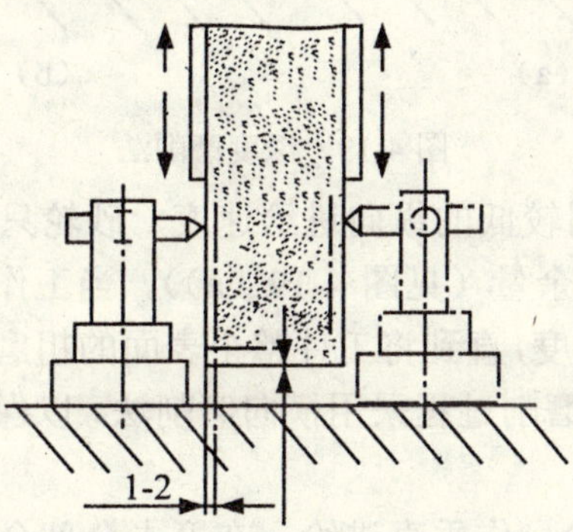

图 4-17　砂轮端面的修整

④ 启动砂轮并摇动磨头横向进给手轮，使砂轮端面接近金刚石，当砂轮端面与金刚石接触后，磨头停止横向进给。

⑤ 摇动磨头垂直进给手轮，使砂轮连续垂直下降；当金刚石修到接近砂轮卡盘时，停止垂直进给。

⑥ 磨头作横向进给，进给量为 0.020～0.03mm；再摇动垂直进给手轮，使砂轮垂直连续上升，在金刚石离砂轮圆周边缘约 2mm 处，停止垂直进给。

⑦ 如此上下修整数次，在砂轮端面上修出一个约 1mm 深的台阶平面。

⑧ 用同样方法修整砂轮内端面至要求（如图 4-17 所示右端位置）。

9．磨削加工平面

在平面磨床上磨削平面有圆周磨削和端面磨削两种形式。卧轴矩台平面磨床的磨削属于圆周磨削，砂轮与工件的接触面积小，生产效率低，但磨削区散热、排屑条件好，因此磨削精度高。下面主要介绍卧轴矩台平面磨床磨削平面的方法。

（1）平面磨削的几种方法

① 横向磨削法。横向磨削法是平面磨削中最常用的一种磨削方法（如图 4-18 所示）。当在电磁吸盘台面上装夹工件后，工作台作纵向进给；滑板下降，磨头作垂直进给；当砂轮磨到工件后，磨头作横向断续进给，通过数次横向进给，磨去工件第一层余量，然后砂轮作第二次垂直进给；磨头换向继续作横向断续进给，磨去工件第二层余量。如此往复多次磨削，直至磨去全部余量。

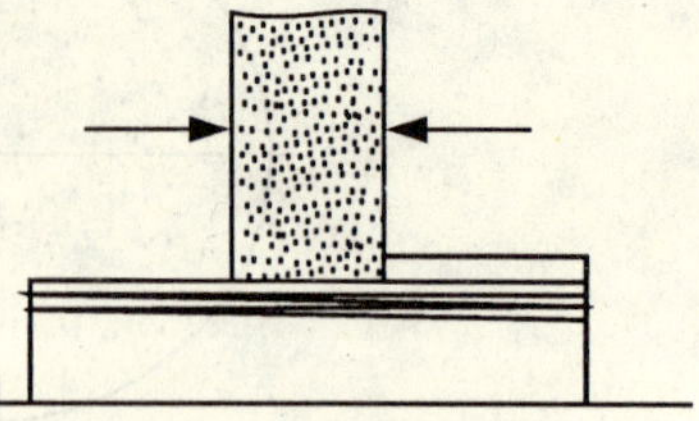

图 4-18　横向磨削法

横向磨削法的特点是：砂轮与工件接触面积较小，冷却和排屑条件较好；因此工件的变形、磨削热均比较小，砂轮不易塞实，加工精度高。

② 深度磨削法。深度磨削法有两种磨削方法，如图 4-19 所示。

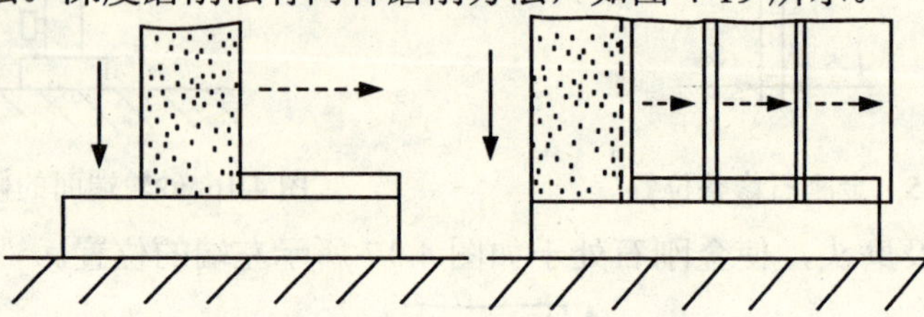

（a）　　（b）

图 4-19　深度磨削法

a. 深磨法。深磨法是采用较低的纵向进给速度，砂轮只作两次垂直进给，第一次为粗磨，垂直进给量等于全部粗磨余量（见图 4-19（a））。当工作台纵向行程终了时，砂轮或工件横向移动 3/4～4/5 的砂轮宽度，直到将工件整个表面的粗磨余量磨完为止。第二次为精磨，垂直进给量等于精磨余量，其磨削过程采用横向磨削法，以保证磨削精度和表面粗糙度的要求。

b. 切入法。磨削时，砂轮只作垂直进给，在磨去全部余量后，砂轮退刀，并横向移动 4/5 的砂轮宽度，然后再作垂直进给，通过分段磨削，把工件整个面余量全部磨去（见图 4-19（b））。为了减小工件表面粗糙度值，用切入法时，可留少量精磨余量（一般为 0.05mm 左右），然后改用横向磨削法将余量磨去。

深度磨削法的特点是：生产效率高，加工质量也有保证，但磨削抗力大，仅适用于在功率大、刚性好的磨床上磨削较大型的工件及批量生产。

③ 台阶磨削法

台阶磨削法是根据工件磨削余量，将砂轮修成台阶形，使其在一次垂直进给中磨去全部余量（如图 4-20 所示）。台阶磨削法的特点是磨削效果较好，但砂轮修整较复杂，砂轮使用寿命较短，对机床和工件有较高的刚度要求。

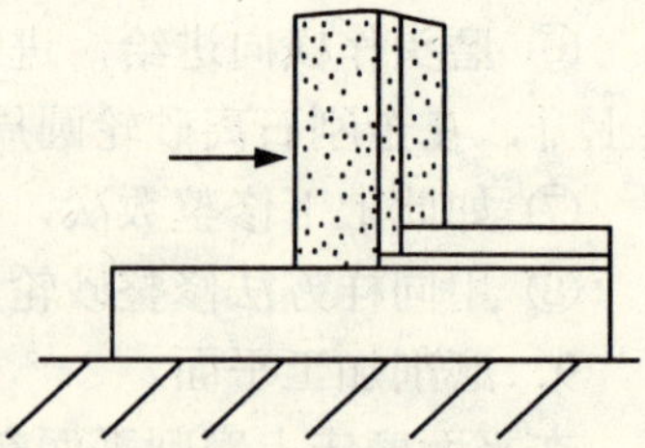

图 4-20　台阶磨削法

（2）　平行面工件的磨削步骤

① 用锉刀、磨石、砂纸等，除去工件基准面上的毛刺或热处理后的氧化层。

② 以工件基准面在电磁吸盘台面上定位。批量加工时，可先将毛坯尺寸进行粗略测量，

按尺寸大小分类，并按序排列在台面上，然后通磁吸住工件。

③ 启动液压泵，移动工作台挡铁，调整工作台行程距离，使砂轮越出工件表面 20mm 左右，如图 4-21 所示。

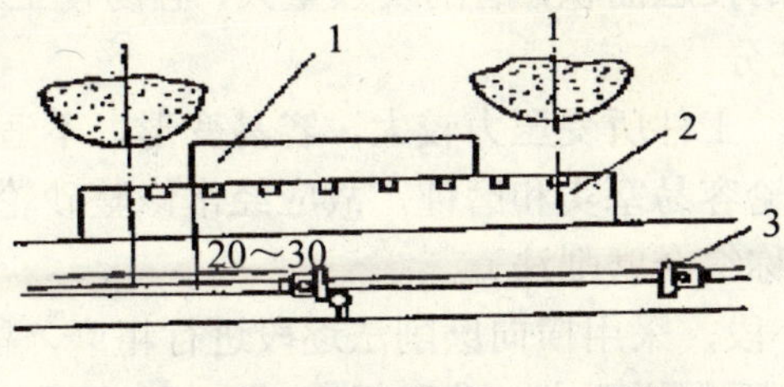

1—工件；2—工作台；3—挡铁

图 4-21　工作台行程距离的调整

④ 启动砂轮，降低磨头高度，使砂轮接近工件表面直到有微量火星出现，说明已经对好刀；然后开启切削液，砂轮作垂直进给。先从工件尺寸较大处进刀，用横向磨削法磨出上平面或磨去磨削余量的一半。

⑤ 以磨过的平面为基准面，磨削另一平面至图样要求。为获得较高的平行度，可将工件多翻几次身，反复磨削，这样可以把工件两个面上的残留误差逐步减小。

10．磨削加工外圆

外圆磨削一般是根据工件的形状大小、精度要求、磨削余量的多少和工件的刚性等来选择磨削方法。常用的磨削方法有纵向磨削法、横向磨削法、阶段磨削法和深度磨削法等四种。

（1）纵向磨削法

磨削时，工件转动（圆周进给）并和工作台一起作直线往复运动（纵向进给），当每一纵向行程或往复行程终了时，砂轮按要求的磨削深度作一次横向进给，在多次往复行程中磨去全部磨削余量，这种磨削方法称为纵向磨削法（如图 4-22 所示）。它的特点是：

① 由于横向进给量较小，因而磨削力小，磨削产热少，工件加工精度高，表面粗糙度值较小。

② 由于纵向行程往复一次时间较长，横向进给量又小，故生产效率较低。在日常生产中，纵向磨削法应用得最广泛，更适合细长轴的磨削。

（2）横向磨削法

磨削时，工件不作纵向往复运动，砂轮作连续的横向进给，直到工件余量全部切除为止。这种磨削方法称为横向磨削法（如图 4-23 所示）。

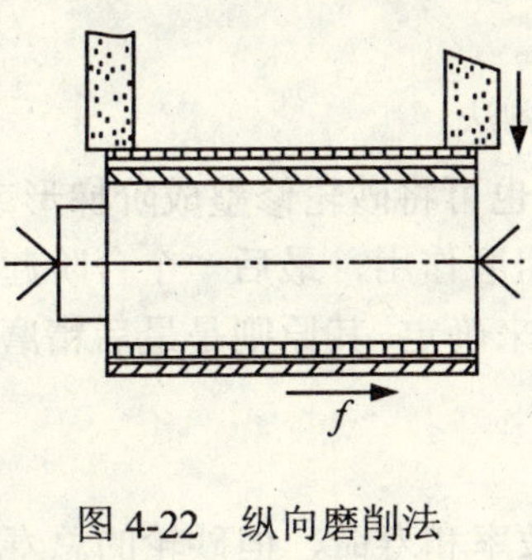

图 4-22　纵向磨削法

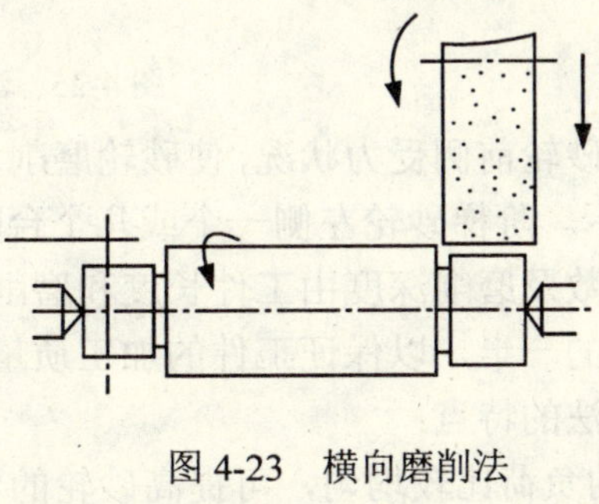

图 4-23　横向磨削法

横向磨削法的特点是：

① 生产效率较高，适合于成批生产。

② 可根据成形工件的几何形状，将砂轮外圆修整成成形面，直接磨出成形表面。

③ 砂轮与工件有较大的接触面积，磨削发热量大，容易使工件表面退火或烧伤。因此，磨削时，切削液供给必须充分。

④ 砂轮连续横向进给，工件所受压力较大，容易变形，不适合于磨削细长的工件。

⑤ 用横向磨削法，砂轮容易塞实和磨钝，故应经常修整砂轮。

（3）阶段磨削法（又称综合磨削法）

它是把工件分成若干小段，采用横向磨削法逐段进行粗磨，留 0.03～0.05mm 的精磨余量。最后用纵向磨削法精磨至图样要求。分段粗磨时，相邻两段间要有 1.5mm 的重叠，以保证各段外圆衔接好（如图 4-24 所示）。这种磨削方法适用于磨削余量多、刚性好的工件；因此磨削长度不宜太长，通常以分成 2～4 段进行横向磨削为宜。

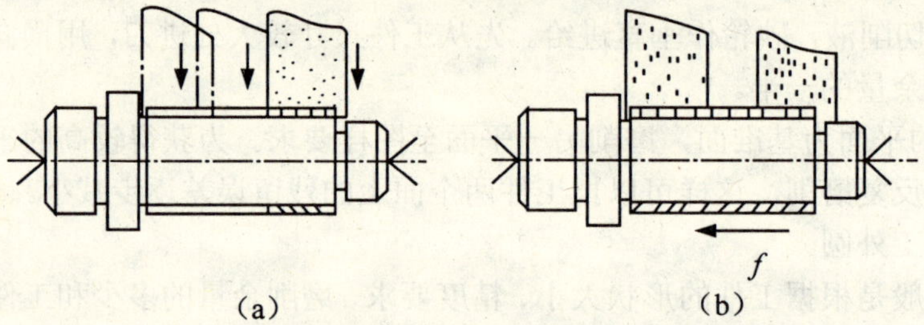

图 4-24　阶段磨削法

（4）深度磨削法（阶梯磨削法）

采用较大的磨削深度，用较小的纵向进给量，在一次纵向进给中磨去工件大部或全部的磨削余量，这种磨削方法叫做深度磨削法（如图 4-25 所示）。这种方法适用于磨削余量多、刚性好、精度要求较低的工件。

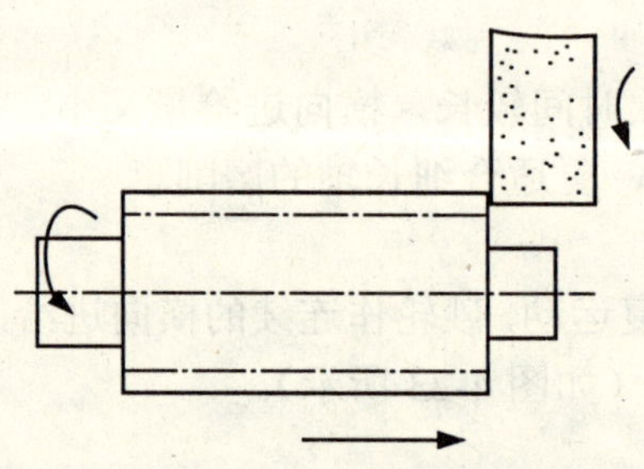

图 4-25　深度磨削法

为了改善砂轮前侧受力状况，使砂轮磨削均匀，也可将砂轮修整成阶梯形或较小的斜度，如图 4-26 所示。阶梯砂轮左侧一个或几个台阶起粗磨作用，最后一个台阶起精磨作用。阶梯砂轮的台阶数及磨削深度由工件长度和磨削余量来确定。其原则是最后精磨台阶的长度应大于砂轮宽度的一半，以保证工件的加工质量。

深度磨削法的特点：

① 砂轮的负荷比较均匀，可提高砂轮的使用效率和寿命，但砂轮的总寿命减少。

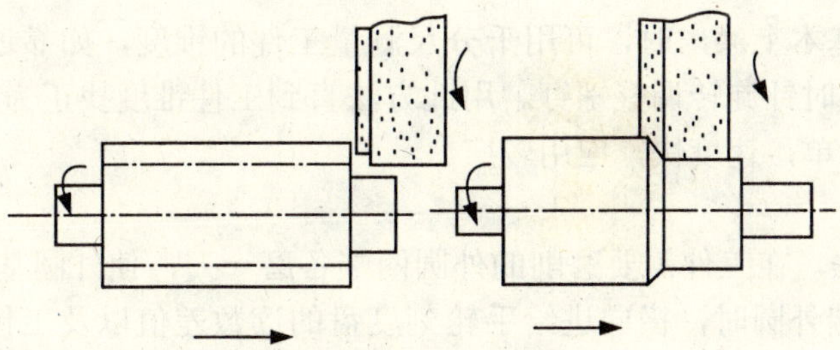

图 4-26　阶梯磨削法

② 粗、精磨在二次行程中完成，缩短了进给次数，提高了生产效率。

（5）工件找正方法

磨削外圆柱面时，为保证被磨零件不产生锥度误差，首先要找正工作台的正确位置。在加工中调整上工作台，来保证被磨工件的旋转轴线与工作台纵向运动方向平行。这是一项十分重要而且必须掌握的操作技能。

常用的调整方法有目测法找正、对刀找正和用标准样棒找正。

① 目测法找正

a. 工件安装好以后，移动工作台，使砂轮停留在工件中间位置。

b. 砂轮架作缓慢横向进给，当砂轮接触工件产生火花的瞬间，停止横向进给，同时观察火花在砂轮宽度内的疏密程度。

c. 根据火花疏密的情况，确定调整方向。以 M1432B 为例，如果砂轮右端（即近尾座端）火花大，应调整螺钉顺时针旋转，上工作台作顺时针转动；反之，应逆时针旋转。

e. 调整时，使砂轮退离工件，松开螺钉松开压板，用扳手转动调整螺钉，使上工作台相对于下工作台进行转动（如图 4-27 所示），调整好后，拧紧螺钉。

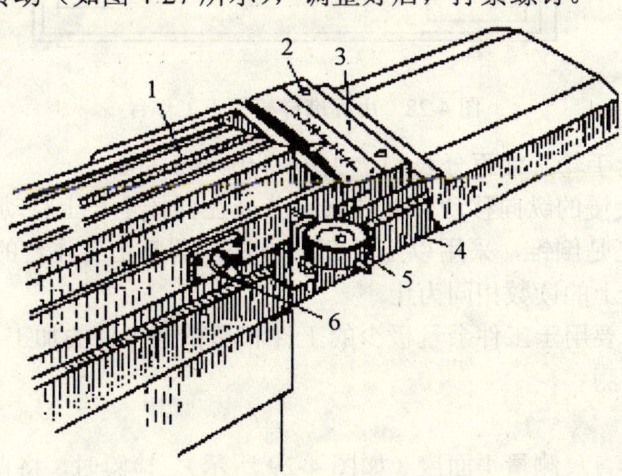

1—上工作台；2—螺钉；3—压板；4—下工作台；5—百分表；6—调整螺钉

图 4-27　上工作台调整装置

e. 启动工件，将已磨削的那段外圆摇离砂轮，磨削另一段外圆，继续观察，以相同的方法调整到火花在砂轮宽度内基本均匀为止。

f. 纵向移动工作台，使工件由中间向左右展开磨削，在磨削的同时，观察工件左右两端火花增减的情况，继续进行调整，直至工件全长上火花基本均匀。

g. 当工件外圆基本上磨出时，可用千分尺测量工件的锥度，如靠近头架端尺寸大于尾座端，为顺锥，应顺时针旋转调整螺钉。用此方法直到工件锥度找正为止。

这种方法调整简单，速度快，应用较广。

② 对刀找正

a. 用横向磨削法，在工件需要磨削的外圆两端各磨一刀，使外圆基本磨出为止。

b. 根据磨出两端外圆时，横向进给手轮刻度盘的读数差值以及工件两端直径的差值，来判断工件产生锥度的情况并进行调整。

c. 继续进行对刀试磨，逐步找正，直至误差基本消除。

d. 用纵向磨削法磨削，待工件基本磨圆后，用外径千分尺测量工件两端的直径大小，根据直径差再进行精细调整，使工件圆柱度符合要求。

这种方法常用于磨削长度较长的工件。

③ 用标准样棒找正

a. 选择一根与工件长度相同的标准样棒，安装在两顶尖之间。

b. 将磁性表座固定在砂轮架上，使百分表测量头与顶尖等高，并垂直接触于工件的侧母线，如图 4-28 所示。

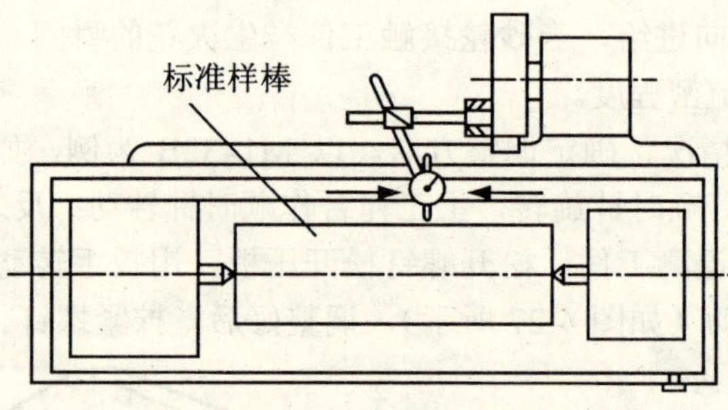

图 4-28　用标准样棒找正工作台

c. 摇动横向进给手轮，使百分表测量头压缩 0.8mm 左右。

d. 使工作台作缓慢的纵向移动，并观察百分表在样棒全长上移动时的读数差。

e. 判断是顺锥还是倒锥，采用以上介绍的方法，调整上工作台的位置，反复调整，直到百分表在样棒全长上的读数相同为止。

这种调整方法主要用于工件余量极少的工件和超精磨工件的加工。

11．平面度的检测

（1）透光法

一般选用刀口形直尺测量平面度（如图 4-29 所示）。检验时，将直尺垂直放在被测平面上，刃口朝下，对着光源，观察刃口与平面之间缝隙的透光情况，以判断平面的平面度误差。

（2）着色法

在工件的平面上涂一层很薄的显示剂（红印油等），将工件放到测量平板上，使涂显示剂的平面与平板接触，然后双手扶住工件，在平板上平稳地移动（按 8 字形移动）。移动数次后，取下工件观察平面上摩擦痕迹的分布情况，以确定平面度误差。

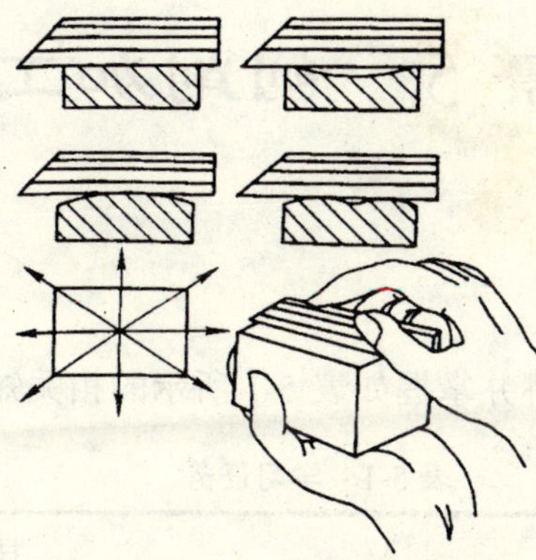

图 4-29 用透光法检验平面度

12．平行度的检验方法

（1）用千分尺测量工件相隔一定距离的厚度，若干点厚度的最大差值即为工件的平行度误差（如图 4-30 所示）。测量点越多，测量值越精确。

（2）用杠杆式百分表在平板上测量工件的平行度，如图 4-31 所示，将工件和杠杆式表架放在测量平板上，调整表杆，使杠杆表的表头接触工件平面（约压缩 0.1mm），然后移动表架，使百分表的表头在工件平面上均匀地通过，则百分表的读数变动量就是工件的平行度误差。测量小型工件时，也可采用表架不动、工件移动的方法。

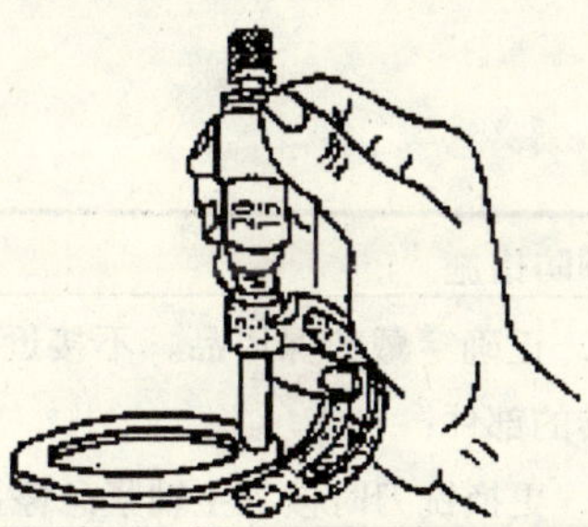

图 4-30 用千分尺测量平行度图

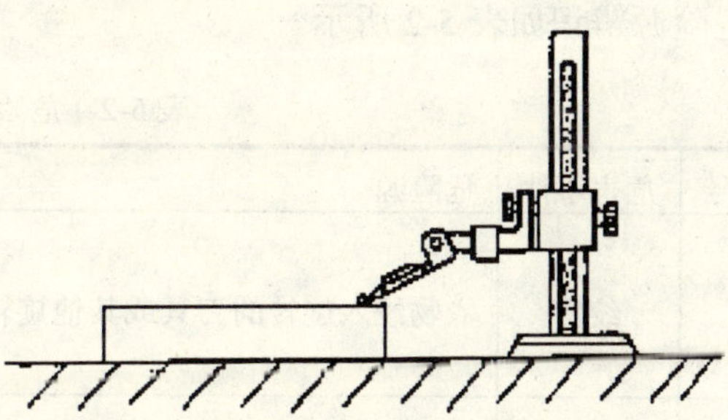

图 4-31 用杠杆表在平板上测量平行度

【思 考 题】

[1] 分析磨削加工中，工件的表面粗糙度与砂轮修整、砂轮粒度、砂轮硬度等因素的关系。

[2] 磨削加工中，工件表面出现烧伤、震纹的原因主要有几点？

[3] 请通过互联网查阅一篇关于磨削技巧的文章（回答问题时请详细注明网址）。注册、加入一个切削技术或机械加工技术论坛，发一篇技术求助帖子（回答问题时请详细注明注册 ID 号、发贴论坛网址、发贴题目、发贴时间）。

学习情景 5　刨削加工平面

【学习任务】

通过本环节的学习，需要了解并掌握如表 5-1 所示的相关知识与技能。

表 5-1　学习任务

序号	理论知识点	技能点
1	了解刨床的种类	刨床的各部分的名称、作用、正确操作方法及维护保养
2	了解刨削加工的应用、工艺范围及安全操作技术	正确选用刀具、夹具、量具并能正确安装和使用
3	掌握平面的铣削加工方法，掌握零件的检测方法	了解刨削加工平面的操作技能
4	机床的润滑与保养知识	机床的润滑与保养

【危险源辨识】

危险源辨识如表 5-2 所示。

表 5-2　危险源辨识表

序号	危害事件	危险源	预防措施
1	绞伤	衣物绞入旋转的刀具或其他旋转部件	1．正确穿戴劳保用品、不接近正在旋转的部件； 2．更换铣刀时按下主轴紧急停止按钮
2	砸伤	1．工作台、工具柜上放置的工件等物品 2．行车起吊物品掉落	1．物品正确摆放，工作台上不允许放置物品，工件应装夹牢固； 2．非专职人员不允许使用行车，遇行车起吊应绕行，不得在起吊物下穿行
3	烫伤	加工时飞出的铁屑	选择合理的切削用量、正确站位
4	划伤	工件毛刺、刀刃	正确清理毛刺，用专用工具清理铁屑，正确拆装刨刀
5	摔伤	工作台、脚踏板油污	工作时注意留心脚下防止滑倒
6	触电	电气线路破损，私自开启电控柜	电气故障必须由专职电工进行维修，操作人员不得拆接电气线路、元件，不得开启电控柜

【典型零件生产流程】

一、信息分析

1．零件图与技术文件分析（如图 5-1、表 5-3、5-4 所示）

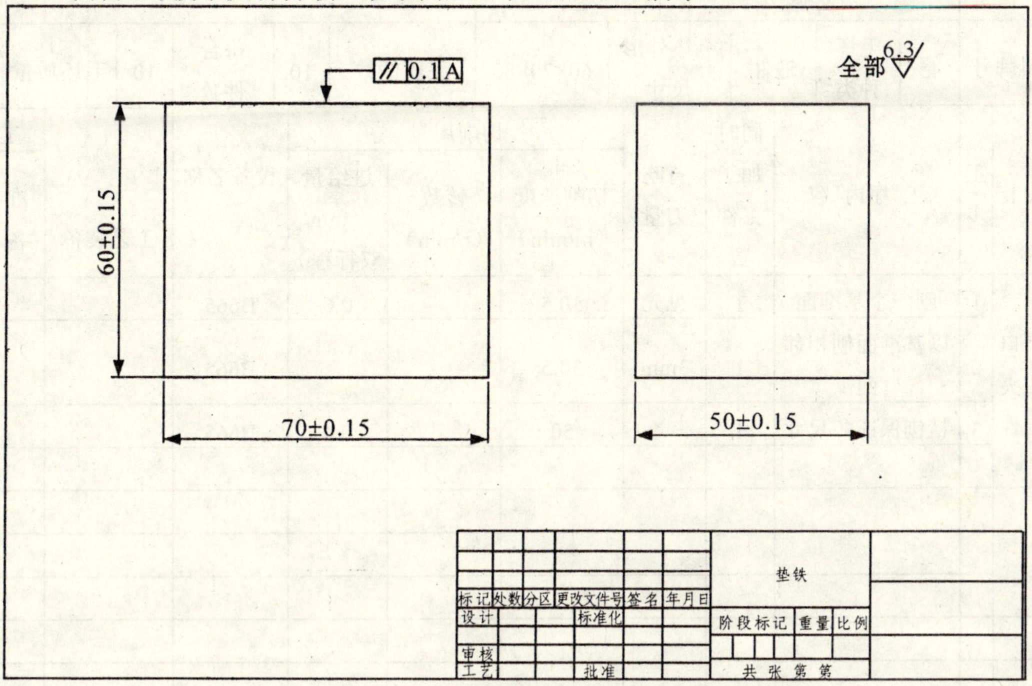

图　5-1

表 5-3　机械加工工艺过程卡片

（厂名）	机械加工工艺过程卡片		产品型号	H6		零件图号			SA6	共 1 页			
			产品名称	垫铁		零件名称			垫铁	第 1 页			
材料牌号	45	毛坯种类	锻件	毛坯外形尺寸	60×70×80	毛坯件数	10	每台件数	10	毛坯质量	优		
工序号	工序名称	工序内容				车间	工段	设备	工艺装备	工时 准备	工时 单件		
1	下料	下料：60mm×70mm×80mm				热加		气割机					
2	刨	按图刨六方至尺寸 50±0.15mm×60±0.15mm×70±0.15mm，保证形位公差要求				机加	刨	B665	平口钳				
3	检验	检查尺寸、平行度、垂直度						游标卡尺、刀口尺					
4	入库												
											编制	审核	会签
记标		处数	更改文件号	签字	日期	标记	处数	更改文件号	签字	日期			

表 5-4 机械加工工艺卡片

（厂名）	机械加工工艺过程卡片	产品型号	H6	零件图号	SA6	共 1 页
		产品名称	垫铁	零件名称	垫铁	第 1 页

材料牌号	45	毛坯种类	锻件	毛坯外形尺寸	60×70×80	毛坯件数	10	每台件数	10	毛坯质量	优

工序	安装	工步	工 序内 容	同时加工工件数	背吃刀量	切削用量			设备名称	工艺装备	工时	
						切削速度（m/min）	转数（r/min）	进给量（mm/双行程）			准备	单件
1	平口钳夹工件	1	刨一个基准面	1	见光	30.5		0.6	B665			
		2	以基准面刨相邻面	1	3mm	30.5			B665			
		3	精刨保证各尺寸	1		50		0.4	B665			

										编制	审核	会签
记标		处数	更改文件号	签字	日期	标记	处数	更改文件号	签字	日期		

2．加工难点分析

平面度 0.1mm 的保证及尺寸的控制；切削用量的选择；平行度 0.10mm 的保证。

二、工艺准备

根据图样的精度要求，本例选用 B665 型牛头刨加工。

1．工具及夹具准备（如表 5-5 所示）

表 5-5 工装及夹具准备表

	夹具名称	工具名称
1	平口钳	平行垫铁
2	压板	平口钳扳手
3		锉刀
4		手锤

2．量具及刀具准备（如表 5-6 所示）

表 5-6　量具及刀具准备表

	量具名称	刀具名称
1	刀口尺	硬质合金宽刃刨刀
2	游标卡尺	0～150mm

三、生产过程组织

1．毛坯检测

（1）目测检验毛坯件的形状和表面质量，如各面之间是否基本平行、垂直，表面是否有无法通过铣削加工的凹陷、硬点等。

（2）用钢直尺检验毛坯件是否有足够的余量 60mm×70mm×80mm，并结合各毛坯面的垂直和平行情况，测量最短的尺寸，以检验毛坯件是否有加工余量，加工余量不得小于 5mm。

2．加工过程

（1）启动设备：观察设备外观情况，检查各手柄是否在正确的位置，检查危险源。打开机床电源开关，在符合安全要求的情况下启动主轴；运行各个自动进给手柄，观察机床是否运行正常。

（2）点检润滑：按照设备润滑点检表要求进行设备润滑；检视各部分油窗内润滑油量；

（3）空载试车：按空载试车要求，检查各操作手柄、按钮的状态。

（4）刀具安装：安装前将刨刀擦净，松开紧固螺钉，再旋紧螺钉，把刨刀紧固。

（5）工件的装夹：在刨床上中小型工件一般用平口钳来装夹，装夹前将平口钳松开，把工件放在平口钳中，夹紧工件。

四、质量检测

1．首件检查记录表（如表 5-7 所示）

表 5-7　首件检查记录表

任务号		材料牌号或代号		45	数量	1
零件图号		SA6		零件名称		垫铁
工序号	图示尺寸	实测尺寸				测量工具、编号
		自检	签字	专检	签字	
1	70±0.15	70.10		70.08		游标卡尺寸
2	60±0.15	60.06		60.08		游标卡尺寸
3	50±0.15	50.10		50.12		游标卡尺寸
4	*Ra*6.3μm	6.3		6.3		样板
5	平面度 0.1	0.08		0.08		百分表
6	平行度 0.1mm	0.08		0.09		千分尺

2．过程抽检记录表（如表 5-8 所示）

表 5-8　过程抽检记录表

（厂名）	编号：						共 1 页	
	尺寸抽检记录表						第 1 页	
序号				零件标识				
零件名称	垫铁			零件图号		SA6		
材料	45			数量		1		
零件序号	设计尺寸	70±0.15	60±0.15	50±0.15	*R*a6.3μm	平面度 0.1mm	平行度 0.1mm	
	实测尺寸	70.10	60.04	50.12	3.2	0.08	0.09	
操作者			日期	09.2.5	检查		日期	09.2.5

3．质检员检测记录表（如表 5-9 所示）

表 5-9　质检员检测记录表

（厂名）	编号：						共 1 页	
	尺寸检查记录表						第 1 页	
序号				零件标识				
零件名称				零件图号				
材料	45			数量		10		
零件序号	设计尺寸	70±0.15	60±0.15	50±0.15	*R*a6.3μm	平面度 0.1mm	平行度 0.1mm	
	实测尺寸							
1#		70.08	60.06	50.06	6.3	0.2	0.08	
2#		70.08	60.02	50.04	6.3	0.04	0.08	
3#		70.02	60.20	50.12	6.3	0.03	0.2	
4#		70.12	60.06	50.06	6.3	0.03	0.06	
5#		70.04	60.08	50.04	12.5	0.08	0.06	
6#		70.08	60.02	50.06	3.2	0.04	0.08	
7#		70.04	60.02	50.04	6.3	0.08	0.06	
8#		70.04	60.12	50.08	6.3	0.03	0.08	
9#		70.04	60.04	50.04	6.3	0.06	0.06	
10#		70.04	60.06	50.06	6.3	0.03	0.04	
操作者			日期	09.2.6	检查		日期	09.2.6

五、质量事故分析与改进措施

1．平面度的质量分析

如表 5-9 所示的 1#工件平面度要求为 0.1mm，而实际测得平面度为 0.2mm，不在图样要求的范围内，经检查此工件是由于工件没有装夹牢固所致。

影响平面超差的其他相关因素：刨削时，工件与进给方向不平行；加工薄而长的工件时，工件产生变形。

提高平面度的措施：工件与进给方向的平行度要好。

2．尺寸公差超差分析

如表 5-9 所示，3#工件尺寸 60±0.15mm，而实际测量尺寸为 60.20 mm，不在图样要求的范围内，经检查为对刀不准影响尺寸的精度所致。

影响尺寸公差的其他相关因素有：刻度盘格数摇错或没有考虑间隙；对刀不准；测量不准；刨削时，工件没有装好；在加工过程中工件有松动现象。

改进措施：记准刻度盘值，并消除刻度盘间隙；将工件夹牢，防止有松动现象；选用合适的量具，减小测量误差。

3．表面粗糙度超差分析

如表 5-9 所示，5#工件表面粗糙度 *R*a6.3μm，而实际检测表面粗糙度为 *R*a12.5μm，不在图样要求的范围内，经检查为刨刀不锋利所致。

影响表面粗糙度的其他相关因素有：加工深度太大和进给量太大，尤其是进给量过大时，使表面有明显的刀纹；刨刀不锋利；刨削时有较大的振动。

提高表面粗糙度的措施：合理的选择进给量；减少刨削时的振动。

【职业能力分解】

根据示例零件的生产过程分析，完成以上要求的加工任务，需要掌握以下相关知识及操作技能。

一、理论知识

1．刨工安全技术规程

（1）工作时应穿工作服，戴袖套。女同学应戴工作帽，头发或辫子应塞入帽内。

（2）开动刨床前，应检查刨床各部分机构是否完好，各转动手柄位置是否正确，以防开车时因突然撞击而损坏机床。开动刨床后，应使机床低速运行 1～2min，使润滑油渗透到各需要之处（冬天时更应注意），待机床运行正常后才能开车。

（3）工作时，操作位置要正确，不得站立在工作台的前面，以防止切屑和工件落下伤人。

（4）开动机床时要前后照顾，避免机床碰伤人或损坏工件和设备。开动机床后，绝不允许擅自离开机床，若发现机床有异常情况，应立即停车检查。

（5）严禁在机床运行时进行变速、清除切屑、测量工件等。

（6）不准用手去触摸工件表面，也不准用手清除切屑。

（7）不准戴手套工作，在装夹、搬运笨重工件时，应尽量利用起重设备或请人帮助。

（8）机床电线不得裸露，刀开关、按钮或其他开关都必须有良好的绝缘，并要正确使用。

2．刨工的文明生产

文明生产是工厂中一项十分重要的工作，刨工在操作时必须做到：

（1）严禁在工作台上、平口钳上和横梁导轨上敲击和校直工件，也不准在工作台上堆放工具、量具和工件。

（2）工作时所用的工具、量具应整齐地放在工具箱内，用后应擦净放回原处。工具箱布置要求五个须知："内外整洁、分类存放、过目知数、卡物相符、牌证齐全"。量具应与刀具隔离；重的工具放在下面，轻的工具放在上面。

（3）正确使用和爱护工、量具，用后应擦净、涂油，放回盒内并及时归还工具室。

（4）图样、工艺卡片的安装位置应便于阅读；不得在图样、工艺卡片上堆放工件和工具，应注意保持图样、工艺卡片的清洁、完整。

（5）毛坯、半成品和成品应分类堆放；有工位器具的工件，加工好后应放在工位器具内。

（6）下班前，应清除刨床及周围场地上的切屑及切削液，擦净刨床后，在规定的部位加上润滑油。

（7）下班时，应将牛头刨床的工作台移动到横梁的中间位置，并紧固工作台前端下面的支承柱，使划轨停在床身的中间位置。应将龙门刨床的工作台移动到床身的中间位置，将刀架移到横梁两边与立柱相应的位置。刨床的手柄应放在空挡，关闭电源。

3．刨床基础知识

（1）刨床的功用和种类

刨床是通过使刀具和工件之间产生相对的直线往复运动来达到刨削工件表面的目的。往复运动是刨床上的主运动。机床除了有主运动以外，还有辅助运动，也叫做进刀运动，刨床的进刀运动是工作台（或刨刀）的间歇移动。

在刨床上可以刨削水平面、垂直面、斜面、曲面、台阶面、燕尾形工件、T形槽、V形槽，也可以刨削孔、齿轮和齿条等。如果对刨床进行适当的改装，那么，刨床的适宜范围还可以扩大。

刨床的种类不少，型号也很多。按其结构特征，大体可以分为：

牛头刨床：牛头刨床是用来刨削中、小型工件的刨床，工作长度一般不超过 1 米。在工件装夹可调整的工作台上，或夹在工作台上的平口钳内，利用刨刀的直线往复运动（切削运动）和工作台的间歇移动（进刀运动）进行刨削加工的。

根据所能加工工件的长度，牛头刨床可分为大、中、小型三种：小型牛头刨床可以加工长度 400mm 以内的工件，如 B635-1 型牛头刨床；中型牛头刨床可以加工长度为 400～600mm 的工件，如 B650 型牛头刨床；大型牛头刨床可以加工长度为 400～1000mm 的工件，如 B665 型和 B690 型牛头刨床。

龙门刨床：龙门刨床是用来刨削大型工件的刨床，有些龙门刨床能够加工长度为几十米甚至几十米以上的工件，如 B2063 型龙门刨床，工作台面积为 $6.3\times20m^2$。对于中、小型工件，它可以在工作台上一次装夹好几个，还可以用几把刨刀同时刨削，生产率比较高。与牛头刨床相反，它是利用工作台的直接往复运动（切削）和刨刀的间歇移动（进刀运动）来进行刨削加工的。按其结构形式的不同，龙门刨床又分为单臂刨床和双臂柱龙门刨床两种。

插床：插床又叫立式刨床，主要是用来加工工件的内表面。它的结构和牛头刨床几乎完全一样，不同点主要是插床的插刀在垂直方向上做直线往复运动（切削运动），工作台除了能做纵、横方向的间歇进刀运动外，还可以在圆周方向上做间歇的回转进刀运动。

按传动方式的不同，刨床有机械传动和液压传动两类：即有机械传动的牛头刨床、龙门刨床和插床，液压传动的牛头刨床和插床。

（2）刨床的编号和主要技术规格

机床的种类很多，型号更多，为了使用、管理、研究和设计上的方便，我国有关部门对各类机床规定了统一的代号，对每类机床中不同规格的机床进行了统一的编号。代号和编号合在一起就组成了机床的型号。有了机床的型号，便于我们了解机床的名称、主要规格、技术性能和结构特征等。

每一机床的型号，一般是在代号后由 3～4 个数字组成。机床的型号的第一个字母是机床的代号，代号标志着机床的类别，是用每类机床的汉语拼音字母中第一个字母的大写来表示的（见表 5-10）。字母后面的两个数字分别表示机床的列别和组别，列别和组别后面的数字，有时代表该机床的设计的先后顺序，有时代表该机床的基本参数的 1/10 或 1/100。各种刨床的编号如表 5-11 所示。

表 5-10　各类机床的代号

机床类别	车床	钻床	镗床	拉床	磨床	齿轮（牙床）机床	洗床	刨床	电加工和超声波机床	螺丝（罗纹）加工机床	切割机床	其他机床
代号	C	Z	T	L	M	Y	X	B	D	S	G	Q

表 5-11　各种刨床的编号

<table>
<tr><td colspan="10">刨　床　代　号</td></tr>
<tr><td colspan="10">B</td></tr>
<tr><td colspan="10">列　别</td></tr>
<tr><td>0</td><td>1</td><td>2</td><td>3</td><td>4</td><td>5</td><td>6</td><td>7</td><td>8</td><td>9</td></tr>
<tr><td></td><td>单柱刨床</td><td>龙门刨床</td><td></td><td></td><td>插　床</td><td>牛头刨床</td><td></td><td>专门化刨床</td><td></td></tr>
<tr><td colspan="10">组　别</td></tr>
<tr><td></td><td>0 单柱刨床</td><td>0 龙门刨床</td><td></td><td></td><td>0 插床
1 龙门插床</td><td>0 牛头刨床
1 移动式牛头刨床</td><td></td><td>0 刨边机</td><td></td></tr>
</table>

B655 是最大刨削长度为 650mm 的牛头刨床；B2010A 是最大刨削宽度为 1000mm 的龙门刨床，它是 B2010 型龙门刨床做了第一次改进；B5032 是最大的插削长度为 320 mm 的普通插床。

任何一台刨床，都有一个主要的也是最基本的技术规格，但不同系列的刨床，其最基本的技术规格也不同。牛头刨床最基本的技术规格是最大刨削长度，例如：B665 型牛头刨床，它的最大加工长度为 650mm。插床也是这样，例如 B5032 型插床，最大的加工长度是 320mm；龙门刨床的最基本的技术规格是最大刨削长度×最大刨削宽度，例如 B2010A 型龙门刨床，它的最基本的技术规格为 3000×1000mm，这说明在该机床上所能加工工件的最大长度不超过 3m，最大宽度不超过 1m。

（3）牛头刨床和液压刨床

牛头刨床用来刨削中、小型工件，在工具，机修车间进行单件或小批生产时应用较广泛。各种不同的牛头刨床有很多相同之处，下面结合应用较普遍的 B665 型牛头刨床来阐述牛头刨床的工作原理和主要机构原理。

B665 型牛头刨床的主要技术规格如表 5-12 所示。

表 5-12　B665 型牛头刨床技术规格

序　号	规 格 名 称		数　值
1	最大刨削长度		650mm
2	工作台最大横向行程		600mm
3	工作台最大横垂直程		300mm
4	工作台面至滑枕底面的距离	最大	370mm
		最小	65mm
5	工作台顶面尺寸（长×宽）		650mm×450mm
6	刀架最大垂直行程		175mm
7	刀架最大回转角		±60° ①
8	滑枕每分钟往返复次数范围		12.5～72.7 次
9	滑枕往复变速种数		6 种
10	工作台横向进给量范围		0.33mm～3.33mm
11	工作台横向进给级数		10 级
12	刨刀刀杆最大尺寸（高×宽）		20mm×30mm
13	工作台 T 形槽宽		$18^{+0.12}$mm

4．牛头刨床基本部件的名称及其功能

（1）B655 型牛头刨床的主要部件和结构原理

牛头刨床主要由床身、滑枕、摆杆机构等部件组成（如图 5-2 所示）。这些机构可以使牛头刨床实现滑枕的往复运动（主运动）和工作台的横向间歇运动（辅助运动），这两种运动都是机动；此外，还可实现工作台的直方向和横向的调整移动，以及刀深度的调整移动，这三种移动都是手动。下面分别介绍牛头刨床的各主要组成部分，并讨论实现上述运动的原理。

床身：床身是一个固定在铸铁底座上的箱形铸铁件，底座用螺栓固定在水泥地基上。刨床的零件几乎全部装在床身上。床身内部装有变速机构和摆杆机构。床身上部装有两带斜面的长条形压板，与床身的上平面组成燕尾形导轨，供滑枕往复移动之用，左侧的压板可用螺钉调整滑枕与导轨间的间隙，以减小滑枕往复移动时的摆动，从而可以提高机床的加工精度。床身前面有两条矩形垂直导轨，横梁可沿此导轨上、下移动。

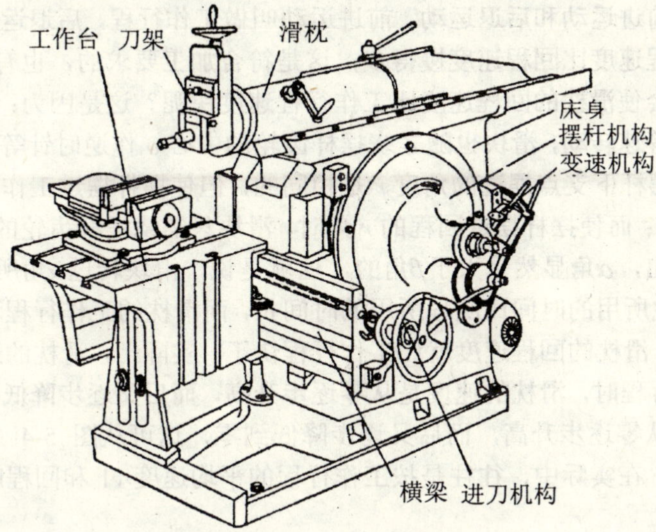

图 5-2　B665 型牛头刨床外形图

滑枕：滑枕是长条形空心铸件，内部装有丝杆 8、滑块丝母 7 和一对伞齿轮 4、5（如图 5-3 所示），用来调整滑枕的起始位置。滑枕前端面有 T 形环槽，刀架的转盘就安装在这里。滑枕的上面有长条形槽，装有螺栓 6，用以连接和坚固摆杆机构。滑枕的下部是燕尾块形导轨，与床身上部的燕尾槽导轨相配合。

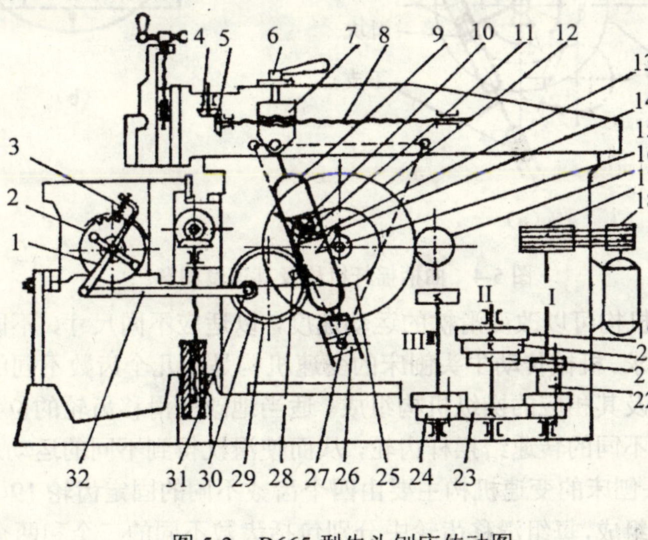

图 5-3　B665 型牛头刨床传动图

摆杆机构：这是刨床上的主要机构，它的作用是把电动机的转动变成滑枕的往复直线运动。摆杆机构主要由摆杆 9、滑块 10、曲柄销 11、摆杆齿轮 12、丝杠 13 和一对伞齿轮 14、15 等零件组成（如图 4-2 所示）。摆杆中间有空槽，上端用铰链与滑枕中的滑块丝母 7 连接。下端通过开口滑槽与用铰链连接在床身上的滑块 26 连接。曲柄销 11 的一端插在滑块 10 的孔内，另一端插在丝杠 13 上的丝母上，丝杠 13 固定在齿轮 12 的端面支架上。当摆杆齿轮 12 转动时，便带动曲柄销 11 和滑块 10 一起转动，而滑块 10 又是装在摆杆 9 内，因此，摆杆齿轮 12 的转动就引起了摆杆 9 下支点 27 的摆动，于是，就实现了滑枕的往复直线运动。

滑枕的运动分前进运动和后退运动，前进运动叫做工作行程，后退运动叫做回程。牛头刨床滑枕的工作行程速度比回程速度慢得多，这是符合加工要求的，也有利于提高生产率。为什么摆杆的摆动会使滑枕的回程速度比工作行程速度快呢？这是因为：如图 5-4（a）所示，摆杆齿轮作逆时针等速转动，滑块也随之绕摆杆齿轮的中心 o 作逆时针等速转动。滑枕在工作行程和回程时，摆杆下支点摆过的角度 r 是相同的，但使摆杆摆过工作行程的 r 滑块摆杆齿轮的中心转过α角；而使摆杆摆过回程的 r 角时，滑块只需绕摆杆齿轮的中心转过β角就行了。从图中可以看出，α角显然是大于β角的，这就是说，滑块转过α角所用的时间比β角用的时间要长，即滑枕所用的时间比回程所用的时间长，而滑枕的工作行程和回程所走过的距离是相等的，所以，滑枕的回程速度就比工作行程快了。实际上，滑枕的速度每时每刻都是在变化的，在工作行程时，滑枕的速度是从零逐步升高，而后又逐步降低到零；回程也是如此，滑枕的速度先从零逐步升高，而后又逐步降低到零，这可从图 5-4（b）所示的滑枕速度图解中可以看出。在实际中，往往是按工作行程的平均速度 $v1$ 和回程时的平速度 v 来计算的。

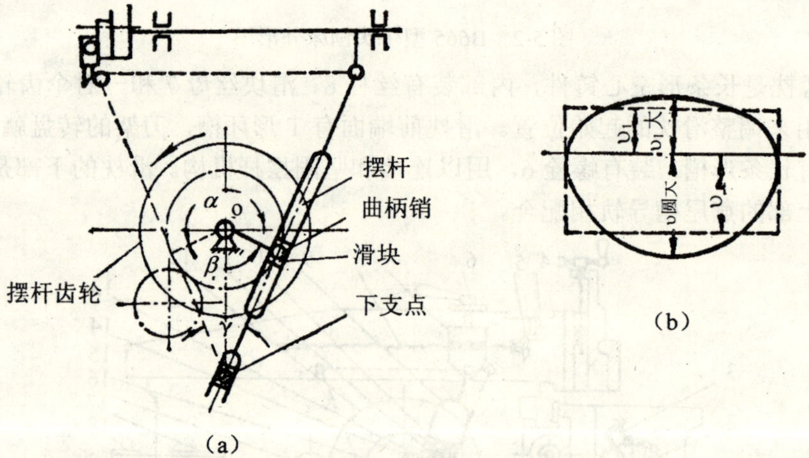

（a）　　（b）

图 5-4　曲柄摇杆机构及其速度图解

变速机构：变速机构可以改变滑枕的运动速度，以适应不同尺寸、不同材料和不同技术条件的工件的加工要求。机械传动牛头刨床的变速机构是由几个齿数不同的固定齿轮和几处齿数不同的滑移齿轮及其相应的操纵机构组成。适当地改变滑移齿轮的位置，就能把电动机的同一个转速以几种不同的转速给摆杆齿轮，从而使滑枕得到不同的运动速度，达到了变速的目的。B665 型牛头刨床的变速机构主要由四个齿数不同的固定齿轮 19、20、21、23 和两组滑移齿轮 22、24 等组成，每组滑移齿轮中分别包括齿数不同的三个和两个齿轮（见图 5-3）。电动机的转动经过轮 18 和 17 带动轴 I 和滑移齿轮组 22 一起转动，改变滑移齿轮 22 的位置，可以将电动机的转动以三种不同的转速传给轴 II，于是，轴 II 便有三种转速；适当的改变轴 III 上的滑移齿轮组 24 的位置，就可把轴 II 每一种转速又以两种不同的转速传给轴 III，这样，适当的改变两组滑移齿轮组 22 和 24 的位置，就可合轴 III 得到六种不同的转速。轴 III 的六种转速，可以经过齿轮 16 传给摆杆齿轮 12，再通过 柄摆杆机构，使滑枕得到六种不同的往复移动。

刀架：如图 5-5 所示，刀架主要由刻度转盘、拖板、刀箱、舌板和吃刀手轮等组成。刀夹是用来装夹刨刀并使刨刀沿一定方向移动的。度转盘用螺栓装在滑枕前端的 T 形环里，并可做 60°偏转和回转。刻度盘的前面是燕尾形导轨，与拖板上的燕尾形相配合，只要转动吃刀丝杠上端的吃刀手轮，就可使拖板沿度转盘上的导轨方向移动。舌块上有夹刀座，刨刀就装夹在这里，舌块用铰链连接在刀箱内。舌块向前上方抬起，可避免滑枕回程时刨刀与工件发生摩擦。刀箱可以在拖板上做±15°偏转，便于刨削侧面时保护刨刀和已加工表面。吃刀手轮下面有刻度环，能够掌握吃刀深度。

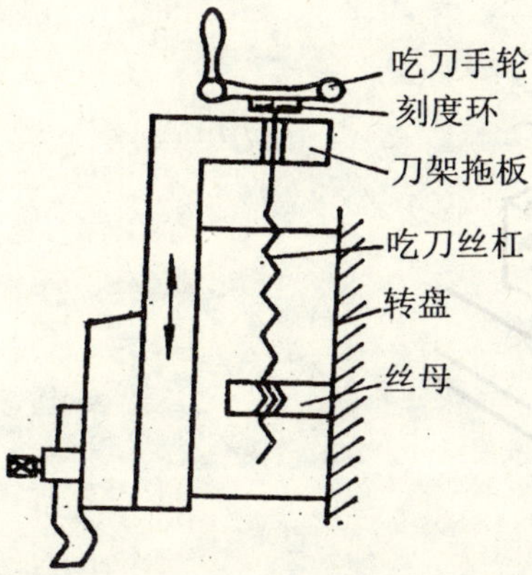

图 5-5 刀架

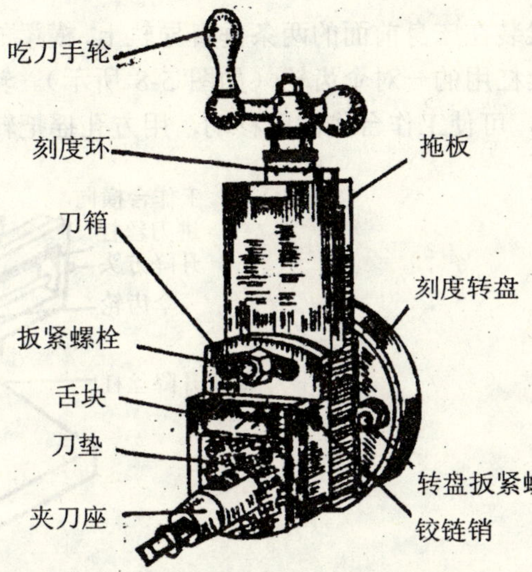

图 5-6 刀架吃刀原理图

为什么刻度环能够掌握吃刀深度呢？如图 5-6 所示，手轮装在吃刀丝杠上，丝母固定在 K 度转盘上，拖板和吃刀丝杠连在一起；转动吃刀手轮时，丝杠便在丝母中转动，因为丝母是固定不动的，所以丝杠在转动的同时，它本身还要移动，于是，拖板和刨刀便和丝杠一起移动，这就实现了刨刀的吃刀或退刀。设丝杠的螺距是 s mm，K 度环上 K 了 n 个小格，那么，手动转 1 圈时，丝杠便移动 s mm，刨刀也就移动 s mm，手轮转动 1 小格时，刨刀移动的距离 $t=s/$mm。B665 型牛头刨床的吃刀丝杠螺距 $s=5$ mm，度环上的格数 $n=50$ 格，所以，手轮每转 1 格时，刨刀移动的距离 $t=5/50=0.1$mm。B690 型液压牛头刨床刀架手轮每转 1 格时，刨刀移动 0.05mm。

工作台和横梁：工作台的顶面有 T 形槽，一侧面有 T 形槽和 V 形槽，另一侧面有圆孔。这些孔和槽，都是用来装夹各种工件或夹具的。鞍板的一侧有 T 形槽和直槽，用螺栓把工件台装夹在这里，直槽是工作台在鞍板上定位用的；另一侧与两块压板，分别组成燕尾形导轨和平导轨（如图 5-7 所示），与横梁上对应的导轨相配合。

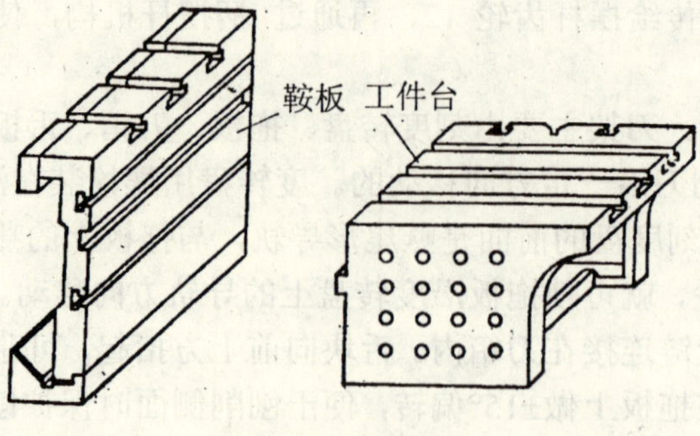

图 5-7　工作台和鞍板

横梁装在床身前面的两条垂直导轨上，横梁的空腔里装有工件台横向进刀丝杠和转动横梁升降丝杠用的一对伞齿轮（如图 5-8 所示）。转动工作台横向进刀丝杠端头的手轮（图中未画出），可使工作台作横向移动，用方孔摇把转动上升或下降。

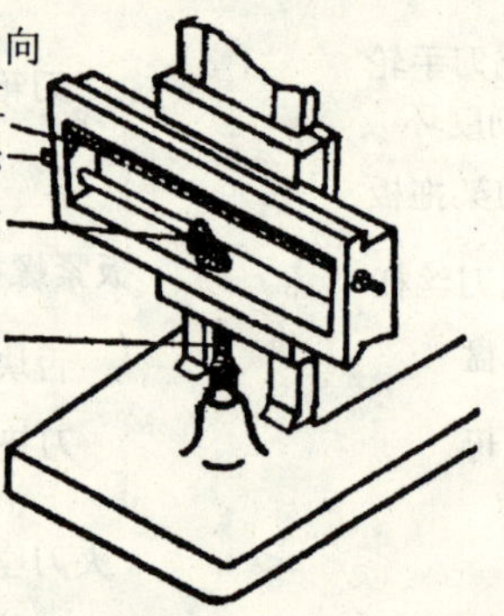

图 5-8　横梁

进刀机构：牛头刨床上的进刀机构，一般是指工作台横向进刀机构，有的牛头刨床（如 B6063B 型），还有刀架进刀机构。进刀机构大多数是采用棘轮、棘爪机构，结构原理基本一样，主要是由棘轮 2、棘爪 3、连杆 32 和圆盘 30 等零件组成（B665 型牛头刨床的进刀机构的原理见图 5-3），它可以使工作台实现横向间歇、自动进刀运动。

如图 5-3 所示，齿轮 25 与摆杆齿轮 12 连成一体，并随它一起作逆时针等速转动，连杆 32 的一端用销子 31 装在齿轮 29 外面的圆盘 30 的孔内，另一端用铰链与棘爪架 1 连在一起，棘爪架 1 空套在横向进刀丝杆上。当齿轮 29 带动圆盘 30 转动时，连杆 32 就带动棘爪架 1 绕横向进刀丝杆左右摆动，棘爪架 1 的上端装有棘爪 3，在弹簧的作用下，棘爪 3 下段的一边是直斜面。所以，当棘爪架 1 向棘爪 3 的直面一边摆动时，棘爪 3 就拨动棘爪轮 2 转动，当棘爪架 1 向棘爪 3 向的斜面一边摆动时，棘爪 3 压缩弹簧使棘爪 3 的斜面从棘轮 2 齿顶滑过而不带动齿轮转动（如图 5-9 所示）。因为机轮装在横梁上并且一起转动，所以当开动刨床后，工作台边就实现了横向间歇的自动进刀运动。

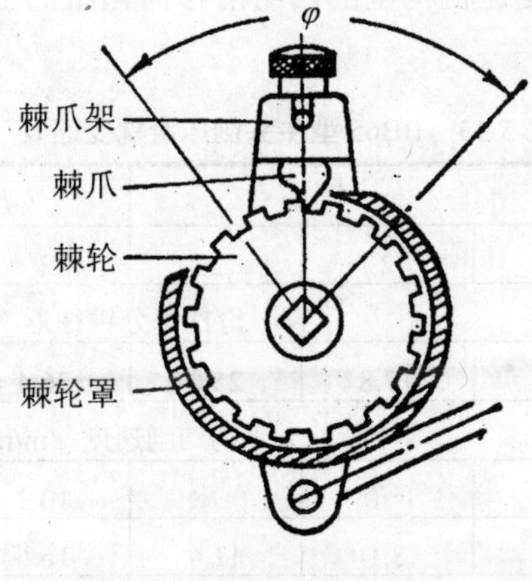

图 5-9　B665 型牛头刨床棘轮棘爪机构向进刀丝杆

5．牛头刨床的操作和调整

如图 5-10 所示为 B665 型牛头刨床的操纵图。

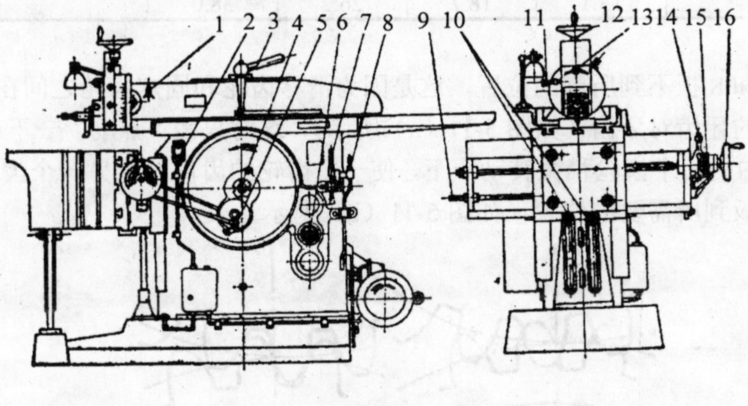

图 5-10　操纵图

滑枕行程长度的调整：加工工件有长有短，滑枕行程长度可以作相应的调整；调整时，如图 5-10 所示，先将方头 4 端部的滚花螺帽松开，再用方孔摇把转动方头 4（经过伞齿轮 15、14 和丝杆 13，就可以改变滑块 10、偏移摆杆齿轮 12 的中心距（如图 5-3 所示））就可以改变滑枕行程长度；顺时针转动时，滑枕行程变长；逆时针转动时则变短。检查滑枕行程长度是否合适的方法是，用方孔摇把转动方头 6，使滑枕往复移动，此时应将变速手把 7 放在空挡位置上，手把 8 放在 1 挡位置上，使手移动滑枕时比较放松；当滑枕行程调整合适后，再把滚花螺帽拧紧。

滑枕起始位置的调整：根据加工工件装甲在工作台上的前后位置，滑枕的起始位置也要做相应的调整。调整时，先松开滑枕上部的手柄 3，再用方孔摇把转动方头 1（通过伞齿轮 4，5 转动丝杆 8，可以改变滑块丝母 7 在滑枕中的位置，见图 5-3）就能改变滑枕的起始位置。顺时针转动方头 1 时。滑枕的起始位置偏后，逆时针转动则偏前。调整好后将手柄 3 拧紧。检查滑枕起始位置是否合适的方法，也是用方孔摇把转动方头 6（如图 5-10 所示）。

滑枕行程速度的变换：变速必须在停车后进行，以免打坏齿轮。根据加工的需要，改变手把 7 和 8 的位置，便可变动变速机构里的两组滑移齿轮组的位置，使滑枕得到六种不同的速度，如表 5-13 所示。

表 5-13　BB65 型牛头刨床滑枕变速表

手把位置	7（A）	I			II		
	8（B）	1	2	3	1	2	3
工程行程（mm）		滑枕每分钟往返次数					
		12.5	17.8	25.0	36.4	52.0	72.7
		平均切削速度（m/min）					
	150				10.3	14.7	20.6
	250		8.1	11.4	16.6	23.6	33.0
	350	7.7	11.0	15.4	22.4	32.0	
	450	9.6	13.7	19.2	28.0	40.0	
	550	11.4	16.3	22.8	33.2		
	650	13.1	18.7	26.2	38.0		

有时手把 7 和 8 扳不到所需的位置，这是因为滑移齿轮和固定齿轮之间在齿合位置上，也就是两个齿轮的牙齿对牙齿（如图 5-11（a）所示），这时只需“点动”一下或几下机床的电器按钮，让其中的一个齿轮稍微转动一下，使一个齿轮的齿顶对准另一个齿轮的齿槽，就能顺利地将手把扳到所需要的位置（如图 5-11（b）所示）。

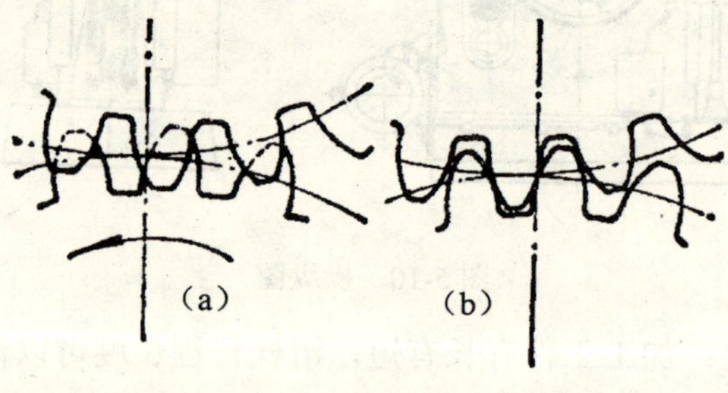

图 5-11　变速齿轮啮合位置图

工作台横向进刀的调整：B665 型牛头刨床工作台横向进刀量的调整，是采用改变棘爪架每摆动一次棘爪拨动棘爪齿轮的办法来实现的，如图 5-12 所示。B665 型牛头刨床工作台的横向进刀量共有 10 种（见表 5-14）。当需要反向进刀时，应将棘爪提转 180°，并将图 5-2 中的销子 31 插到圆盘 30 的第 2 个孔 28 内。

表 5-14　B665 型牛头刨床工作台横向进刀量

每次拨动棘轮的齿数	1	2	3	4	5	6	7	8	9	10
工作台横向进给量（mm）	0.33	0.67	1.00	1.33	1.67	2.00	2.33	2.67	3.00	3.33

有的牛头刨床，如 B665 形，对工作台横向进刀量的调整是靠连杆一端的销子偏移圆盘的距离来实现的，销子偏移圆盘的距离越远，连杆带着棘爪架摆动的角度就越大；反之，销子离圆盘的中心距离越近，进刀量就越小；当销子处在圆盘中心位置时，工作台横向进刀就停止了。如果需要改变进刀方向，除了应将棘爪提转 180°外，还应把销子沿圆盘上的销子槽移动到圆盘中心的另一端。

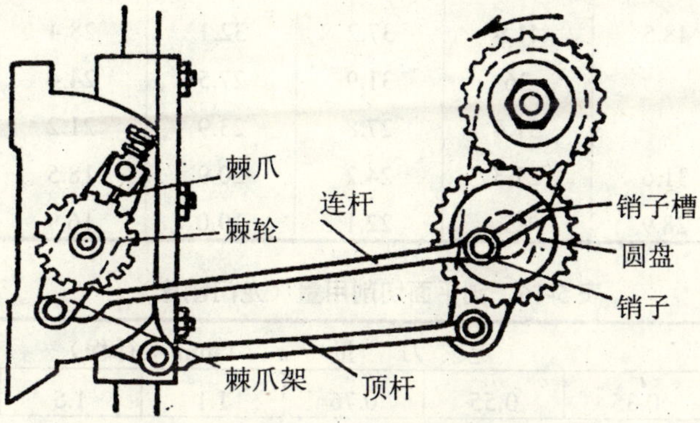

图 5-12　B665 型牛头刨床进给机构

不论哪种型号的刨床，只要是采用棘爪式的进刀机构，要停止进刀一般是把棘爪提转 90°，使棘爪与棘轮脱离接触。

工作台垂直方向的调整：工作台的高低位置需要根据个别加工的高度来确定，在垂直方向上调整工作台时，应先松开横梁垂直导轨的夹紧压板夹紧，工作台支架的螺帽 10 也要拧紧。

刀架的使用方法：前面已经讲过 B665 型牛头刨床刀架手轮每转一圈，刨刀移动 5mm，手轮每转一格刨刀移动 0.1mm。

刨水平面时，刀架的刻度转盘应对准零位，并将拖板左侧的压紧螺钉 11 拧紧以固定拖板，防止掉刀。刀箱也应处于中间位置。

刨垂直面时，刀架的刻度也应对准零位，但拖板的压紧螺钉应松开，同时，还要把刀箱的上部向离开被加工面的方向偏移适当的角度，并拧紧刀箱的压紧螺帽 13；在回程时能沿加工面滑动，有利于保护刨刀。

刨斜面时，除了刀架的刻度转盘应向斜面相应的方向转过 90°～&（&是与水平面之间的夹角）外，其余与刨垂直面相同。

6．调整机床和选用切削用量

（1）调整行程长度和位置：行程长度应大于加工面长度，并且后端空行程距离应大于前端空行程距离。刨刀在前端的空行程是为了刀具顺利切出，不致崩刀或刀头碰落。刨刀在后端的空行程距离是为了保证刀舌和刨刀在吃刀前有足够的时间落下，并且机床进刀也应在这一段空行程时间内完成。所以后端空行程要长一些。

（2）选择切削用量：切削用量选择得合理与否，是影响刨削顺利与否的主要因素之一。我们按照切削原理一章所讲的选择切削用量的次序，一般首先确定最大的切削深度 t，然后再选用最大走刀量 s 和切削速度 v。

切削用量的选择可参考表 5-15、表 5-16、表 5-17、表 5-18 所示。在选定切削用量以后，就可以调整各手柄位置，进行试切。

表 5-15　刨平面切削用量（龙门刨床）

切削深度 t（mm）	走刀量 s（mm/双行程）							
	0.3	0.4	0.5	0.6	0.75	0.9	1.1	1.4
	切削速度 v（m/min）							
1.0		61.2	52.7	46.8	40.1	35.8	31.3	
2.5		48.5	41.9	37.2	32.1	28.4	24.9	
4.5			36	31.9	27.5	24.4	21.3	18.2
8.0			31.4	27.8	23.9	21.2	18.6	15.9
14	38.2	31.6	27.3	24.2	20.9	18.5		
20	34.9	28.9	25	22.1	19.0	16.9		

表 5-16　刨平面切削用量（龙门刨床）

切削深度 t（mm）	走刀量 s（mm/双行程）							
	0.25	0.35	0.55	0.76	1.1	1.5	2.1	2.9
	切削速度 v（m/min）							
1.0	41.1	35.9	29.9	26.3	22.7	20		
2.5		31.3	26.1	22.9	19.8	17.4		
6.5			23.3	20.5	17.7	15.6	15.2	
16	27	23.5	19.8	17.4	15	13.2	13.6	12
30	24.5	21.5	18	15.8	13.7	12.2		

表 5-17　刨平面切削用量（牛头刨床）

切削深度 t（mm）	走刀量 s（mm/双行程）						
	0.3	0.4	0.5	0.6	0.75	0.9	1.1
	切削速度 v（m/min）						
1.0		50	43	32.8	32.8	29.8	25.5
2.5		39.6	34.2	30.5	26.2	23.2	20.4
4.5	41.3	34	29.4	26	22.3	20	
8.0	56.2	29.8	25.6	22.6	19.5	17.4	

表 5-18　刨平面切削用量（牛头刨床）

工件：灰铸铁 HB=190；刀具：高速钢

切削深度 t（mm）	走刀量 s（mm/双行程）					
	0.38	0.40	0.55	0.75	1.1	1.5
	切削速度 v（m/min）					
0.7	34	30	26	23	20	18
1.5	30	26	23	20	18	16
4.0	26	23	20	18	16	14.1
10	23	20	18.1	16	14.1	12.3

7．刨床上常采用的装夹工具

（1）压板：如图 5-13 所示是各种形状的压板。

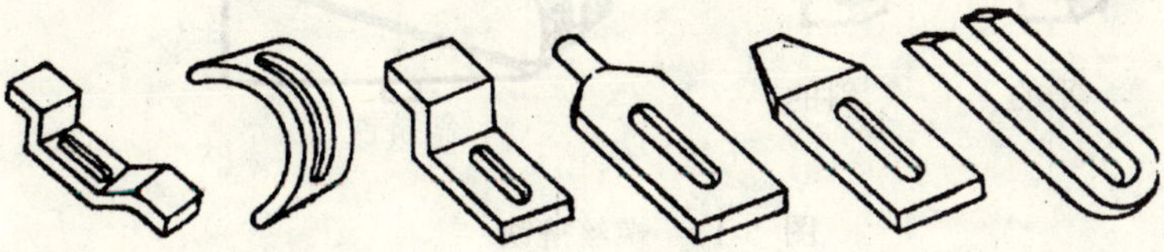

图 5-13　压板

（2）平行垫块：如图 5-14 所示是各种平行垫块。要求各相对平面平行。

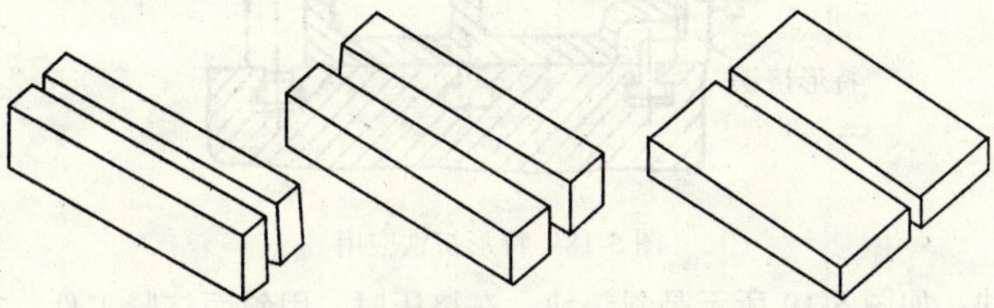

图 5-14　平行垫块

（3）支撑片：如图 5-15 所示是各种薄的支撑片，可用于薄板工件加工，接触工件的一侧做成斜面，挤夹力使工件压向工作台。

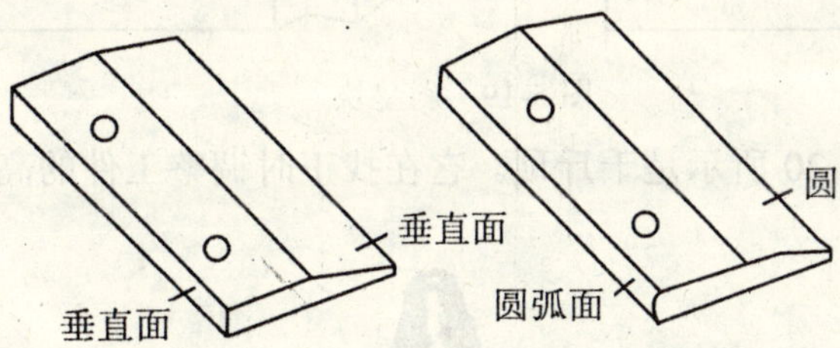

图 5-15　支撑片

（4）挡块：如图 5-16 所示是各种挡块，其下部与工件的 T 形槽相配合，压紧螺栓穿过圆孔或长圆孔夹紧挡块。

图 5-16　挡块

（5）螺丝挤铁：如图 5-17 所示是各种螺丝挤铁。其下部的 T 形块是套在工作台 T 形槽内，上面的挤紧螺丝有平的和斜的两种。

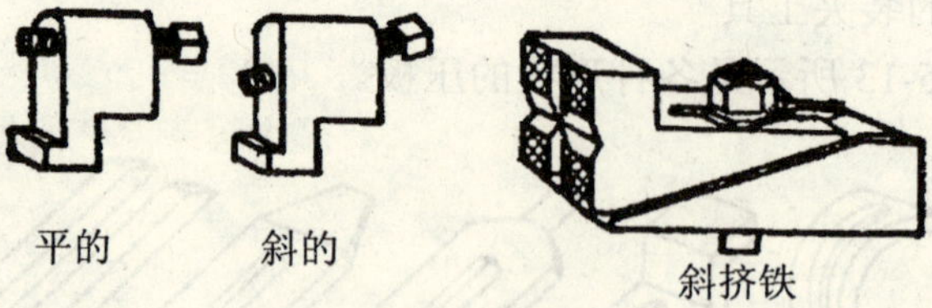

图 5-17 螺丝挤铁

如图 5-18 所示为特形挤铁的应用例子。它是拐形的，可以扩大台面使用面积。

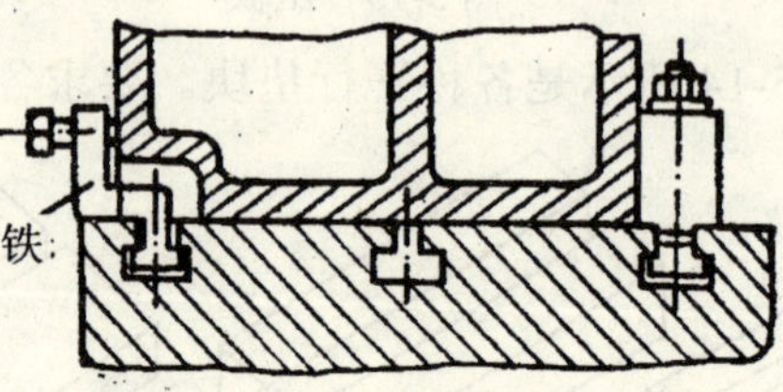

图 5-18 特形挤铁应用

（6）斜垫块：如图 5-19 所示是斜垫块。在挤压时，用斜面挤紧工件；在找正时它起到调整工件高低位置的作用；在压紧时，用它垫实工件与工作台之间的间隙。

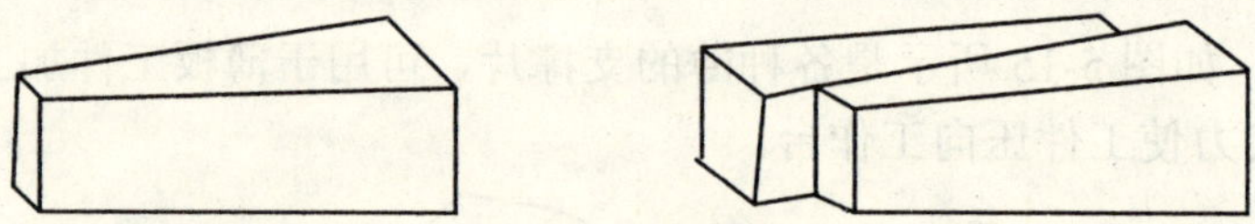

图 5-19 斜垫块

（7）千斤顶：如图 5-20 所示是千斤顶。它在找正时调整工件的高低；装夹时起支承垫实作用。

图 5-20 千斤顶

二、操作技能分解（铣削加工平面类零件相关操作技能）

1．正确启动机床

（1）在工作前将机床度调整到低速；检查工作台锁紧手柄位置是否正确，低数空运转

5～10min，检查各部动作、传动音响及润滑情况。

（2）工作开始时，应按所加工的工件规格要求，准确地计算好切削用量。

2．试车操作

（1）先手动试摇各手柄，观察没有不良情况后再把电源开关合上。

（2）检查各手柄是否符合要求。

（3）启动机床，注意运转中有无异常现象，并检查油泵工作是否正常。

（4）松开各锁紧手柄，作空车机动进给，观察其运动情况是否正常。

（5）经过上述检查各部运动属于正常后，方可进行正常运行。

3．设备点检润滑

（1）在首次开动刨床之前，必须详细地阅读和熟悉自己所操作的刨床的机械和电器使用说明书，对该刨床的试车、调整、操纵、维护常识和润滑部位等应该有充分的了解，操作时要严格按刨床的安全操作规程进行。

（2）正确的润滑是维护和保养刨床的重要措施之一。每天在开动刨床前，必须用棉纱或擦布擦净刨床的各滑动部位，认真检查各滑动部位的润滑情况，并根据润滑指示牌的要求合理地加注清洁的润滑油。有的龙门刨床（如 B210 型），工作台压力润滑系统中无压力继电器，因此，启动发电机组后不要马上启动工作台，需等床身导轨中有油流出后再开动工作台。

（3）经常保持刨床的清洁也是维护和保养的重要措施。刨床的各部分都要经常保持清洁，特别是导轨等滑动部位更应如此。因为当铁屑、灰尘等杂物落在导轨面等滑动部位上时，会加剧导轨面等滑动部位的磨损，有时甚至会拉伤滑动面或卡住滑动部件，所以，每天工作结束后，要清除刨床上的铁屑等杂物，擦净机床的各个部分，特别应彻底擦净导轨面等滑动部位，并涂上一层润滑油。

（4）在牛头刨床上用倾斜刀架法刨斜面时，必须注意使滑轨在回程时刀架不与床身相碰，如果忽略了这一点，可能造成“牛头落遣”的严重后果。

（5）刨床在开动前，各个有关手柄都应准确地扳到所需的位置上。液压刨床在启动主电机之前，各手柄均应放在空挡位置或最低速度处，液压开停手柄应扳在“停止”位置上；在停止主电机之前，应先将开停手柄扳至“停止”位置上。对机械传动的刨床来说，绝对禁止在开动刨床后进行主变速。

（6）因连续开动时间过长、液压刨床的油箱发热时，不要将油箱的盖板打开，以免铁屑或杂物落入油箱，损坏液压传动机件。

（7）在开动龙门刨床之前，应将工作台的行程控制挡块间的距离调整适当并紧固，要特别注意把床身右侧的电器行程开关的方位拨正确。

（8）任何一台刨床，一般都不允许超负荷运行。

（9）移动工作台、刀架或横梁时，不论是手动还是机动，不论是慢速还是快速，都应注意不要超过极限位置，并检查其夹紧机构是否松开。

（10）如果需较长时间停车时，应将牛头刨床的滑枕和龙门刨床的工作台的重量均衡地分布在床身的导轨面上，以免床身因长时间受力不均而变形。

（11）在工作中，如果发现刨床有异声或不正常的现象时，应及时停车，并通知机修工检查和排除故障。

在机床上加工零件时，有时并非因工人的操作失误造成零件尺寸超差，而是由于机床本身失调或因磨损精度下降，致使达不到加工要求。虽然对机床的各个检验项目进行全面的精度检验是机修工的事，然而，对操作工人来说，掌握自己所操作机床的某些项目检验方法和精度标准，做到心中有数，也是很有必要的。

4．刨刀的选择

我们应该按加工要求、工件材料、工件形状选择不同的刨刀。这里着重介绍粗、精加工选择刨刀的原则。

（1）选择粗刨刀的原则

① 粗刨尽可能选用强力刨削，且在保证刨刀有足够强度下磨得锋利些。

② 要有一定的前角，使刨刀锋利，以减少刨削力。一般取 r=15°，工件材料硬度较高时，前角应取小一些。

③ 后角取小一些，以增加刀具的强度。

④ 主偏角取 30°～70°。

⑤ 为了增强刀尖强度，应用正的刃倾角。

（2）选择精刨的刀的原则

① 精刨时切削力比较小，因此尽可能让刀具锋利些，使切削顺利，得到较好的表面光洁度。

② 前角取大值，以减小切屑变形，降低切削力和切削热，从而提高表面光洁度。

③ 后角取大些，以减少刨刀和工件之间的摩擦力。

④ 后尖处磨修光刃，以提高工件表面光洁度。

如图 5-21 所示即为一种平面宽刃精刨刀。

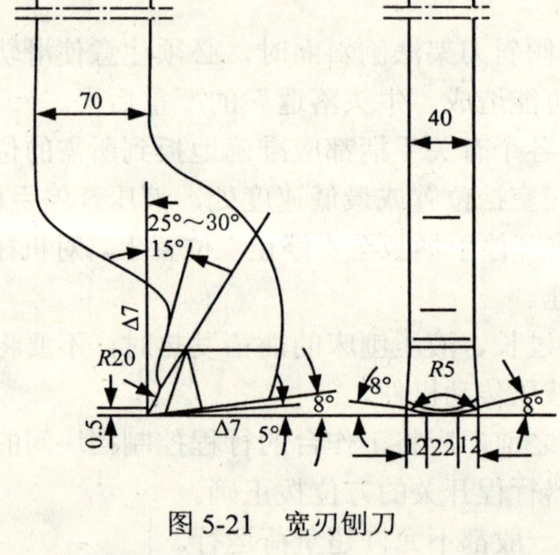

图 5-21 宽刃刨刀

5．安装刨刀

（1）刨削时为了加工方便，往往将刀箱、刀架扳转一定角度，或把刀杆装斜。但必须拧紧，否则切削力会使刀箱、刀架、刀杆转动而扎刀，如图 5-22 所示。

（2）刨刀不要伸得太长，以免刨削时产生振动和折断刨刀。图 5-23 中所示的刨刀，虚线位置是不正确的，实线位置是正确的。直头刨刀伸出一般约为刀杆厚度的 1.5 倍左右，弯头刨刀允许伸出稍长些。

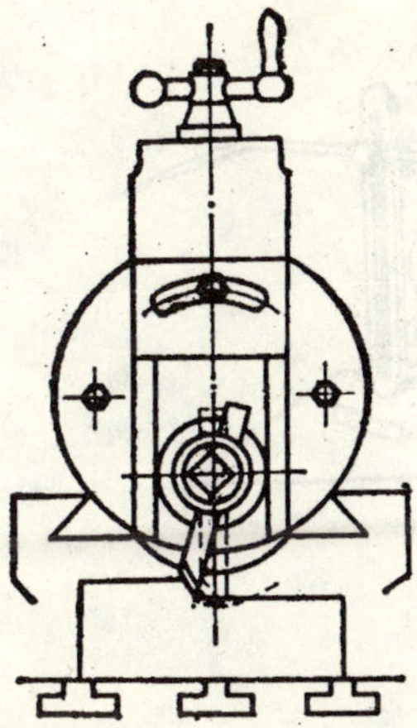

图 5-22　刨刀装斜引起扎刀

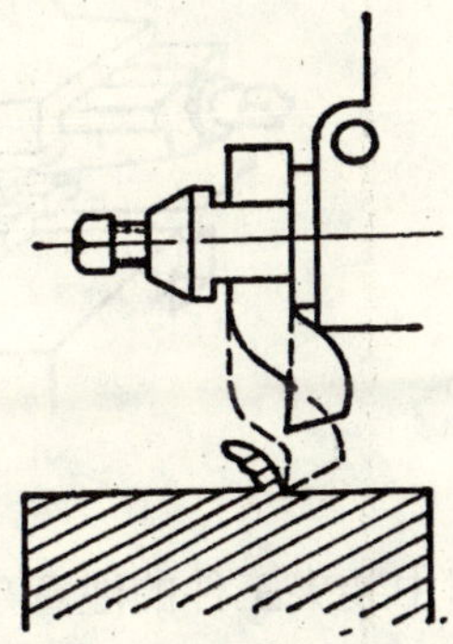

图 5-23　刨刀伸出长度

（3）装刀和卸刀时，必须一手扶住刨刀，另一手使用扳手。扳手所放位置要合适，用力的方向必须自上向下，或倾斜向下。如自下向上用力，容易把刀撬起碰伤或者夹伤手指。

（4）安装带有修光刃的宽刃精刨刀时，要用透光法找正宽刀刃的水平位置，然后再夹紧刨刀。

6．使用平口钳装夹工件

平口钳是一种通用性的装夹工具。为了把平口钳正确地安装在工作台上，安装时需要按下述几个项目进行检验（如图 5-24 所示）：① 钳口与滑枕方向一致（如图 5-24（a）所示）；② 钳口垂直于滑枕行程方向（如图 5-24（b）所示）；③ 平口钳导轨面与工作台平行（如图 5-24（c）所示）；④ 钳口垂直于工作台（如图 5-24（d）所示）。第③、④两个项目如果检验精度不能保证加工精度时，可以在平口钳底面用垫铜皮来补偿误差，然后将平口钳正确地夹紧在工作台上。当加工工件以光基面定位时，可直接安装在平口钳中，不用找正即可进行加工。

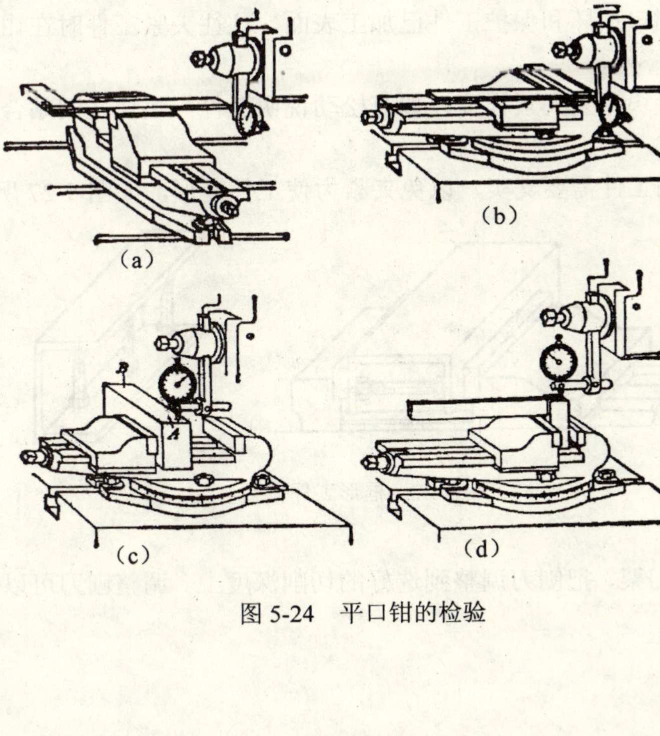

图 5-24　平口钳的检验

当装夹毛坯面时，可以按划线找正，如图 5-25 所示。

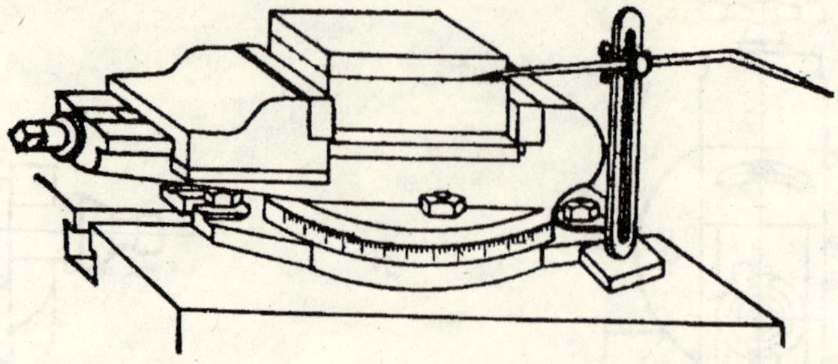

图 5-25　平口钳按划线找正

在平口钳中装夹工件的注意事项：

（1）工件的被加工面必须高出钳口；否则就用平行垫片垫高工件。

（2）为了能装夹得牢固，防止刨削时工件走动，必须以比较平整的平面紧贴在垫块和钳口上。要使工件紧贴在平垫块上，应该一面夹紧，一面用手捶（榔头）轻击工件上平面，如图 5-26 所示。这里要注意的是光洁的上平面应用铜棒进行敲击，防止敲伤光洁表面。当某些夹紧表面很不平整时，为了使夹紧牢靠，在活动钳口一边可加斜垫铁或铜皮等。

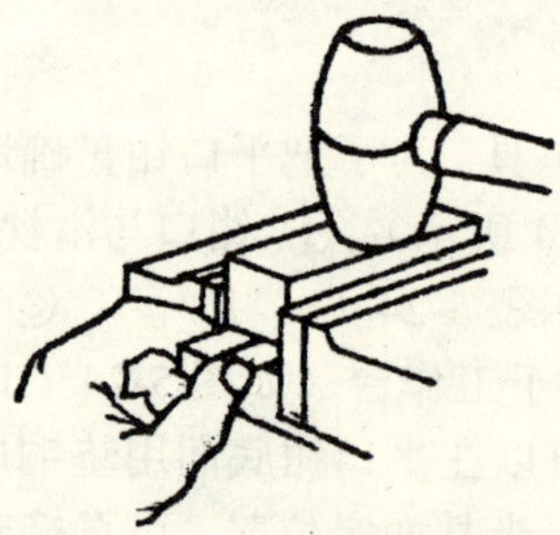

图 5-26　平口钳内装夹

（3）为了不使钳口损坏和保护工件已加工表面，往往夹紧工件时在钳口处垫上铜皮、铝皮或铅皮。

（4）用手挪动垫块检查夹紧程度，如有松动说明工件与垫块之间贴合不好，应该松开平口钳重新夹紧。

（5）刚性不足的工件需要支实，以免夹紧力使工件变形，如图 5-27 所示。

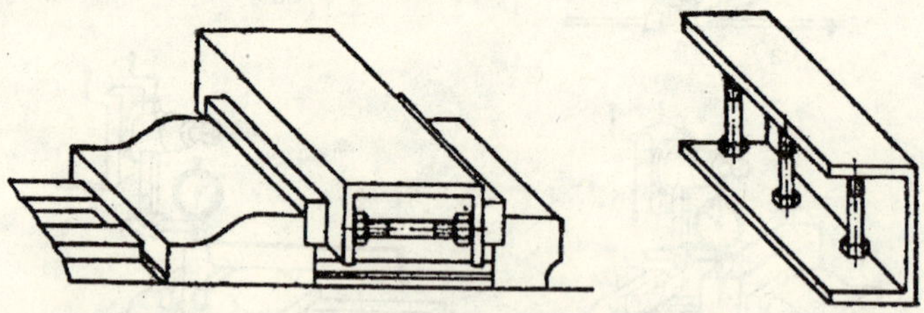

图 5-27　框形工件夹紧

7．刨削加工平面

起动机床，移动刀架，把刨刀调整到选好的切削深度上。调整刨刀可以用以下四种方法来进行。

（1）用目测深度进行试刨后应进行测量，根据测量的数值再移动刀架到需要的尺寸。此法要防止刨刀切入工作过深。

（2）用划针盘对刀。将划针盘调整到加工线上或按钢皮尺对到尺寸，然后用划针去对刀，如要留精刨余量时，则划针与刀刃最低处留 0.2～0.5mm 间隙，具体要按加工面的大小和表面的不平直度来决定。

（3）用刀架上的刻度环来调整刨刀吃刀深度。调整时可以在工件上放一张纸，移动刀架，使刨刀轻压在纸上，然后记下刻度环上的刻度数。按垂直丝杠上的螺距和刻度环上的分格数，就能算出刀架下降到规定的切削深度，垂直丝杠螺距为 5mm，而刻度环的分格数为 50 格，则丝杠每转 1/50 转（即 1 格）时，刀架下降 1/50×5mm=0.1mm。现在要下降 2.6mm，就需要转 26 格。用这种方法调整时，应掌握垂直丝杠在螺母内间隙的影响。如果在调整时超过了规定的切削深度，就应该反向转动垂直丝杠，这时把刨刀提到较高的位置，消除上述间隙的影响后，再重新向下调整到刨刀所规定的切削深度。

（4）用对刀规来调整刨刀，把刀规的高度调整到工件需要的高度，然后把刀尖正确地对在刀规上，如要放精刨余量，可在对刀规上放上相当厚度的塞尺，刀尖轻轻放在塞尺上即可，一般不要太紧张。

（5）进行试切。手动控制走刀，刨 0.5～1.0mm 后即停车测量所应控制的尺寸。手动走刀时，走刀量要保持均匀，并且走刀应在回程完毕进程开始的短暂时间内进行，这样可以减轻刀具的磨损。也可用自动手动进刀进行试切。

（6）刨削完毕后，先停车检验，合格后卸下工件。

8．平面度的检验

平面度一般用钢直尺或刀口尺作透光法检验，如图 5-28（a）所示。用刀口尺沿加工面的纵向、横向和对角线方向逐一进行，以透过光线的均匀强弱来判断加工面是否平直。平面度误差值可用塞尺来检查确定。当所测平面较大时，可利用三点确立一个平面的原理，在标准平板上，用三个千斤顶将工件顶起，用百分表找正千斤顶上方三点等高，然后测量平面上的其他点，如图 5-28（b）所示，若百分表变动值在平面度公差范围之内，则平面度符合要求。

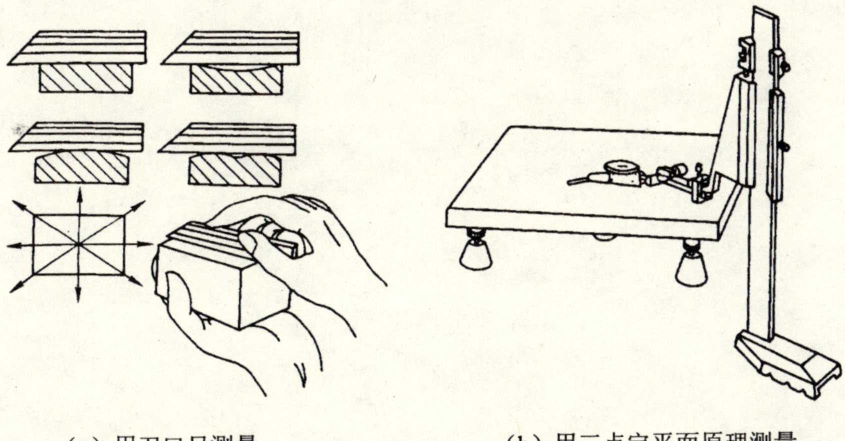

（a）用刀口尺测量　　（b）用三点定平面原理测量

图 5-28　平面度检验

9．表面粗糙度的检验

表面粗糙度通常是与样板目测比照进行检验的。由于端铣和周铣的切削纹路是不同的，因此，比照时应选择与加工表面切削纹路一致的，且粗糙度值符合图样要求的表面粗糙度样板。

【思　考　题】

[1] 请通过互联网查阅未来刨削加工技术的发展趋势，分析刨削加工是否会被其他加工方式很快替代（回答问题时请详细注明引用依据的网址）。

[2] 简述设备维护的重要性和有效润滑对保持机床精度的作用。

[3] 你在过去的实训过程中，遇到了什么危险？今后将如何做好安全防范。

学习情景 6　使用车床加工轴类零件

【学习任务】

通过本环节的学习，需要了解并掌握如表 6-1 所示的相关知识与技能。

表 6-1　学习任务

序号	理论知识点	技能点
1	车削加工工艺基础知识； 车刀的选用原则	正确选用车刀
2	刃磨外圆车刀、端面车刀的方法； 砂轮的选用原则	砂轮的正确选用； 外圆车刀、端面车刀的刃磨
3	拆装及调整三爪卡盘方法	拆装及调整三爪卡盘
4	轴类零件车削加工方法	中心钻的装夹及正确使用； 加工带槽、锥度的轴类零件
5	轴类零件的检测方法	轴类零件的测量

【危险源辨识】

危险源辨识如表 6-2 所示。

表 6-2　危险源辨识表

序号	危害事件	危险源	预防措施
1	绞伤	头发、衣物绞入旋转的卡盘或其他旋转部件	1．正确穿戴劳保用品、不接近正在旋转的部件； 2．装拆、测量工件时将高低速手柄变到空挡位置，按下机床停止按钮
2	砸伤	卡盘上放置的卡盘扳手、工具柜上放置的工件等物品	卡盘扳手用完以后应该立即取下，物品正确摆放，工件应装夹牢固
3	烫伤	加工时飞出的铁屑	选择合理的切削用量、正确站位
4	划伤	工件毛刺、带状铁屑	正确清理毛刺，用专用工具清理铁屑
5	触电	电气线路破损，私自开启电控柜	电气故障必须由专职电工进行维修，操作人员不得拆接电气线路、元件，不得开启电控柜

【典型零件生产流程】

一、信息分析

1. 零件图（如下图）与技术文件（如表 6-3、表 6-4 所示）

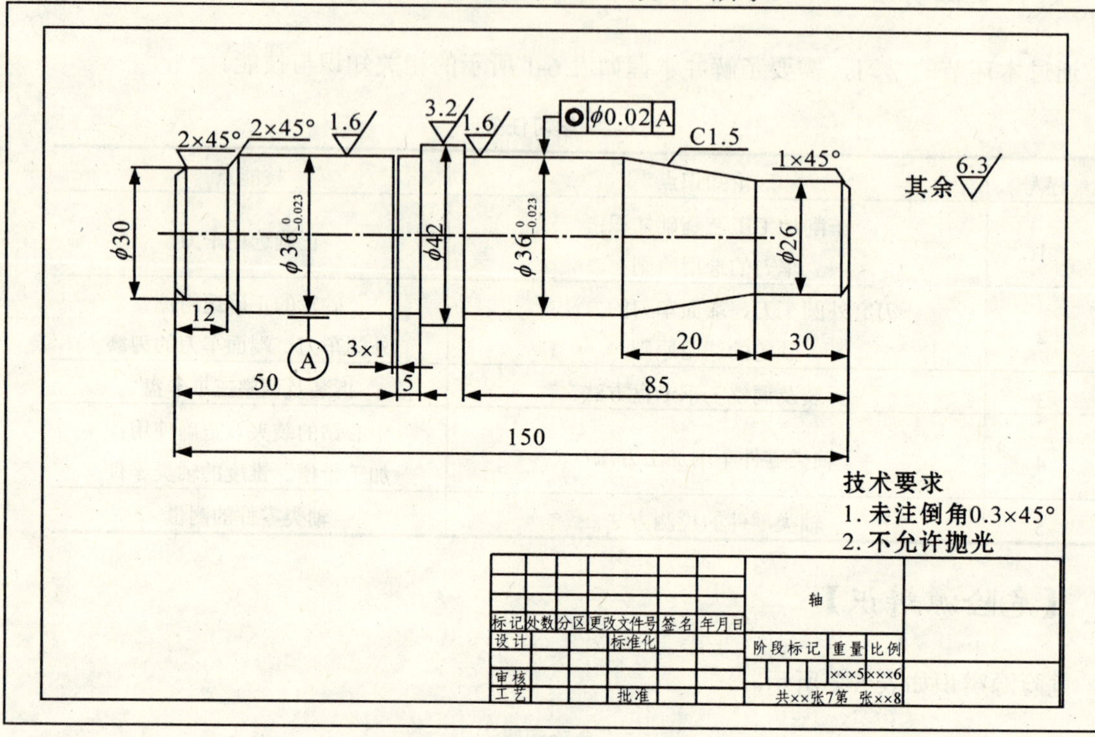

零件图

表 6-3　机械加工工艺过程卡片

（厂名）	机械加工工艺过程卡片	产品型号	E1	零件图号	W12	共 1 页
		产品名称	轴	零件名称	轴	第 1 页

材料牌号	Q235	毛坯种类	棒料	毛坯外形尺寸	Φ45×155	毛坯件数	10	每台件数	10	毛坯质量	优

工序号	工序名称	工序内容	车间	工段	设备	工艺装备	工时	
							准备	单件
1	下料	下料：Φ45mm×155mm	机加		J4250			
2	车	按图纸车准各尺寸	机加	车	Ck6140	三卡爪盘		
3	检验	Φ30mm，$Φ36^{0}_{-0.023}$mm，Φ26mm，Φ42mm，150mm，50mm，3×1mm，30mm，5mm20mm，C=1:5，同轴度 0.02			游标卡尺 外径千分尺 万能角度尺			

（续表）

（厂名）		机械加工工艺过程卡片		产品型号		E1			零件图号		W12	共 1 页
				产品名称		轴			零件名称		轴	第 1 页
4	入库											
										编制	审核	会签
记标	处数	更改文件号	签字	日期	标记	处数	更改文件号	签字	日期			

表 6-4　机械加工工艺卡片

（厂名）	机械加工工艺过程卡片	产品型号	E1	零件图号	W12	共 1 页
		产品名称	轴	零件名称	轴	第 1 页

材料牌号	Q235	毛坯种类	棒料	毛坯外形尺寸	$\Phi45\times155$	毛坯件数	10	每台件数	10	毛坯质量	优

工序	安装	工步	工 序内 容	同时加工工件数	背吃刀量	切削用量 切削速度 (m/min)	转数 (r/min)	进给量 (mm/r)	设备名称	工艺装备	工时 准备	单件
1	三爪卡盘夹毛坯外圆	1	车端面	1	见光	60	425	0.21	CK6140			
		2	打中心孔	1	1.2mm	60	425	0.3	CK6140			
2	一夹一顶装夹	1	粗车 $\Phi42$ 为 $\Phi44$，车至长＞100	1	0.5mm	100	700	0.3	CK6140			
		2	粗车 $\Phi36$ 为 $\Phi38$，长 95 车至 94	1	3mm	100	700	0.3	CK6140			
		3	粗车 $\Phi26$ 为 $\Phi28$，车至长 20 符图	1	分两次进	100	700	0.3	CK6140			
3	调头夹 Ø36 外圆	1	车端面，保证总长 150mm	1	分刀进给	60	800		CK6140			
		2	打中心孔	1	1.2mm	60	425	0.3	CK6140			
4	夹 Ø28 一夹一顶装夹	1	粗车 $\Phi36$ 为 $\Phi38$，长 55 车至 54	1	3mm	100	700	0.3	CK6140			

（续表）

（厂名）	机械加工工艺过程卡片	产品型号	E1	零件图号	W12	共1页
		产品名称	轴	零件名称	轴	第1页

		2	粗车Φ30为Ø32，长12符图	1	2mm	100	700	0.3	CK6140		
5	双顶尖装夹	1	精车Φ42至图示尺寸要求，车至长100	1	1mm	60	900	0.21	CK6140		
		2	精车$\Phi36^{0}_{-0.023}$至尺寸要求，车长95符图	1	1mm	60	900	0.21	CK6140		
		3	车圆锥至尺寸	1	分刀进给	60	900	0.21	CK6140		
		4	精车Φ26至尺寸要求，长20符图，倒钝，倒角1×45°	1	1mm	60	900	0.21	CK6140		
6	调头双顶尖装夹	1	精车$\Phi36^{0}_{-0.023}$至尺寸要求，车长55符图	1	1mm	60	900	0.21	CK6140		
		2	精车Φ30至尺寸要求，车长12符图	1	1mm	60	900	0.21	CK6140		
		3	切槽保证尺寸3×1，倒钝，倒角2×45°	1	分刀进给	30	350	手动	CK6140		

										编制	审核	会签
记标		处数	更改文件号	签字	日期	标记	处数	更改文件号	签字	日期		

2．加工难点分析

（1）加工尺寸精度的保证。

（2）如图6-1所示中两端$\Phi36^{0}_{-0.023}$有同轴度要求，在加工时通过双顶尖装夹才能保证。

（3）粗糙度的保证：在加工时应该选择合适的切削用量，精加工时刀具要锋利。

二、工艺准备

1．装及夹具准备（如表 6-5 所示）

表 6-5　工装及夹具准备表

	夹具名称	工具名称
1	三爪卡盘	刀架扳手
2	活顶尖	卡盘扳手
3		加力套筒
4		

2．量具及刀具准备（如表 6-6 所示）

表 6-6　量具及刀具准备表

	量具名称	刀具名称
1	游标卡尺	45°端面车刀
2	外径千分尺	90°外圆车刀
3		切槽刀
4		A3.15 中心钻

三、生产过程组织

1．毛坯检测

首先根据图纸检测毛坯量是否足够，根据毛坯量的大小来确定粗精加工的余量。

2．加工过程

（1）启动设备：观察设备外观情况，检查危险源。打开机床电源开关，将主轴速度调整为 30～100 转/分范围内；检查卡盘上卡爪的松动情况，在符合安全要求的情况下启动主轴。

（2）点检润滑：按照设备润滑点检表要求，进行设备润滑；检视各部分油窗内润滑油量。

（3）空载试车：按空载试车要求，检查各操作手柄、按钮的状态。

（4）刀具安装：按要求装夹 45°端面车刀和 90°外圆车刀及切槽刀。

（5）装夹工件：该工件用先一夹一顶粗车后，精加工采用双顶尖装夹的方式加工。

（6）按制定的工艺过程加工工件。

四、质量检测

1．首件检查记录表（见表 6-7）

表 6-7　首件检查记录表

任务号	R1	材料牌号或代号		Q235	数量	1
零件图号		W12		零件名称	轴	
工序号	图示尺寸	实测尺寸				测量工具、编号
		自检	签字	专检	签字	
3	150	150		150		游标卡尺
5	$\Phi42$	$\Phi41.96$		$\Phi41.96$		游标卡尺
5	$\Phi36^{0}_{-0.023}$	$\Phi36$		$\Phi36$		外径千分尺
5	C=1∶5	合格		合格		万能角度尺
5	$\Phi26$	$\Phi25.96$		$\Phi25.96$		游标卡尺
5	85	85		85		游标卡尺
5	30	30		30		游标卡尺
5	20	20		20		游标卡尺
6	$\Phi36^{0}_{-0.023}$	Ø36		$\Phi36$		外径千分尺
6	$\Phi30$	Ø30		$\Phi30$		游标卡尺
6	50	50		50		游标卡尺
6	12	12		12		游标卡尺
6	5	5		5		游标卡尺
6	3×1	3×1		3×1		游标卡尺
	同轴度	合格		合格		
	Ra3.2μm	合格		合格		粗糙度对照板

2．抽检记录表（见表 6-8）

表 6-8　过程抽检记录表

（厂名）	编号：1326						共 1 页	
	尺寸抽检记录表						第 1 页	
序号	2			零件标识		AQ		
零件名称	拉杆			零件图号		W12		
材料	Q235			数量		1		
零件序号	设计尺寸	$\Phi36^{0}_{-0.023}$	$\Phi30$	$\Phi42$	C=1∶5	150	Ra3.2μm	
	实测尺寸							
4		36	$\Phi29.96$	$\Phi41.9$	合格	150	合格	
8		35.99	$\Phi29.96$	$\Phi42$	合格	150	合格	
操作者			日期	2009-3-24	检查		日期	2009-3-24

3．质检员检测记录表（见表 6-9）

表 6-9　质检员检测记录表

（厂名）	编号：						共 2 页	
	尺寸检查记录表						第 1 页	
序号	2			零件标识		AQ		
零件名称	短轴			零件图号		W12		
材料	Q235			数量		10		
零件序号	设计尺寸	$\Phi36^{0}_{-0.023}$	$\Phi30$	$\Phi26$	$\Phi42$	C=1：5	150	85
	实测尺寸							
1		$\Phi36$	$\Phi30$	$\Phi25.96$	$\Phi41.96$	合格	150	85
2		$\Phi35.98$	$\Phi29.98$	$\Phi25.98$	$\Phi41.98$	合格	150	85
3		$\Phi35.98$	$\Phi29.96$	$\Phi25.96$	$\Phi41.96$	合格	150	85
4		$\Phi36$	$\Phi29.96$	$\Phi25.96$	$\Phi41.96$	合格	150	85
5		$\Phi36.02$	$\Phi29.96$	$\Phi25.96$	$\Phi41.96$	不合格	150	85
6		$\Phi35.98$	$\Phi29.98$	$\Phi25.98$	$\Phi41.98$	合格	150	85
7		$\Phi35.99$	$\Phi29.96$	$\Phi25.96$	$\Phi41.96$	合格	150	85
8		$\Phi35.99$	$\Phi29.96$	$\Phi25.96$	$\Phi42$	合格	150	85
9		$\Phi36$	$\Phi29.98$	$\Phi25.98$	$\Phi41.98$	合格	150	85
10		$\Phi36$	$\Phi29.98$	$\Phi25.88$	$\Phi41.98$	合格	150	85
操作者			日期	2009-3-24	检查		日期	2009-3-24

（厂名）	编号：						共 2 页	
	尺寸检查记录表						第 2 页	
序号	2			零件标识		AQ		
零件名称	短轴			零件图号		W12		
材料	Q235			数量		10		
零件序号	设计尺寸	30	20	55	12	3×1	5	*Ra*3.2μm
	实测尺寸							
1		30	20	55	12	3×1	5	合格
2		30	20	55	12	3×1	5	合格
3		30	20	55	12	3×1	5	合格
4		30	20	55	12	2×1	5	合格
5		30	20	55	12	3×1	5	合格
6		30	20	54.9	12	3×1	5	合格
7		30	20	55	12	3×1	5	合格
8		30	20	55	12	3×1	5	合格
9		30	20	55	12	3×1	5	合格
10		30	20	55	12	3×1	5	合格
操作者			日期	2009-3-24	检查		日期	2009-3-24

五、质量事故分析与改进措施

1．车外圆的质量分析：如表 6-9 所示，零件序号 5 外圆尺寸超差+0.02mm，原因可能是在加工过程中刀具磨损，加工工件没有及时测量。在加工外圆尺寸公差较小的零件时，应该注意每件工件的测量问题及时找出原因。

2．切槽的质量分析：如表 6-9 所示，零件序号 4 槽的宽度尺寸小 1mm，原因可能是在加工过程中刀具磨损，刃磨后加工粗心将尺寸读错。在加工过程中，遇见这种情况应该注意测量尺寸，准确计算背吃刀量。

3. 车锥面的质量分析：如表 6-9 所示，零件序号 5 锥度要求 C=1∶5 不合格，原因可能是在调整角度不正确。在加工过程中，应该多次试切，调整好角度再精加工。

【职业能力分解】

根据示例零件的生产过程分析，完成以上要求的加工任务，需要掌握以下相关知识及操作技能。

一、理论知识

1．工件的装夹

在前面章节我们介绍了三爪卡盘装夹一般零件的方法，在这里我们还要具体介绍一些其他装夹一般零件的方法。

（1）用四爪单动卡盘装夹工件

四爪单动卡盘外形如图 6-1（a）所示，它的四个爪通过四个螺杆可独立移动，除装夹圆柱体工件外，还可以装夹方形、长方形等形状不规则的工件。装夹时，必须用划线盘或百分表进行找正，以使车削位置的回转体中心对准车床主轴中心。如图 6-2 所示为用划针盘找正盘类零件的方法，其精度可达 0.1mm～0.2mm。如图 6-1（b）所示为用百分表找正的方法，其精度可达 0.02mm 左右。

（2）用一夹一顶方法装夹工件

如图 6-3 所示，即一端用卡盘夹持，另一端由顶尖支承的方法。这种方法安装工件比较安全、可靠，能承受较大的轴向切削力，适应于轴类零件的粗车或半精车。但此法对于相互位置精度要求较高的工件，在调头车削时校正较困难。

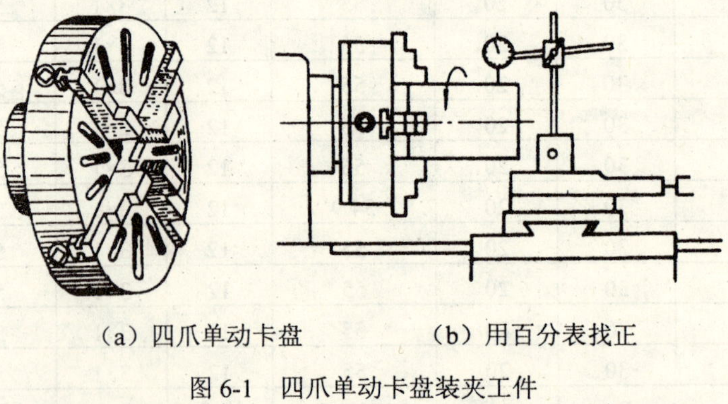

（a）四爪单动卡盘　　（b）用百分表找正

图 6-1　四爪单动卡盘装夹工件

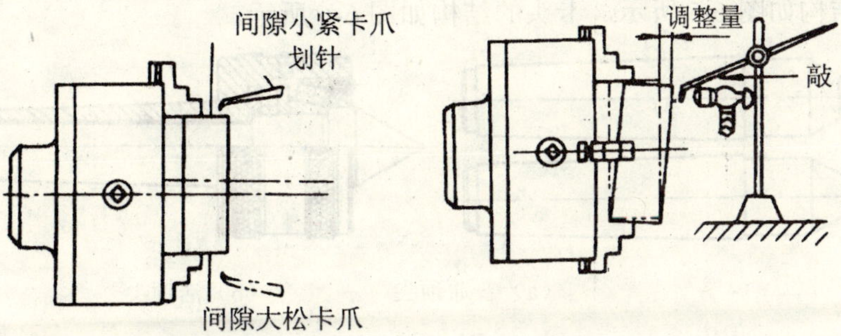

（a）找正外圆　　（b）找正端面

图 6-2　盘类零件的装夹方法

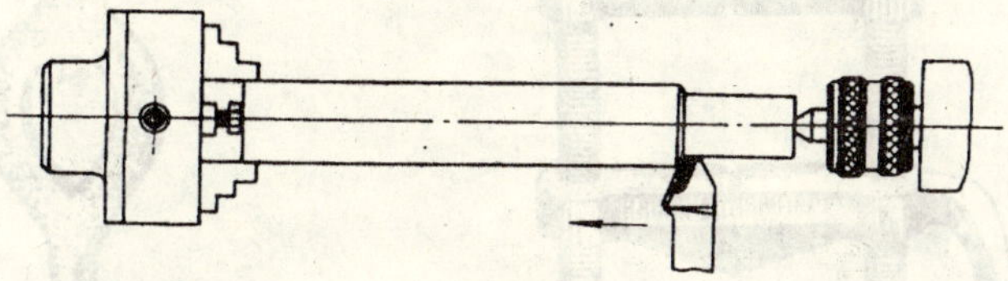

（a）

（b）

（a）用限位装置限位　　（b）车台阶限位

图 6-3　一夹一顶方法装夹工件

（3）用两顶尖装夹工件

在车床上常用两顶尖装夹轴类工件，如图 6-4 所示。它适用于多段外圆同轴度要求高的轴类工件的精车。前顶尖为普通顶尖，装在主轴锥孔内同主轴一起转动；后顶尖为活顶尖，装在尾座套筒内，其外壳不转动，顶尖芯与工件一起转动。工件利用其中心孔被顶在前后顶尖之间，通过拨盘和卡头随主轴一起转动。

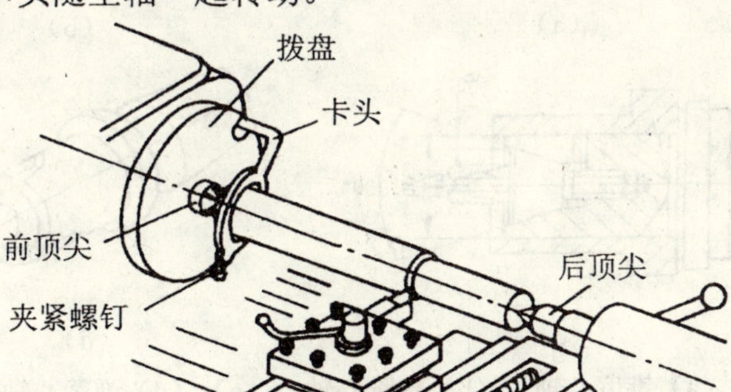

图 6-4　两顶尖装夹工件

顶尖的结构如图 6-5 所示，卡头的结构如图 6-6 所示。

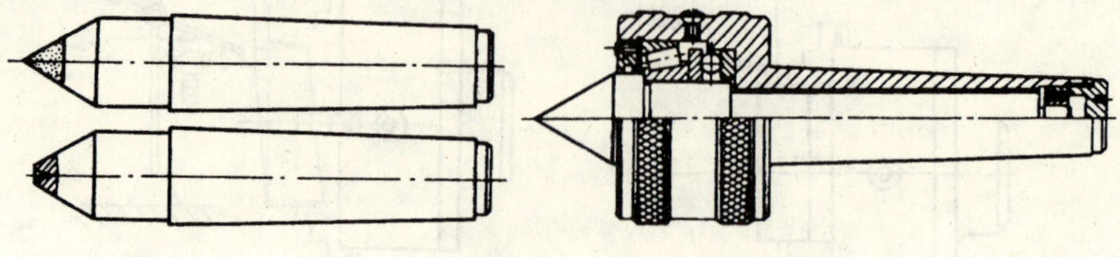

（a）普通顶尖　　　　（b）活顶尖

图 6-5　顶尖

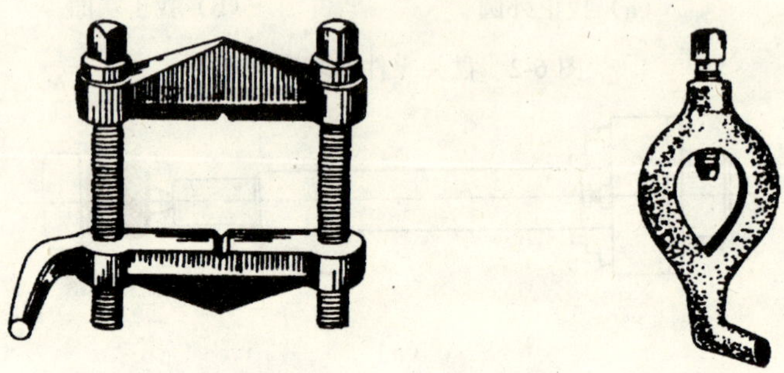

图 6-6　卡头

（4）用心轴装夹工件

如图 6-7 所示，车削中、小型的轴套、带轮、齿轮等工件时，一般可用已加工好的内孔为定位基准，并根据内孔配制一根合适的心轴，再将装好工件的心轴支顶在车床上，常见于精加工套类工件的外圆、端面等，一般适应在批量加工工件时使用。同轴度能保证在 0.005～0.02mm 之间。

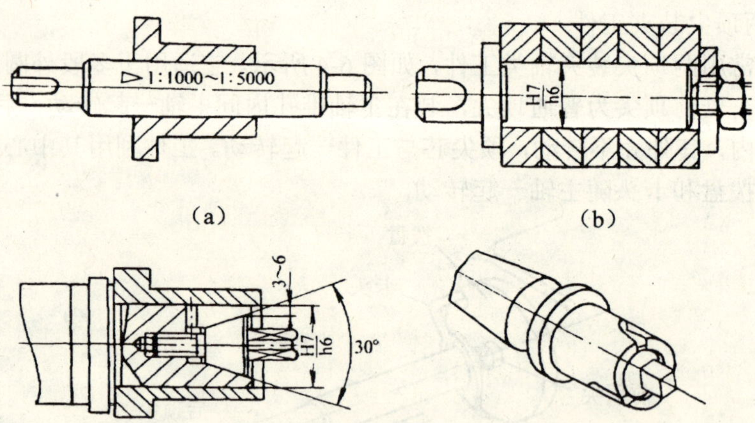

（c）　　　　（d）

（a）锥度心轴　（b）台阶心轴　（c）、（d）弹簧心轴

图 6-7　常用心轴

（5）用软卡爪装夹工件

工件批量生产时，先将零件的外圆和一个端面在一次安装中精加工后，用以作为定位基准。常用软卡爪装夹后，加工内孔和另一端面能较好地保证工件外圆与内孔的同轴度和两端面的平行度，如图 6-8 所示。其精度可达 0.05～0.02mm。

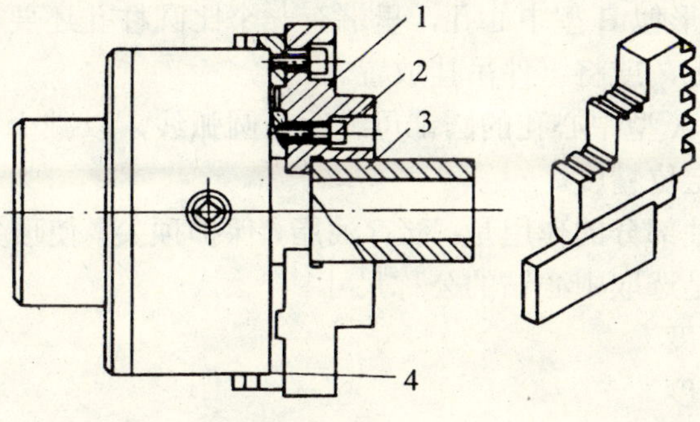

（a）装配式软卡爪　（b）焊接式软卡爪

1—软卡爪；2—螺钉；3—工件；4—软卡爪下部

图 6-8　软卡爪装夹工件

2．钻中心孔

（1）中心孔的形状与作用

如图 6-9 所示，国家标准 GB145－85 规定中心孔有四种：A 型（不带护锥）、B 型（带护锥）、C 型（带螺纹孔）和 R 型（带弧型）。

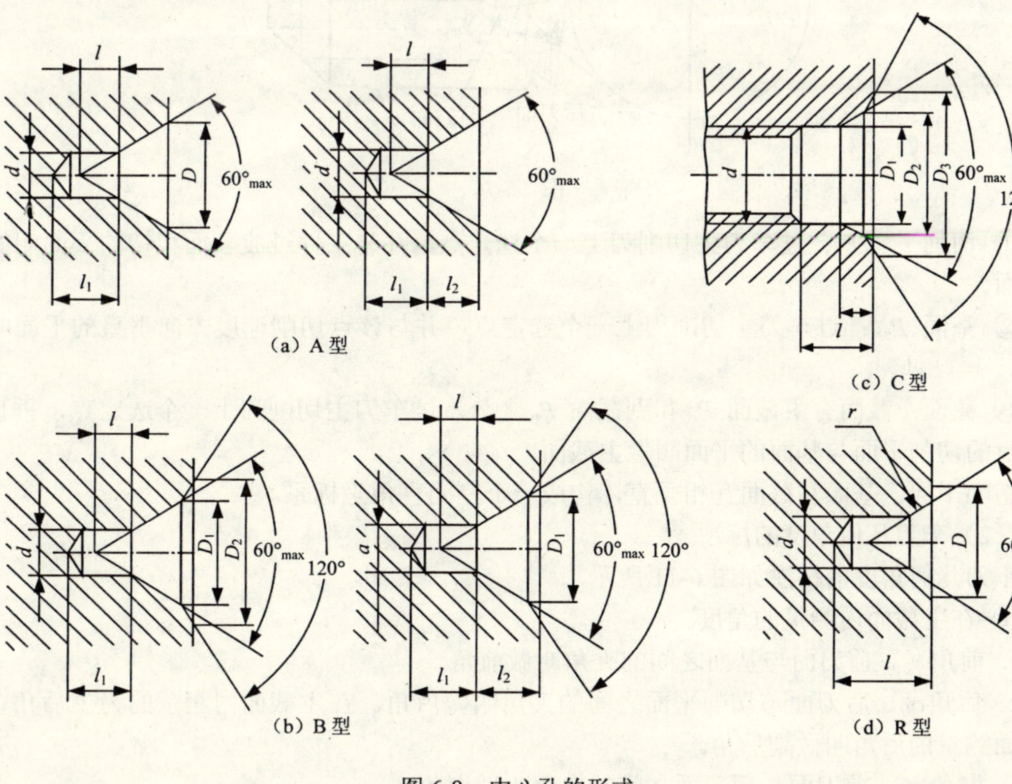

（a）A 型　（b）B 型　（c）C 型　（d）R 型

图 6-9　中心孔的形式

①A 型中心孔由圆柱部分和圆锥部分组成，圆锥孔的圆锥角为 60°，与顶尖锥面配合，因此锥面表面质量要求较高。一般适用于不需要多次装夹或不保留中心孔的工件。

② B 型中心孔是在 A 型中心孔的端部多一个 120°的圆锥面，目的是保护 60°锥面，不让其拉毛碰伤。一般应用于多次装夹的工件。

③ C 型中心孔外端形似 B 型中心孔，里端有一个比圆柱孔还要小的内螺纹，它可以将其他零件轴向固定在轴上，或将零件吊挂放置。

④ R 型中心孔是将 A 型中心孔的圆锥母线改为圆弧线，以减少中心孔与顶尖的接触面积，减少摩擦力，提高定位精度。

这四种中心孔的圆柱部分的作用是：储存油脂，保护顶尖，使顶尖与锥孔 60°配合贴切。圆柱部分的直径，也就是选取中心钻的公称尺寸。

3．车刀的的主要角度

（1）车刀的主要角度

为更准确地测量几何角度，假设了三个辅助平面，即切削平面、基面和截面。

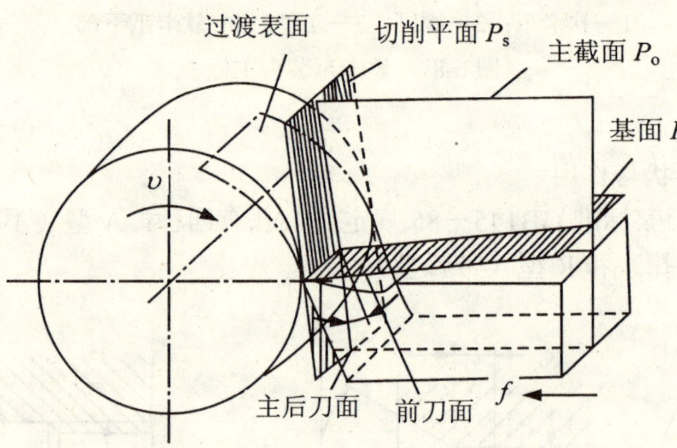

图 6-10

① 切削平面 P_n：过车刀主切削刃上一个选定点，并与工件过渡表面相切的平面叫做切削平面。

② 基面 P_r ：过车刀主切削刃上一个选定点，并与该点切削速度方向垂直的平面叫做基面。

③ 截面：截面有主截面 P_o 和副截面 P_o 之分。过车刀主切削刃上一个选定点，垂直于过该点的切削平面与基面的平面叫做主截面。

切削平面、基面和截面互相垂直，构成一个空间直角坐标系。

（2）车刀几何角度的标注

车刀几何角度的标注如图 6-11 所示。

① 在主截面内测量的角度

a. 前角 γ_0。前刀面与基面之间的夹角叫做前角。

b. 后角 α_0。后刀面与切削平面之间的夹角叫做后角。在主截面内测量的为主后角，在副截面测量的后角叫做副后角。

c. 楔角 β_0。前刀面与后刀面之间的夹角叫做楔角。

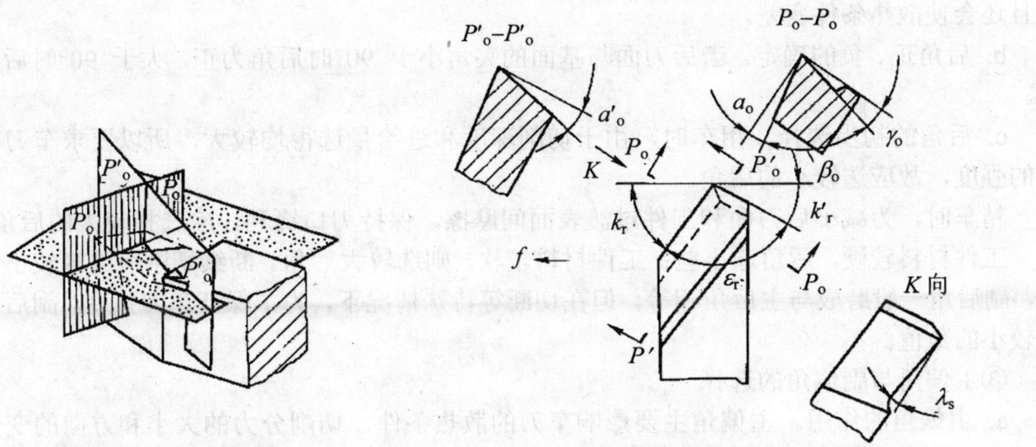

（a）主截面和副截面　　　　（b）车刀角度的标注

图 6-11　车刀几何角度的标注

② 在基面内测量的角度

a. 主偏角 K_r。主切削刃在基面内的投影与进给方向的夹角叫做主偏角。

b. 副偏角 K_r'。副切削刃在基面的投影与背离进给方向的夹角叫做副偏角。

c. 刀尖角ε_r。主切削刃与副切削刃在基面内的投影之间的夹角叫做刀尖角。

③ 在切削平面内测量的角度：

刃倾角 λ_s 主切削刃与基面之间的夹角叫做刃倾角。

（3）车刀主要几何角度的初步选择

① 前角的选择

a. 前角的作用。前角的主要作用是影响切削刃口锋利程度、切削力的大小与切削变形的大小；前角增大，可使切削刃口锋利、切削力减小、降低加工表面粗糙度值；同时还会使切削变形小、排屑容易。

前角还会影响车刀强度、受力情况和散热条件。若增大前角，会使楔角减小，从而削弱了刀体强度。前角增大还会使散热体积缩小，而散热条件变差，导致切削区域温度升高。

b. 前角正、负的确定。在主截面中，当前刀面与切削平面之间的夹角小于 90°时，前角为正；大于 90°时前角为负。

c. 前角的初步选择。在刀具强度允许的条件下，尽量选较大的前角。具体选择时尚需综合考虑工件材料、刀具材料、加工性质等因素。

车削塑性材料或硬度较低的材料，应选较大的前角；车削脆性材料或硬度较高的材料，则应选择较小的前角。

粗加工时应选较小的前角，精加工时应选较大的前角。车刀材料的强度、韧性较差，前角应取小值；反之，取大值。

② 后角的选择

a. 后角的作用。后角的主要作用是减少后刀面与工件上表面之间的摩擦，以提高工件的表面质量；延长刀具的使用寿命。

增大后角可使车刀刃口变锋利，但后角过大，又会使楔角减小，不仅会削弱车刀的强度，而且还会使散热条件变差。

b. 后角正、负的确定。当后刀面与基面的夹角小于 90°时后角为正，大于 90°时后角为负。

c. 后角的初步选择。粗车时，由于切削深度和进给量选得均较大，所以要求车刀有足够的强度，故应选较小的后角。

精车时，为减小后刀面和工件过渡表面间摩擦，保持刃口锋利，应选择较大的后角。

工件材料较硬，后角选小些；工件材料较软，则选较大后角。断续切削应选取较小的后角，副后角一般磨成与主后角相等。但在切断等特殊情况下，为了保证车刀强度，副后角应选较小的数值。

③主偏角与副偏角的选择

a. 主偏角的作用。主偏角主要影响车刀的散热条件、切削分力的大小和方向的变化及影响切屑厚薄的变化。

b. 主偏角的选择。选择主偏角时，应重点考虑工件的形状和刚性。工件刚性差（如车细长轴为了减小径向分力）应选较大的主偏角。加工阶台轴类的工件，主偏角 $Kr>90°$时车削硬度较高的工件，为增加刀具强度应选较小的主偏角。

c. 副偏角的作用。副偏角主要减少副刀刃与工件已加工表面的摩擦，影响工件的表面加工质量及车刀的强度。

d. 副偏角的选择。粗车时副偏角选稍大些，精车时副偏角选稍小些。

④刃倾角的选择

a. 刃倾角的作用。刃倾角的主要作用是控制排屑方向。当刃倾角为负值时，可增加刀头的强度，并在车刀受冲击时保护刀尖。刃倾角还会影响前角及刀刃的锋利程度。增大刃倾角能使切削刃锋利并可切下很薄的金属层。

b. 刃倾角有正、负值和零度之分。如图 6-12 所示，当主切削刃和基面平行时，刃倾角为零度；切削时，切屑基本上朝垂直于主切削刃方向排出。

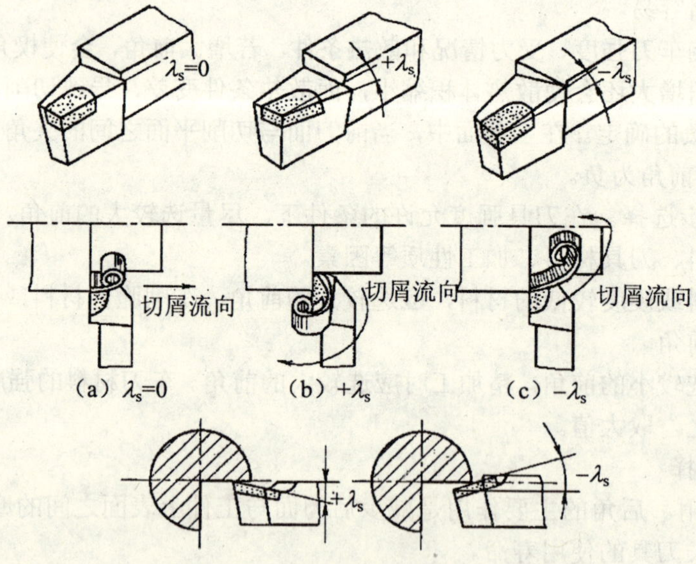

图 6-12

当刀尖位于主切削刃最高点时，刃倾角为正值；切削时，切屑朝工件待加工面方向排出。切屑不易擦伤已加工表面，工件表面粗糙度较高。但刀尖强度较差，尤其是车削不连续的工件表面时，由于冲击力较大，刀尖易损坏。

当刀尖位于主切削刃最低点时，刃倾角为负值；切削时，切屑朝工件已加工面方向排出，容易擦伤已加工表面。但刀尖强度好，在车削有较大冲击力的工件时，最先承受冲击的着力点在远离刀尖的切削刃处，从而保护了刀尖。

c. 刃倾角的初步选择。选择刃倾角时通常主要考虑工件材料、刀具材料和加工性质。

粗加工和断续切削时，所受冲击力较大。为了提高刀尖强度，应选负值刃倾角；车削一般工件则取零度刃倾角；精车时，为了避免切屑将已加工表面拉毛，刃倾角应取正值。微量进给精车外圆或内孔时可取较大刃倾角。

（2）车刀的刃磨

在车床上主要依靠工件的旋转主运动和刀具的进给运动来完成切削工作。因此车刀角度的选择是否合理，车刀刃磨的角度是否正确，都会直接影响到工件的加工质量和切削效率。

在切削过程中，由于车刀的前刀面和后刀面处于剧烈的摩擦和切削热的作用之中，会使车刀切削刃口变钝而失去切削能力，只有通过刃磨才能恢复切削刃口的锋利和正确的车刀角度。因此，车工不仅要懂得切削原理和合理地选择车刀角度的有关知识，还必须熟练地掌握车刀的刃磨技能。

车刀的刃磨分机械刃磨和手工刃磨两种。机械刃磨效率高、质量好、操作方便。但目前中小型工厂仍普遍采用手工刃磨。因此，车工必须掌握手工刃磨车刀的技术。

① 砂轮的选用

目前常用的砂轮有氧化铝和碳化硅两类，刃磨时必须根据刀具材料来选定。

a. 氧化铝砂轮。氧化铝砂轮多呈白色，其砂粒韧性好，比较锋利，但硬度稍低（指磨粒容易从砂轮上脱落），适于刃磨高速钢车刀和硬质合金的刀柄部分。氧化铝砂轮也称刚玉砂轮。

b. 碳化硅砂轮。碳化硅砂轮多呈绿色，其砂粒硬度高，切削性能好，但较脆，适于刃磨硬质合金车刀。

砂轮的粗细以粒度表示。GB2477—83 规定了 41 个粒度号，粗磨时用粗粒度（基本粒尺寸大），精磨时用细粒度（基本粒尺寸小）。

4. 阶台的车削

车阶台时，不仅要车削外圆，还要车削环形端面。因此，车削时既要保证外圆和阶台面长度尺寸，又要保证阶台平面与工件轴线的垂直度要求。

当车削相邻两个直径相差不大的阶台时，可用 90°偏刀，这样既车削外圆又车削端面，只要控制住阶台长度，自然可得到阶台面。应当注意车刀安装后的主偏角必须等于 90°。

如图 6-13 所示，如果车削相邻两个直径相差较大的阶台，可先用一把主偏角小于 90°的车刀粗车，再把 90°偏刀的主偏角安装成 93°～95°，分几次进给，进给时应留精车外圆和端面的加工余量。精车外圆到阶台长度后，停止纵向进给，手摇中拖板手柄使车刀慢慢均匀退出，即把端面精车一刀。至此，一个阶台便加工完毕。

车削阶台时应准确掌握阶台的轴向长度尺寸。控制阶台长度尺寸有以下三种方法：

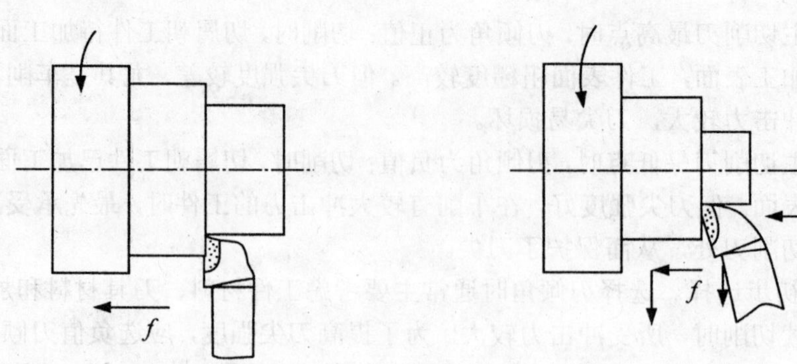

图 6-13

（1）刻线法

如图 6-14 所示，先用钢直尺、样板或卡钳量出阶台的长度尺寸，再用车刀刀尖在阶台的所在位置处车出细线，然后转车削。

（a）用钢直尺或样板　　（b）用内卡钳

图 6-14

（2）用挡铁控制阶台长度

在成批生产阶台轴时，为了准确、迅速地掌握阶台长度，可用挡铁定位来控制。如图 6-15 所示，先把挡铁 1 固定在床身导轨的某一个适当位置上，与图上阶台 a_3 的阶台面轴向位置一致。挡铁 2 和 3 的长度分别等于阶台 a_2、a_1 的长度。当床鞍纵向进给碰到挡铁 3 时工件阶台长度 a_1 车好；拿去挡铁 3，调整好下一个阶台的吃刀深度，继续纵向进给；当床鞍碰到挡铁 2 时，阶台长度 a_2 车好；当床鞍碰到挡铁 1 时，阶台长度 a_3 车好。这样就完成了全部阶台的车削。用这种方法车阶台可减少大量的测量时间，阶台长度精度可达 0.1 mm～0.2 mm。用卡盘顶尖安装工件时，在车床主轴锥孔内必须安装限位支承，以保证工件的轴向尺寸。

（3）用床鞍纵向进给刻度盘控制阶台长度

CA6140 车床床鞍进给刻度盘一格等于 1mm。据此，可根据阶台长度计算出床鞍进给刻度盘手柄应摇动的格数。

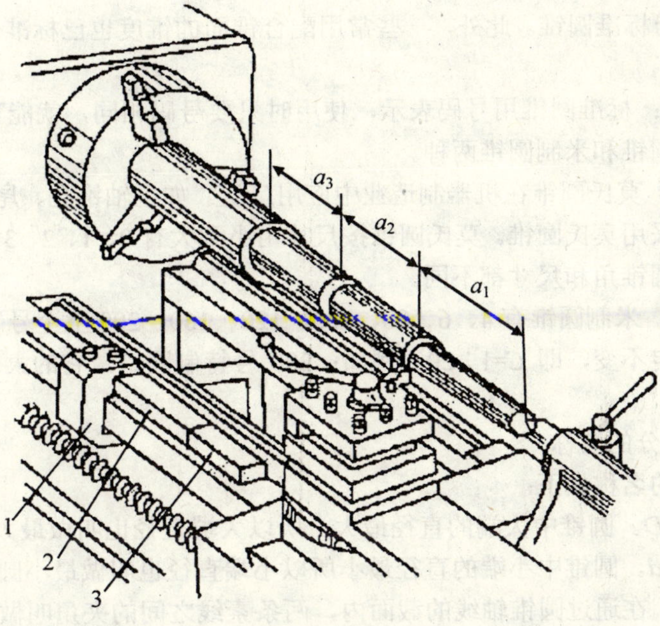

图 6-15

5．车锥面

（1）圆锥面配合的应用

如图 6-16 所示，圆锥面配合的同轴度高、拆卸方便，当圆锥角较小（a<3°）时能够传递很大扭矩，因此，在机器制造中被广泛采用。例如，车床主轴前端锥孔、尾座套筒锥孔、锥度心轴、圆锥定位销等都是采用圆锥面配合。

常见的圆锥工件有：圆锥齿轮、锥形主轴、锥形手柄等。

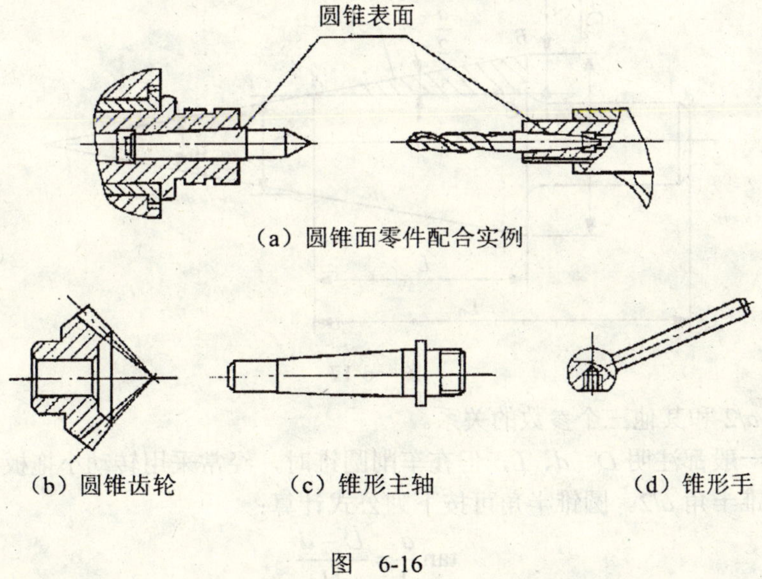

（a）圆锥面零件配合实例

（b）圆锥齿轮　（c）锥形主轴　（d）锥形手

图 6-16

（2）标准圆锥

为制造及使用方便，常用工具、刀具上圆锥的几何参数都已标准化，这种几何参数已标准化的圆锥，称为标准圆锥。此外，一些常用配合锥面的锥度也已标准化，称为专用标准圆锥锥度。

① 标准圆锥：标准圆锥用号码表示，使用时只要号码相同，就能互换或配合。常用的标准圆锥有莫氏圆锥和米制圆锥两种。

a. 莫氏圆锥。莫氏圆锥在机器制造业中应用广泛。如主轴锥孔、尾座套筒锥孔，钻头、铰刀的柄部等都采用莫氏圆锥。莫氏圆锥按尺寸由小到大有 0、1、2、3、4、5、6 七个号码。当号码不同时，圆锥角和尺寸都不同。

b. 米制圆锥。米制圆锥有 4、6、80、100、120、160、200 七个号码。它的号码是指大端直径，锥度固定不变，即 C=1∶20。例如：200 号特制圆锥，它的大端直径是 200，锥度 C=1∶20。

② 圆锥各部分的名称

圆锥各部分的名称如下：

a. 大端直径 D。圆锥中大端的直径最大，所以大端直径也叫做最大圆锥直径；

b. 小端直径 d。圆锥中小端的直径最小所以小端直径也叫做最小圆锥直径；

c. 圆锥角 a。在通过圆锥轴线的截面内，两条素线之间的夹角叫做圆锥角；

d. 圆锥半角 $a/2$ 。圆锥角的一半，也就是圆锥母线和圆锥轴线之间的夹角；

e. 圆锥长度 L。圆锥大端和圆锥小端之间的垂直距离；

f. 锥度 C。圆锥大端直径与圆锥小端直径之差和圆锥长度之比叫做锥度；

d. 斜度 $c/2$。圆锥大小端直径之差和圆锥长度之比的一半。

（3）圆锥的计算

如图 6-17 所示，一个圆锥的基本参数有四个号：$a/2$（或 C）D、d、L，只要知道其中任意三个，另外一个参数即可计算出。

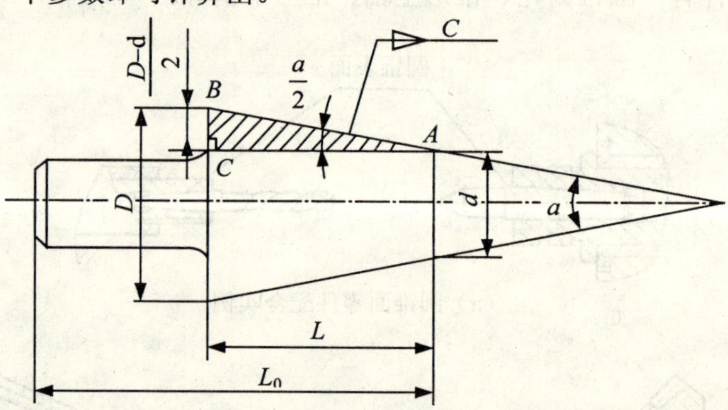

图 6-17

圆锥半角 $a/2$ 和其他三个参数的关系。

在图样上一般都注明 D、d、L，但在车削圆锥时，经常采用转动小拖板的方法，所以，必须计算出圆锥半角 $a/2$。圆锥半角可按下列公式计算：

$$\tan\frac{a}{2}=\frac{D-d}{2L}$$

其他三个参数与圆锥半角的关系为：

$$D = d + 2L\tan\frac{a}{2}$$

$$d = D - 2L\tan\frac{a}{2}$$

$$L = \frac{D-d}{2\tan\frac{a}{2}}$$

例　有一圆锥，已知 D=100 mm，d=80 mm，L=200mm，求圆锥半角。

解：根据公式得

$$\tan\frac{a}{2} = \frac{D-d}{2L} = \frac{100-80}{2\times 200} = 0.05$$

查三角函数表得：$\frac{a}{2} = 2°52'$。

应用公式计算圆锥半角 $a/2$，必须查三角函数表。当 $a/2 < 60°$ 时，可用下列近似公式计算：

$$\frac{a}{2} = 28.7° \times \frac{D-d}{L}$$

$$\frac{a}{2} \approx 28.7° \times c$$

6．车槽与切断

如图 6-18 所示，在车削加工中，把棒料或工件按要求切成两段或多段的加工方法称为切断。

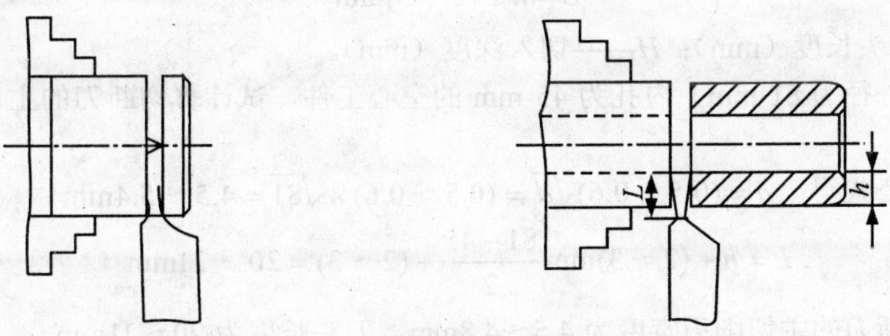

图　6-18

（1）切断刀

切断刀以横向进给为主，前端的切削刃为主切削刃，两侧的切削刃是副切削刃。一般切断刀的主切削刃较窄，刀头较长，因此刀头强度较差，在选择刀头的几何参数和切削用量时应特别注意。

① 高速钢切断刀（如图 6-19 所示）

a. 前角。切断中碳钢时为 20°～30°，切断铸铁时为 0°～10°。

b. 后角。切断塑性材料时取大些，切断脆性材料时取小些，一般取 6°～8°。

c. 副后角。切断刀有两个对称的副后角，一般取 1°～2°，其作用是减少副后刀面与工件已加工表面的摩擦。

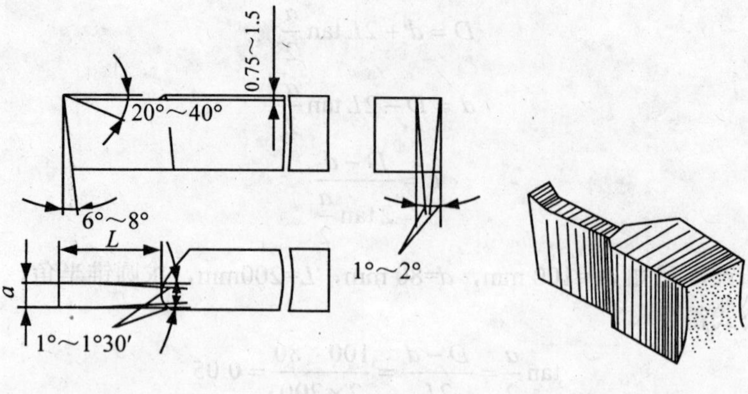

图 6-19

d. 主偏角。切断刀以横向进给为主，因此主偏角为 90°，为防止切断时在工件端面中心处留有小凸台，可把主切削刃略磨斜些。

c. 副偏角。切断刀的两个副偏角也必须对称，它们的作用是减少副切削刃和工件的摩擦。为了不削弱刀头强度，一般取 1°～1°30′。

d. 主切削刃宽度。主切削刃太宽会因切削力太大而振动，同时浪费材料；太窄又会削弱刀头强度。因此，主切削刃宽度可用下面的经验公式计算：

$$a \approx (0.5 \sim 0.6)\sqrt{d}$$

式中，a——主切削刃的宽度（mm）；D——工件待加工表面直径（mm）。

e. 刀头长度 L。刀头太长也容易引起振动和使刀头折断。刀头长度可用下式计算：

$$L = h + (2 \sim 3)\text{mm}$$

式中，L——刀头长度（mm）；H——切入深度（mm）。

例 切断外径为 81 mm，内孔为 45 mm 的空心工件，试计算切断刀的主切削刃宽度和刀头长度。

解：根据公式得：$a \approx (0.5 \sim 0.6)\sqrt{d} = (0.5 \sim 0.6) \times \sqrt{81} = 4.5 \sim 5.4\text{mm}$

$$L = h + (2 \sim 3)\text{mm}\frac{81-45}{2} + (2 \sim 3) = 20 \sim 21\text{mm}$$

所以，切断刀的主切削刃宽度为 4.5～4.8mm，刀头长度为 20～21mm。

② 硬质合金切断刀

用硬质合金切断刀高速切断工件时，由于切屑和工件槽宽相等容易堵塞在槽内。为了排屑顺利，可把主切削刃两边倒角或磨成人字形，如图 6-20 所示。

高速切断时，产生的热量很大。为了防止刀片脱焊，在切削时必须浇注充分的切削液。切削刃磨钝时，应及时刃磨。为了增加刀头的支承强度，常把切断刀的刀头下部做成凸圆弧形。

③ 反切刀

切断直径较大的工件时，由于刀头较长，刚性较差，很容易引起振动。这时可采用反向切断法，即工件反转，用反切刀来切断（如图 6-21 所示）。这样切断时，切削力的方向跟工件重力方向一致，不容易引起振动。另外，用反切刀切断时切屑从下面排出，不容易堵塞在工件槽内。

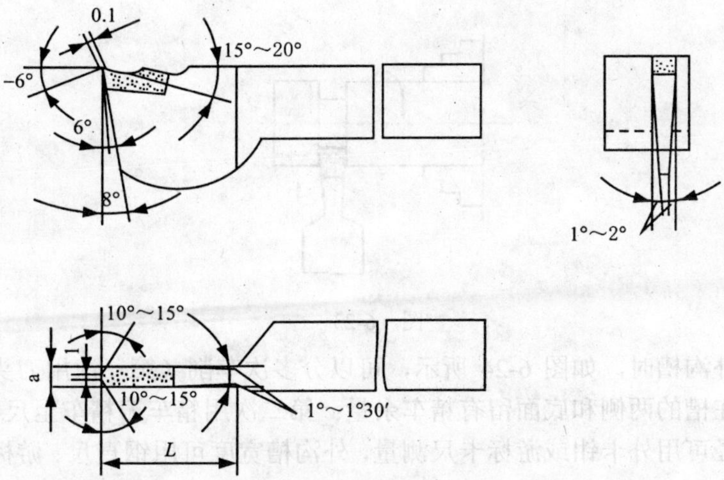

图 6-20

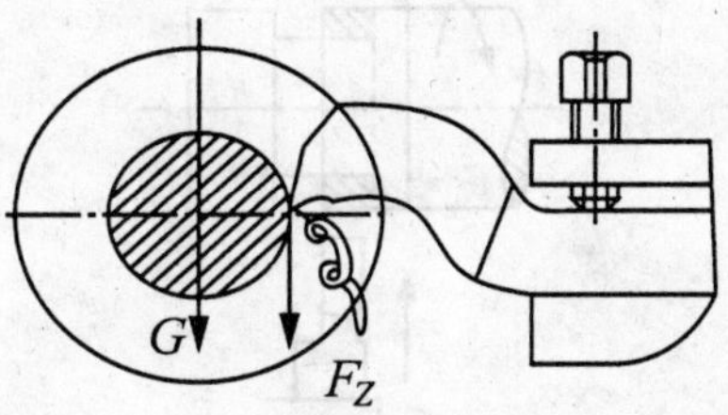

图 6-21

使用反切法时，卡盘与主轴连接部分必须装有保险装置，以防止车床反转时卡盘从主轴上脱开而发生事故。

④ 弹性切断刀

弹性切断刀是把切断刀做成刀片，再装夹在弹性刀柄上（如图 6-22 所示）当进给量过大时，弹性刀柄受力变形，刀柄的弯曲中心在刀柄上面，刀头会自动让刀，可避免扎刀，防止切断刀折断。

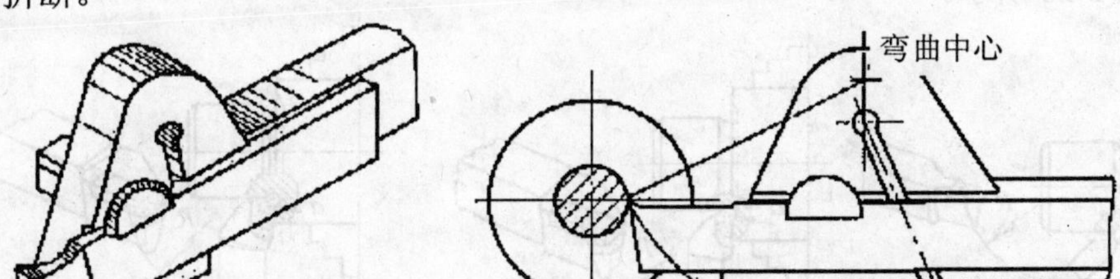

图 6-22

⑤ 车槽刀

车一般外沟槽的车刀的角度和形状与切断刀本相同。在车较窄的外沟槽时，车槽刀的主切削刃宽度应与槽宽度相等，刀头长度要稍大于槽深。

（2）直沟槽的车削

车削宽度较窄的外沟槽时，可用刀头宽度等于槽宽的车刀一次直进车出（如图 6-23 所示）。

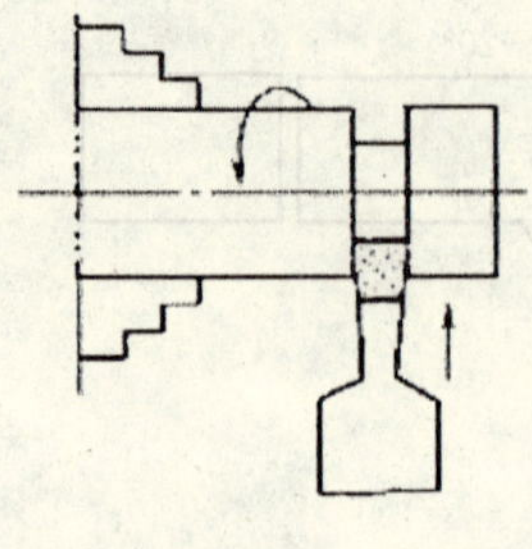

图 6-23

车削较宽的外沟槽时，如图 6-24 所示，可以分多次车削（第一次用刀头宽度小于槽宽的切断刀粗车，在槽的两侧和底面留有精车余量；第二次用精车刀精车至尺寸）。

外沟槽底直径可用外卡钳或游标卡尺测量，外沟槽宽度可用钢直尺、游标卡尺或量规测量。

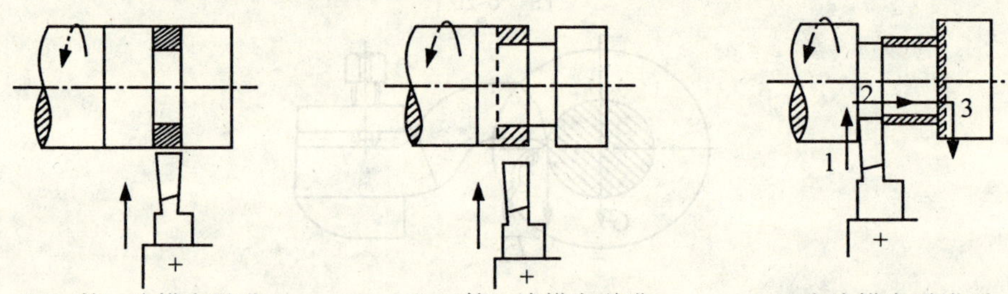

（a）第一次横向送进　（b）第二次横向送进　（c）末次横向送进后再以纵向送进精车槽底

图 6-24

（3）斜沟槽的车削

车削 45°外沟槽时，可用 45°外沟槽专用车刀车。车削时把小拖板转过 45°，用小拖板进给车削成形。车圆弧沟槽时，把车刀的刀头磨成相应的圆弧刀刃。车削外圆端面沟槽时，刀头形状如图 6-25 所示。

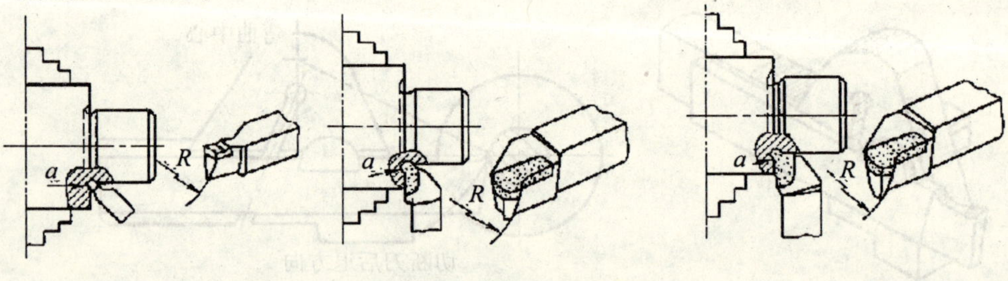

图 6-25

（4）切断刀的安装

a. 安装时切断刀不宜伸出过长，同时，切断刀的中心线必须装得跟工件中心线垂直，以保证两个副偏角对称。

b. 切断实心工件时，切断刀的主切削刃必须装得与工件中心等高，否则不但不能车到中心，而且容易崩刃，甚至折断车刀。

c. 切断刀的底平面应平整，以保证两个副后角对称。

（5）切断与车槽的切削用量

由于切断刀与切槽刀的刀体强度较差，因此在选择切削用量时，应适当减小其数值。

a. 切削深度。切断与车槽时的切削深度为切刀刀体的宽度。

b. 进给量 f。根据工件的材料与刀具材料来选择。

钢料：高速钢车刀一般取 f=0.05～0.4mm/r ；硬质合金车刀一般取 f=0.1～0.2mm/r。

铸铁料：高速钢车刀一般取 f=0.1～0.2mm/r；硬质合金一般取 f=0.15～0.25mm/r。

c. 切削速度 v

钢料：高速钢车刀一般取 v=30～40m/min；硬质合金一般取 v=80～120m/min。

铸铁料：高速钢车刀一般取 v=15～25m/min；硬质合金一般取 v=60～100m/min。

（6）切刀折断的原因

a. 切刀的几何形状刃磨得不正确。

b. 切刀安装时两副偏角不对称或没有对准工件中心高。

c. 进给量太大。

d. 中拖板松紧不适，引起扎刀现象。

（7）防止振动的方法

a. 适当增大前角，以减小切削力。

b. 在切断刀主切削刃中间磨 R=0.5mm 的凹槽，能起消振与导向作用，保证切断面的平直性。

c. 工件直径较大时采用反切断法。

d. 将切刀刀柄下面做成“鱼肚形”，以增大刀柄的刚性。

e. 调整机床主轴、中拖板、小拖板间隙，适当调小。

（8）注意事项

a. 切断工件毛坯表面前，应先将外圆车一刀或尽量减小进给量，以免“轧刀”而损坏切断刀。

b. 手动进刀切断时，摇动手柄应连续均匀，避免因摩擦和冷硬现象而加剧刀具磨损。

c. 用卡盘装夹工件切断时，切断位置应尽量靠近卡盘，避免振动。

d. 用一夹一顶方法装夹工件切断时，在工件即将切断之前，应卸下工件后再敲断。

e. 切断时不准用两顶尖装夹工件，否则，切断瞬间工件会飞出伤人，酿成事故。

7．细长轴的车削

工件的长度与直径之比大于 25（L/d>25）的轴类零件称为细长轴。

（1）细长轴的加工特点

由于细长轴刚性差（L/d 比值愈大，刚性愈差），故在车削过程中会出现以下问题：

① 在切削过程中，工件受热伸长会产生弯曲变形，甚至会使工件卡死在顶尖间而无法加工。

② 工件受切削力作用产生弯曲，从而引起振动，影响工件的精度和表面粗糙度。

③ 由于工件自重、变形、振动，影响工件圆柱度和表面粗糙度。

④ 工件高速旋转时，在离心力作用下，工件弯曲与振动加剧。因此，切削速度不能过高。

由此可知车削细长轴时，不论对刀具、机床精度、辅助工具精度、切削用量的选择，还是对工艺安排与操作技能都应有较高的要求。这是一项工艺性较强的综合技术。

（2）在中心架和跟刀架上车削细长轴

细长轴通常用一顶一夹或两顶尖装夹加工，为了增加工件刚性，采用中心架或跟刀架作辅助支承。

① 用中心架支承车削细长轴

a. 中心架直接支承在工件中间。当工件可以分段车削时，中心架支承在工件的中间，如图 6-26 所示。采用这种支承，长度与直径之比值可减少一半，细长轴的刚度可增加好几倍。在工件装上中心架之前，必须在毛坯中间车一段支承中心架支承爪的沟槽，槽的直径比工件要求尺寸略大一些（以便精车）。在车这条沟槽时，进给量必须选得较小，主轴转速亦不能选得很高。车好沟槽后应用砂布抛光，并达到圆柱度与表面粗糙度值要小的要求。

车削时，支承爪与工件接触处应经常加润滑油，为了使支承爪与工件保持良好的接触，也可以在支承爪与工件之间加一层砂布或研磨剂进行研磨抱合。

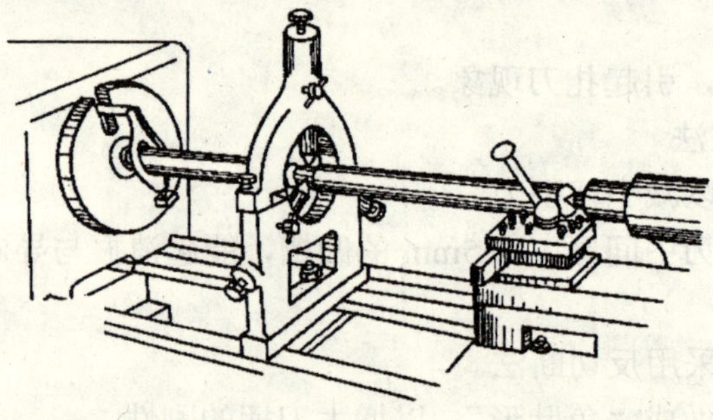

图 6-26

b. 用过渡套筒支承细长轴。在细长轴中间要车削一条沟槽是比较困难的。为了解决这个问题，可以用过渡筒装夹细长轴的办法，使支承爪不直接与毛坯轴接触，而与过渡套筒的外表面接触，如图 6-27 所示。过渡套筒的两端各装有四个螺钉，用来找正和夹住工件毛坯。

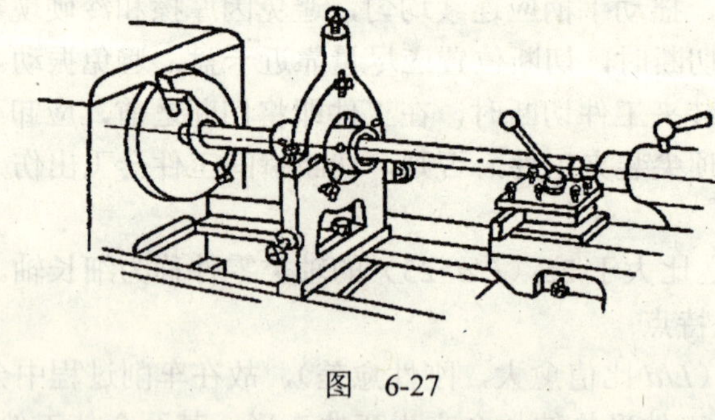

图 6-27

中心架的三个支承爪在工作时，由于与工件相互摩擦而产生磨损，支承爪长期磨损至无法使用时，可用青铜、球墨铸铁或尼龙 1010 调换。

② 使用跟刀架车削细长轴

跟刀架的选用：从跟刀架的设计原理来看，只需两只支承爪就可以了。因车削时总切削力 F 使工件贴靠在跟刀架的两个支承爪上。但是实际使用时，工件本身受到一个向下的重力，这就免不了有些弯曲。因此，当车削时，工件往往因离心力瞬时离开支承爪、瞬时接触支承爪而产生振动，如果采用三只支承爪的跟刀架支承工件，一面由车刀抵住（如图 6-28 所示），使工件上下、左右都不能移动，车削时稳定，不易产生振动。因此用三爪跟刀架支承车削细长轴是一项很重要的措施。

三爪跟刀架的结构如图 6-29 所示。用手柄 2 转动锥齿轮 3，经锥齿轮 4 转动丝杆 5，即可使支承爪 1 作向心或离心移动。

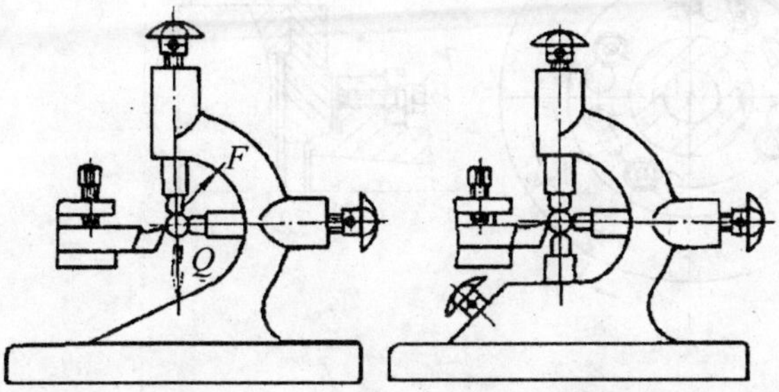

图 6-28

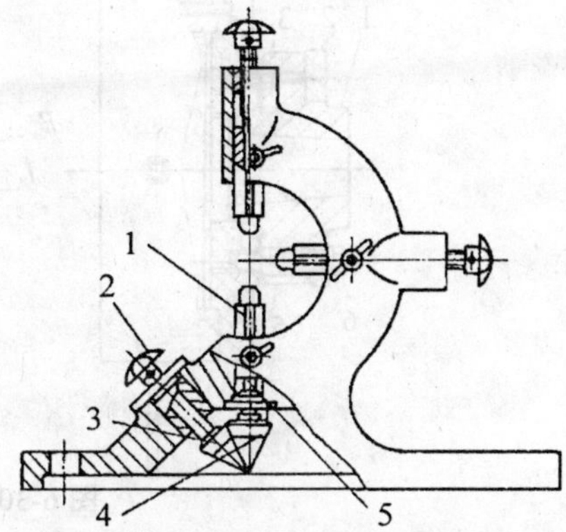

图 6-29

8．简单轴类零件的车削工艺分析

（1）轴类零件的结构特征

轴是机器中的常见零件之一，用来支持旋转零件（如带轮、曲轮），传递运动和转矩。轴通常由圆柱面、阶台、端面和沟槽等结构组成。轴类零件的精度要求较高，所以在车削时除了要保证尺寸精度和表面粗糙度外，还应保证其形状和位置精度的要求。

（2）轴类零件的车削工艺分析

车轴类工件时，要掌握好选择车削步骤的原则。如果轴的毛坯余量较大又不均匀，或精度要求较高，应将粗加工与精加工分开进行。另外，根据工件的形状特点、技术要求、数量的多少和工件的安装方法，轴类工件的车削步骤应考虑下面几个方面：

① 用两顶尖装夹车削轴类工件时，一般至少要装夹 3 次，即粗车第一端，调头再粗车和精车另一端，最后再精车第一端。

② 车短小的工件时，一般先车端面，这样便于确定长度方向的尺寸。车铸件时，最好先倒角再车削，刀尖就不会遇到外皮和型砂，避免损坏车刀。

③ 当工件车削后还需磨削时，这时只需粗车和半精车，但要注意留磨削余量。

④ 车削阶台轴时，应先车削直径较大的一端，以避免过早地降低工件刚性。

⑤ 在轴上车槽，一般安排在粗车和半精车之后、精车之前。如果工件刚性好或精度要求不高，也可在精车以后再车槽。

⑥ 车螺纹一般可以在半精车之后车削，螺纹车好以后再精车各级外圆，避免车螺纹使轴弯曲。如果工件精度要求不高，螺纹可以放在最后车削。

二、操作技能分解

1．卡盘装卸

（1）三爪卡盘装卸

三爪自定心卡盘是通过连接盘与车床主轴连为一体的，所以连接盘与车床主轴、三爪自定心卡盘之间的同轴度要求很高。连接盘与主轴及卡盘间的连接方式如图 6-30 所示。

CA6140 型车床主轴前端为短锥法兰盘型结构，用以安装连接盘。连接盘由主轴上的短圆锥面定位。安装前，要根据主轴面和卡盘后端的阶台孔径配制连接盘。

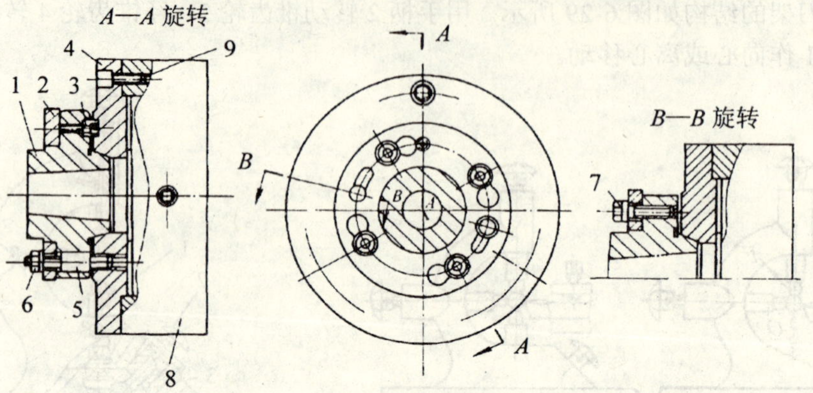

图 6-30　连接盘与主轴、卡盘的连接

安装时，让连接盘 4 的四个螺栓 5 及其上的螺母 6 从主轴轴肩和锁紧盘 2 上的孔内穿过，螺栓中部的圆柱面与主轴轴肩上的孔精密配合，然后将锁紧盘转过一个角度，使螺栓进入锁紧盘上宽度较窄的圆弧槽段，把螺母卡住，再拧紧螺母，于是连接盘便可靠地安装在主轴上了。连接盘前面的阶台面是安装卡盘 8 的定位基准，与卡盘的后端面和阶台孔（俗称止口）配合。通过三个螺钉 9 将卡盘与连接盘连接在一起。端面键 3 是保险装置，螺钉 7 为拆卸连接盘时用的顶丝。拆卸时，卸下连接盘与卡盘连接的三个螺钉，并用木锤轻敲卡盘背面，以使卡盘止口从连接盘的阶台分离下来。装卸卡盘时，应关闭机床电源，并在主轴孔内插入一硬质木棒，木棒另一端伸出卡盘之外并搁置在刀架上，垫好床身护板，注意安全，最好二人共同完成。

（2）卡爪的安装

三爪卡盘配有正、反两副卡爪。正卡爪用于装夹外圆直径较小和内孔直径较大的工件；反卡爪用于装夹外圆直径较大的工件。

安装卡爪时，要按卡爪上的号码依 1、2、3 的顺序装配，如图 6-31 所示。将卡盘扳手的方榫插入卡盘外壳上的方孔中，按顺时针方向旋转，以驱动大锥齿轮背面的平面螺纹，当平面螺纹的螺扣转到将要接近壳上的 1 槽时，将 1 号卡爪插入壳体槽内，继续顺时针转动卡盘扳手，在卡盘壳体上的 2 槽、3 槽依次装入 2 号、3 号卡爪。拆卸卡爪的操作方法与之相反。

2．钻中心孔的步骤

中心孔是轴类零件的精定位基准，对工件的加工质量影响较大。因此，所钻出的中心孔心必须圆整、光洁、角度正确。而且轴两端中心孔轴线必须同轴，对精度要求较高的轴在热处理后和精加工前均应对中心孔进行修正。

（1）中心钻

中心孔通常使用中心钻钻出，常用的中心钻有 A 型和 B 型两种。制造中心钻的材料一般为高速钢。

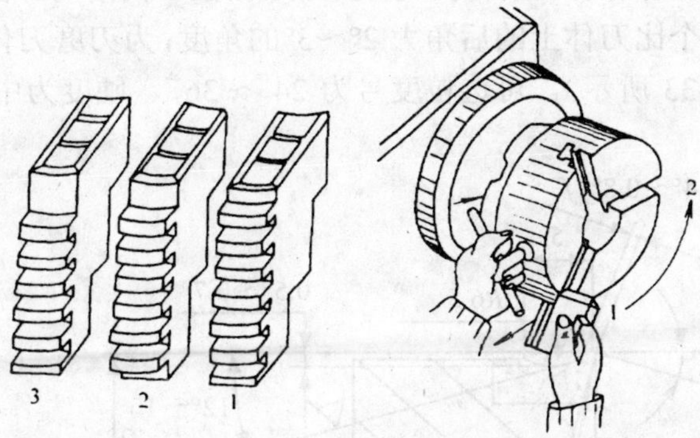

（a）卡爪　　　　（b）卡爪的安装方法

图 6-31　卡爪的安装

（2）钻中心孔的方法

① 中心钻在钻夹头上的装夹。按逆时针方向旋转钻夹头的外套，使钻夹头的三爪张开，把中心钻插入，然后用钻夹头扳手以顺时针方向转动钻夹头的外套，把中心钻锁紧。

② 钻夹头在尾座锥孔中安装。先擦净钻夹头柄部和尾座锥孔，然后用轴向力把钻夹头装紧。

③ 找正尾座中心。工件装夹在卡盘上开始转动，移动尾座使中心钻接近工件平面，观察中心钻头部是否与工件的旋转中心一致，并找正，然后锁紧尾座。

④ 转速的选择和钻削。由于中心孔直径小，钻削时应取较高的转速。进给量应小且均匀。当中心钻钻入工件时，加切削液，促使其钻削顺利、光洁。钻完时应使中心钻停留一段时间，然后退出，使中心孔光、圆、准确。

（3）加工中心孔时容易产生的问题和注意事项

中心钻易折断，其原因有：

① 工件平面留有小凸头，使中心钻偏斜；

② 中心钻未对准工件的旋转中心；

③ 移动尾座时不小心撞断；

④ 转速太低，进给量太大；

⑤ 铁屑堵塞，中心钻磨损。

（4）中心孔钻偏或钻得不圆

① 工件弯曲未找正，使中心孔与外圆产生偏差；

② 紧固力不足，工件移位，造成中心孔不圆；

③ 工件太长，旋转时在离心力的作用下，易造成中心孔不圆。

④ 中心孔的大小和深度应根据工件的大小和要求来加工，不能太深，也不能太。

3．车刀刃磨的方法和步骤

（1）手工刀刃磨车刀的步骤

现以 90°硬质合金（YT15）外圆车刀为例，如图 6-32 所示，介绍手工刃磨车刀的方法。

① 先磨去车刀前面、后面上的焊渣，并将车刀底面磨平。可选用粒度号为 24#～36#的氧化铝砂轮。

② 粗磨主后面和副后面的刀柄部分（以形成后隙角）。刃磨时，在略高于砂轮中心的水平位置处将车刀翘起一个比刀体上的后角大 2°～3°的角度，为刃磨刀体切削部分的主后角和副后角作准备（如图 6-33 所示）。可选粒度号为 24#～36#、硬度为中软（ZR_1、ZR_2）的氧化铝砂轮。

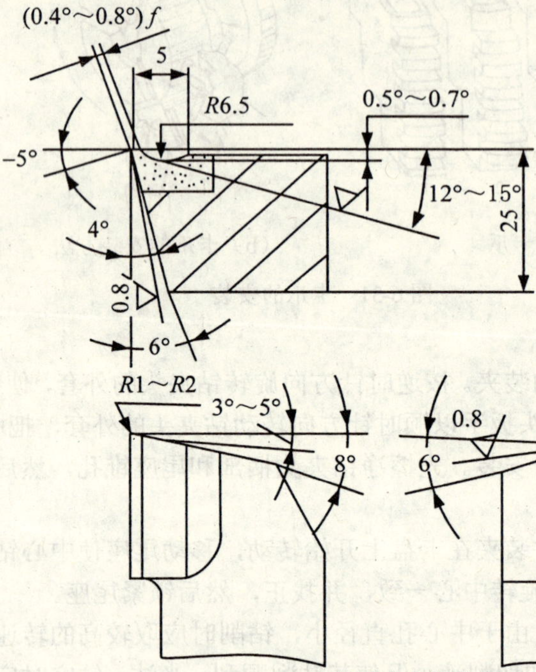

YT15 硬质合金焊接车刀

图 6-32 90°外圆车刀

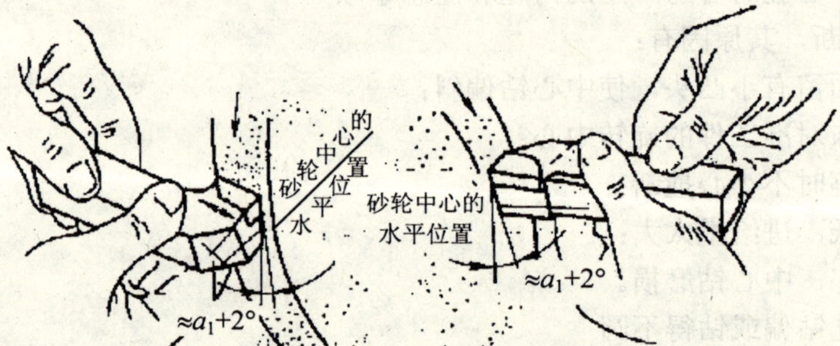

图 6-33

③ 粗磨刀体上的主后面。磨主后面时，刀柄应与砂轮轴线保持平行，同时刀体底平面向砂轮方向倾斜一个比主后角大 2°～3°的角度。刃磨时，先把车刀已磨好的后隙面靠在砂轮的外圆上，以接近砂轮中心的水平位置为刃磨的起始位置，然后使刃磨位置继续向砂轮靠近，并作左右缓慢移动。当砂轮磨至刀刃处即可结束。这样可同时磨 Kr=90°的主偏角和主后角 a_0=4°。可选用粒度号为 36#～60#的碳化硅砂轮，如图 6-34 所示。

④ 粗磨副后刀面。刀体柄部尾端向右偏摆，转过副偏角 k_r'=8°，刀体底平面向砂轮方

向倾斜一个比副后角在 2°～3°的角度，如图 6-35 所示。刃磨方法与刃磨主后面相同，但应磨至刀尖处为止。同时磨出副偏角 k_r'=8°和主后角 a_0'=4°。

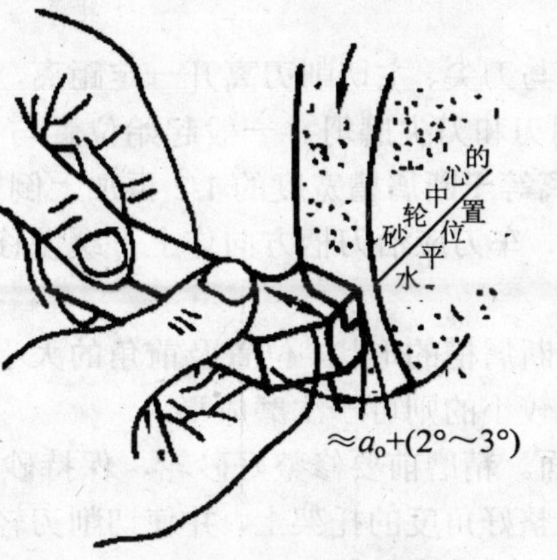

图 6-34　粗磨主后面

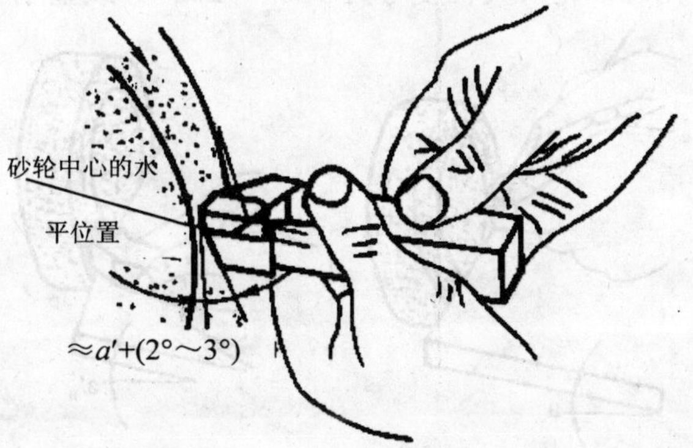

图 6-35　粗磨副后面

⑤ 手工磨的断屑槽。刃磨时，需先将砂轮的外圆和端面的交角外用修砂轮的金刚石笔（或用硬砂条）修磨成相应的圆弧。若刃磨直线型断屑槽，则砂轮的交角须修磨得很尖锐。刃磨时刀尖可向下磨或向上磨，如图 6-36 所示。但选择刃磨断屑槽的部位时，应考虑留出刀头倒棱的宽度（即留出相当于走刀量大小的距离）。

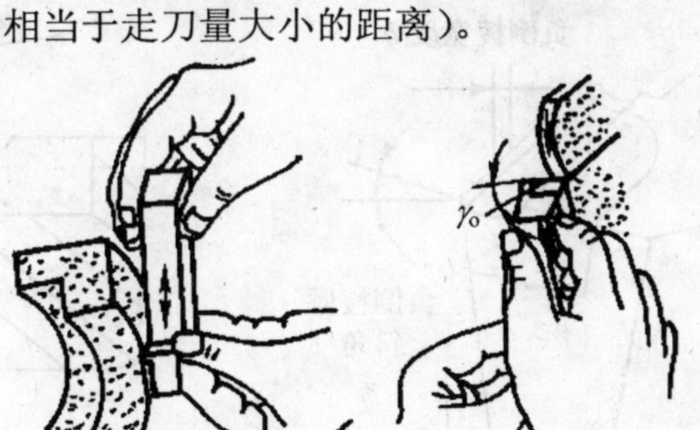

（a）刀尖向下磨　　（b）刀尖向上磨

图 6-36　刃磨断屑槽

刃磨断屑槽难度较大，须注意如下要点：

砂轮的交角处应经常保持尖锐或具有一定的圆弧状。当砂轮棱边磨损出较大圆角时，应及时修整。

刃磨时的起点位置应该与刀尖、主切削刃离开一定距离，不能一开始就直接刃磨到主切削刃和刀尖上，而使主切削刃和刀尖磨坍。一般起始位置与刀尖的距离等于断屑槽长度的1/2 左右；与主切削刃的距离等于断屑槽宽度的 1/2 再加上倒棱的宽度。

刃磨时，不能用力过大，车刀应沿刀柄方向作上下缓慢移动。要特别注意刀尖，切莫把断屑槽的前端口磨坍。

刃磨过程中应反复检查断屑槽的形状、位置及前角的大小。对于尺寸较大的断屑槽可分粗磨和精磨两个阶段；尺寸较小的则可一次磨成形。

⑥ 精磨主后面和副后面。精磨前要修整好砂轮，保持砂轮平稳旋转，如图 6-37 所示。刃磨时将车刀底平面靠在调整好角度的托架上，并使切削刃轻轻地靠住砂轮的端面上，并沿砂轮端面缓慢地左右移动，使砂轮磨损均匀、车刀刃口平直。

可选用杯形绿色碳化硅砂轮（其粒度号为 180#～200#）或金刚石砂轮。

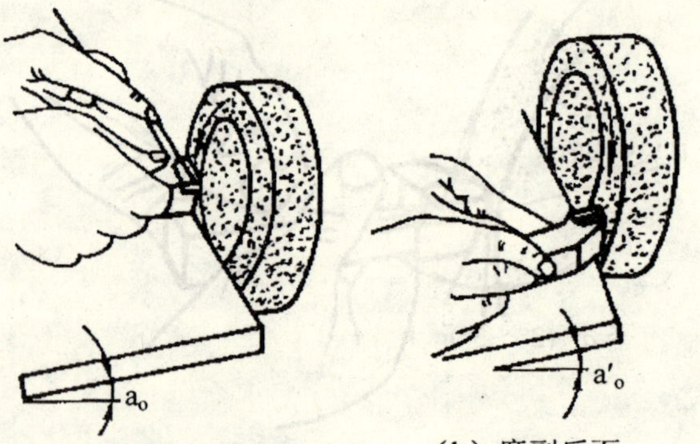

（a）磨主后面　　（b）磨副后面

图 6-37　精磨主、副后面

⑦ 磨负倒棱。刀具主切削刃担负着绝大部分的切削工作。如图 6-38 所示。为了提高主切削刃的强度，改善其受力和散热条件，通常在车刀的主切削刃上磨出负倒棱。

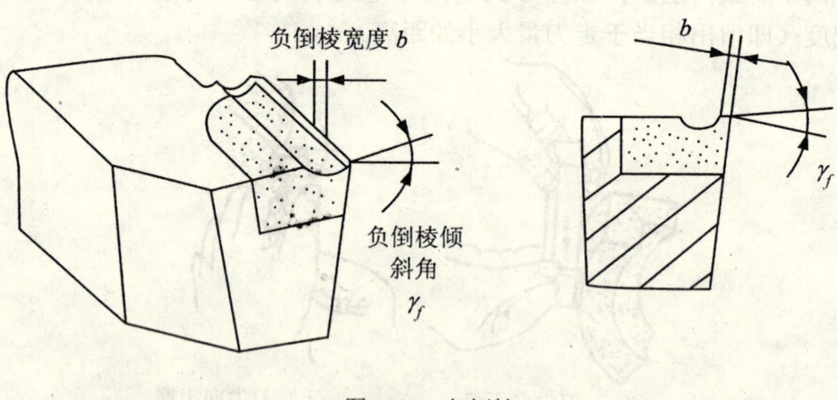

图 6-38　负倒棱

负倒棱的倾斜角度一般为−5°～−10°，其宽度 b 为走刀量的 0.5～0.8 倍，即 b=（0.5～0.8）f。

对于采用较大前角的硬质合金车刀及车削强度、硬度特别低的材料则不宜采用负倒棱。

负倒棱刃磨方法如图 6-39 所示。刃磨时，可采用直磨法和横磨法，用力要轻微，要使主切削刃的后端向刀尖方向摆动。为了保证切削刃的质量，最好采用直磨法。

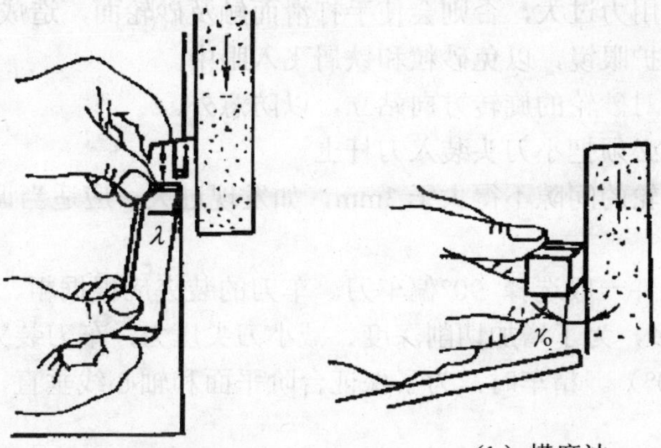

（a）直磨法　　（b）横磨法

图 6-39　刃磨负倒棱

所选用的砂轮与精磨主后刀面的砂轮相同。

⑧ 磨过渡刃。过渡刃有直线型和圆弧型两种，其刃磨方法与精磨后刀面时基本相同。刃磨车削较硬材料车刀时，也可以在过渡刃上磨出负倒棱。

⑨ 用油石研磨车刀。在砂轮上刃磨的车刀，切削刃不够平滑光洁，这不仅影响车削工件的表面质量，也会降低车刀的使用寿命，而硬质合金车刀则在切削中容易产生崩刃现象。因此，应采用油石研磨刀刃。如图 6-40 所示，研磨时，手持油石在刀刃上来回移动，动作应平稳，用力均匀。

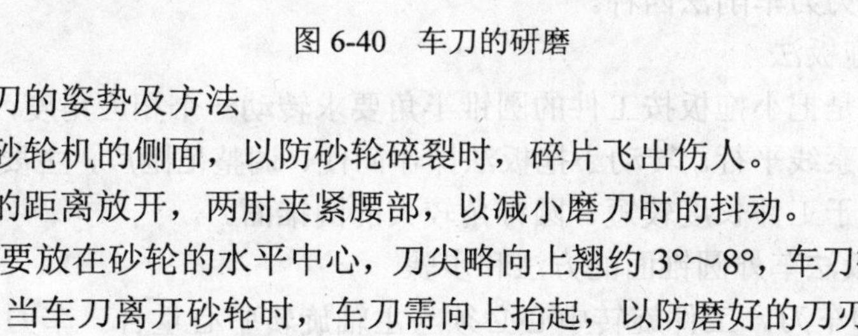

图 6-40　车刀的研磨

（2）刃磨车刀的姿势及方法

① 人站立在砂轮机的侧面，以防砂轮碎裂时，碎片飞出伤人。

② 两手握刀的距离放开，两肘夹紧腰部，以减小磨刀时的抖动。

磨刀时，车刀要放在砂轮的水平中心，刀尖略向上翘约 3°～8°，车刀接触砂轮后应作左右方向水平移动。当车刀离开砂轮时，车刀需向上抬起，以防磨好的刀刃被砂轮碰伤。

③ 磨后刀面时，刀杆尾部向左偏过一个主偏角的角度；磨副后刀面时，刀杆尾部向右偏过一个副偏角的角度。

④ 修磨刀尖圆弧时，通常以左手握车刀前端为支点，用右手转动车刀的尾部。

（3）磨刀安全知识

① 刃磨刀具前，应首先检查砂轮有无裂纹，砂轮轴螺母是否拧紧，并经试转后使用，以免砂轮碎裂或飞出伤人。

② 刃磨刀具不能用力过大，否则会使手打滑而触及砂轮面，造成工伤事故。

③ 磨刀时应戴防护眼镜，以免砂粒和铁屑飞入眼中。

④ 磨刀时不要正对砂轮的旋转方向站立，以防意外。

⑤ 磨小刀头时，必须把小刀头装入刀杆上。

⑥ 砂轮支架与砂轮的间隙不得大于 3mm，如发现过大，应适当调整。

4．台阶的车削

（1）车削台阶工件一般选择 90°偏车刀。车刀的装夹应根据粗、精车和余量的多少来区别。如粗车时余量多，为了增加切削深度、减小刀尖压力，车刀装夹可取主偏角小于 90°为宜（一般为 85°～90°）。精车时，为了保证台阶平面和轴心线垂直，应取主偏角大于 90°（一般为 93°左右）。

（2）在车削外圆的同时车出台阶端面。台阶高度小于 5 mm 时可用一次走刀切出，如图 6-41（a）所示；高度大于 5 mm 的台阶可用分层法多次走刀后再横向切出，如图 6-41（b）所示。

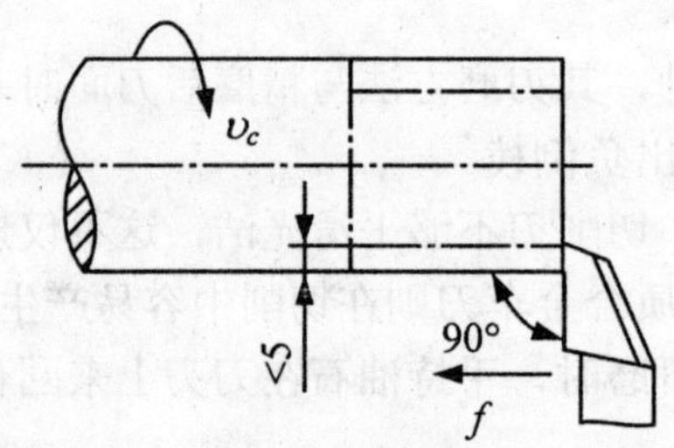

（a）一次走刀

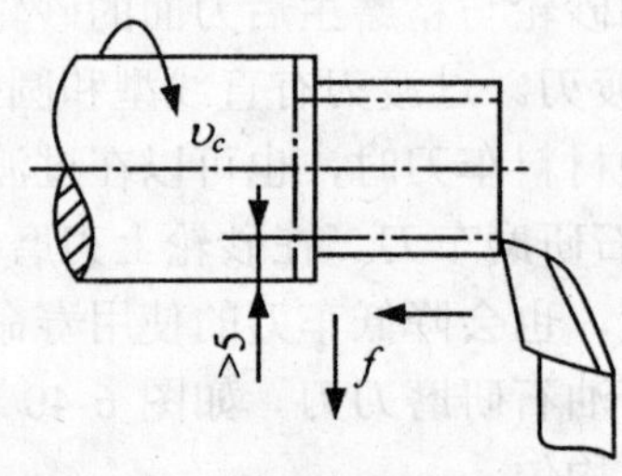

（b）多次走刀

图 6-41　车台阶

（3）台阶长度的测量可用钢直尺或深度游标卡尺、样板等方法。

5．车锥面

因圆锥既有尺寸精度，又有角度要求，因此，在车削上要同时保证尺寸精度和圆锥度。一般先保证圆锥角度，然后精车控制其尺寸精度。车外圆锥面主要有转动小拖板法、偏移尾座法、仿形法和宽刃刀车削法四种。

（1）转动小拖板法

转动小拖板法是把小拖板按工件的圆锥半角要求转动一个相应角度，使车刀的运动轨迹与所要加工的圆锥素线平行。转动小拖板法操作简便、调整范围广，主要适用于单件、小批量生产，特别适用于工件长度较短、圆锥角较大的圆锥面。

① 转动小拖板法车外圆锥面的方法和步骤

a. 装夹工件和车刀。工件旋转中心必须与主轴旋转中心重合；车刀刀尖必须严格对准工件的旋转中心；否则车出的圆锥素线将不是直线，而是双曲线。

b. 确定小拖板转动角度。根据工件图样选择相应的公式计算出圆锥半角，圆锥半角即是小拖板应转动的角度。

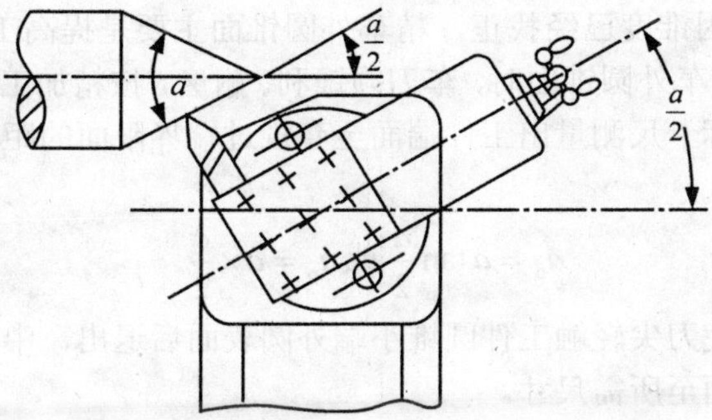

图　6-42

c. 转动小拖板。用扳手将小拖板下面转盘螺母松开，把转盘转至需要的圆锥半角，当刻度与基准零线对齐后将转盘螺母锁紧。圆锥半角的值通常不是整数，其小数部分用目测估计，大致对准后再通过试车逐步找正。小拖板转动的角度可以大于计算值10′～20′，但不能小于计算，角度偏小会使圆锥素线车长而难以修正圆锥长度尺寸。

d. 粗车外圆锥面。车外圆锥面与车外圆柱面一样，也要分粗、精车。通常先按圆锥大端直径和圆锥面长度车成圆柱体，然后再车圆锥面。车削前应调整好小拖板导轨与镶条间的配合间隙。如调得过紧，手动进给时费力，移动不均匀；调得过松，造成小拖板间隙太大，两者均会使车出的圆锥面表面粗糙度 *R*a 值较大和工件素线不平直。此外，车削前还应根据工件圆锥面长度确定小拖板的行程长度。

粗车外圆锥面时，首先移动中、小拖板，使刀尖与轴端外圆面轻轻接触后，小拖板向后退出；中拖板刻度调至零位，作为粗车外圆锥面的起始位置；然后中拖板按刻度向前进切，调整吃刀量，开动车床，双手交替转动小拖板手柄，手动进给速度要保持均匀和不间断；在车削过程中，吃刀量会逐渐减小，当车至终端，将中拖板退出，小拖板则快速后退复位；最后在中拖板原刻度指示位置上调整切削深度，反复粗车至工件能塞进套规约1/2时，检测圆锥角度。

e. 找正圆锥角度。将圆锥套规轻轻地套在工件上，用手捏住套规左、右两端分别作上下摆动，如果一端有间隙，就表明锥度不正确。大端有间隙说明圆锥角太小；小端有间隙，说明圆锥角大了。此时可以松开转盘螺母（须防止扳手碰撞转盘，引起角度变化），按角度调整方向，用铜棒轻轻敲动小拖板，使小拖板作微小转动，然后锁紧转盘螺母。调整好角度后，按中拖板刻度调整切削深度和车外圆锥面。当再次用套规检测左、右两端均不能摆动时，表明圆锥角度基本正确，可用涂色法作精确检查。根据擦痕情况判断圆锥角大小，确定小拖板调整的方向和调整量，调整后再试车，直到圆锥角度找正为止。然后粗车圆锥面，留0.5～lmm 精车余量。

此外，也可以用样板或万能角度尺通过透光法来检验，找正工件圆锥角度。从而决定整个拖板转动的角度，如此反复多次直至达到要求为止。

如果待加工的工件已有样件或标准塞规，可以采用百分表直接找正小拖板转动角度后再加工。先将样件或塞规装夹在两顶之间，把小拖板转动一个所需的圆锥半角；然后在刀架上安装一只百分表，并使百分表的测头垂直接触样件（必须对准样件中心）。若摆动为零，则锥度已经找正；否则需继续调整小拖板转动角度，直至百分表指针摆动到零为止。

f. 精车外圆锥面。因锥度已经找正，精车外圆锥面主要是提高工件的表面质量、控制圆锥面尺寸精度。因此精车外圆锥面时，车刀须锋利、耐磨，按精加工要求选择好切削用量。

首先用钢直尺或游标卡尺测量出工件端面至套规过端界限面的距离 a，用计算法计算出切削深度 a_p：

$$a_p = a\tan\frac{a}{2} \text{或} a_p = a\times\frac{c}{2}$$

然后移动中、小拖板，使刀尖轻触工件圆锥小端外圆表面后退出，中拖板按 a_p 值进切，小拖板手动进给精车圆锥面至所需尺寸。

② 转动小拖板法车外圆锥面的特点

a. 操作简便。因受小拖板行程限制，只能加工圆锥角度较大但锥面不长的工件。

b. 同一工件上加工不同角度的圆锥时调整较方便。

c. 只能手动进给，劳动强度大，表面粗糙度较难控制。

③ 转动小拖板法车外圆锥面的注意事项

a. 车刀刀尖必须严格对准工件旋转中心，避免产生双曲线误差。

b. 车圆锥前所加工的圆柱直径应等于圆锥大端直径。

c. 用圆锥套规检查时，套规和工件表面均用绢绸擦干净；工件表面粗糙度 R_a 必须小于 3.2μm，并应去毛刺；涂色要薄而均匀，转动量应在半圈以内，不可来回旋转。

d. 车削过程中，锥度一定要严格，精确地计算、调整；长度尺寸必须严格控制。

e. 车刀刃要始终保持锋利，工件表面应一刀车出。

（2）偏移尾座法

车削长度较长、锥度较小的外圆锥工件时，若精度要求不高，可用偏移尾座法。车削时将工件装在两顶尖之间，把尾座横向偏移一段距离 S，使工件的旋转轴线与车刀纵向进给方向相交成一个圆锥半角，从而车削出圆锥。

用偏移尾座法车削圆锥时，必须注意尾座的偏移量不仅和圆锥长度有关，而且还和两顶尖之间的距离有关，这段距离一般可近似看成工件全长 L。

① 偏移尾座法车外圆锥面的方法和步骤

a. 计算尾座偏移量 S。用偏移尾座法车削圆锥时，如图 6-43 所示，尾座的偏移量不仅与圆锥长度有关，而且还与两个顶尖之间的距离有关，这段距离一般可近似看成工件全长 L_0。尾座偏移量 S 可以根据下列近似公式计算：

$$S = L_0\tan\frac{a}{2} = L_0\times\frac{D-d}{2L} \text{或} S=\frac{c}{2}L_0$$

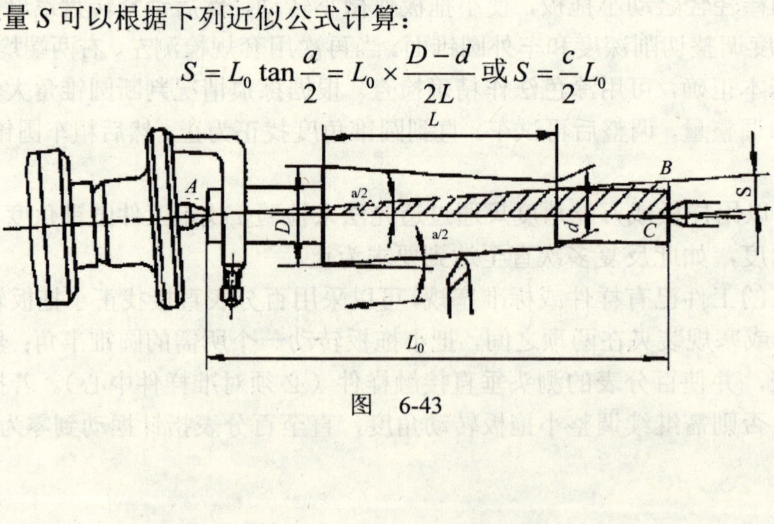

图 6-43

式中，S——尾座偏移量（mm）；D——大端直径（mm）；D——小端直径（mm）；L——圆锥长度（mm）；L_0——工件全长（mm）；C——锥度。

b. 装夹工件。在工件两中心孔内加入润滑脂，然后用两顶尖装夹工件，将两顶尖距离调整至工件总长 L_0。松紧程度以手轻轻便能拨动工件为宜。

c. 偏移尾座。根据计算出来的偏移量，采用以下几种方法偏移尾座：

用刻度偏移尾座（如图 6-44 所示）。

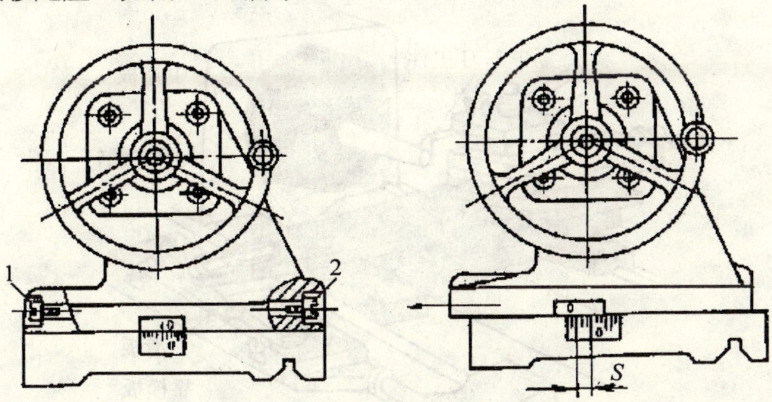

图 6-44

用百分表偏移尾座（如图 6-45 所示）。

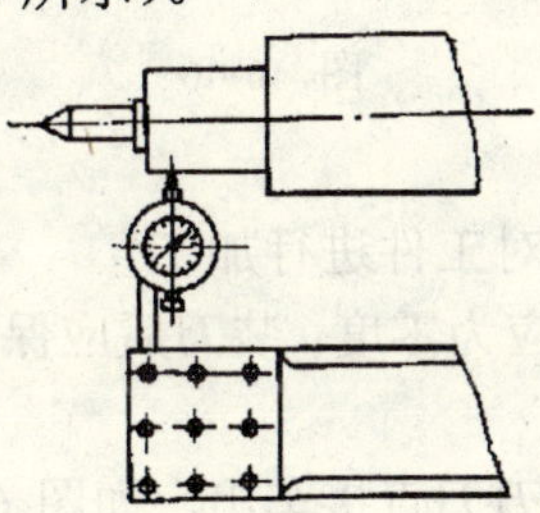

图 6-45

用锥度量棒或试件偏移尾座。

床尾的偏移方向由工件的锥体方向决定。当工件的小端靠近床尾处，床尾应向里移动，反之，床尾应向外移动。无论采用哪一种方法偏移尾座，都有一定的误差，必须通过试切逐步修正，最终满足工件的要求。

d. 车外圆锥面。确定切削深度 a_p，自动进给精车外圆锥面至尺寸要求。

②偏移尾座法车圆锥面的特点

a. 适宜于加工锥度小、精度不高、锥体较长的工件，受尾座偏移量的限制，不能加工锥度大的工件。

b. 可以采用纵向自动进给，车出的工件表面质量较好。

c. 因顶尖是向中心孔中歪斜的，接触不良，所以顶尖和中心孔磨损不均匀，会影响工件的加工质量。

d. 不能车锥孔及整锥体。

（3）仿形法

仿形法车圆锥是刀具按仿形装置进给对工件进行加工的一种方法。这种方法是在车床上安装一套仿形装置，此装置能使车刀同时作纵向与横向进给，从而使车刀按照装置的要求运动，加工出所需的圆锥面来。

如图 6-46 所示，仿形法适用于车削长度较长、精度要求较高和生产批量较大的圆锥面工件。

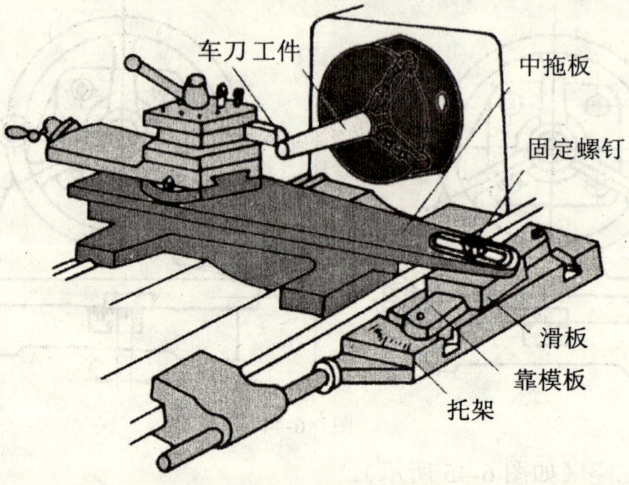

图 6-46

（4）宽刃刀车削法

宽刃刀车圆锥面即用成型刀具对工件进行加工。

宽刃刀刀刃必须平直，刃倾角应为零度，装刀后应保证刀刃与车床主轴轴线的夹角等于工件的圆锥半角。

车削较短的圆锥时，可以用宽刃刀直接车出，如图 6-47 所示。其工作原理实质上是属于成型法，所以要求切削刃必须平直，切削刃与主轴轴线的夹角应等于工件圆锥半角 $a/2$。同时要求车床有较好的刚性，否则易引起振动。当工件的圆锥斜面长度大于切削刃长度时，可以用多次接刀方法加工，但接刀处必须平整。

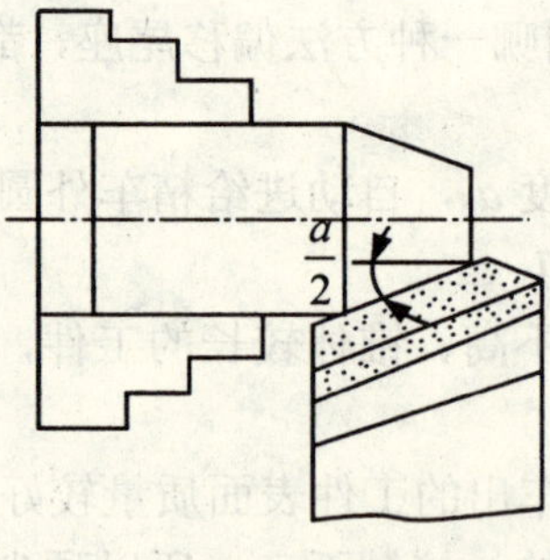

图 6-47

圆锥工件的测量：

① 用锥度量规测量。锥度量规分为：锥形套规与锥形塞规（如图 6-48）。锥形套规用于测量外锥面，锥形塞规用于测量内锥面。测量时，先在量规的锥面顺着圆锥素线薄而均匀

地涂上周向均等的三条显示剂（红丹粉、机油的调和物），然后手握量规轻轻地套在工件上，稍加轴向推力，并将量规转动半圈，最后取下量规，观察工件表面显示剂擦去的情况。若三条显示剂全长擦痕均匀，表面圆锥接触良好，说明锥度正确，若小端擦着，大端未擦去，说明圆锥角小了；若大端擦着，小端未擦去，说明圆锥角大了。

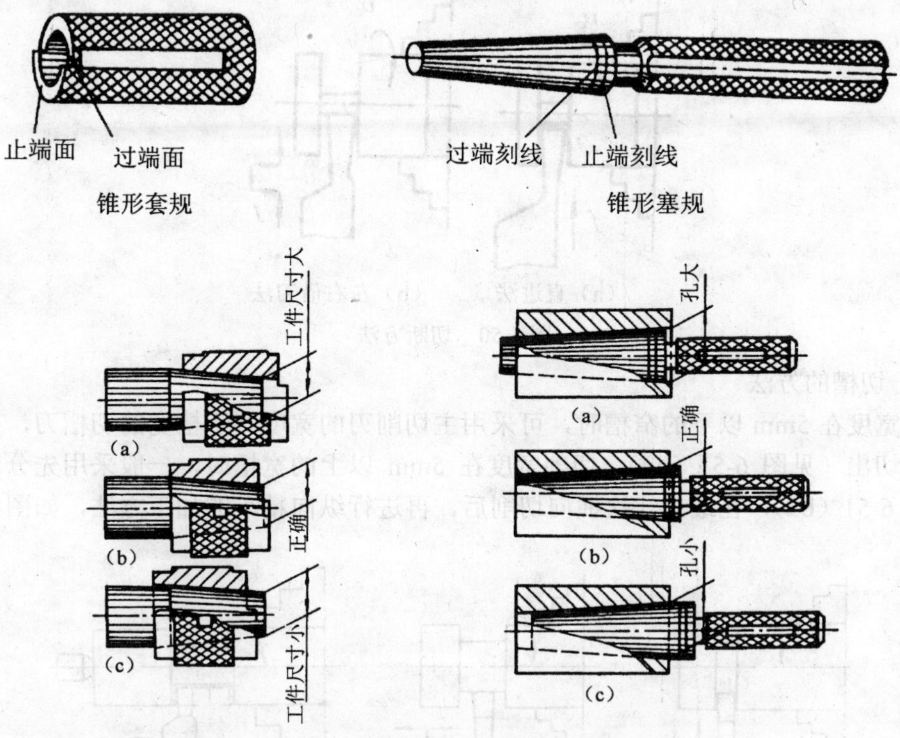

图 6-48　用锥形套规或锥形塞规测量锥面尺寸

②万能游标量角器测量。用万能游标量角器测量工件的角度的方法如图 6-49 所示，这种方法测量角度范围大（0°～320°），测量精度为 5′～2′。

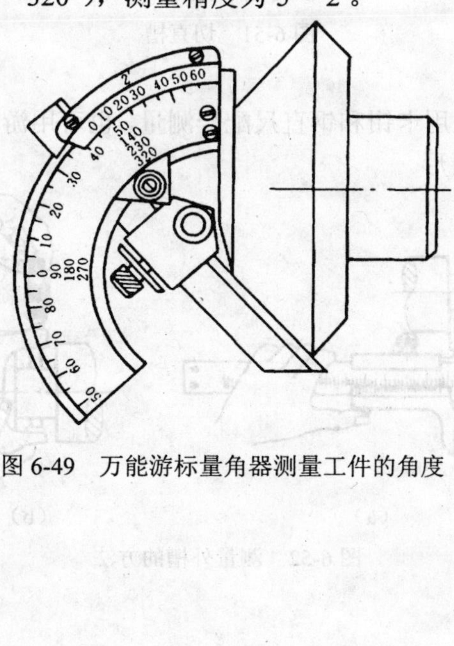

图 6-49　万能游标量角器测量工件的角度

6．车槽与切断

（1）切断方法

常用的切断方法有直进法和左右借刀法两种，如图 6-50 所示。直进法常用于切削铸铁等脆性材料或直径较小的工件，左右借刀法常用切削钢等塑性材料或直径较大的工件。

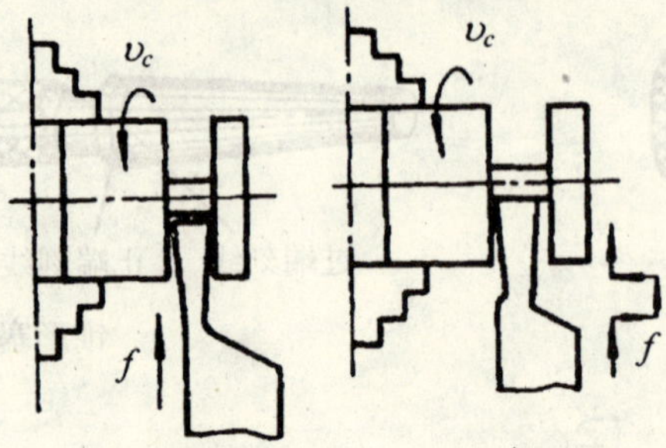

（a）直进法　　（b）左右借刀法

图 6-50　切断方法

（2）切槽的方法

切削宽度在 5mm 以下的窄槽时，可采用主切削刃的宽度等于槽宽的切槽刀，在一次横向进给中切出（见图 6-51（a））。切削宽度在 5mm 以上的宽槽时，一般采用先分段横向粗车（见图 6-51（b）），在最后一次横向切削后，再进行纵向精车的加工方法，如图 6-51（c）所示。

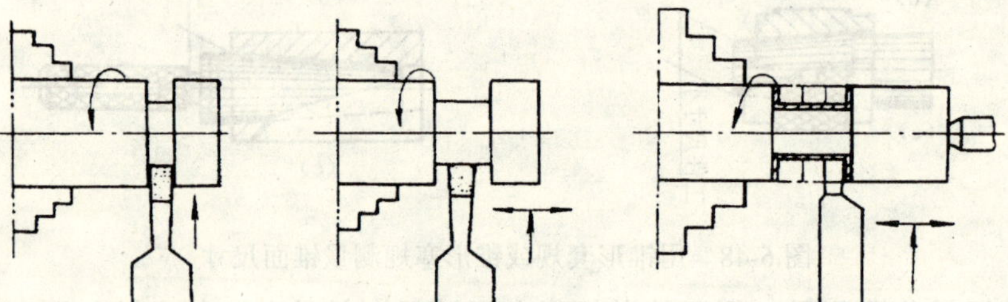

（a）切窄槽　　（b）横向粗车宽槽　　（c）精车宽槽

图 6-51　切直槽

（3）切槽的尺寸测量

槽的宽度和深度测量采用卡钳和钢直尺配合测量，也可用游标卡尺和千分尺测量。如图 6-52 所示为测量外槽时的情形。

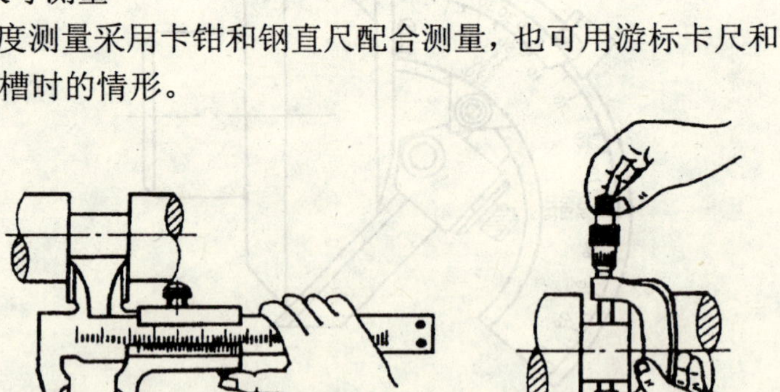

（a）　　（b）

图 6-52　测量外槽的方法

7. 细长轴的车削

车削细长轴的关键，除了重视中心架和跟刀架的使用外，还应避免工件热变形伸长的不利影响和掌握合理选择车刀的几何形状。

车削细长轴时，因工件细长，热扩散性能差，在传导给工件的切削热的作用下，工件受热伸长变形产生相当大的线膨胀。由于车细长轴时工件一般采用两顶尖装夹或一夹一顶装夹，其轴向位置是固定的，工件的伸长将导致发生弯曲，在工件高速回转时，由工件弯曲而引起的离心力，还将使弯曲进一步加剧，使车削无法进行。工件的伸长还可能造成工件在两顶尖间被卡住的现象。

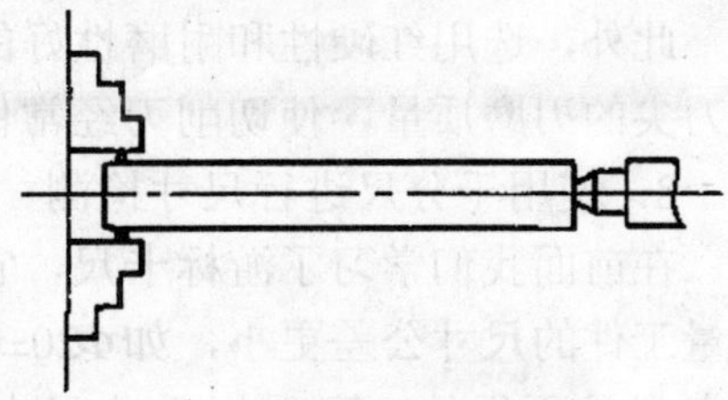

图 6-53　垫钢丝圈装夹工件

（1）细长轴应采取一夹一顶的装夹方式，卡盘夹持的工件部分不宜过长，一般在 15mm 左右。最好将钢丝圈垫在卡盘爪的凹槽中（如图 6-53 所示），使与工件成点接触，工件在卡盘内能自由调节其位置，避免夹紧时产生弯曲力矩，当工件在切削过程中发生热变形伸长时，也不会因卡盘夹死而产生内应力。

（2）使用弹性回转顶尖（如图 6-54 所示）来补偿工件的热变形伸长。

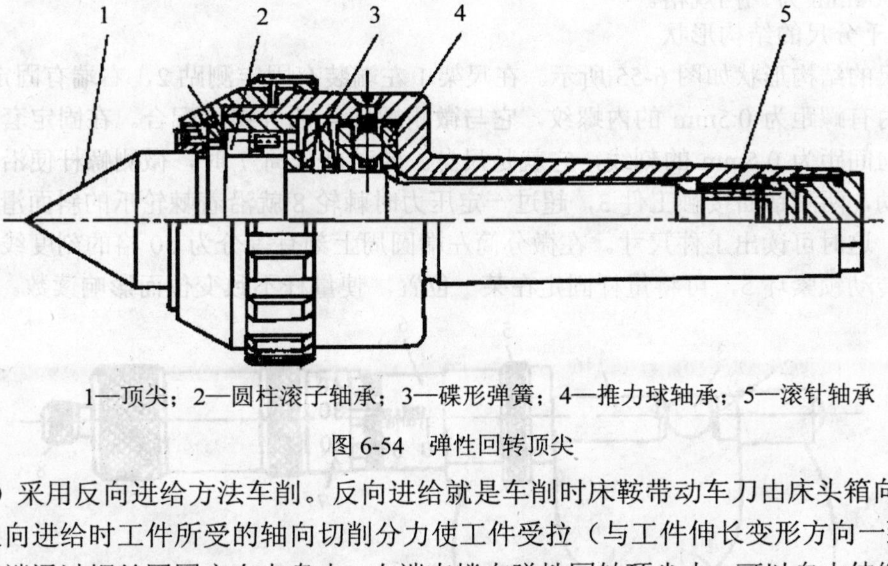

1—顶尖；2—圆柱滚子轴承；3—碟形弹簧；4—推力球轴承；5—滚针轴承

图 6-54　弹性回转顶尖

（3）采用反向进给方法车削。反向进给就是车削时床鞍带动车刀由床头箱向尾座方向运动。反向进给时工件所受的轴向切削分力使工件受拉（与工件伸长变形方向一致），由于细长轴左端通过钢丝圈固定在卡盘内，右端支撑在弹性回转顶尖上，可以自由伸缩，不易产生弯曲变形，而且还能使工件获得较高的加工精度和较小的表面粗糙度值。

（4）充分加注切削液可有效地减少工件所吸收的热量，减少工件的热变形伸长，还可以降低刀尖的温度和延长刀具的使用寿命。因此，车细长轴时，无论是低速切削，还是高速切削，都必须充分加注切削液。

（5）合理选择车刀的几何角度

车削细长轴时，由于工件刚度低，车刀的几何形状对减小作用在工件上的切削力，减小工件弯曲变形和振动，减少切削热的产生均有明显的影响，选择时主要考虑：

① 在不影响刀具强度的情况下，应尽量增大车刀的主偏角，以减小径向切削分力，一

般取 K_r＝80°～93°。

② 取较大的前角，以减小切削力和切削热，一般取γ_0=15°～30°。

③ 车刀前面应磨有 R1.5～3mm 的断屑槽。

④ 选择正刃倾角，使切屑流向待加工表面，一般取λ_0 =+3°～+10°。

⑤ 为减小径向切削分力，应选择较小的刀尖圆弧半径和小的倒棱宽度，一般γ_s<0.3mm，b_r=0.5f。

此外，选用红硬性和耐磨性好的刀片材料（如硬质合金 YT15、YT30、YWl 等），并提高刀尖的刃磨质量，使切削刃经常保持锋利，表面粗糙度 R_a 值小于 0.4μm。

8．使用千分尺进行尺寸检测

在前面我们学习了游标卡尺，它的测量读数可准确到 0.1mm、0.05mm、0.02mm。如果测量工件的尺寸公差更小，如Φ20±0.01mm，要求能测量处 0.01mm 的尺寸来，这时采用游标卡尺是不行的，可采用千分尺来测量。可采用千分尺来测量。它的测量读数可准确到 0.01mm。

千分尺的种类很多，有千分尺、内径千分尺、深度千分尺及螺纹和公法线长度千分尺等。

千分尺按其测量范围分有 0～25、25～50、50～70、75～100……275～300 等规格，每隔 25mm 为一挡规格；测量大于 300mm 的，每隔 100mm 为一挡规格；测量大于 1000mm 的，每隔 500mm 为一挡规格。

（1）千分尺的结构形状

千分尺的结构形状如图 6-55 所示。在尺架 1 左端装有固定测跕 2，右端有固定套筒 6，固定套筒内有螺距为 0.5mm 的内螺纹，它与微测螺杆 4 的外螺纹配合。在固定套筒外圆柱面上有轴向间距为 0.5mm 的刻线，它就是尺身。转动微分筒 7 时，微测螺杆便沿着套筒轴向方向移动，两测跕面接触工件 3，超过一定压力时棘轮 8 就沿着棘轮爪的斜面滑动，发出嗒嗒响声，这时可读出工件尺寸。在微分筒左端圆周上刻有等分为 50 格的刻度线，这就是微分尺。转动锁紧环 5，可将量杆固定在某一位置，使量杆不致变位而影响读数。

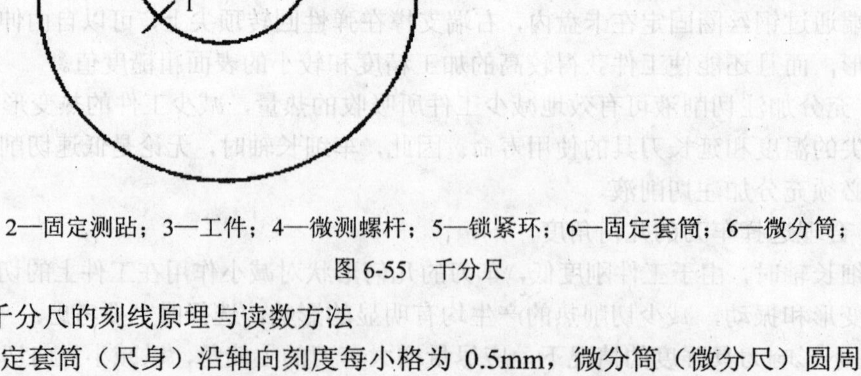

1—尺架；2—固定测跕；3—工件；4—微测螺杆；5—锁紧环；6—固定套筒；6—微分筒；8—棘轮

图 6-55　千分尺

（2）千分尺的刻线原理与读数方法

由于固定套筒（尺身）沿轴向刻度每小格为 0.5mm，微分筒（微分尺）圆周上分为 50

小格，微测螺杆的螺距为 0.5mm，所以活动套筒每转一周是必带动量杆移动 0.5mm。因此当活动套筒转过一小格时（1/50 周），量杆移动的距离为 0.5×1/50=0.01mm 这就是为什么用千分尺测量尺寸时可以精确到 0.01mm 的原理。

读数可按下述步骤：

① 先读出距微分筒边线最近的轴向套管的轴向刻度数（应为 0.05mm 的整数倍）。

② 再读出轴向套管基准线重回的微分筒上的圆周刻度数（转过的格数）并乘以 0.01mm。

③ 将上述两部分加起来即为总尺寸。

如图 6-56 所示是千分尺所测得的尺寸及读数。图 6-56（a）所测的读数应为 19.5+0.02=19.52mm，图 6-56（b）的读数应为 20+0.01=20.01mm.

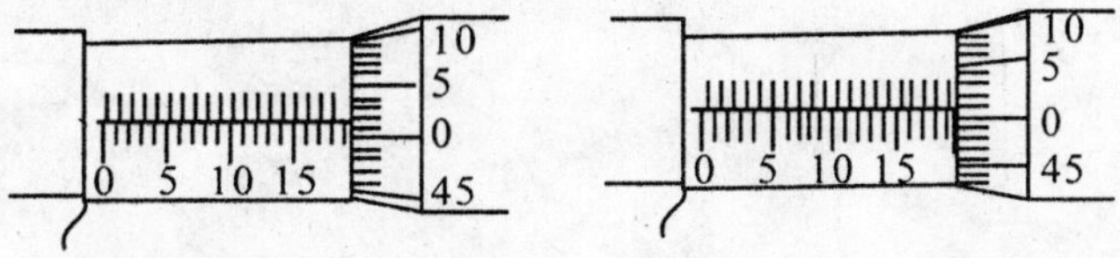

（a）　　（b）

图 6-56　千分尺的读数

（3）千分尺的使用与维护

① 千分尺的使用方法

a. 测量前应检验“0”位，并予以校正。否则可能影响读数的准确性，如图 6-57（a）所示。

b. 工件应准确的放置在千分尺固定测跕和微测螺杆之间，不能偏斜。

c. 测量时应握住尺架，先旋转微分筒作大的调整，当微测螺杆即将接触工件时，再旋转棘轮作微调。至发出打滑声再转 1～2 圈为止，如图 6-57（b）所示。这时可直接读数，或转动锁紧环，与工件分开后再读数，如图 6-57（c）所示。

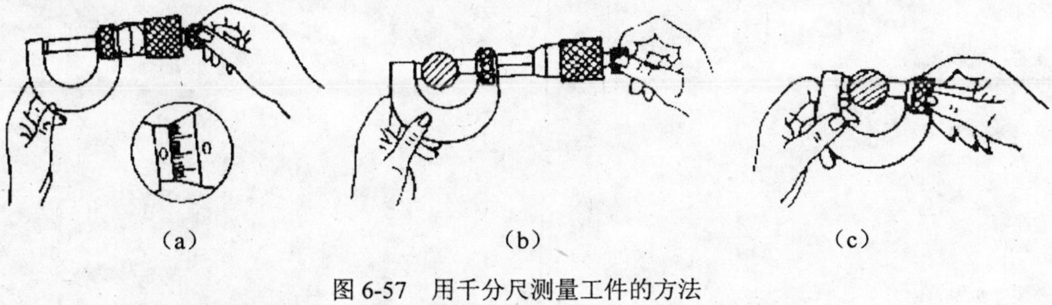

（a）　　（b）　　（c）

图 6-57　用千分尺测量工件的方法

② 千分尺的维护保养和使用注意事项

a. 使用前应检查千分尺的计量合格证有效期，测量前后均应将千分尺擦拭干净，使用后应涂防锈油，放在盒内妥善保管。

b. 不准在转动的工件上进行测量。

c. 测量时要注意工件温度，温度在 30°以上的工件不宜进行测量。

d. 不准将千分尺先调整好尺寸，当做卡规使用。

e. 不准用千分尺测量毛坯面等粗糙表面。

【思 考 题】

[1] 车工安全技术中规定，操作机床时不允许戴手套，试分析该规定的合理性。

[2] 同组的人员加工相同产品时，有的同事加工的工件表面粗糙，有的同事加工的工件表面光洁，试分析保证工件表面粗糙度的具体方法。

[3] 在生产中，通常要求使用千分尺测量时，应结合游标卡尺一起使用。千分尺的精度已经能够保证测量要求，为什么还必须要使用游标卡尺测量？

学习情景 7　使用车床加工套类零件

【学习任务】

通过本环节的学习，需要了解并掌握如表 7-1 所示的相关知识与技能。

表 7-1　学习任务

序号	理论知识点	技能点
1	麻花钻的主要角度 内孔车刀的主要角度	钻头和内孔车刀的刃磨
2	内孔车刀的安装方法 加工孔类工件的装夹方法	正确安装内孔车刀
3	孔类零件的车削方法	孔类零件加工
4	孔的测量方法	孔的测量

【危险源辨识】

危险源辨识如表 7-2 所示。

表 7-2　危险源辨识表

序号	危害事件	危险源	预防措施
1	绞伤	衣物绞入旋转的刀具或其他旋转部件	1．正确穿戴劳保用品，不接近正在旋转的部件； 2．更换铣刀时按下主轴紧急停止按钮
2	砸伤	1．工作台、工具柜上放置的工件等物品； 2．行车起吊物品掉落	1．物品正确摆放，工作台上不允许放置物品，工件应装夹牢固； 2．非专职人员不允许使用行车，遇行车起吊应绕行，不得在起吊物下穿行
3	烫伤	加工时飞出的铁屑	选择合理的切削用量、正确站位
4	划伤	工件毛刺、铣刀刃	正确清理毛刺，用专用工具清理铁屑，正确拆装铣刀
5	摔伤	工作台、脚踏板油污，攀爬机床换刀	换刀时攀爬动作应站稳，工作时注意留心脚下防止滑倒
6	触电	电气线路破损，私自开启电控柜	电气故障必须由专职电工进行维修，操作人员不得拆接电气线路、元件，不得开启电控柜

【典型零件生产流程】

一、信息分析

1. 零件图与技术文件（如图 7-1、表 7-3、表 7-4 所示）

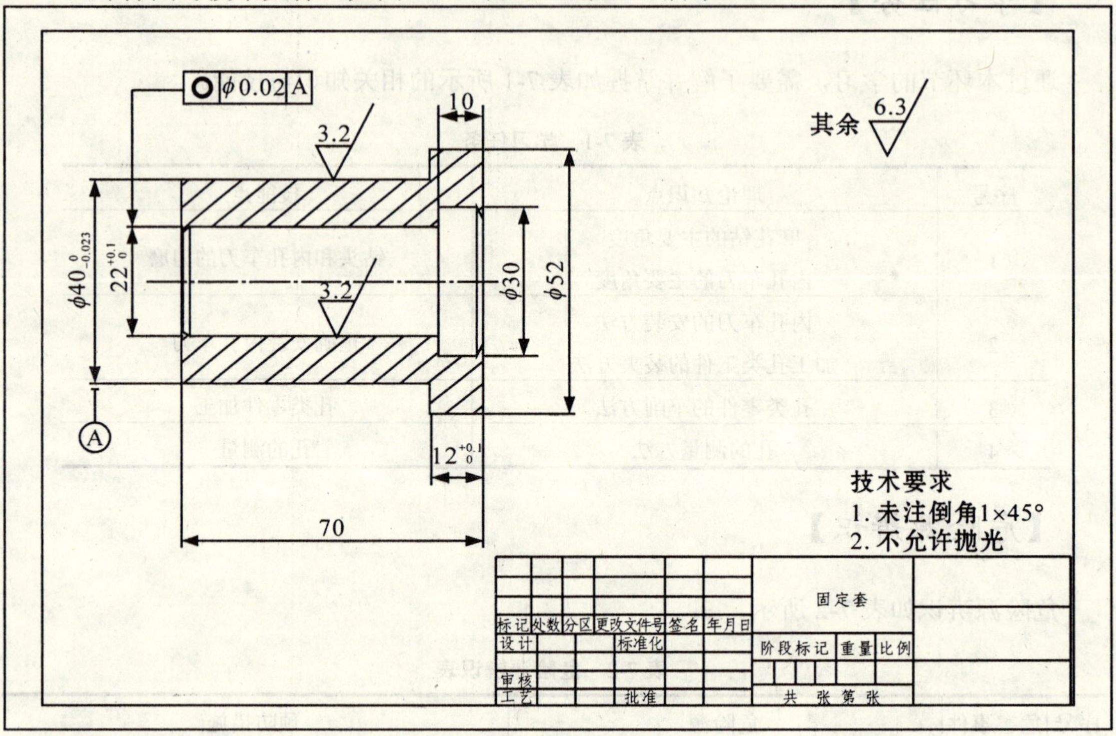

图 7-1

表 7-3 机械加工工艺过程卡片

<table>
<tr><td rowspan="2">（厂名）</td><td colspan="2">机械加工</td><td colspan="2">产品型号</td><td>Q12</td><td colspan="3">零件图号</td><td colspan="2">FA1</td><td>共 1 页</td></tr>
<tr><td colspan="2">工艺过程卡片</td><td colspan="2">产品名称</td><td>固定套</td><td colspan="3">零件名称</td><td colspan="2">固定套</td><td>第 1 页</td></tr>
<tr><td>材料牌号</td><td>Q235</td><td>毛坯种类</td><td>棒料</td><td>毛坯外形尺寸</td><td>Φ55×75</td><td>毛坯件数</td><td>10</td><td>每台件数</td><td>10</td><td>毛坯质量</td><td>优</td></tr>
</table>

<table>
<tr><td rowspan="2">工序号</td><td rowspan="2">工序名称</td><td rowspan="2">工序内容</td><td rowspan="2">车间</td><td rowspan="2">工段</td><td rowspan="2">设备</td><td rowspan="2">工艺装备</td><td colspan="2">工时</td></tr>
<tr><td>准备</td><td>单件</td></tr>
<tr><td>1</td><td>下料</td><td>下料：Φ55mm×75mm</td><td>机加</td><td></td><td>J4250</td><td></td><td></td><td></td></tr>
<tr><td>2</td><td>车</td><td>按图纸车准各尺寸</td><td>机加</td><td>车</td><td>Ck6140</td><td>三卡爪盘</td><td></td><td></td></tr>
<tr><td>3</td><td>检验</td><td>Φ30mm，Φ52mm，$\Phi 40^{0}_{-0.023}$mm，Φ22mm$^{+0.1}_{0}$，Φ12mm$^{+0.1}_{0}$，70mm，10mm，同轴度要求，Ra3.2μm，Ra6.3μm</td><td></td><td></td><td>游标卡尺，外径千分尺、内径百分表</td><td></td><td></td><td></td></tr>
</table>

（续表）

（厂名）	机械加工工艺过程卡片		产品型号	Q12	零件图号		FA1	共 1 页		
			产品名称	固定套	零件名称		固定套	第 1 页		
4	入库									
								编制	审核	会签
记标	处数	更改文件号	签字	日期	标记	处数	更改文件号	签字	日期	

表 7-4　机械加工工艺卡片

（厂名）	机械加工工艺过程卡片		产品型号		Q12		零件图号		FA1			共1页
			产品名称		固定套		零件名称		固定套			第1页
材料牌号	Q235	毛坯种类	锻件	毛坯外形尺寸	Φ55×75	毛坯件数	10	每台件数	10	毛坯质量	优	
工序	安装	工步	工序内容	同时加工工件数	背吃刀量	切削用量 切削速度（m/min）	切削用量 转数（r/min）	切削用量 进给量（mm/r）	设备名称	工艺装备	工时 准备	工时 单件
1	三爪卡盘夹毛坯外圆	1	车端面	1	见光	60	425	0.21	CK6140			
		2	粗车Φ52外圆至Φ54	1	分刀进给	60	425	0.3	CK6140			
		3	钻通孔，孔径至Φ20	1	20mm	30	350	手动	CK6140			
2	调头三爪卡盘夹Φ54	1	平端面，总长70车至72	1	0.6mm	100	800	0.3	CK6140			
		2	粗车外圆Φ40至Φ42，长58车至57	1	0.4	100	1000	0.21	CK6140			
3	调头三爪卡盘夹Φ42外圆	1	平右端面留1mm量，精车Φ52	1	分刀进给	100	700	0.21	CK6140			
		2	内孔Φ30，深10符图	1	分刀进给	60	700	0.21	CK6140			

（续表）

（厂名）	机械加工工艺过程卡片	产品型号	Q12	零件图号	FA1				共1页
		产品名称	固定套	零件名称	固定套				第1页
材料牌号	Q235	毛坯种类	锻件	毛坯外形尺寸	$\Phi55\times75$	毛坯件数	10	每台件数	10	毛坯质量	优

4	调头三爪卡盘夹$\Phi52$	工步	工步内容							
		1	平端面定总长70符图							
		2	精车内孔$\Phi22mm_{0}^{+0.1}$符图	1	分刀进给	100	700	0.21	CK6140	1
		3	精车外圆$\Phi40_{-0.023}^{0}mm$长58符图	1	0.4	100	1000	0.21	CK6140	

									编制	审核	会签
记标	处数	更改文件号	签字	日期	标记	处数	更改文件号	签字	日期		

2．加工难点分析

（1）加工尺寸精度的保证：外圆尺寸$\Phi40_{-0.023}^{0}mm$，和内孔$\Phi22_{0}^{+0.1}$尺寸公差较小，在加工时不容易保证尺寸精度，在加工时应该特别注意，两个尺寸还有同轴度要求，在加工时应该一次装夹，车削出外圆尺寸和内孔尺寸以保证其同轴度。

（2）粗糙度的保证：在加工时应该选择合适的切削用量，精加工时刀具要锋利。

二、工艺准备

1．工装及夹具准备（见表7-5）

表7-5 工装及夹具准备表

	夹具名称	工具名称
1	三爪卡盘	刀架扳手
2	活顶尖	卡盘扳手
3		加力套筒

2．量具及刀具准备（见表7-6）

表7-6 量具及刀具准备表

	量具名称	刀具名称
1	游标卡尺	45°端面车刀
2	千分尺	90°外圆车刀
3	粗造度对照板	90°内孔车刀
4	内径百分表	Ø20钻头

三、生产过程组织

1．毛坯检测

首先根据图纸检测毛坯量是否足够，根据毛坯量的大小来确定粗精加工的余量。

2．加工过程

（1）启动设备：观察设备外观情况，排查危险源。打开机床电源开关，将主轴速度调整为 30～100r/min 范围内；检查卡盘上卡爪的松动情况，在符合安全要求的情况下启动主轴。

（2）点检润滑：按照设备润滑点检表要求，进行设备润滑；检视各部分油窗内润滑油量。

（3）空载试车：按空载试车要求，检查各操作手柄、按钮的状态。

（4）刀具安装：按要求装夹 45°端面车刀、90°外圆车刀、90°内孔车刀及 Ø20 钻头。

（5）装夹工件：该工件用三爪卡盘直接装夹。

（6）按制订的工艺过程加工工件。

四、质量检测

1．首件检查记录表（见表 7-7）

表 7-7　首件检查记录表

任务号	Q11	材料牌号或代号		Q235		数量	1
零件图号		FA1		零件名称		固定套	
工序号	图示尺寸	实测尺寸				测量工具、编号	
		自检	签字	专检	签字		
1	$\Phi40^{0}_{-0.023}$	Φ40		Φ40		外径千分尺	
1	$\Phi22^{+0.1}_{0}$	Φ22.02		Φ20.02		内径百分表	
2	70	70		70		游标卡尺	
2	$12^{+0.1}_{0}$	12.04		12.04		游标卡尺	
2	Φ52	51.98		51.98		游标卡尺	
2	Φ30	29.96		29.96		游标卡尺	
	*Ra*3.2	合格		合格		粗糙度对照板	

2．抽检记录表（见表 7-8）

表 7-8　过程抽检记录表

（厂名）	编号：12						共 1 页
	尺寸抽检记录表						第 1 页
序号	14		零件标识		Y1		
零件名称	固定套		零件图号		FA1		
材料	Q235		数量		1		
零件序号	设计尺寸	$\Phi40^{0}_{-0.023}$	$\Phi22^{+0.1}_{0}$	70	$12^{+0.1}_{0}$	Φ52	Φ30	*Ra*3.2

（续表）

（厂名）	编号：12							共 1 页
	尺寸抽检记录表							第 1 页
	实测尺寸							
2		40	22.08	70	12.04	52	29.88	合格
8		40	22.06	69.8	12.02	51.9	30	合格
操作者			日期	2009-5-4	检查		日期	2009-5-4

3．质检员检测记录表

表 7-9　质检员检测记录表

（厂名）	编号：12							共 1 页
	尺寸抽检记录表							第 1 页
序号	14			序号		14		
零件名称	固定套			零件名称		固定套		
材料	Q235			数量		10		
零件序号	设计尺寸	$\Phi40^{0}_{-0.023}$	$\Phi22^{+0.1}_{0}$	70	$12^{+0.1}_{0}$	$\Phi52$	$\Phi30$	$Ra3.2$
	实测尺寸							
1		40	22.08	70	12.04	52	29.88	合格
2		40	22.08	70	12.04	52	29.88	合格
3		39.99	22.12	70	12	51.98	29.9	合格
4		40	22.08	70	12.04	52	29.88	合格
5		40	22.08	70	12.04	52	29.88	合格
6		39.99	22	70	12	51.98	29.9	不合格
7		39.99	22	70	12	51.98	29.9	合格
8		40	22.06	69.8	12.02	51.9	30	合格
9		39.99	22	70	12	51.98	29.9	合格
10		39.99	22	70	12	51.98	29.9	合格
操作者			日期	2009-5-4	检查		日期	2009-5-4

五、质量事故分析与改进措施

（1）如表 7-9 所示，零件序号 3 孔径大于要求尺寸，原因可能是内孔刀安装不正确，刀尖不锋利，小拖板下面转盘基准线未对准“0”线，孔偏斜、跳动，测量不及时。在加工时应注意这些方面。

（2）如表 7-9 所示，零件序号 6 表面粗糙度达不到要求，原因可能是刀刃不锋利，角度不正确，切削用量选择不当，冷却液不充分。改进措施是在加工过程中应该观察刀具的磨损情况，选择合适的切削用量。

【职业能力分解】

根据示例零件的生产过程分析，完成以上要求的加工任务，需要掌握以下相关知识及操作技能。

一、理论知识

1．钻孔

（1）麻花钻钻孔

用钻头在实心材料上加工孔的方法叫钻孔。钻孔的精度一般可达 IT11～IT12，表面粗糙度为 R_a12.5～25μm。钻孔所用的刀具有麻花钻、扁钻、中心钻、深孔钻、锪孔钻等。

① 麻花钻的组成（如图 7-2 所示）

a. 柄部　麻花钻有锥柄（如图 7-2（a）所示）和直柄（如图 7-2（b）所示）两种，一般钻头直径小于 13mm 的制成直柄，大于 13mm 的制成锥柄；柄部是麻花钻的夹持部分，装夹时起定心作用，切削时起传递扭矩的作用。

b. 颈部　颈部在磨削麻花钻时作退刀槽使用。钻头的规格、材料及商标常标示在颈部。

c. 工作部分　是钻头的主要部分，由切削部分和导向部分组成，起切削和导向作用。

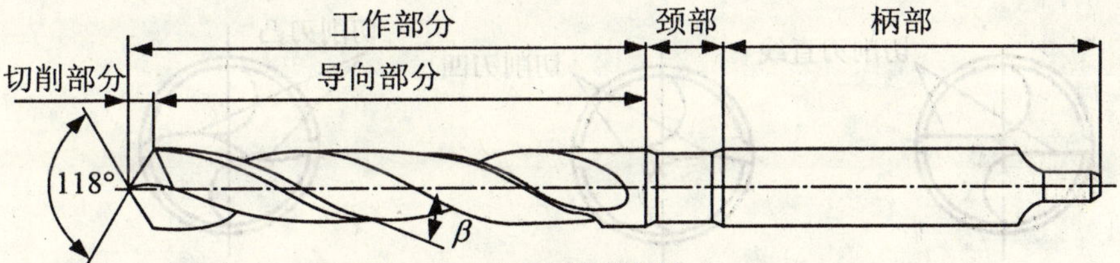

（a）锥柄麻花钻

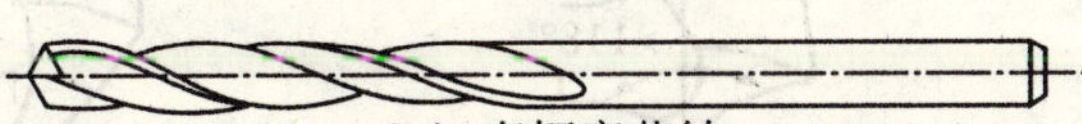
（b）直柄麻花钻

图 7-2　麻花钻组成

② 麻花钻的组成部分的几何形状（如图 7-3 所示）

a. 螺旋槽：钻头的工作部分有两条螺旋槽，其作用是构成切削刃、利于排屑和切削液畅通。

b. 螺旋角 β：螺旋槽上最外缘螺旋线的切线与轴线之间的夹角。由于同一个钻头的螺旋槽导程是一定的，所以不同直径处的螺旋角是不同的，越近中心处螺旋角越小。标准麻花钻的螺旋角在 18°～30°之间。钻头的名义螺旋角是指外缘处的螺旋角。

c. 前刀面：指切削部分的螺旋槽面，切屑从此表面排出。

d. 主后刀面：指钻头的螺旋圆锥面，也就是与工件过渡表面相对的表面。

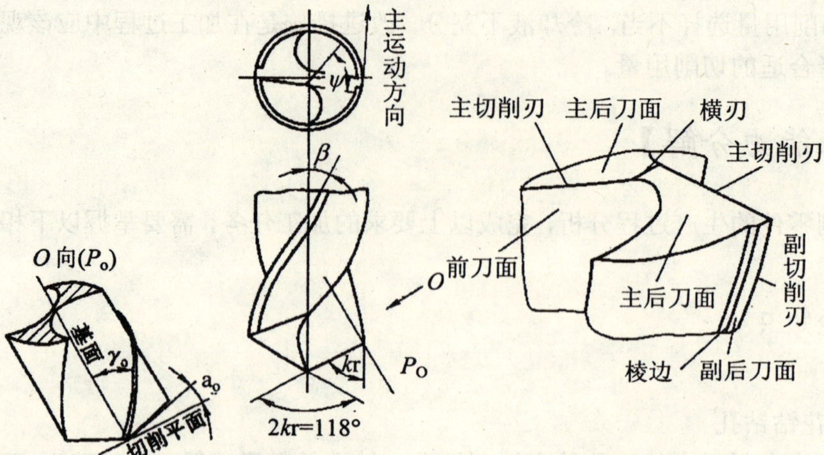

（a）麻花钻的角度　　（b）麻花钻的外形

图　7-3

e. 主切削刃：是指前刀面与主后刀面的交线，担负着主要的切削工作。钻头有两个主切削刃。

f. 顶角 $2k_r$ ：是钻头两主切削刃之间的夹角。一般标准麻花钻的顶角为 118°。当顶角为 118°时，两主切削刃为直线，如图 7-4（a）所示；当顶角大于 118°时，两主切削刃为凹曲线，如图 7-4（b）所示；当顶角小于 118°时，两主切削刃为凸曲线，如图 7-4（c）所示。

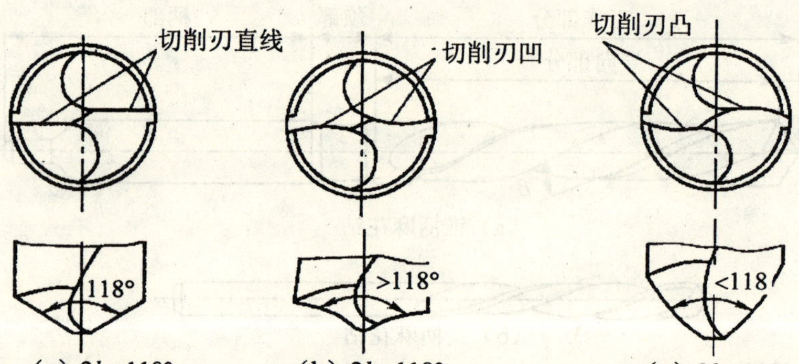

（a）$2k_r$=118°　（b）$2k_r$>118°　（c）$2k_r$<118°

图　7-4

顶角大、主切削刃短、定心差，钻出的孔径容易扩大。当顶角大时，前角也增大，切削省力；顶角小，则反之。

g. 前角γ_0: 主切削刃上任一点的前角是过该点的基面与前刀面之间的夹角。麻花钻的前角的大小与螺旋角、顶角、钻心直径等因素有关，其中影响最大的是螺旋角。由于螺旋角是随直径的大小而改变，所以主切削刃上各点的前角也是变化的，靠近外缘处前角最大，自外缘向中心逐渐减小，大约在 1/3 钻头直径以内开始为负前角，前角的变化范围在+30°～−30°之间。

h. 后角 a ：主切削刃上任一点的后角是过该点的切削平面与主后刀面之间的夹角。后角也是变化的，靠近外缘处最小，接近中心处最大，变化范围为 8°～14°。

i. 横刃：两个主后刀面的交线，也就是两主切削刃的连接线。横刃太短，会影响麻花钻的钻尖强度；横刃太长，会使轴向力增大，对钻削不利。

j. 横刃斜角Ψ：在垂直于钻头轴线的端面投影中，横刃与主切削刃之间所夹的角是锐角。横刃斜角的大小与后角有关。后角增大时，横刃斜角减小，横刃变长；后角减小时，情况相反，横刃斜角一般为55°。

k. 棱边：棱边也称韧带，是麻花钻的导向部分。在切削过程中能保持钻削方向、修光孔壁以及作为切削部分的后备部分。为了减小切削过程中棱边与孔壁的摩擦，导向部分的外径经常磨有倒锥。

（2）麻花钻的刃磨要求

① 对麻花钻的刃磨要求

麻花钻刃磨时，一般只刃磨两个主后刀面，但同时要保证顶角、横刃斜角和后角的正确。因此，麻花钻刃磨后必须达到下列两个要求：

a. 麻花钻的两条主切削刃应该对称，也就是两条主切削刃跟钻头轴线成相同的角度，并且长度相等。

b. 横刃斜角为55°。

② 麻花钻刃磨对钻孔质量的影响

a. 麻花钻顶角不对称

当顶角不对称钻削时，只有一个切削刃切削，而另一切削刃不起作用，两边受力不平衡，会使钻出的孔扩大和倾斜（如图7-5（b）所示）。

b. 麻花钻顶角对称但切削刃长度不等

当切削刃长度不等钻削时，使钻出的孔扩大（如图7-5（c）所示）。

c. 顶角不对称且切削刃长度又不等

当麻花钻的顶角不对称且两切削刃长度又不等时，钻出的孔不仅孔径扩大，而且还会产生阶台（如图7-5（d）所示）。

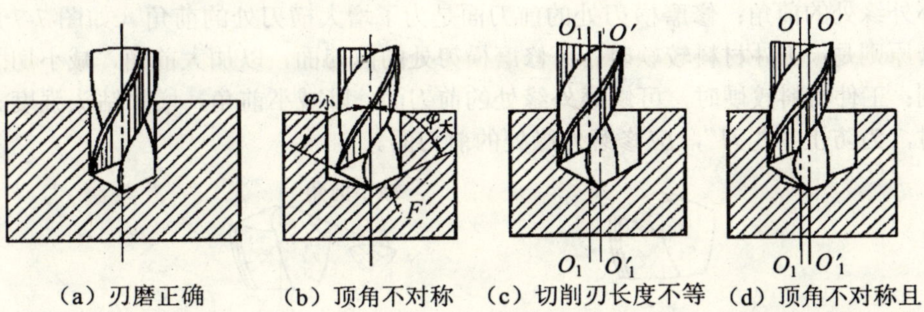

（a）刃磨正确　（b）顶角不对称　（c）切削刃长度不等　（d）顶角不对称且切削刃长度又不等

图　7-5

（3）麻花钻的角度检查

① 目测法：当麻花钻头刃磨好后，通常采用目测法检查。其方法是将钻头垂直竖眼等高的位置上，在明亮的阳光下观察两刃的长短和高低及后角等。由于视觉差异，往往会感到左刃高右刃低，此时则应将钻头转过180°再观察，看是否仍然是左刃高右刃低，这样反复

观察对比，直到觉得两刃基本对称时方可使用，钻削时如发现有偏差，则需再次修磨。

② 使用角度尺检查：使用角度尺检查时，只需将尺的一边贴在麻花钻的棱边上，另一边放在钻头的主切削刃上，测量其刃长和角度，然后转过 180°，用同样的方法检查另一主切削刃。

③ 在钻削过程中检查：若麻花钻刃磨正确，切屑会从两则螺旋槽内均匀排出，如果两主切削刃不对称，切屑则从主切削刃高的那边排出；据此可取下钻头，将较高的主切削刃磨低一点，以免钻孔尺寸变大。

（4）麻花钻的缺点

麻花钻的缺点是由其结构特点决定的，有以下几点：

① 主切削刃上各点的前角变化大，靠近外缘处的前角较大（+30°），切削刃强度较差；靠近横刃处的前角为很大的负前角（–54°～–60°），挤压严重，切削条件差。

② 横刃太长并且横刃处有很大的负前角。钻削时横刃不是切削而是挤压和刮削，消耗的能量大，产生的热量也大，而且由于横刃的存在，使轴向力增大，定心差。

③ 钻孔时，参加切削的主切削刃长，切屑宽，切削刃上各点切屑流出速度相差很大。切屑占较大的空间，排屑不顺利，切削液很难进入切削区。

④ 棱边处副后角为零，棱边与孔壁摩擦，加之该处的切削速度又高，因此产生的热量多，使外缘处磨损加快。

针对上述缺点，麻花钻在使用时，应根据工件材料、加工要求，采用相应的修磨方法。

（5）麻花钻的修磨

① 修磨横刃

修磨横刃就是要缩短横刃长度，增大横刃处前角，减小钻削力（如图 7-6 所示）。

修磨原则是：工件材料较软时，横刃可修磨得短些；工件材料较硬时，横刃可少修磨些。

② 修磨前刀面

修磨前刀面分修磨外缘处的前刀面和修磨横刃处的前刀面两种。修磨外缘处的前刀面是为了减小外缘处的前角；修磨横刃处的前刀面是为了增大横刃处的前角（如图 7-7 所示）。

修磨原则是：工件材料较软时，可修磨横刃处的前刀面，以加大前角，减小切削力，使切削顺利；工件材料较硬时，可修磨外缘处的前刀面，以减小前角，增加钻头强度。用麻花钻扩孔时，为防止“扎刀”，应修磨外缘处的前刀面。

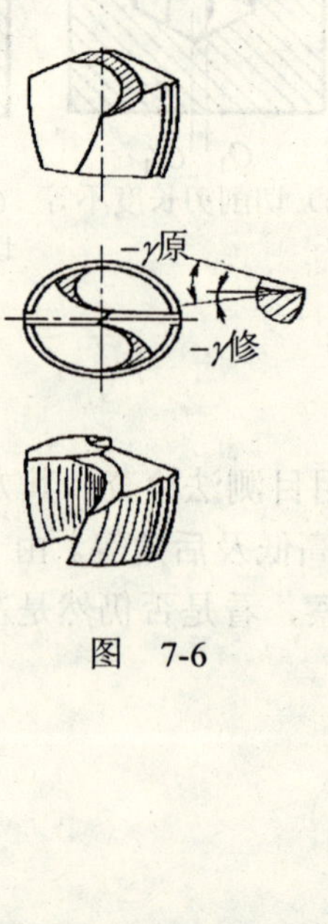

图 7-6

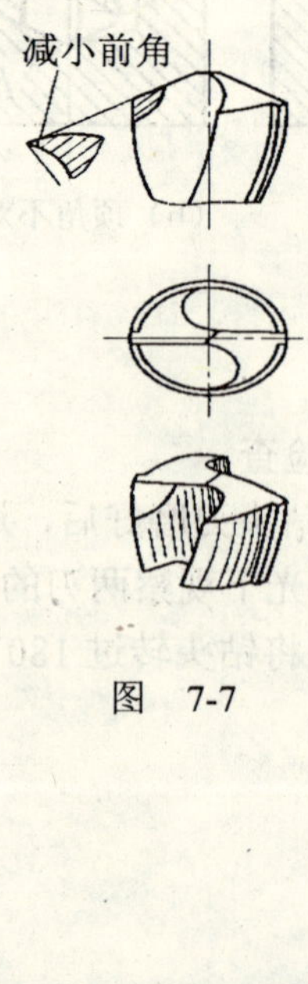

图 7-7

③ 双重刃磨

钻头外缘处的切削速度最高，磨损最快，因此可磨出双重顶角（如图 7-8 所示），这样可以改善外缘转角处的散热条件，增加钻头强度，并可减小孔的表面粗糙度。

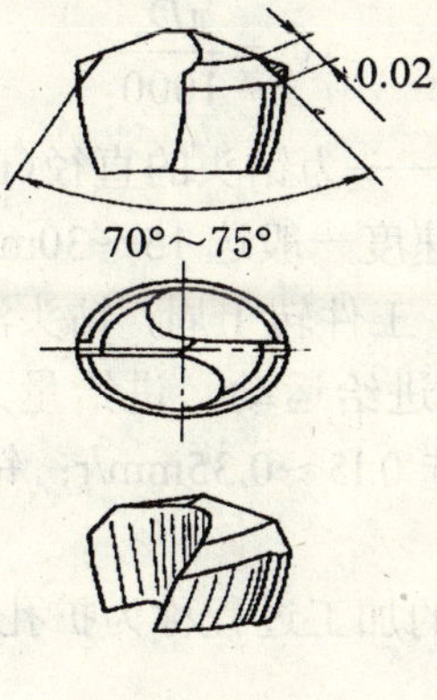

图 7-8

④ 开分屑槽

当麻花钻直径较大时，可在钻头前刀面或主后刀面上开分屑槽（如图 7-9 所示）。前刀面上的分屑槽在制造时已经做出，主后刀面上的分屑槽由工人在砂轮机上磨出来。

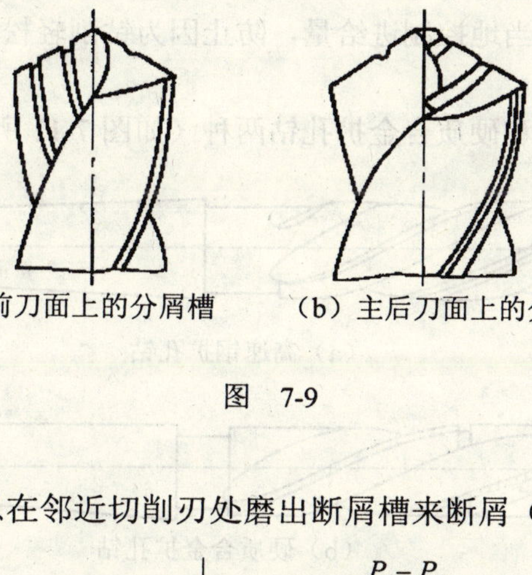

（a）前刀面上的分屑槽　（b）主后刀面上的分屑槽

图 7-9

⑤ 开断屑槽

钻削塑性金属时，可以在邻近切削刃处磨出断屑槽来断屑（如图 7-10 所示）。

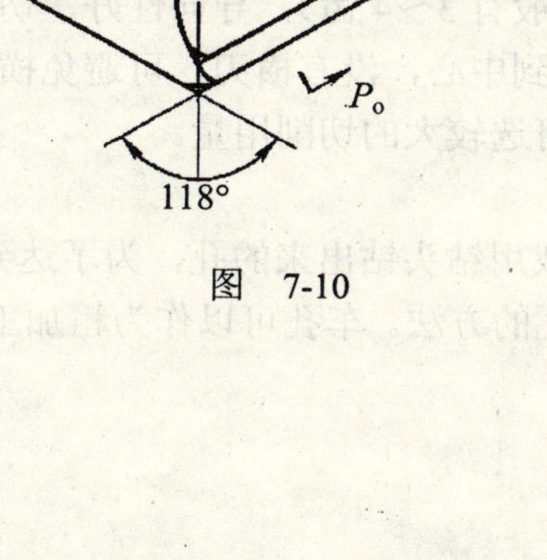

图 7-10

（6）钻孔时切削用量

① 切削深度 a_p：钻孔时的切削深度是钻头直径的一半。

② 切削速度 v_c：钻孔时的切削速度是指钻头主切削刃外缘处的线速度。

$$v_c = \frac{\pi D_n}{1000}$$

式中，v_c——为切削速度（m/min）；D——为钻头的直径（mm）；n——为车床主轴转速（r/min）。

用高速钢钻头钻钢料时，切削速度一般选 15～30m/min，钻铸铁时取 10～25m/min。

③ 进给量 f：在车床上钻孔时，工件转 1 周，钻头沿轴向移动的距离为进给量。在车床上是用手慢慢转动尾座手轮来实现进给运动。进给量太大会使钻头折断。用直径为 12～25mm 的钻头钻削钢料时，进给量选 0.15～0.35mm/r；钻铸铁时，进给量可略大些。

2．扩孔

用扩孔工具将原工件孔径扩大的加工过程称为扩孔。

（1）用麻花钻扩孔

在实心工件上钻孔时，如果孔径较小，可以一次钻出；如果孔径较大，钻头直径也较大，横刃加长，轴向切削力增大，钻削时很费力，这时可以分两次或多次钻削。例如钻 Φ50mm 的孔，可先用 Φ25 mm 的钻头钻孔，然后用 Φ50 mm 的钻头扩孔。

用麻花钻扩孔时，由于钻头横刃不参加切削，轴向切削力小，进给省力，但因钻头外缘处前角较大，容易把钻头拉进去，使钻头在尾座套筒内打拖。因此在扩孔时，应把钻头外缘处的前角修磨得小些，并适当地控制进给量，防止因为钻削轻松而使进给量过快。

（2）用扩孔钻扩孔

扩孔钻有高速钢扩孔钻和硬质合金扩孔钻两种（如图 7-11 所示）。

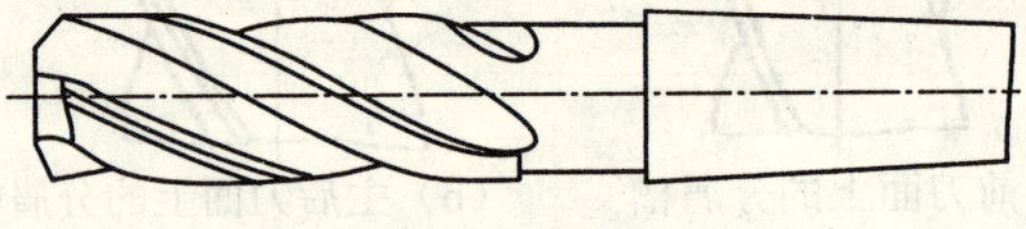

（a）高速钢扩孔钻

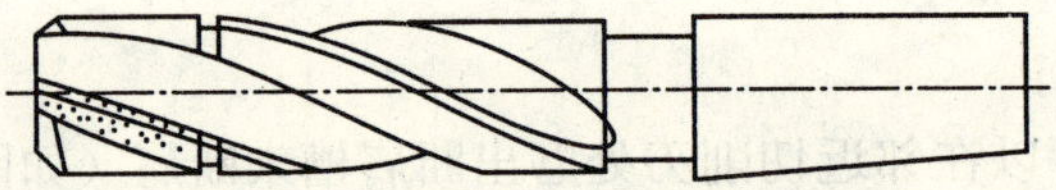

（b）硬质合金扩孔钻

图 7-11

（3）扩孔钻的主要特点

① 扩孔钻的齿数较多（一般有 3～4 齿），导向性好，切削平稳。

② 切削力不必自外缘一直到中心，没有横刃，可避免横刃对切削的不利影响。

扩孔钻钻心粗，刚性好，可选较大的切削用量。

3．车圆柱孔

工件上的铸造孔、锻造孔或用钻头钻出来的孔，为了达到所需要的精度和表面粗糙度，还需要进行加工，则可采用车孔的方法。车孔可以作为粗加工，也可以作为精加工。车孔的精度一般可达 IT7～IT8，表面粗糙度为 $Ra3.2\mu m$～$1.6\mu m$。精车可达 $Ra0.8\mu m$ 或更小。

（1）内孔车刀

内孔车刀的种类根据不同的加工情况，内孔车刀可分为通孔车刀（如图 7-12（a）所示）和盲孔车刀（如图 7-12（b）所示）两种。

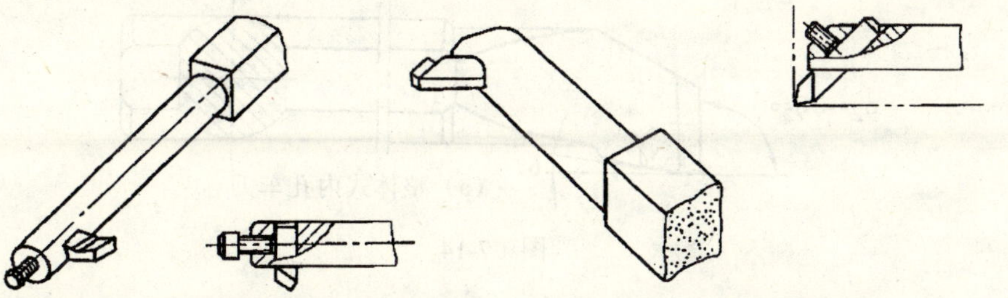

（a）通孔车刀　　（b）盲孔车刀

图　7-12

内孔车刀的几何形状：

通孔车刀的几何形状基本上与外圆车刀相似，为了减小径向切削力，防止振动，主偏角 K_r 应取得大些，一般在 60°～75°之间，副偏角 k_r' 一般为 15°～30°。为了防止内孔车刀后刀面和孔壁的摩擦又不使后角磨得太大，一般磨成两个后角（如图 7-13（a）所示）。

盲孔车刀是用来车盲孔或阶台孔的，切削部分的几何形状基本上与偏刀相似，它的主偏角 k_r 大于 90°，后角的要求和通孔车刀一样。刀尖在刀杆的最前端。刀尖到刀杆外端的距离 a 小于孔半径 R，否则无法车平孔的底面（如图 7-13（b）所示）。

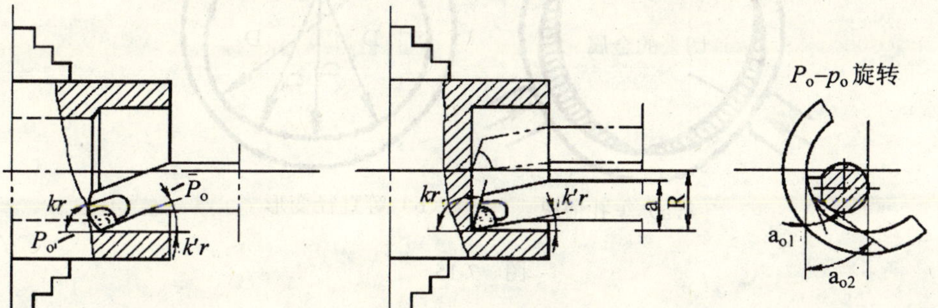

（a）通孔车刀　　（b）盲孔车刀　　（c）两个后角

图　7-13

内孔车刀可以做成整体式（如图 7-14 所示）。为节省刀具材料和增加刀杆强度，也可把高速钢或硬质合金做成较小的刀头，装夹在刀杆前端的方孔中，并在顶端或上面用螺钉紧固。

4．车薄壁零件

薄壁零件具有重量轻、材料节约、结构紧凑等特点。但薄壁零件的加工车削是比较棘手的问题，原因是薄壁零件刚性差、强度弱，在加工中极容易变形致使零件的形位误差增大，不易保证零件的加工质量。

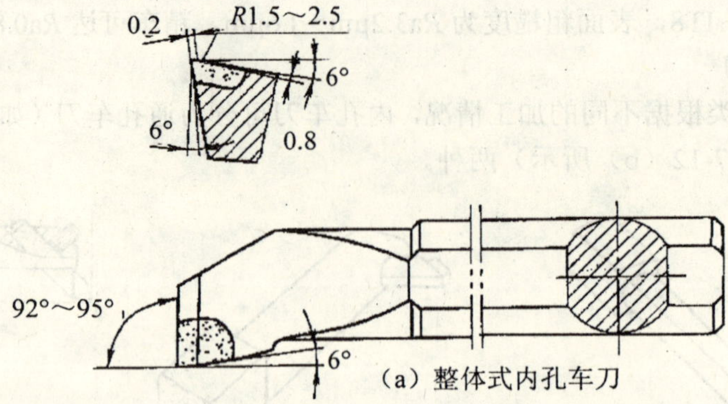

（a）整体式内孔车刀

图 7-14

（1）薄壁工件的车削特点

车薄壁工件时，由于工件的刚性差，在车削过程中，可能产生以下现象。

① 因工件壁薄，受夹紧刀夹紧变形影响工件的尺寸精度和形状精度。如图 7-15（a）所示为工件夹紧后会略微变成三边形，但车孔后所得的是一个圆柱孔。当松开卡爪后，由于弹性复原，外圆为圆柱形，而内孔则变成如图 7-15（b）所示的弧形三边形。如用内径千分尺测量时，各个方向直径 D 相等，但实际上已变形，因此称为等直径变形。

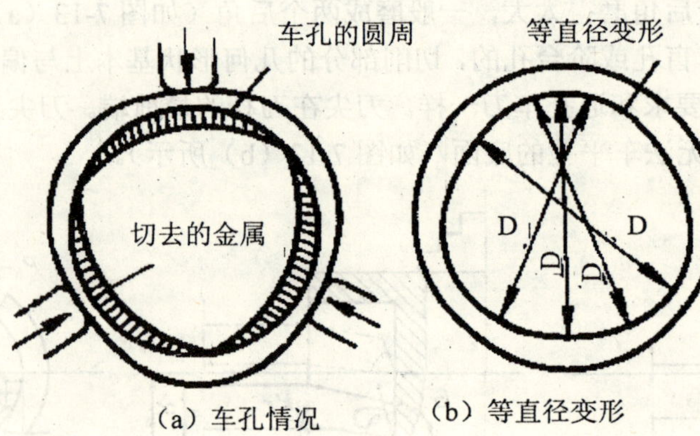

（a）车孔情况　　（b）等直径变形

图 7-15

② 对于线胀系数较大的金属薄壁件，在半精车和精车的一次装夹中连续车削，所产生的切削热对它的尺寸精度影响极大，甚至还会使工件卡死在夹具上取不下来。

③ 在切削力（特别是背向力）的作用下，产生的振动和变形会影响工件的尺寸精度、形位精度和表面粗糙度。

④ 残留内应力使工件变形。工件在锻造、铸造和焊接过程中，内部组织失去平衡会引起工件产生变形。

（2）防止和减少薄壁工件变形的方法

① 工件分粗、精车。粗车时夹紧些，精车时夹松些以消除粗车时因切削力过大而引起的变形。

② 合理选用刀具的几何参数。精车薄壁工件时，刀柄的刚度要求高，刀具的修光刃不宜过长（一般取 0.2～0.3mm），刀具刃口要锋利。对刀具角度要求如下：

a. 外圆精车刀 $K_r=90°\sim93°$　$K_r'=15°$　$a_0=14°\sim16°$　$a_{01}=15°$　γ_0 适当增大。

b. 内孔精车刀 $K_r=60°$　$K_r'=30°$　$\gamma_0=35°$　$a_0=14°\sim16°$　$a_{01}=6°\sim8°$　$\lambda_s=5°\sim6°$。

（3）选用合理的切削用量

粗加工时，吃刀深度和进给量可以取大些；精加工时，吃刀深度一般在 0.2～0.5 mm，进给量一般在 0.1～0.2 mm/r，甚至更小，切削速度 6～120 m/min，精车时用尽量高的切削速度，但不易过高。合理选用三要素就能减少切削力，从而减少变形。

（4）增加装夹接触面

使用开缝套筒和特制的软卡爪使接触面增大，夹紧力均匀分布在工件上，如图 7-16 所示，夹紧时不易产生变形。

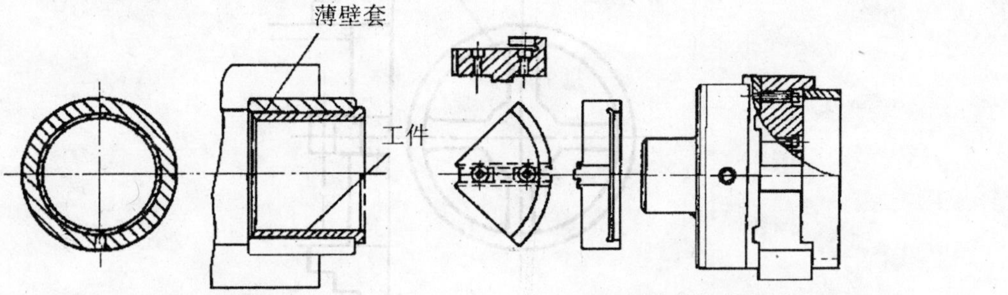

（a）开缝套筒　　（b）特制的软卡爪

图 7-16

（5）应用轴向夹紧夹具

车薄壁工件时，一般不能使用径向夹紧的方法，最好应用轴向夹紧的方法，如图 7-17 所示。工件用螺母端面来压紧工件，使夹紧力沿工件轴向分布，这样可防止夹紧变形。

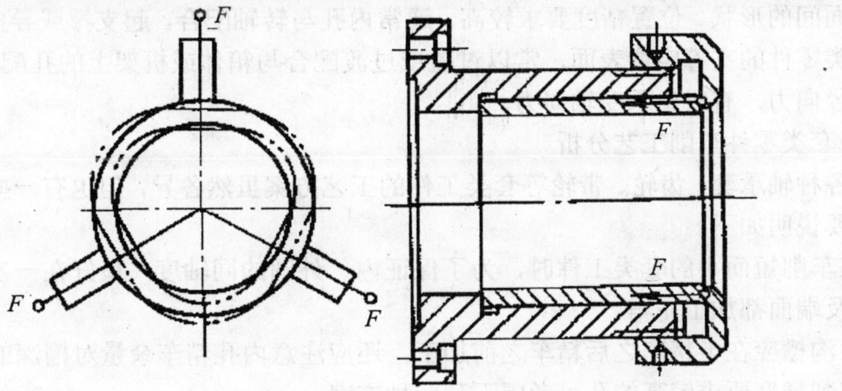

（a）错误　　（b）正确

图 7-17

（6）加注切削液

降低切削热，防止热变形。

用高速钢刀具粗加工时，以水溶液冷却，主要降低切削温度；中、低速精加工时，选用润滑性能好的极压切削油或高浓度的极压乳化液，主要改善已加工表面的质量和提高刀具使用寿命。用硬质合金刀具粗加工时，也可以采用低浓度的乳化液或水溶液，但必须连续地、充分地浇注；精加工时采用的切削液与粗加工时基本相同，但应适当提高其润滑性能。在车削过程中充分使用切削液不仅减小了切削力，刀具的耐用度得到提高，工件表面粗糙度值也降低了。

（7）增加工艺肋

在工件装夹部分特制几根工艺肋（如图 7-18 所示），使夹紧力作用在肋上，以减少工件变形。

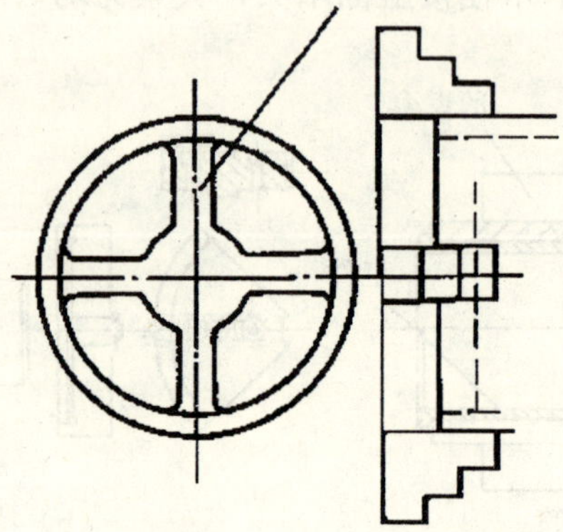

图 7-18 减少工件变形

5．简单套类零件的车削工艺分析

（1）套类零件结构特征

套类零件一般由外圆、内孔、端面、阶台和内外沟槽等组成，其主要特点是内外圆柱面和相关端面间的形状、位置精度要求较高。通常内孔与转轴配合，起支撑或导向作用；外圆一般是套类零件的支撑定位表面，常以过盈或过渡配合与箱体或机架上的孔配合，使用时，主要承受径向力，有时也承受轴向力。

（2）套类零件车削工艺分析

车削各种轴承套、齿轮、带轮等套类工件的工艺方案虽然各异，但也有一些共性可供遵循，现简要说明如下：

① 在车削短而小的套类工件时，为了保证内、外圆的同轴度，最好在一次装夹中把内孔、外圆及端面都加工完毕。

② 内沟槽应在半精车之后精车之前加工，还应注意内孔精车余量对槽深的影响。

③ 车削精度要求较高的孔可考虑下列两种方案：

a. 粗车端面→钻孔→粗车孔→半精车孔→精车端面→铰孔。

b. 粗车端面→钻孔→粗车孔→半精车孔→精车端面→磨孔。

④ 加工平底孔时，先用钻头钻孔，再用平底钻锪平，最后用盲孔车刀精车。

⑤ 如果工件以内孔定位车外圆，在内孔精车后，应该将端面也精车一刀，以保证端面与内孔的垂直度要求。

二、操作技能分解

1．麻花钻的刃磨

（1）用手握住钻头前端作支点，左手紧握钻头柄部。

（2）摆正钻头与砂轮的相对位置，使钻头轴心线与砂轮外圆柱面母线在水平面内的夹角等于顶角的1/2，同时钻尾向下倾斜（如图7-19所示）。

（3）刃磨时，将主切削刃置于比砂轮中心稍高一点的水平位置接触砂轮，以钻头前端支点为圆心，右手缓慢地使钻头绕其轴线由下向上转动，同时施加适当的压力（这样可使整个后面都能磨到）。右手配合左手的向上摆动作缓慢地同步下压运动（略带转动），刃磨压力逐渐增大，于是磨出后角，但注意左手不能摆动太大，以防磨出负后角或将另一面主切削刃磨掉。其下压的速度和幅度随要求的后角而变。为保证钻头近中心处磨出较大后角，还应作适当右移运动。当一个主后刀面刃磨后，将钻头转过去180°刃磨另一个后刀面时，人和手要保持原来的位置和姿势，这样才能使磨出的两主切削刃对称。按此法反复刃磨，两主后刀面经常交换磨，边磨边检查，直至达到要求为止。

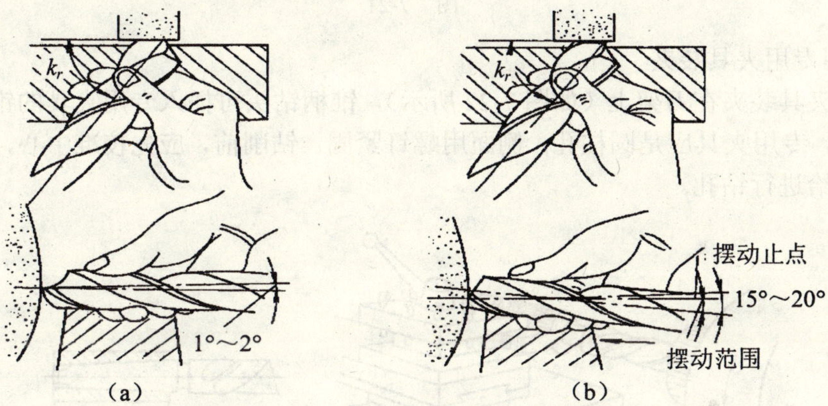

图 7-19

2．麻花钻的装夹

（1）直柄麻花钻的装夹

直柄麻花钻常用钻夹头（如图7-20所示）装夹，然后将钻夹头锥柄装入车床尾座套筒锥孔中即可进行钻削。

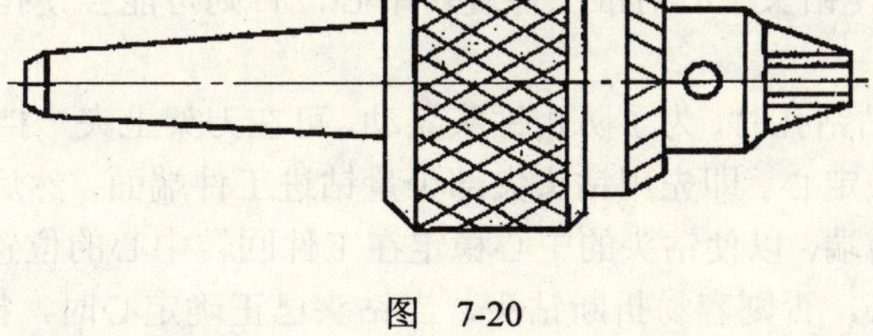

图 7-20

（2）锥柄麻花钻的装夹

锥柄麻花钻的柄部是莫氏圆锥，当钻头锥柄的规格与尾座套筒锥孔的规格相同时，可直接把钻柄装入尾座锥孔内；当两者的规格不相同时，就必须在钻柄处装一个与尾座套筒规格相同的过渡锥套，然后再将过渡锥套装入尾座套筒锥孔内。

（3）用 V 形架装夹

如图 7-21 所示是用两块 V 形架将直柄钻头装夹在刀架上，钻孔前，要先校准中心，钻孔时，可利用床鞍的自动纵向进给进行钻孔。

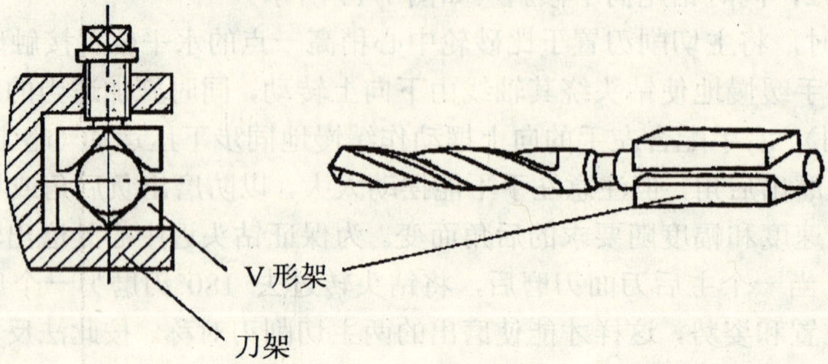

图 7-21

（4）用专用夹具装夹

将专用夹具装夹在刀架上（如图 7-22 所示），锥柄钻头可插入专用夹具的锥孔中，如装夹直柄钻头，专用夹具应是圆柱孔，侧面用螺钉紧固。钻削前，应先校准中心，然后利用床鞍的纵向进给进行钻孔。

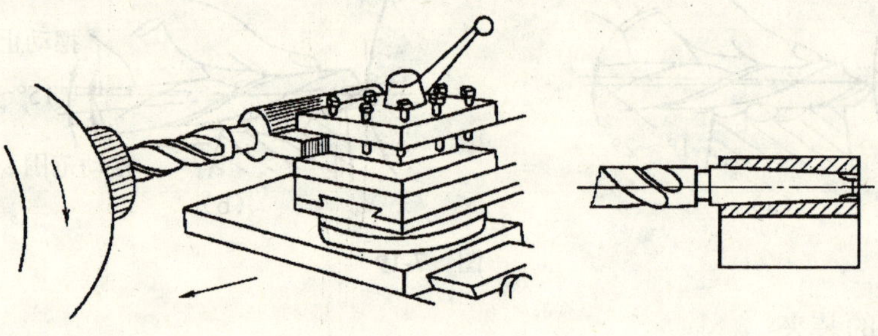

图 7-22

3．钻孔的步骤

（1）钻孔前先将工件端面车平，中心处不许留有凸台，以利于钻头正确定心。

（2）找正尾座，使钻头中心对准工件旋转中心，否则可能会使孔径钻大、钻偏甚至折断钻头。

（3）用细长麻花钻钻孔时，为了防止钻头晃动，可在刀架上夹一挡铁（如图 7-23 所示），支持钻头头部帮助钻头定心。即先用钻头尖部少量钻进工件端面，然后缓慢摇动中拖板，移动挡铁逐渐接近钻头前端，以使钻头的中心稳定在工件回转中心的位置上，但挡铁不能将钻头支顶过工件回转中心，否则容易折断钻头，当钻头已正确定心时，挡铁即可退出。

另一种办法是先用直径小于 5mm 的麻花钻钻孔，钻孔前先在端面钻出中心孔，这样便于定心且钻出的孔同轴度好。

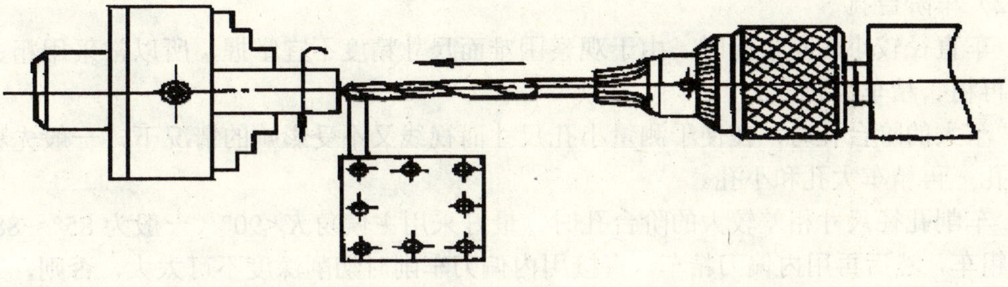

图 7-23

（4）在实体材料上钻孔，小孔径可以一次钻出，若孔径超过 30mm ，则不宜用大钻头一次钻出。因为钻头大，其横刃亦长，轴向切削阻力亦大，钻削时费力，此时可分为两次钻出，即先用一支小钻头钻出底孔，再用大钻头钻出所要求的尺寸。一般情况下，第一支钻头直径为第二次钻孔直径的 0.5～0.7 倍。

（5）钻不通孔与钻通孔的方法基本相同，不同的是钻不通孔时需要控制孔的深度。

钻孔时注意事项：

（1）起钻使进给量要小，待钻头头部全部进入工件后，才能正常钻削。

（2）钻钢件时，应加冷切液，防止因钻头发热而退火。

（3）钻小孔或钻较深孔时，由于铁屑不易排出，必须经常退出排屑，否则会因铁屑堵塞而使钻头“咬死”或折断。

（4）钻小孔时，车头转速应选择快些，钻头的直径越大，钻速应相应更慢。

（5）当钻头将要钻通工件时，由于钻头横刃首先钻出，因此轴向阻力大减，这时进给速度必须减慢，否则钻头容易被工件卡死，造成锥柄在床尾套筒内打拖而损坏锥柄和锥孔。

4．内孔车刀的装夹

内孔车刀装夹得正确与否，直接影响到车削情况及孔的精度，所以内孔车刀在装夹时一定要注意：

（1）装夹内孔车刀时，刀尖应与工件中心等高（精车时稍高一些）。如果装得低于中心，由于切削力的作用，容易将刀杆压低从而产生扎刀现象，并可造成孔径扩大。

（2）为了增加刚性，防止振动，刀杆伸出刀架不宜过长。一般比被加工孔长 5～6mm。如果刀杆需伸出较长，可在刀杆下面垫一块垫铁支承刀杆。

（3）刀杆要平行于工件轴线，否则车削时，刀杆容易与内孔表面相碰。

5．车内孔的方法

（1）车通孔

① 直通孔的车削基本上与车外圆相同，只是进刀和退刀的方向相反。在粗车或精车时也要进行试切削，其横向进给量为径向余量的 1/2。当车刀纵向切削至 2mm 左右时，纵向快速退刀（横向不动），然后停车测试，若孔的尺寸不到位，则需调整横向进刀后再次测试，直至符合要求方可车出整个内孔表面。

② 车孔时的切削用量要比车外圆时适当减小些，特别是车小孔或深孔时，其切削用量应更小。

（2）车阶台孔

① 车直径较小的阶台孔时，由于观察困难而尺寸精度不宜掌握，所以常采用粗、精车小孔，再粗、精车大孔。

② 车大的阶台孔时，在便于测量小孔尺寸而视线又不受影响的情况下，一般先粗车大孔和小孔，再精车大孔和小孔。

③ 车削孔径尺寸相差较大的阶台孔时，最好采用主偏角 K_r<90°（一般为 85°～88°）的车刀先粗车，然后再用内偏刀精车，直接用内偏刀车削时切削深度不可太大，否则，刀刃易损坏。其原因：一是刀尖处于刀刃的最前端，切削时刀尖先切入工件，因此其承受切削抗力最大，加上刀尖本身强度差，所以容易碎裂；二是由于刀柄伸长，在轴向抗力的作用下，切削深度大容易产生振动和扎刀。

④ 控制车孔深度的方法通常采用粗车时在刀柄上刻线痕作记号或安放限位铜片，以及用床鞍刻线来控制等，精车时需用小拖板刻度盘或游标深度尺等来控制车孔深度。

6．孔的测量

孔径尺寸的测量，应根据工件孔径尺寸的大小、精度以及工件数量，采用相应的量具进行。当孔的精度要求较低时，可采用钢直尺、游标卡尺测量；当孔的精度要求较高时，可采用下列方法测量：

（1）塞规由通端、止端和手柄组成（如图 7-24 所示），测量方便、效率高，主要用在成批生产中。塞规的通端尺寸等于孔的最小极限尺寸，止端尺寸等于孔的最大极限尺寸。测量时，通端能塞入孔内，止端不能塞入孔内，则说明孔径尺寸合格（如图 7-25 所示）。

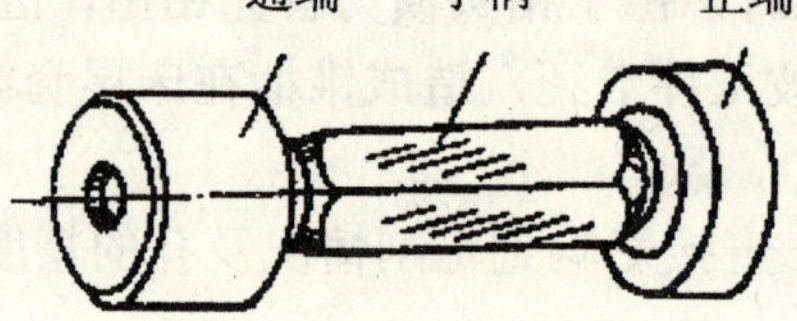

图 7-24

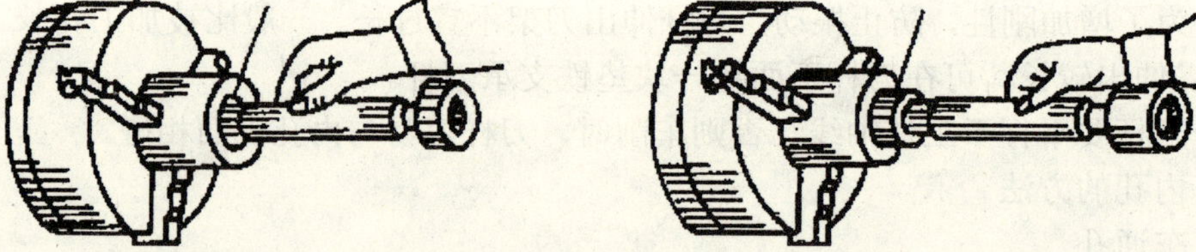

图 7-25

塞规通端的长度比止端的长度长，一方面便于修磨通端以延长塞规使用寿命，另一方面则便于区分通端和止端。

测量盲孔用的塞规，应在通端和止端的圆柱面上沿轴向开排气槽。

（2）内径千分尺（如图 7-26 所示）

内径千分尺由测微头和各种规格尺寸的接长杆组成，它的测量范围为 50～125mm，125～200mm，200～325mm，325～500mm，500～800mm……4 000～5000mm，其分度值加

0.01mm。

内径千分尺的读数方法与外径千分尺相同，但由于无测力装置，因此测量误差较大。用内径千分尺测量孔径时，必须使其轴线位于径向，且垂直于孔的轴线（如图 7-26（b）所示）。

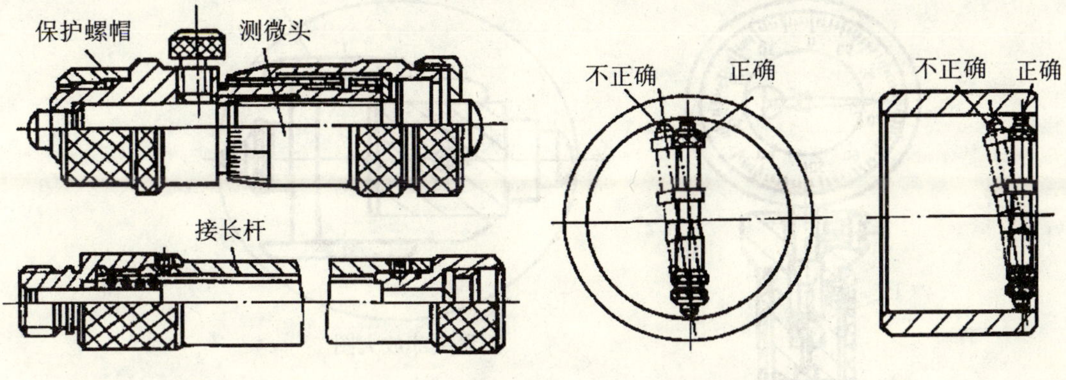

图　7-26

（3）内测千分尺是内径千分尺的一种特殊形式，其刻线方向与外径千分尺相反。

内测千分尺的测量范围为 5～30mm 和 25～50mm。其分度值为 0.01mm。

内测千分尺的使用方法如图 7-27 所示。

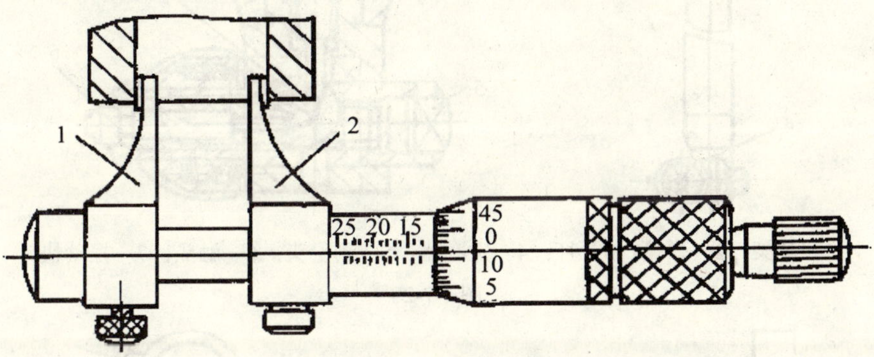

1—固定量爪；2—活动量爪

图　7-27

（4）内径百分表结构如图 7-28 所示。百分表装夹在测架 1 上，触头 6（活动测量头）通过摆动块 7、杆 3，将测量值 1∶1 传递给百分表。测量头 5 可根据被测孔径大小更换。定心器 4 用于使触头自动位于被测孔的直径位置。

内径百分表是利用对比法测量孔径的，测量前应根据被测孔径用千分尺将内径百分表对准零位。测量时，为得到准确的尺寸，活动测量头应在径向方向摆动并找出最大值，在轴向摆动找出最小值（两值应重合一致）。这个值即为孔径基本尺寸的偏差值。并由此计算出孔径的实际尺寸，如图 7-29 所示。内径百分表主要用于测量精度要求较高而且又较深的孔。

7．车圆锥孔车削方法

车内圆锥面时为了便于加工测量，装夹工件时应使锥孔大端直径的位置在外端（靠近尾座方向）。其加工方法主要有转动小拖板法和仿形法。

（1）转动小拖板法车内圆锥面

转动小拖板法车内圆锥面适用于单件和小批量生产。

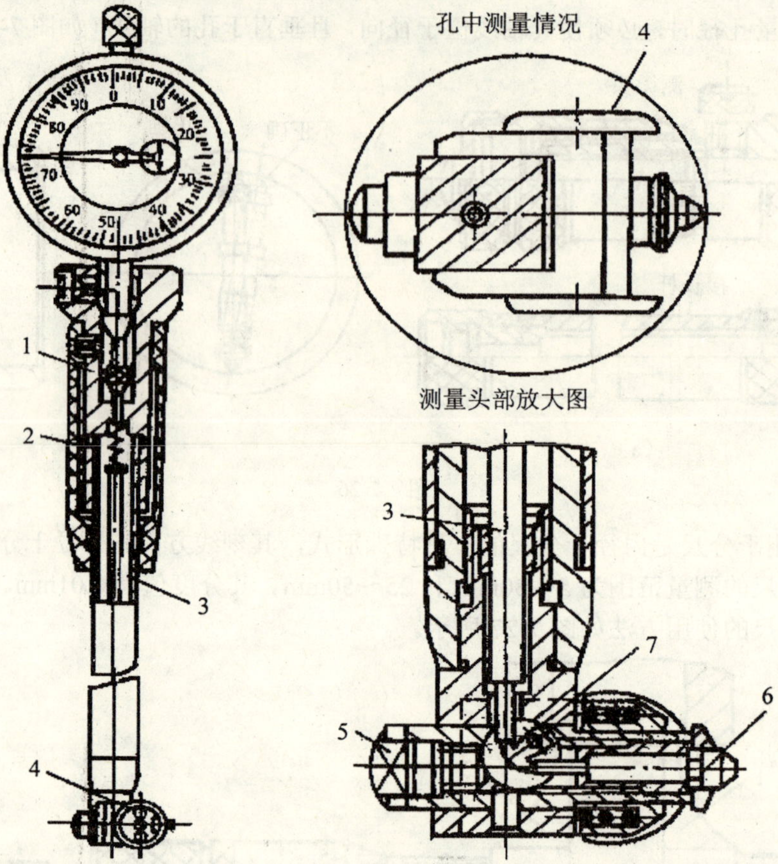

1—测架；2—弹簧；3—杆；4—定心器；5—测量头；6—触头；7—摆动快

图 7-28

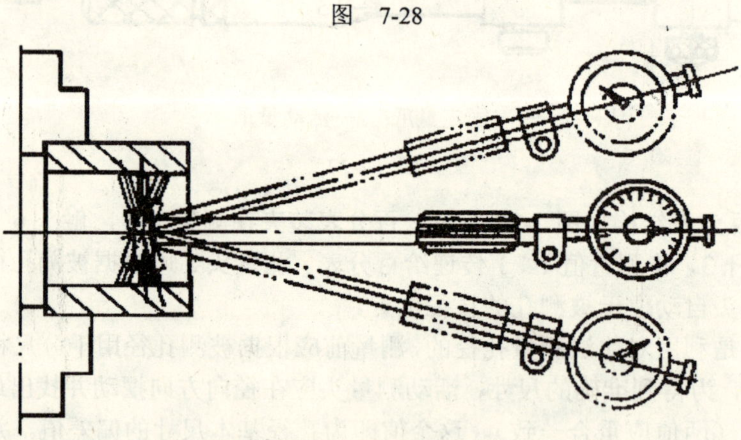

图 7-29

① 转动小拖板法车内圆锥面的方法和步骤

a. 钻孔。用小于锥孔小端直径 1～2mm 的麻花钻钻底孔。

b. 内圆锥车刀的选择及装夹。由于圆锥孔车刀刀柄尺寸受圆锥孔小端直径的限制，为了增大刀柄刚度，宜选用圆锥形刀柄，且使刀尖与刀柄中心对称平面等高。装刀时，可以用车端面的方法调整车刀，使刀尖严格对准工件中心，刀柄伸出长度应保证其切削行程，刀柄与工件锥孔周围应留有一定空隙。车刀装夹好后还须停车在孔内并摇动床鞍至终点，检查刀柄是否会产生碰撞。

c. 转动小拖板。根据公式计算出圆锥半角 $\alpha/2$，小拖板逆时针方向转动一个圆锥半角。

d. 粗车内圆锥面与转动小拖板法车外圆锥面一样，在加工前也须调整好小拖板导轨与镶条的配合间隙，并确定小拖板的行程长度。加工时，车刀从外边开始切削（主轴仍正转），当塞规能塞进工件约 1/2 时，检查校准圆锥角。

e. 找正圆锥角度。用涂色法检测圆锥孔角度，根据擦痕情况调整小拖板转动的角度。经几次试切和检查后逐步将角度找正。

f. 精车内圆锥面。精车内圆锥面控制尺寸的方法与精车外圆锥面控制尺寸的方法相同，也可以采用计算法确定值，如图 7-30 所示。

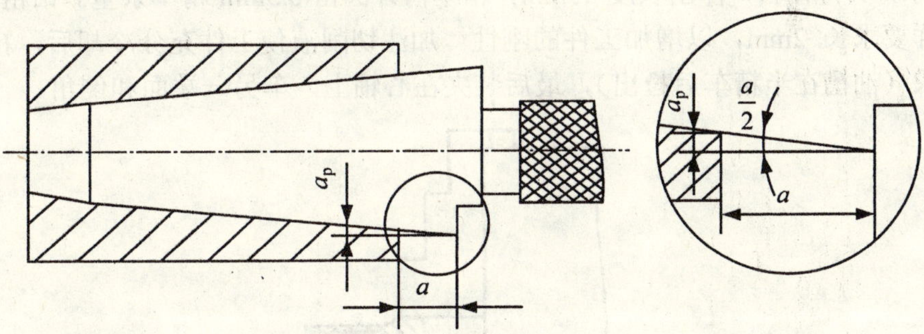

图 7-30

② 切削用量的选择

a. 切削速度比车外圆锥面时低 10%～20%。

b. 手动进给要始终保持均匀，不能有停顿与快慢不均匀现象。最后一刀的切削深度 a_p 一般取 0.1～0.2mm 为宜。

c. 精车钢件时，可以加切削液或热机油，以减小表面粗糙度 Ra 值，提高表面质量。

③ 注意事项

a. 尽量选用刚度大的内圆锥车刀，车刀刀尖必须严格对准工件中心。

b. 粗车时不宜进刀过深，应大致找正锥度（检查工件与圆锥塞规配合是否有间隙）。

c. 用圆锥塞规涂色检查时，必须注意孔内清洁，显示剂必须涂在圆锥塞规表面，转动量在半圈之内且只可沿一个方向转动。

d. 取出圆锥塞规时注意安全，不能敲击，以防工件移位。

e. 精车锥孔时要以圆锥塞规上的刻线来控制锥孔尺寸。

（2）仿形法

仿形法车削内圆锥面的原理和方法与车削外圆锥面相同。车削时只需将靠板转到与车削外圆锥面相反的方向就可以了。

8. 内圆锥面的检测

与外圆锥面的检测一样，内圆锥面的检测主要是指圆锥角度与尺寸精度的检测。

（1）角度或锥度的检测

检测内圆锥面的角度或锥度主要是使用圆锥塞规。圆锥塞规检测内圆锥时，也采用涂色法，其具体要求与用圆锥套规检测外圆锥相同。判断圆锥角大小的方法正好相反，即若小端擦着，大端未擦着，说明圆锥孔大了；若大端擦着，小端未擦着，说明圆锥角小了。

（2）圆锥尺寸的检测

圆锥尺寸的检测主要也是使用圆锥塞规。根据工件的直径尺寸及公差，在圆锥塞规大端各开有一个轴向距离为 *n* 的阶台（刻线），分别表示通端和止端。测量锥孔时，若锥孔的大端平面在阶台两刻线之间，说明锥孔尺寸合格；若锥孔的大端平面超过了止端刻线，说明锥孔尺寸太大了；若两刻线都没有进入锥孔，说明锥孔尺寸太小了。

9．薄壁工件的车削方法

（1）用一次装夹车削薄壁工件

车削短小薄壁工件时，为了保证内外圆轴线的同轴度，可用一次装夹车削。车削方法如图 7-31 所示，夹持棒料，伸出长度 45mm，精车内外圆留 0.5mm 精车余量。钻粗车内孔时，长度比图样要求长 2mm，以增加工件的刚性。加注切削液使工件充分冷却后，精车内外圆至图样要求（油槽在半精车后拉出），最后装夹在心轴上，车另一端面和倒角。

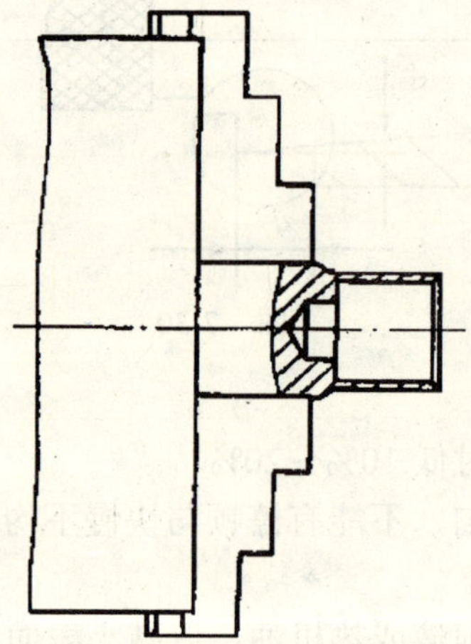

图 7-31　一次装夹车削薄壁工件

（2）用扇形卡爪及心轴装夹薄壁工件

如图 7-32 所示，薄壁套筒车削方法：粗车留精车余量 1～1.5mm。精车时，装夹在扇形软卡爪中，如图 7-32（a）所示，精车内孔、外圆及端面。然后以内孔和大端面为定位基准，装夹在弹性胀力心轴上，如图 7-32（b）所示，即可精车外圆。

（3）在花盘上车削薄壁工件

车削直径较大、尺寸精度和形位精度要求较高的圆盘薄壁工件时，如图 7-33 所示，可装夹在花盘上进行。

车削方法：先装夹在三爪自定心卡盘上粗车内孔及外圆，各留 1～15mm 精车余量，并精磨两端面至长度尺寸；然后装夹在花盘上精车内孔及外圆。精车内孔的装夹方法是先在花盘端面上车出一凸台，凸台直径与工件内孔之间留 0.5～lmm 的间隙（不用作定心）。用螺栓、压板压紧工件的端面，压紧力要均匀。找正后，即可车削。精车外圆时的装夹方法是将三点接触压板（压板上有三条槽，以让开压板）适当压紧，用螺钉松开并取下压板，即可车削外圆，使之符合图样要求。以上两种夹紧方法，由于作用力均为轴向，工件不易变形。

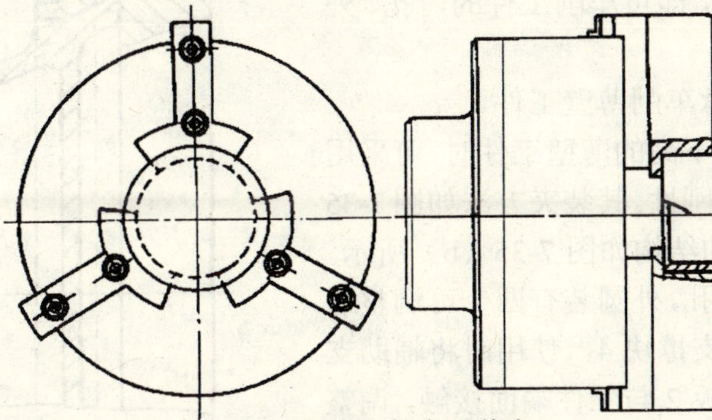

（a）用扇形软卡爪装夹

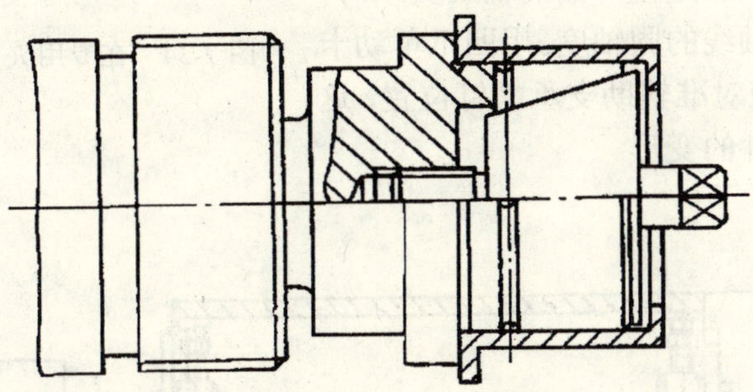

（b）用弹性胀力心轴装夹

图 7-32

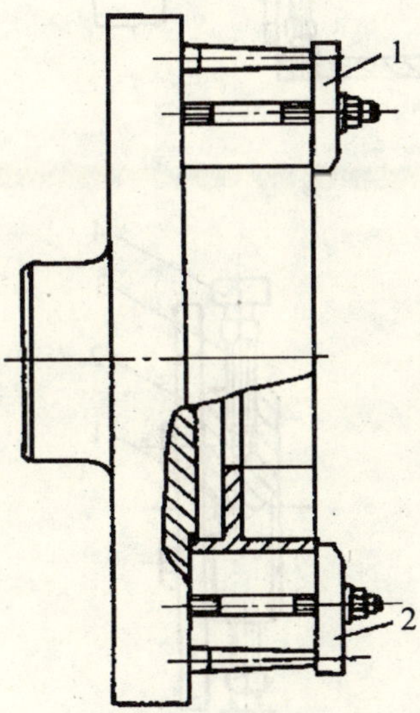

1，2—压板

（a）精车内孔及端面

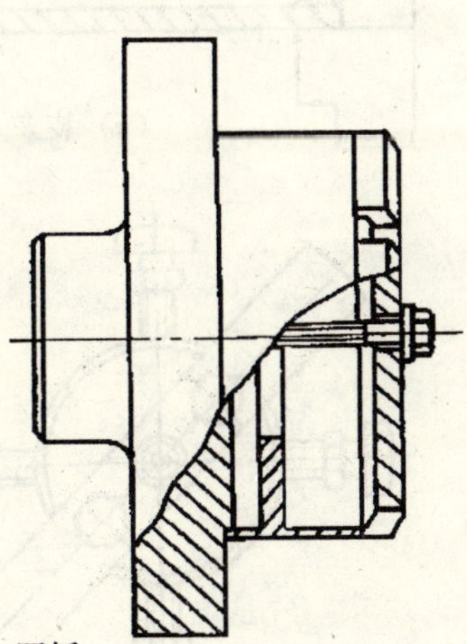

（b）精车外圆

图 7-33

（4）在专用夹具上车削薄壁工件

如图 7-34 所示为车削薄壁盘形工件用的夹具。工件装上夹具后，当拧紧螺钉 2 时，压紧圈 1 便沿着斜面将工件夹紧，即可车削工件的内孔、外圆及端面。

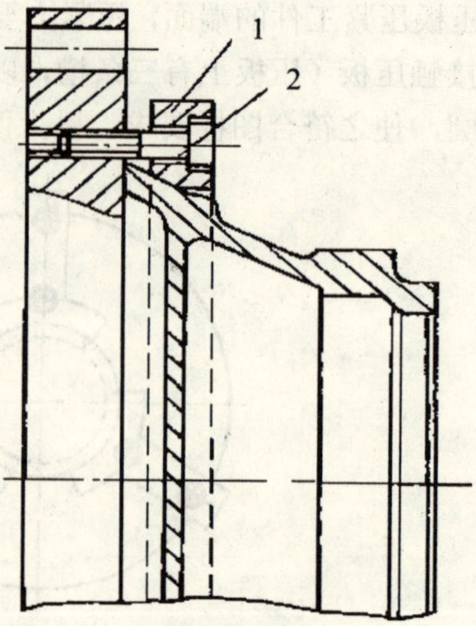

1—压紧圈；2—螺钉

图 7-34　在专用夹具上装夹薄壁盘形工件

（5）增加辅助支承车削薄壁工件

车削内孔精度要求不高的薄壁工件时，可采用辅助支承来增加工件的刚性。其装夹方法如图 7-35（a）所示。辅助支承的结构如图 7-35（b）所示。圆盘 1 中心有定位中心孔，外圆装有四个可调整螺钉 3，其头部装有活动支撑块 4，使用时将辅助支承装在工件孔中，使挡板 2 与工件端面接触，调整螺钉 3，撑紧工件。调整靠尾座一端的辅助支承时，应注意中心孔与内孔轴线的同轴度。用四爪单动卡盘夹紧工件时，卡爪应对准辅助支承螺钉位置，这样便可有效地减少工件的变形。

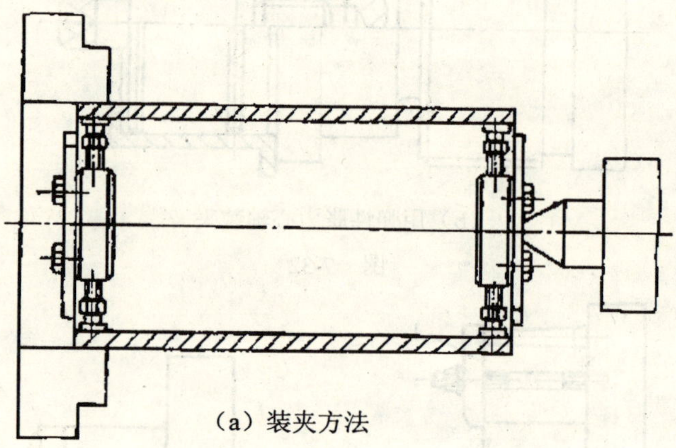

（a）装夹方法

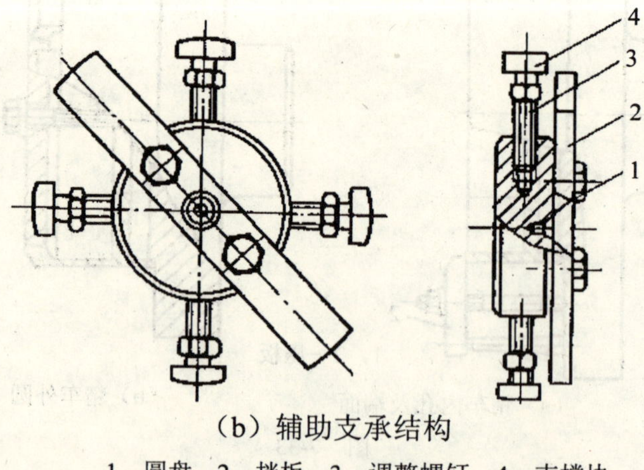

（b）辅助支承结构

1—圆盘；2—挡板；3—调整螺钉；4—支撑块

图　7-35

（6）增设凸边、加强薄壁套筒刚性的工艺措施

对铸铁类薄壁工件，在铸造时加工工艺凸边，当车削内孔和外圆时夹紧力由工艺凸边承受，可防止工件发生变形，如图 7-36 所示。

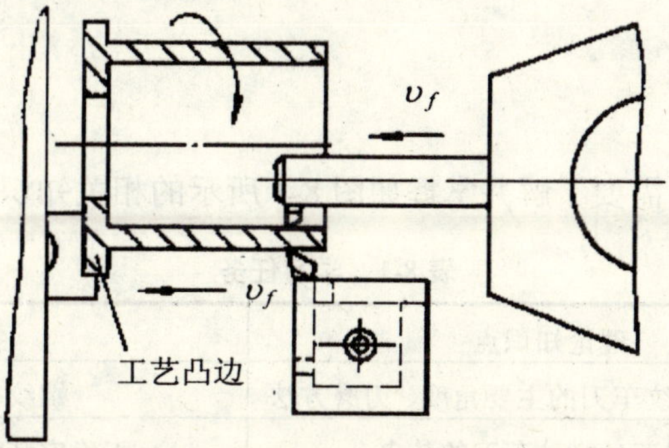

图 7-36　薄壁套筒增设工艺凸边

（5）车孔的关键技术

车内孔的关键技术是解决内孔车刀的刚性和排屑问题。

① 增加内孔车刀的刚性主要采用的措施

a. 尽量增加刀柄的截面积。

b. 尽可能缩短刀柄的伸出长度。

② 解决排屑问题

主要是控制切屑流出方向。精车孔时要求切屑流向待加工表面（前排屑）。为此，采用正刃倾角的内孔车刀；加工盲孔时，应采用负的刃倾角，使切屑从孔口排出。

【思　考　题】

[1] 工作过程中，可能会因为任务安排不当、工时定额不当或其他因素影响自己的情绪，会出现抱怨、发牢骚、怠工的行为，分析这样的行为对自身成长造成的影响，如何采取正确方法去面对自己和别人的失误？

[2] 请分析批量加工中，首件送检制度的必要性。

[3] 请通过互联网查阅一篇关于“套类薄壁零件车削加工技巧”的文章（回答问题时请详细注明网址）。

学习情景 8　使用车床加工含螺纹零件

【学习任务】

通过本环节的学习，需要了解并掌握如图 8-1 所示的相关知识与技能。

表 8-1　学习任务

序号	理论知识点	技能点
1	普通三角螺纹车刀的主要角度、刃磨方法	螺纹车刀的刃磨
2	普通三角螺纹车刀的装夹	正确安装螺纹车刀和使用
3	普通三角螺纹的车削方法	螺纹零件加工
4	普通三角螺纹的测量方法	普通三角螺纹的测量

【危险源辨识】

危险源辨识如表 8-2 所示。

表 8-2　危险源辨识表

序号	危害事件	危险源	预防措施
1	绞伤	头发、衣物绞入旋转的卡盘或其他旋转部件	1. 正确穿戴劳保用品，不接近正在旋转的部件； 2. 装拆、测量工件时将高低速手柄变到空挡位置，按下机床停止按钮
2	砸伤	卡盘上放置的卡盘扳手、工具柜上放置的工件等物品	卡盘扳手用完以后应该立即取下，物品正确摆放，工件应装夹牢固
3	烫伤	加工时飞出的铁屑	选择合理的切削用量、正确站位
4	划伤	工件毛刺、带状铁屑	正确清理毛刺，用专用工具清理铁屑
5	触电	电气线路破损，私自开启电控柜	电气故障必须由专职电工进行维修，操作人员不得拆接电气线路、元件，不得开启电控柜

【典型零件生产流程】

一、信息分析

1. 零件图与技术文件（如图 8-1、表 8-3、表 8-4 所示）

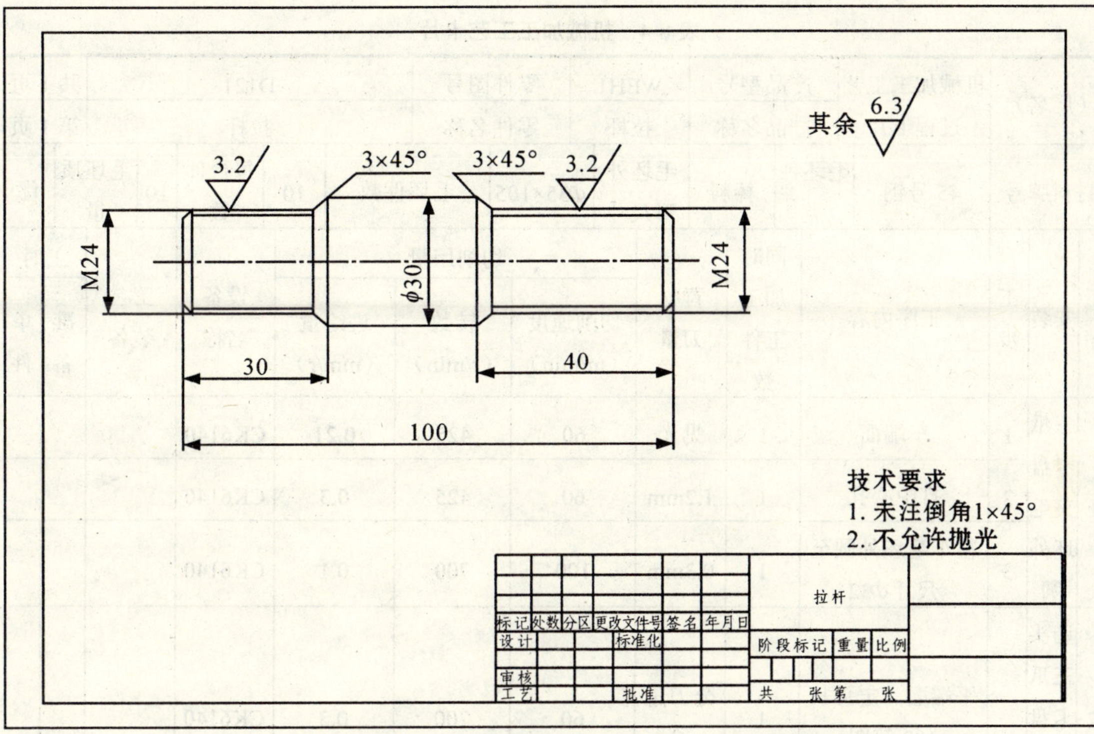

图 8-1

表 8-3 机械加工工艺过程卡片

(厂名)	机械加工工艺过程卡片	产品型号	WEH1	零件图号	D121	共 1 页
		产品名称	拉杆	零件名称	拉杆	第 1 页

材料牌号	45 号钢	毛坯种类	棒料	毛坯外形尺寸	Φ35×105	毛坯件数	10	每台件数	10	毛坯质量	优

工序号	工序名称	工序内容	车间	工段	设备	工艺装备	工时 准备	工时 单件
1	下料	下料：Φ35mm×105mm	机加		J4250			
2	车	按图纸车准备尺寸	机加	车	Ck6140	三卡爪盘		
3	检验	Φ30mm，M24，100mm，30mm，40mm			游标卡尺 M24环规			
4	入库							

										编制	审核	会签
记标	处数	更改文件号	签字	日期	标记	处数	更改文件号	签字	日期			

表 8-4 机械加工工艺卡片

<table>
<tr><td rowspan="2">（厂名）</td><td>机械加工工艺</td><td>产品型号</td><td>WEH1</td><td>零件图号</td><td colspan="6">D121</td><td>共 1 页</td></tr>
<tr><td>过程卡片</td><td>产品名称</td><td>拉杆</td><td>零件名称</td><td colspan="6">拉杆</td><td>第 1 页</td></tr>
<tr><td>材料牌号</td><td>45 号钢</td><td>毛坯种类</td><td>棒料</td><td>毛坯外形尺寸</td><td>$\Phi35\times105$</td><td>毛坯件数</td><td>10</td><td>每台件数</td><td>10</td><td>毛坯质量</td><td>优</td></tr>
</table>

<table>
<tr><td rowspan="2">工序</td><td rowspan="2">安装</td><td rowspan="2">工步</td><td rowspan="2">工序内容</td><td rowspan="2">同时加工工件数</td><td rowspan="2">背吃刀量</td><td colspan="3">切削用量</td><td rowspan="2">设备名称</td><td rowspan="2">工艺装备</td><td colspan="2">工时</td></tr>
<tr><td>切削速度（m/min）</td><td>转数（r/min）</td><td>进给量（mm/r）</td><td>准备</td><td>单件</td></tr>
<tr><td rowspan="3">1</td><td rowspan="3">三爪卡盘夹毛坯外圆</td><td>1</td><td>车端面</td><td>1</td><td>见光</td><td>60</td><td>425</td><td>0.21</td><td>CK6140</td><td></td><td></td><td></td></tr>
<tr><td>2</td><td>打中心孔</td><td>1</td><td>1.2mm</td><td>60</td><td>425</td><td>0.3</td><td>CK6140</td><td></td><td></td><td></td></tr>
<tr><td>3</td><td>粗车毛坯外圆至尺寸 $\Phi32$</td><td>1</td><td>0.3mm</td><td>100</td><td>700</td><td>0.1</td><td>CK6140</td><td></td><td></td><td></td></tr>
<tr><td>2</td><td>调头三爪卡盘夹 Ø32</td><td></td><td>平端面，定总长 100 符图</td><td>1</td><td>分刀进给</td><td>60</td><td>700</td><td>0.3</td><td>CK6140</td><td></td><td></td><td></td></tr>
<tr><td rowspan="3">3</td><td rowspan="3">一夹一顶</td><td>1</td><td>精车外圆 $\Phi30$ 符图</td><td>1</td><td>分刀进给</td><td>100</td><td>700</td><td>0.1</td><td>CK6140</td><td></td><td></td><td></td></tr>
<tr><td>2</td><td>车 M24 至大径 $\Phi24c^{0}_{-0.20}$ 长 40，3×45°倒角，2×45°倒角符图</td><td>1</td><td>分刀进给</td><td>60</td><td>700</td><td>0.3</td><td>CK6140</td><td></td><td></td><td></td></tr>
<tr><td>3</td><td>车螺纹 M24 符图</td><td>1</td><td>分刀进给</td><td>60</td><td>425</td><td>调整螺距 3</td><td>CK6140</td><td>M24 环规</td><td></td><td></td></tr>
<tr><td rowspan="2">4</td><td rowspan="2">调头三爪卡盘夹 Ø30</td><td>1</td><td>车 M24 至大径 $\Phi24c^{0}_{-0.20}$ 长 30，3×45°倒角，2×45°倒角符图</td><td>1</td><td>分刀进给</td><td>60</td><td>700</td><td>0.3</td><td>CK6140</td><td></td><td></td><td></td></tr>
<tr><td>2</td><td>车螺纹 M24 符图</td><td>1</td><td>分刀进给</td><td>60</td><td>425</td><td>调整螺距 3</td><td>CK6140</td><td>M24 环规</td><td></td><td></td></tr>
</table>

<table>
<tr><td></td><td></td><td></td><td></td><td></td><td></td><td></td><td></td><td></td><td></td><td>编制</td><td>审核</td><td>会签</td></tr>
<tr><td>记标</td><td></td><td>处数</td><td>更改文件号</td><td>签字</td><td>日期</td><td>标记</td><td>处数</td><td>更改文件号</td><td>签字日期</td><td></td><td></td><td></td></tr>
</table>

2．加工难点分析

（1）加工尺寸精度的保证：M24 螺纹尺寸的保证，加工时准确的计算背吃刀量，在精加工时要做到边车削边测量（螺纹环规）。

（2）粗糙度的保证：在加工时应该选择合适的切削用量，精加工时刀具要锋利。

二、工艺准备

1．工装及夹具准备（见表 8-5）

表 8-5 工装及夹具准备表

	夹具名称	工具名称
1	三爪卡盘	刀架扳手
2	活顶尖	卡盘扳手
3		加力套筒
4		螺纹刀对刀板

2．量具及刀具准备（见表 8-6）

表 8-6 量具及刀具准备表

	量具名称	刀具名称
1	游标卡尺	45°端面车刀
2	环规	90°外圆车刀
3		60°螺纹车刀

三、生产过程组织

1．毛坯检测

首先根据图纸检测毛坯量是否足够，根据毛坯量的大小来确定粗、精加工的余量。

2．加工过程

（1）启动设备：观察设备外观情况，检查危险源。打开机床电源开关，将主轴速度调整为 30~100r/min 范围内；检查卡盘上卡爪的松动情况，在符合安全要求的情况下启动主轴。

（2）点检润滑：按照设备润滑点检表要求，进行设备润滑；检视各部分油窗内润滑油量。

（3）空载试车：按空载试车要求，检查各操作手柄、按钮的状态。

（4）刀具安装：按要求装夹 45°端面车刀和 90°外圆车刀及 60°螺纹车刀。

（5）装夹工件：该工件用三爪卡盘直接装夹。

（6）按制订的工艺过程加工工件。

四、质量检测

1．首件检查记录表（见表 8-7）

表 8-7　首件检查记录表

任务号	40	材料牌号或代号		45 号钢	数量	1
零件图号		D121		零件名称	拉杆	
工序号	图示尺寸	实测尺寸				测量工具、编号
		自检	签字	专检	签字	
1	Φ30	Φ29.98				游标卡尺
1、2	M24	环规检查合		环规检查合		M24 环规
2	100	100		100		游标卡尺
1	40	39.8		39.8		游标卡尺
2	30	30		30		游标卡尺
	*Ra*3.2μm	合格		合格		粗糙度对照板

2．抽检记录表（见表 8-8）

表 8-8　过程抽检记录表

（厂名）	编号：						共 1 页
	尺寸抽检记录表						第 1 页
序号	2		零件标识		QW		
零件名称	拉杆		零件图号		D121		
材料	45 号钢		数量		1		
零件序号	设计尺寸	M24	Φ30	100	30	40	*Ra*3.2μm
	实测尺寸						
4		合格	Φ29.96	99.98	30	39.8	合格
8		合格	Φ29.96	100	30	40	合格
操作者		日期	2008-3-24	检查		日期	2008-3-24

3．质检员检测记录表（见表 8-9）

表 8-9　质检员检测记录表

<table>
<tr><td colspan="2" rowspan="2">（厂名）</td><td colspan="6">编号：</td><td>共 1 页</td></tr>
<tr><td colspan="6">尺寸检查记录表</td><td>第 1 页</td></tr>
<tr><td colspan="2">序号</td><td colspan="2">2</td><td colspan="2">零件标识</td><td colspan="3">QW</td></tr>
<tr><td colspan="2">零件名称</td><td colspan="2">拉杆</td><td colspan="2">零件图号</td><td colspan="3">D121</td></tr>
<tr><td colspan="2">材料</td><td colspan="2">45 号钢</td><td colspan="2">数量</td><td colspan="3">10</td></tr>
<tr><td rowspan="2">零件序号</td><td>设计尺寸</td><td>M24</td><td>Φ30</td><td>100</td><td>40</td><td>30</td><td>Ra3.2μm</td><td></td></tr>
<tr><td>实测尺寸</td><td></td><td></td><td></td><td></td><td></td><td></td><td></td></tr>
<tr><td>1</td><td></td><td>合格</td><td>Φ29.98</td><td>100</td><td>40</td><td>30</td><td>合格</td><td></td></tr>
<tr><td>2</td><td></td><td>合格</td><td>Φ29.98</td><td>99.98</td><td>40</td><td>30</td><td>合格</td><td></td></tr>
<tr><td>3</td><td></td><td>合格</td><td>Φ29.96</td><td>99.98</td><td>39.6</td><td>29.8</td><td>合格</td><td></td></tr>
<tr><td>4</td><td></td><td>合格</td><td>Φ29.96</td><td>99.98</td><td>39.8</td><td>30</td><td>合格</td><td></td></tr>
<tr><td>5</td><td></td><td>合格</td><td>Φ29.96</td><td>99.94</td><td>40</td><td>30</td><td>不合格</td><td></td></tr>
<tr><td>6</td><td></td><td>不合格</td><td>Φ29.98</td><td>100</td><td>40</td><td>30</td><td>合格</td><td></td></tr>
<tr><td>7</td><td></td><td>合格</td><td>Φ29.96</td><td>99.94</td><td>40</td><td>30</td><td>合格</td><td></td></tr>
<tr><td>8</td><td></td><td>合格</td><td>Φ29.96</td><td>100</td><td>40</td><td>30</td><td>合格</td><td></td></tr>
<tr><td>9</td><td></td><td>合格</td><td>Φ29.98</td><td>100.1</td><td>40</td><td>30</td><td>合格</td><td></td></tr>
<tr><td>10</td><td></td><td>合格</td><td>Φ29.98</td><td>100</td><td>40</td><td>29.6</td><td>合格</td><td></td></tr>
<tr><td>操作者</td><td></td><td></td><td>日期</td><td>2008-3-24</td><td>检查</td><td></td><td>日期</td><td>2008-3-24</td></tr>
</table>

五、质量事故分析与改进措施

（1）如表 8-9 所示，零件序号 5 表面粗糙度不合格，原因可能是车削螺纹时吃刀深度太大、顶尖未顶紧，改进措施是在加工螺纹时应该分粗、精加工、顶尖松紧适度。控制好粗、精加工的背吃刀量。

（2）如表 8-9 所示，零件序号 6 M24 螺纹不合格，环规检查止规通过了。原因是在车削螺纹大径时车小尺寸，改进措施时在加工螺纹大径时应该车削准确。

【职业能力分解】

根据示例零件的生产过程分析，完成以上要求的加工任务，需要掌握以下相关知识及操作技能。

一、理论知识

机器制造中很多零件都带有螺纹，螺纹用途十分广泛，有作连接（或固定）的，也有作传递动力的。螺纹的加工方法多种多样，大规模生产直径较小的三角螺纹，常采用滚丝、搓丝或轧丝的方法；对数量较少或批量不大的螺纹工件常采用车削的方法。

1．常见螺纹类别

螺纹的种类很多，如图 8-2 所示，按用途不同可分为连接螺纹和传动螺纹；按牙形特点可分为三角螺纹、矩形螺纹、锯齿形螺纹和梯形螺纹等；按螺旋线方向可以分为右旋螺纹和左旋螺纹；按螺旋线的多少又可分为单线螺纹和多线螺纹。

- 螺纹
  - 连接螺纹(三角形螺纹)
    - 普通三角形螺纹
      - 普通粗牙螺纹
      - 普通细牙螺纹
    - 英制三角形螺纹
    - 管螺纹
      - 非螺纹密封的管螺纹(圆柱管螺纹)
      - 用螺纹密封的管螺纹(55°圆锥管螺纹)
      - 60°圆锥管螺纹
  - 传动螺纹
    - 矩形螺纹(方牙螺纹)
    - 梯形螺纹
      - 米制梯形螺纹
      - 英制梯形螺纹
    - 锯齿形螺纹

图 8-2　螺纹的分类

2．螺纹要素及各部分名称

（1）螺旋线

如图 8-3 所示，用底边等于圆柱周长的直角三角形 *ABC* 绕圆柱旋转一周，斜边 *AC* 在圆柱面上形成的曲线就是螺旋线。螺旋线沿向右方向上升的为右螺纹；螺旋线沿向左方向上升的为左螺纹。

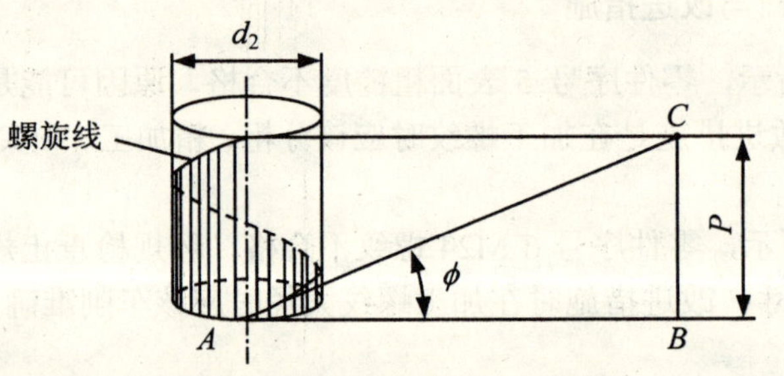

图 8-3　螺旋线的简单形成原理

判断左、右螺纹的简单方法是：将螺纹沿轴线方向为基准竖直放置，观察螺旋线，左边螺旋线高的为左螺纹，右边螺旋线高的为右螺纹（如图 8-4 所示）。

（2）螺纹大径（d、D）

螺纹大径是指与外螺纹牙顶或内螺纹牙底相切的假想圆柱或圆锥的直径。外螺纹大径用 d 表示，内螺纹大径用 D 表示。国家标准规定，螺纹大径的基本尺寸称为螺纹的公称直径，它代表螺纹尺寸的直径。

（3）螺纹小径（d_1、D_1）

① 外螺纹小径 d_1，即外螺纹的底径。

② 内螺纹小径 D_1，即内螺纹的孔径。

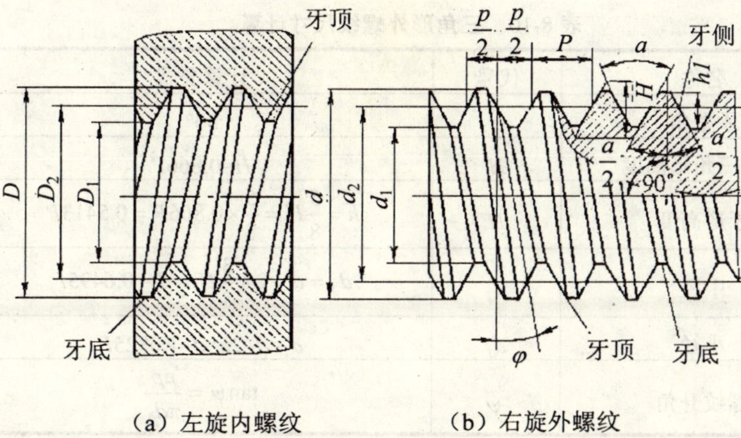

图 8-4 三角形螺纹各部分各名称

（4）螺纹中径（D_2、d_2）

中径是螺纹的重要尺寸，螺纹配合时就是靠在中径线上内、外螺纹中径接触来实现传递动力或紧固作用。

螺纹中径是一个假想圆柱的直径，该圆柱的母线通过螺纹的牙宽和槽宽正好相等时，这才假想圆柱的直径就是螺纹的中径。外螺纹和内螺纹的中径相等，即 $D_2 = d_2$。

（5）牙形角 α

在过螺纹轴线的截面内相邻两牙侧之间的夹角。

（6）螺距 P

相邻两牙在中径线上对应两点间的轴向距离。

（7）导程 L

在同一螺旋线上，相邻两牙在中径线上对应两点间的轴向距离。

当螺纹为单线螺纹时，导程与螺距相等（$L=P$）；当螺纹为多线时，导程等于螺旋线数（n）与螺距（P）的乘积，即 $L=nP$。

（8）原始三角形高度 H

在过螺纹轴线的截面内，牙侧两边交点在垂直于螺纹轴线方向的距离。螺纹中径正好通过原始三角形高度的中点，把 H 分成两等分。普通三角螺纹原始三角形高度与螺距的关系是：

$$H=0.866P$$

（9）螺纹升角

在中径圆柱上，螺旋线的切线与垂直于螺纹轴线方向平面的夹角。

其计算公式是：

$$\tan\psi \frac{np}{\pi d_2} = \frac{L}{\pi d_2}$$

式中，n 为螺旋线数；P 为螺距；d_2 为中径；L 为导程。

3．三角形外螺纹的尺寸计算（如表 8-10 所示）

表 8-10　三角形外螺纹尺寸计算

名称	代号	计算公式
牙型角	a	60°
原始三角形高度	H	$H=0.866P$
牙形高度	H	$h=\frac{5}{8}H=\frac{5}{8}\times 0.866P=0.5413P$
中径	d_2	$d_2=d-2\times\frac{3}{8}H=d-0.6495P$
小径	d_1	$d_1=d-2h=d-1.0825P$
螺纹升角	ψ	$\tan\psi=\frac{np}{\pi d_2}$

4．三角形外螺纹车刀及其刃磨

（1）高速钢外螺纹车刀

高速钢外螺纹车刀（如图 8-5 所示）刃磨方便，切削刃锋利，韧性好，车削时刀尖不易崩裂，车出螺纹的表面粗糙度值小。但其热稳定性差，不宜高速车削，常用在低速切削、加工塑性材料的螺纹或作为螺纹的精车刀方面。

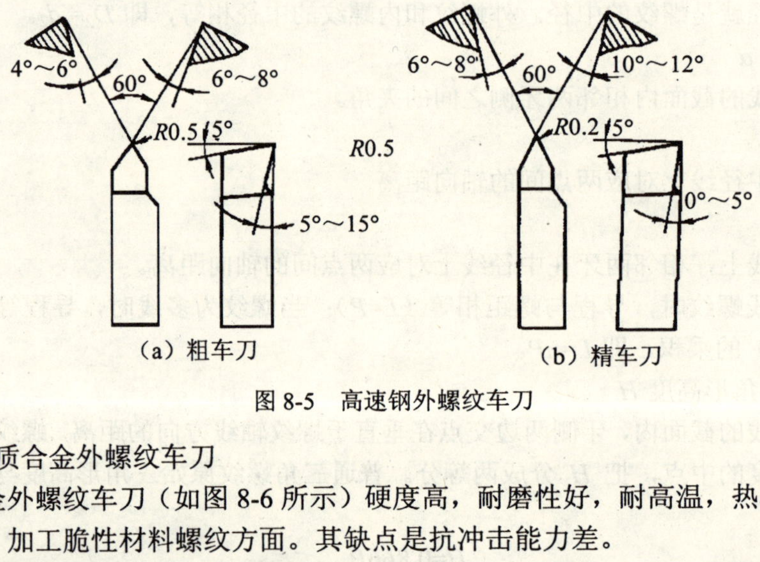

图 8-5　高速钢外螺纹车刀

（2）硬质合金外螺纹车刀

硬质合金外螺纹车刀（如图 8-6 所示）硬度高，耐磨性好，耐高温，热稳定性好，常用在高速切削、加工脆性材料螺纹方面。其缺点是抗冲击能力差。

5．三角形外螺纹车刀的几何角度

螺纹车刀按加工性质属于成形刀具，其切削部分的几何形状应当和螺纹牙型（即在通过螺纹轴线的剖面上，螺纹的轮廓形状）相符合，即车刀的刀尖角应等于螺纹牙型角。

对于三角形螺纹车刀，其几何角度一般为：

（1）刀尖角ε_r等于牙型角 a，车普通螺纹时，ε_r=60°；车英制螺纹时，ε_r=55°。

（2）径向前角一般为 0～15°，螺纹车刀的径向前角γ_p对牙型角有很大影响。粗车时，为了切削顺利，径向前角可取得大一些，γ_p=5°～15°；精车时，为了减小对牙型角的影响，径向前角应取得小一些，γ_p=0～5°。

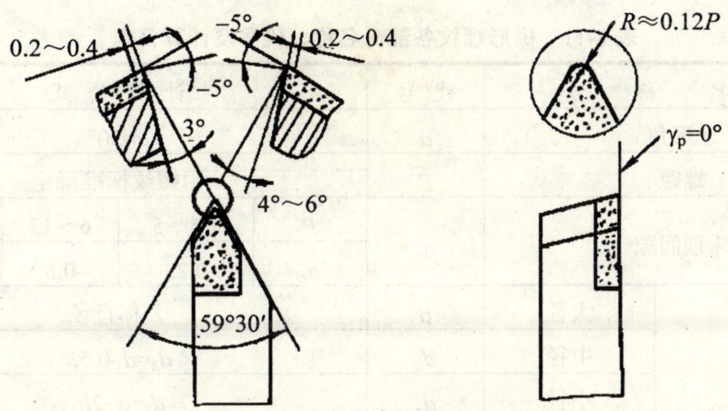

图 8-6　硬质合金三角形外螺纹车刀

（3）工作后角，一般取 a_{oe}=3°～5°。由于螺纹升角会使车刀沿进给方向一侧的工作后角变小，使另一侧的工作后角增大，为避免车刀后面与螺纹牙侧发生干涉，保证切削顺利进行，车刀沿进给方向一侧的后角磨成工作后角加上螺纹升角；为了保证车刀的强度，另一侧的后角则磨成工作后角减去螺纹升角。

6．梯形螺纹

（1）梯形螺纹的标记

梯形螺纹的完整标记是由螺纹代号、公差带代号及旋合长度代号组成，三者用“-”分开。外螺纹小径和中径公差等级相同，在公差带代号中只标注中径公差带代号；旋合长度分短旋合长度（S 组）、中等旋合长度（N 组）和长旋合长度（L 组）三组，当旋合长度为 N 组时可以不标注。

标记举例如下：

外螺纹：TF40×7LH–7e

表示公称直径为 40mm、螺距为 7mm、中等旋合长度的梯形左螺纹，其中径和小径的公差等级为 1T7，公差带的位置为 e。

内螺纹：Tr36×6–7H–L

表示公称直径为 36mm、螺距为 6mm、长旋合长度的梯形内螺纹，其中径公差等级为 1T7，公差带的位置为 H。

一对相互配合的内外螺纹标注方法是：把内、外螺纹的公差带代号全部写出，前边表示内螺纹公差带代号，后边表示外螺纹公差带代号，中间用斜线分开，如：Tr36×12（P6）–8H/7e。

（2）梯形螺纹的尺寸计算（如表 8-11 所示）

（3）梯形螺纹车刀及刃磨

车梯形外螺纹时，径向切削力较大，为了减小切削力，螺纹车刀也应分为粗车刀和精车刀两种。

① 高速钢梯形螺纹粗车刀

高速钢梯形螺纹粗车刀如图 8-7 所示。为了左右切削并留精车余量，刀尖角应小于牙型角，刀尖宽度应小于牙型槽底宽 W。

表 8-11　梯形螺纹各部分名称、代号及计算公式

<table>
<tr><th colspan="2">名　　称</th><th>代 号</th><th colspan="4">计 算 公 式</th></tr>
<tr><td colspan="2">牙形角</td><td>a</td><td colspan="4">a=30°</td></tr>
<tr><td colspan="2">螺距</td><td>P</td><td colspan="4">由螺纹标准确定</td></tr>
<tr><td colspan="2" rowspan="2">牙顶间隙</td><td rowspan="2">a_c</td><td>P</td><td>1.5～5</td><td>6～12</td><td>14～44</td></tr>
<tr><td>a_c</td><td>0.25</td><td>0.5</td><td>1</td></tr>
<tr><td rowspan="4">外螺纹</td><td>大径</td><td>d</td><td colspan="4">公称直径</td></tr>
<tr><td>中径</td><td>d_2</td><td colspan="4">$d_2=d-0.5P$</td></tr>
<tr><td>小径</td><td>d_3</td><td colspan="4">$d_3=d-2h_3$</td></tr>
<tr><td>牙高</td><td>h_3</td><td colspan="4">$h_3=0.5P+a_c$</td></tr>
<tr><td rowspan="4">内螺纹</td><td>大径</td><td>D_4</td><td colspan="4">$D_4=d+2a_c$</td></tr>
<tr><td>中径</td><td>D_2</td><td colspan="4">$D_2=d_2$</td></tr>
<tr><td>小径</td><td>D_1</td><td colspan="4">$D_1=d-P$</td></tr>
<tr><td>牙高</td><td>H_4</td><td colspan="4">$H_4=h_3$</td></tr>
<tr><td colspan="2">牙顶宽</td><td>f、f'</td><td colspan="4">$f=f'=0.366P$</td></tr>
<tr><td colspan="2">牙槽底宽</td><td>W、w'</td><td colspan="4">$w=w'=0.366P-0.536a_c$</td></tr>
</table>

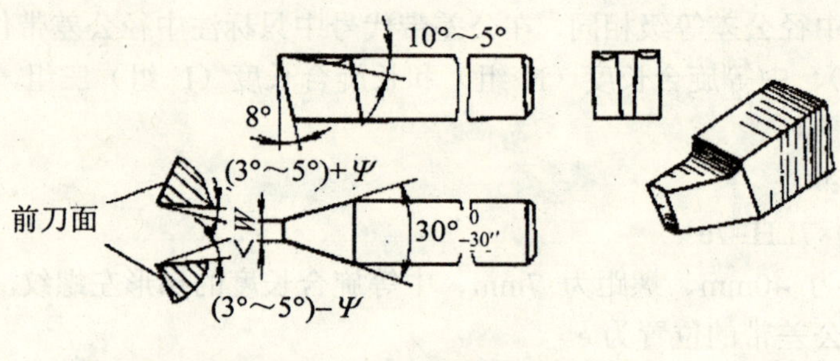

图 8-7　高速钢梯形螺纹粗车刀

②高速钢梯形螺纹精车刀

高速钢梯形螺纹精车刀如图 8-8 所示。车刀的径向前角为 0°，两侧切削刃之间的夹角等于牙型角。为了保证两侧切削刃切削顺利，在两侧都磨有较大前角的卷屑槽，但车削时，车刀的前端不能参加切削，只能精车牙侧。

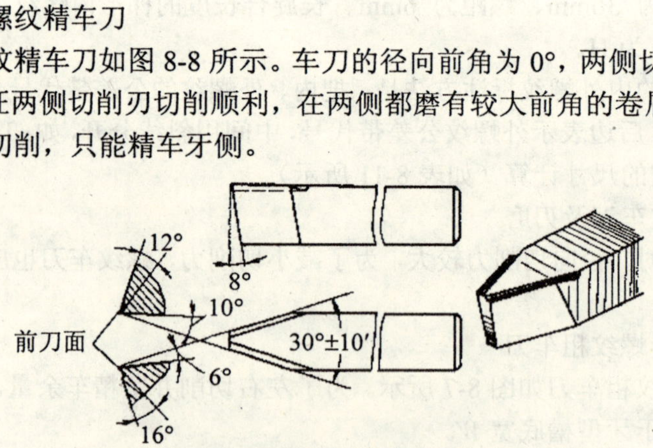

图 8-8　高速钢梯形螺纹精车刀

③硬质合金梯形螺纹车刀

为了提高效率，在车削一般精度梯形螺纹时，可以采用硬质合金车刀进行高速车削。硬质合金梯形螺纹车刀如图 8-9 所示。

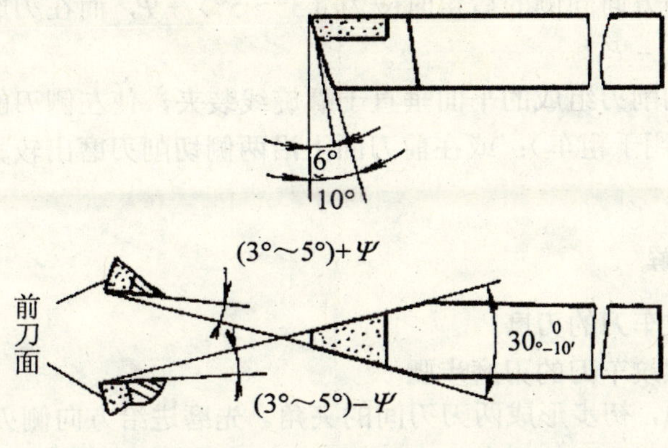

图 8-9　硬质合金梯形螺纹车刀

高速切削梯形螺纹时，由于三个刃同时切削，切削力大，容易引起振动，并且前刀面是平行面（径向前角为 0°），切屑呈带状流出，操作不安全。为了减小振动使切削和排屑顺利，可在前刀面上磨出两个圆弧，如图 8-10 所示。

其主要优点是：

a. 因为磨出了两个 R7mm 的圆弧，使径向前角增大，切削轻快，不易引起振动。

b. 切屑呈球头状排出，保证安全，清除切屑方便。

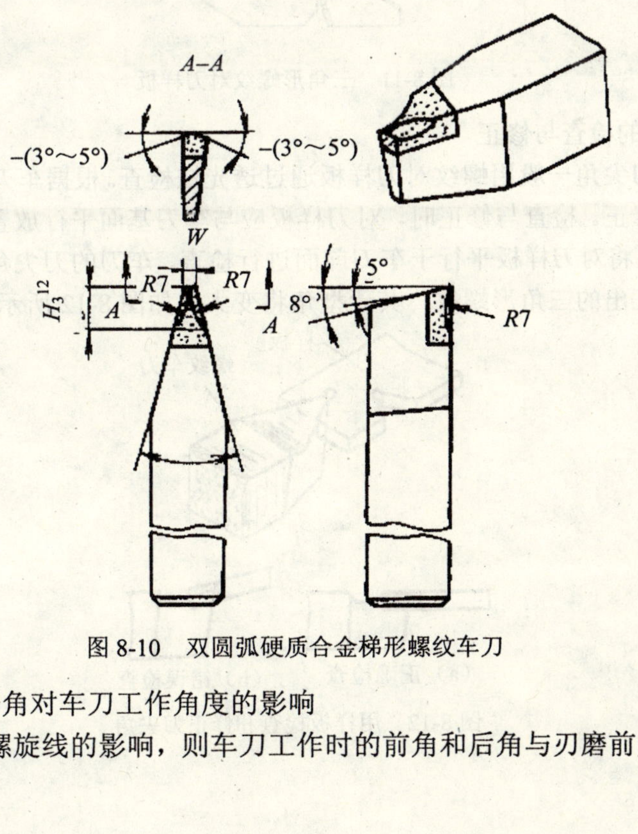

图 8-10　双圆弧硬质合金梯形螺纹车刀

（4）梯形螺纹升角对车刀工作角度的影响

车螺纹时，因受螺旋线的影响，则车刀工作时的前角和后角与刃磨前角（静止前角）和刃磨后角（静止后角）的数值不同。由于三角形螺纹升角较小，受其影响不大。但在车削梯形螺纹时，由于其螺纹升角Ψ较大，其影响则不可忽略。因此，在刃磨梯形螺纹车刀时，必须考虑这个影响。

① 在刃磨与走刀方向同侧的后角时应为（3°～5°）$+\Psi$，而在刃磨与背离走刀方向同侧后角时应为（3°～5°）$-\Psi$。

② 将车刀两侧切削刃组成的平面垂直于螺旋线装夹，使左侧刃的工作前角和右侧刃的工作前角均为 0°（适用于粗车）；或在前刀面上沿两侧切削刃磨出较大前角的卷屑槽，使切削顺利并利于排屑。

二、操作技能分解

1．三角形外螺纹车刀的刃磨

（1）三角形外螺纹车刀的刃磨步骤

① 粗磨两侧后面，初步形成两刀刃间的夹角。先磨进给方向侧刃（控制刀尖半角$\varepsilon_r/2$及后角$a_0+\psi$），再磨反方向侧刃（控制刀尖角ε_r及后角$a_0-\psi$）。

② 粗磨前刀面，初步形成前角。

③ 精磨前刀面，形成前角。

④ 精磨两侧后面，如图 8-11 所示，用螺纹对刀样板控制刀尖角。

⑤ 修磨刀尖，刀尖倒棱宽度约为 0.1P（P：螺距）。

⑥ 用油石研磨刀刃处的前、后面和刀尖圆弧，注意保持刃口锋利。

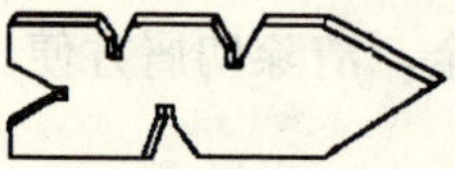

图 8-11　三角形螺纹对刀样板

（2）刀尖角的检查与修正

螺纹车刀的刀尖角一般用螺纹对刀样板通过透光法检查。根据车刀两切削刃与对刀样板的贴合情况反复修正。检查与修正时，对刀样板应与车刀基面平行放置，才能使刀尖角近似等于牙型角。如果将对刀样板平行于车刀前面进行检查，车刀的刀尖角则没有被修正，用这样的螺纹车刀加工出的三角形螺纹，其牙型角将变大，如图 8-12 所示。

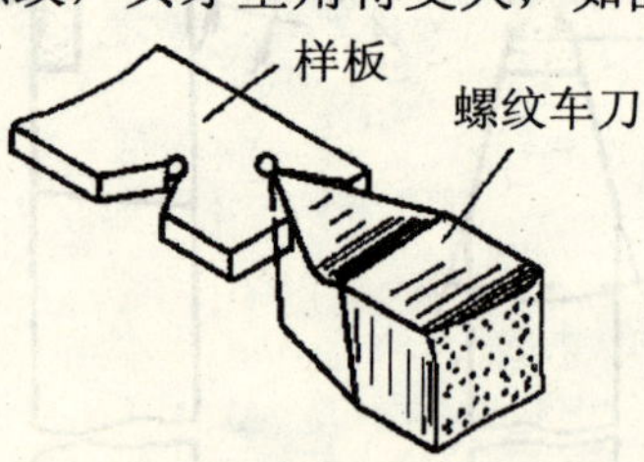

（a）正确检查　（b）错误检查

图 8-12　用样板检查和修正刀尖角

（3）刃磨注意事项

① 刃磨时，人的站立位置和姿势要正确，姿势不正确易将刀尖角刃磨歪斜。

② 粗磨有径向前角的螺纹车刀时，应使刀尖角略大于牙型角，待磨好前角后，再修磨两刃夹角。

③ 刃磨高速钢螺纹车刀时，应选用细粒度砂轮（如粒度号 80#的氧化铝砂轮），刃磨时车刀对砂轮的压力应小于一般车刀，并常浸水冷却，以防过热引起退火。

④ 刃磨时车刀刀刃应在砂轮表面左右移动，这样容易使刃中刃磨平直。

2．三角形外螺纹车刀的装夹

（1）螺纹车刀刀尖应与车床主轴轴线等高，一般可根据尾座顶尖高度进行调整和检查。

（2）螺纹车刀的两刀尖半角的对称中心线应与工件轴线垂直，装刀时可用螺纹对刀样板调整，如图 8-13 所示。如果把车刀装歪，会使车出的螺纹两牙型半角不相等，产生如图所示的歪斜牙型（俗称倒牙）。

（3）螺纹车刀不宜伸出刀架过长，一般伸出长度为刀柄厚度的 1.5 倍，约 25～30 mm。

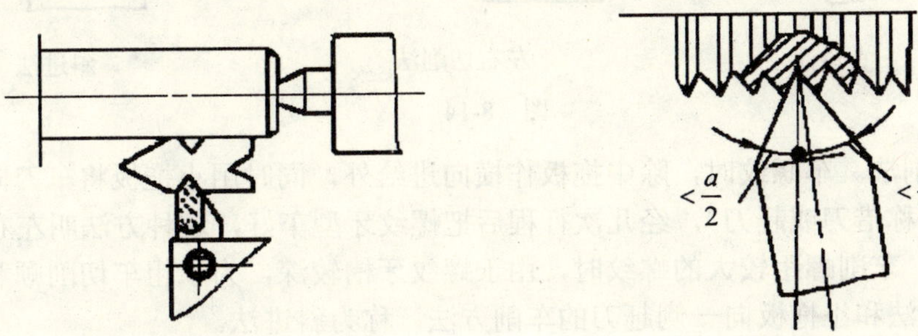

用对刀样板装螺纹车刀　　　　装刀歪斜造成倒牙

图　8-13

3．三角形外螺纹车削步骤

三角形螺纹的车削方法有低速和高速车削两种。低速车削使用高速钢螺纹车刀，高速车削使用硬质合金螺纹车刀。低速车削精度高，表面粗糙度高，但效率低。高速车削效率可达低速车削的几倍，只要方法得当，也可获得较高的表面粗糙度。要车好螺纹应正确选择车刀的几何角度与刃磨、车刀的安装、车床的调整和车螺纹的进给方向、切削用量、冷却润拖以及车削三角形外螺纹的基本计算和测量方法等。

（1）车床的调整

① 调整车床手柄的位置。车削常用螺距或导程的螺纹时，可根据所车螺距或导程在进给箱的铭牌上找到相应的手柄位置参数，并把手柄拨到所需的位置。

② 调整拖板间隙。车削螺纹时，床鞍和中、小拖板镶条的配合间隙既不能太松，又不能太紧。太紧时，摇动拖板费力；太松时，容易产生“扎刀”现象。

③ 开合螺母调整检查丝杠与开合螺母啮合是否到位，以防车削时产生乱牙。

④ 切削液的选用。根据螺纹加工要求、工件材料、刀具材料和工艺要求等具体情况合理选用。

（2）车削三角形外螺纹的进刀方式

由于三角形螺纹车刀刀尖强度较差，工作条件恶劣，加之两侧切削刃同时参加切削，则会产生较大切削抗力，这将引起工件振动，影响加工精度和表面粗糙度。所以，在进刀方法上应根据不同的加工要求、零件的材质和螺纹的螺距大小来选择合适的进刀方法。

① 直进刀法。车削时只用中拖板横向进给（如图 8-14 所示），在几次行程后，把螺纹车到所需的尺寸和表面粗糙度，这种方法叫做直进法，适于 $P<3\text{mm}$ 的三角形螺纹粗、精车。

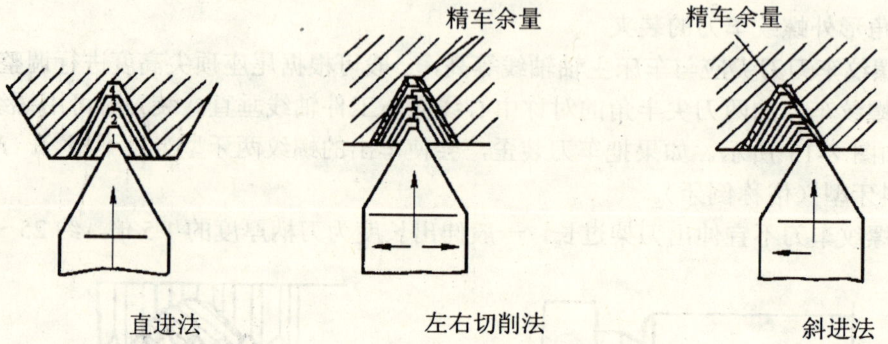

图 8-14

② 左右切削法。车螺纹时，除中拖板作横向进给外，同时用小拖板将车刀向左或向右作微量移动（俗称借刀或赶刀），经几次行程后把螺纹牙型车好，这种方法叫左右进刀法。

③ 斜进法。车削螺距较大的螺纹时，由于螺纹牙槽较深，为了粗车切削顺利，常采用中拖板横向进给法和小拖板向一侧赶刀的车削方法，称为斜进法。

（3）切削用量的选择

低速车削三角形外螺纹时，应考虑工件的材质、螺纹的牙型角和螺距的大小及所处的加工阶段（粗车还是精车）等因素，合理选择切削用量。

① 由于螺纹车刀两切削刃夹角较小、散热条件差，所以，切削速度比车削外圆时低，一般粗车时，V_c=10～15 m/min；精车时，V_c=6 m/min。

② 粗车第一、第二刀时，螺纹车刀刚切入工件，总的切削面积不大，可以选择较大些的切削深度（即吃刀深度），以后每次进给的切削深度应逐步减小。精车时，切削深度更小，排出的切屑很薄（像锡箔一样），以获得更小的表面粗糙度值。

高速车削三角形外螺纹时，只能用直进法进刀。切削速度一般取 V_c=50～100m/min；切削深度开始应大些，以后逐次减小，但最后一次切削的深度应不小于 0.1mm。

4．三角形外螺纹车削方法

车削有退刀槽螺纹常采用提开合螺母法和开倒顺车法。

（1）提开合螺母法车螺纹

选择较低的主轴转速，开车并移动螺纹车刀，使刀尖与工件外圆轻微接触，将床鞍向右移动退出工件端面，记住中拖板刻度读数或将中拖板刻度盘调零。使中拖板进给 0.05mm 左右，左手握中拖板手柄，右手握开合螺母手柄。右手压下开合螺母，使车刀刀尖在工件表面车出一条螺旋线痕。当车刀刀尖移动到退刀槽位置时，右手迅速提起开合螺母，然后横向退刀、停车。用钢直尺或游标卡尺检查螺距（如图 8-15 所示），确认螺距正确无误后，开始车螺纹。车螺纹时，第一次进刀的吃刀深度可适当大些，以后每次车削时，吃刀深度逐渐减少，经多次车削后使切削深度等于牙型深度后，停车检查螺纹是否合格。

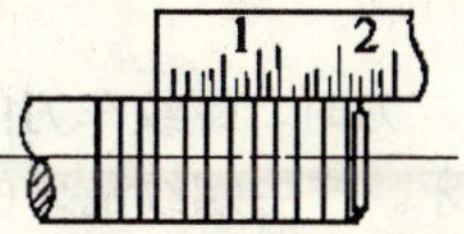

（a）用钢直尺测螺距

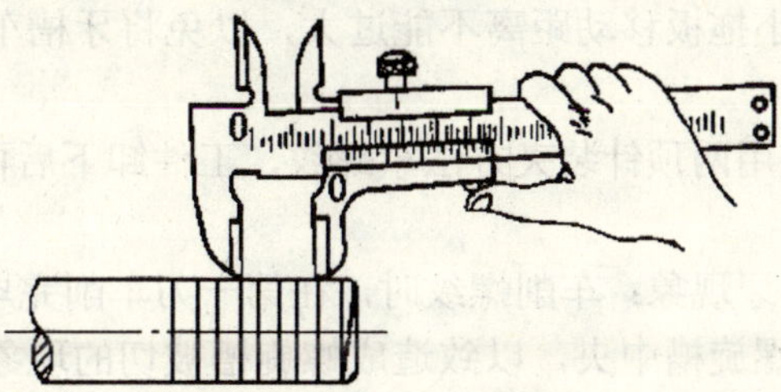

（b）用游标卡尺测螺距

图 8-15　螺距检查

（2）倒顺车法车螺纹

车削方法基本上与提开合螺母法相同，只是在螺纹的车削过程中，不提起开合螺母，而是当螺纹车刀车削到退刀槽内时，快速退出中拖板，同时压下操纵杆，使车床主轴反转，机动退回床鞍、拖板箱到起始位置。

车削无退刀槽螺纹时，先在螺纹的有效长度处用车刀刻划一道刻线。当螺纹车刀移动到螺纹终止刻线处时，横向迅速退刀并提起开合螺母或压下操纵杆开倒车，使螺纹收尾在 2/3 圈之内，如图 8-16 所示。

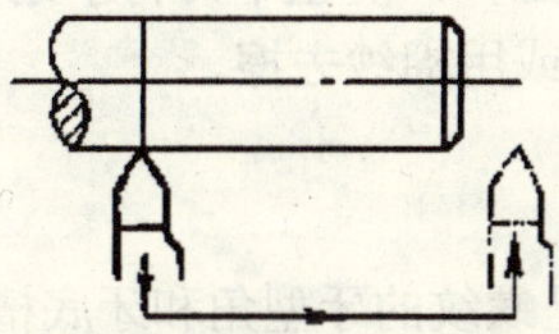

图 8-16　螺纹终止退刀标记

（3）车削中途换刀方法

在车削螺纹的过程中，磨钝了的螺纹车刀经刃磨后重新装夹或中途更换螺纹车刀，这时需要重新调整车刀中心高和刀尖半角。车刀装夹正确后，不切入工件，开车合上开合螺母，当车刀纵向移动到工件端面处时，迅速将操纵杆放到中间位置，待车刀自然停稳后，移动小拖板和中拖板，使车刀刀尖对准已车出的螺旋槽，然后晃车（即将操纵杆轻提但不提到位，再迅速放回中间位置，使车床“点动”），观察车刀是否在螺旋槽内，反复调整直到刀尖对准螺旋槽为止，才能继续车削螺纹。

5．三角形外螺纹车削技术要点

（1）注意和消除拖板的“空行程”。

（2）避免“乱扣”。当第一条螺旋线车好以后进行第二次进刀车削，刀尖不在原来的螺旋线（螺旋桩）中，而是偏左或偏右，甚至车在牙顶中间，而将螺纹车乱，这种现象就叫做“乱扣”。预防乱扣的方法是采用倒顺（正反）车法车削。在用左右切削法车削螺纹时小拖板移动距离不要过大，若车削途中刀具损坏需重新换刀或者无意提起开合螺母时，应注意及时对刀。

（3）对刀。对刀前首先要安装好螺纹车刀，然后按下开合螺母，开正车（注意应该是空走刀）停车，移动中、小拖板使刀尖准确落入原来的螺旋槽中（注意不能移动大拖板），同时，根据所在螺旋槽中的位置重新做中拖板进刀的记号，再将车刀退出，开倒车，将车退至螺纹头部，再进刀。对刀时一定要注意正车对刀。

（4）赶刀。赶刀就是螺纹车削定深度后，将小拖板向前或向后移动一点距离再进行车削，借刀时注意小拖板移动距离不能过大，以免将牙槽车宽造成“乱扣”。主要用于大螺距螺纹的车削。

（5）使用两顶针装夹方法车螺纹，工件卸下后再重新车削时，应该先对刀，后车削以免“乱扣”。

（6）乱牙现象：车削螺纹时，在第一刀车削完毕车削第二刀时，螺纹车刀的刀尖不在第一刀车削的螺旋槽中央，以致造成螺旋槽被切的现象称为乱牙。产生螺纹乱牙的原因是车床丝杠的螺距不能被工件螺纹的螺距整除（即不成整数倍），采用提开合螺母法车螺纹，车第二刀或后继刀次时，合上开合螺母后，螺纹车刀刀尖相对工件螺纹表面的轨迹不重合所造成的。

在车削车床丝杠螺距与工件螺纹的螺距不是整数倍的螺纹时，采用倒顺车法车削就可避免产生螺纹乱牙。

6．加工三角形外螺纹安全注意事项

（1）车螺纹前先检查好所有手柄是否处于车螺纹位置，防止盲目开车。

（2）车螺纹时要思想集中，动作迅速，反应灵敏。

（3）用高速钢车刀车螺纹时，车头转速不能太快，以免刀具磨损。

（4）要防止车刀或者刀架、拖板与卡盘、床尾相撞。

（5）旋螺母时，应将车刀退离工件，防止车刀将手划破，不要开车旋紧或者退出螺母。

（6）旋转的螺纹不能用手去摸或用棉纱去擦。

7．梯形螺纹车刀的刃磨

（1）梯形螺纹车刀刃磨要求

梯形螺纹车刀刃磨的主要参数是螺纹的牙型角和牙底槽宽度。

① 刃磨两刃两夹角时，应随时目测和样板校对。

② 磨有径向前角的两刃夹角时，应用特制厚样板进行修正。

③ 切削刃要光拖、平直、无裂口，两侧切削刃必须对称，刀体不歪斜。

④ 用油石研去各刀刃的毛刺。

（2）梯形螺纹车刀刃磨步骤

① 粗磨刀刃两侧后面，初步形成刀尖角。

② 粗、精磨前刀面或径向前角。

③ 精磨刀刃两侧后面时（走刀方向后角应大于背离走刀方向后角），刀尖角用样板修正。

④ 修正刀尖后角时，应注意刀尖横刃宽度应小于槽底宽度。

（3）梯形螺纹车刀刃磨注意事项

① 刃磨两侧后角时要注意螺纹的左右旋向，然后根据螺纹升角的大小来决定两侧后角的数值。

② 内螺纹车刀的刀尖角平分线应和刀柄垂直。

③ 刃磨高速钢车刀时，应随时放入水中冷却，以防退火。

8．梯形螺纹车刀的安装

（1）安装梯形螺纹车刀时，应使刀尖对准工件回转中心，以防止牙型角的变化。采用弹簧刀排时，其刀尖应略高于工件回转中心 0.2mm 左右，以补偿刀弹性变形量。

（2）为了保证梯形螺纹车刀两刃夹角中线垂直于工件轴线，当梯形螺纹车刀在基面内安装时，可用螺纹样板进行校正对刀（如图 8-17 所示）。

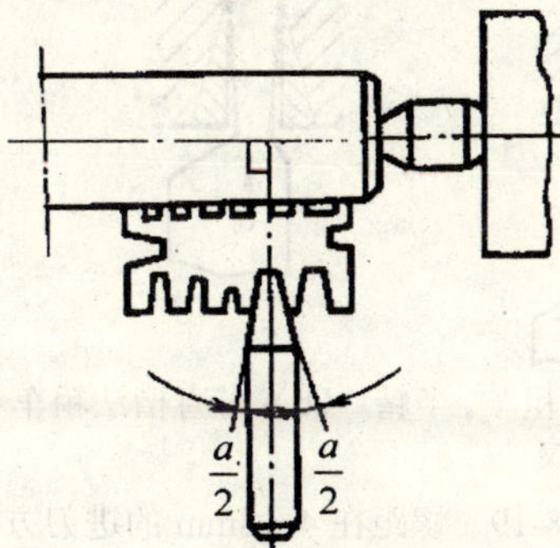

图 8-17 梯形螺纹车刀的安装

9．梯形外螺纹的车削步骤

（1）螺距小于 4 mm，精度要求不高的梯形外螺纹，可用一把梯形螺纹车刀粗、精车至尺寸要求。如图 8-18 所示，粗车时可采用少量的左右切削法或斜进法，精车时采用直进法。

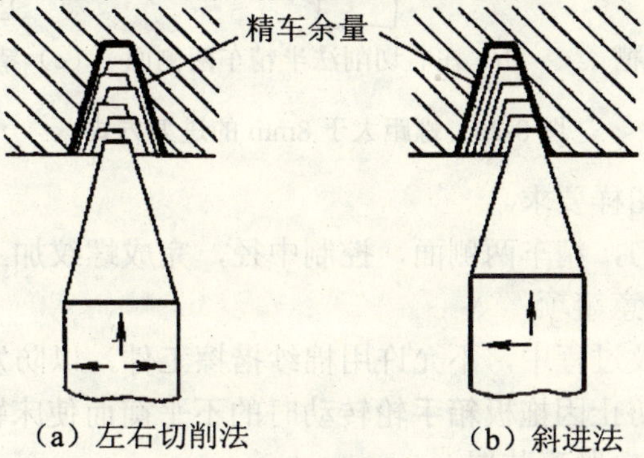

（a）左右切削法　　（b）斜进法

图 8-18 螺距小于 4mm 的进刀方式

（2）螺距为 4～8mm 或精度要求较高的梯形外螺纹，一般采用左右切削法或车直槽法车削，具体车削步骤为：

① 粗车、半精车螺纹大径，留精车余量 0.3 mm 左右，倒角（与端面成 15°）。

② 用左右切削法粗车、半精车螺纹，每边留精车余量 0.1～0.2mm，螺纹小径精车至尺寸要求。或选用刀头宽度稍小于槽底宽的切槽刀，采用直进法粗车螺纹，槽底直径等于螺纹小径。

③ 精车螺纹大径至图样要求。

④ 用两侧切削刃磨有卷屑槽的梯形螺纹精车刀精车两侧面至如图 8-19 所示要求。

（3）螺距大于 8mm 的梯形外螺纹，一般采用切阶梯槽的方法车削，如图 8-20 所示，方法是：

① 粗车、半精车螺纹大径，留精车余量 0.3mm 左右，倒角（与端面成 15°）。

② 用刀头宽度小于 $P/2$ 的切槽刀直进法粗车螺纹至接近中径处，再用刀头宽度略小于槽底宽的切槽刀直进法粗车螺纹，槽底直径等于螺纹小径，从而形成阶梯状的螺旋槽。

③ 用梯形螺纹粗车刀，采用左右切削法半精车螺纹槽两侧面，每面留精车余量 0.1～0.2mm。

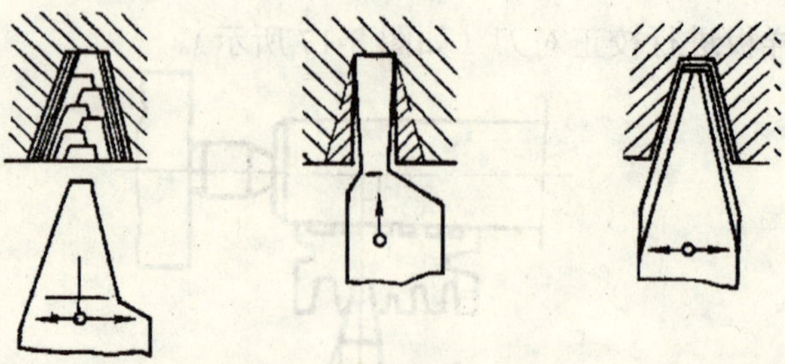

（a）用左右切削法粗车、半精车梯形螺纹　（b）车直槽法粗车　（c）精车梯形螺纹

图 8-19　螺距在 4～8mm 的进刀方式

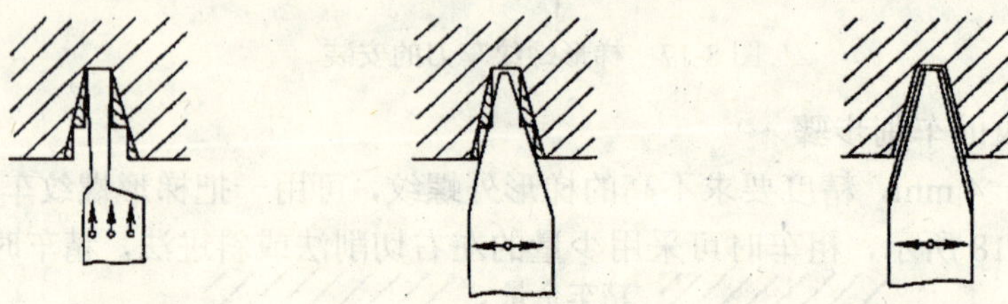

（a）车阶梯梯槽　（b）左右切削法半精车两侧面　（c）精车梯形螺纹

图 8-20　螺距大于 8mm 的进刀方式

④ 精车螺纹大径至图样要求。

⑤ 用梯形螺纹精车刀，精车两侧面，控制中径，完成螺纹加工。

10．梯形螺纹车削注意事项

（1）在车削梯形螺纹过程中，不允许用棉纱揩擦工件，以防发生安全事故。

（2）车螺纹时，为防止因拖板箱手轮转动时的不平衡而使床鞍发生蹿动，可在手轮上安装平衡块，最好采用手轮脱离装置。

（3）梯形螺纹精车刀两侧刃应刃磨平直，刀刃应保持锋利。

（4）精车前，最好重新修正中心孔，以保证螺纹的同轴精度。

（5）车螺纹时思想集中，严防中拖板手柄多进 1 圈而撞坏螺纹车刀或使工件因碰撞而报废。

（6）粗车螺纹时，应将小拖板调紧一些，以防车刀发生移位而产生乱牙。

（7）车螺纹时，选择较小的切削用量，减少工件的变形，同时应充分加注切削液。

11．螺纹的检测

测量螺纹的方法有单项测量和综合测量两类。

（1）单项测量是选择合适的量具来检测螺纹的某一单项参数，一般为检测螺纹的大径、螺距和中径。

① 大径检测。螺纹的大径公差较大，一般可用游标卡尺检测。

② 螺距检测。常用钢直尺或螺纹样板检测。如图 8-21 所示，用钢直尺检测时，为了能准确检测出螺距，一般应检测几个螺距的总长度，然后取其平均值。用螺纹样板检测时，螺纹样板应沿工件轴平面方向嵌入牙槽中，如果与螺纹牙槽完全吻合，说明被检测螺距是正确的。

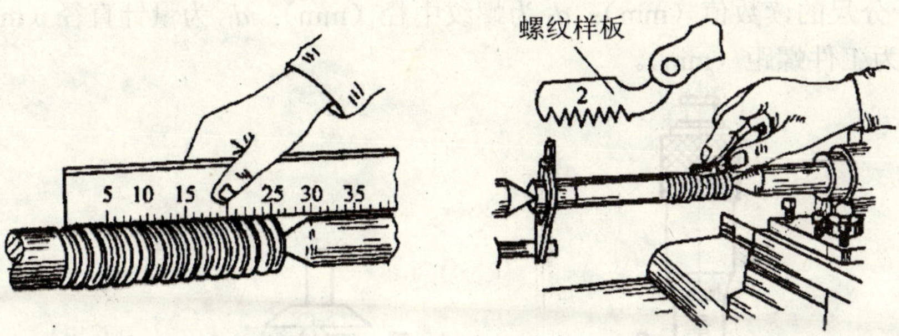

用钢直尺检测螺距　　　　用螺纹样板(螺距规)检测螺距

图　8-21

③ 中径测量

a. 用螺纹千分尺测量

螺纹千分尺（如图 8-22（a）所示）一般用来测量三角螺纹的中径。测量时一定要选用一套和螺纹牙形角相同的上、下两个测量头，让两个测量头正好卡在螺纹的牙侧上（如图 8-22（b）所示），此时，螺纹千分尺的读数就是螺纹的中径尺寸。

应当注意：在测量过程中，若更换测量头，必须重新调整砧座位置，使千分尺对准零位。

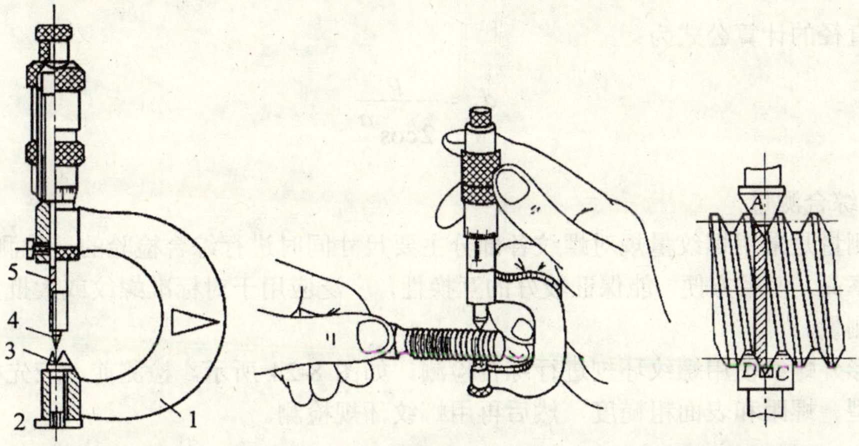

（a）螺纹千分尺　　　　（b）测量方法　　　　（c）测量原理

1—尺架；2—固定螺母；3—下测量头；4—上测量头；5—测微螺杆

图 8-22　三角螺纹中径测量

b. 用三针测量

三针法测量螺纹中径是一种比较精密的测量方法，它适应于精度要求较高的三角螺纹、梯形螺纹和涡杆中径测量。测量的方法是把三根直径符合要求的量针（没有量针可用三根直径相同的钻头柄代替）放在螺纹相应的螺旋槽内，用公法线千分尺（如图 8-23 所示）测量出两边量针顶点之间的距离 M 值，千分尺的 M 值可用下面公式计算：

$$M = d_2 + d_D\left(1 + \frac{2}{\sin\frac{a}{2}}\right) - \frac{p}{2} \cdot \cot\frac{a}{2}$$

式中，M 为千分尺的读数值（mm）；d_2 为螺纹中径（mm）；d_D 为量针直径（mm）；a 为螺纹牙形角；P 为工件螺距（mm）。

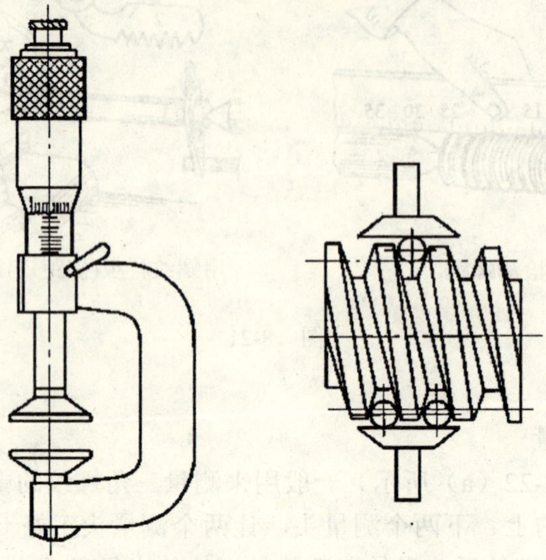

（a）公法线千分尺　　（b）三针测量方法

图 8-23　三针测量法

量针直径的计算公式为：

$$d_D = \frac{p}{2\cos\frac{a}{2}}$$

（2）综合测量

综合测量是采用螺纹量规对螺纹各部分主要尺寸同时进行综合检验的一种测量方法。这种方法效率高，使用方便，能保证较好的互换性，广泛应用于对标准螺纹或大批量生产的螺纹工件的测量。

三角形外螺纹使用螺纹环规进行综合检测，如图 8-24 所示。检测前，应先检查螺纹的大径、牙型、螺距和表面粗糙度，然后再用螺纹环规检测。

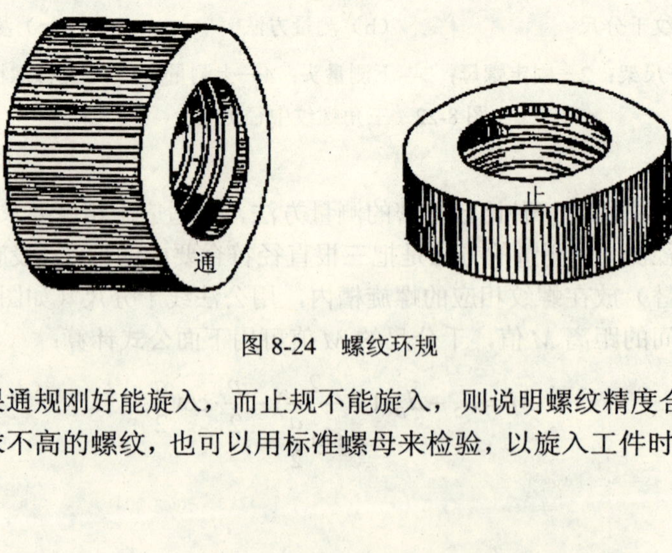

图 8-24　螺纹环规

测量时，如果通规刚好能旋入，而止规不能旋入，则说明螺纹精度合格。

对于精度要求不高的螺纹，也可以用标准螺母来检验，以旋入工件时是否顺利和松紧的程度为标准来确定是否合格。

螺纹环规是精密量具，千万不可强拧量规，以免引起量规的严重磨损，降低量规的精度。

【思 考 题】

[1] 试分析工件在工序流转中的表面损伤原因，应该采取何种措施予以防范？

[2] 在车削加工三角螺纹时，加工质量如何？对于车削加工三角外螺纹，大径、中径、小径分别有什么作用？

[3] 请通过互联网查阅一篇关于“车削加工三角外螺纹技巧”的文章（回答问题时请详细注明网址）。

学习情景9 平面及连接面的铣削加工

【学习任务】

通过本环节的学习，需要了解并掌握如表9-1所示的相关知识与技能。

表9-1 学习任务

序号	理论知识点	技能点
1	学习切削用量的选择	含平面、平行面、垂直面、斜面零件的铣削加工
2	学习拆装铣刀、平口钳安装与找正的方法	铣刀的安装、平口钳的安装与找正、工件的装夹
3	学习尺寸、垂直度、平行度、斜度的检验	工件的精度检测

【危险源辨识】

危险源辨识如表9-2所示。

表9-2 危险源辨识表

序号	危害事件	危险源	预防措施
1	绞伤	衣物绞入旋转的刀具或其他旋转部件	1．正确穿戴劳保用品，不接近正在旋转的部件； 2．更换铣刀时按下主轴紧急停止按钮
2	砸伤	1．工作台、工具柜上放置的工件等物品； 2．行车起吊物品掉落	1．物品正确摆放，工作台上不允许放置物品，工件应装夹牢固； 2．非专职人员不允许使用行车，遇行车起吊应绕行，不得在起吊物下穿行
3	烫伤	加工时飞出的铁屑	选择合理的切削用量、正确站位
4	划伤	工件毛刺、铣刀刃	正确清理毛刺，用专用工具清理铁屑，正确拆装铣刀
5	摔伤	工作台、脚踏板油污，攀爬机床换刀	换刀时攀爬动作应站稳，工作时注意留心脚下防止滑倒
6	触电	电气线路破损，私自开启电控柜	电气故障必须由专职电工进行维修，操作人员不得拆接电气线路、元件，不得开启电控柜

【典型零件生产流程】

一、信息分析

1．零件图与技术文件（如图9-1、表9-3、表9-4所示）

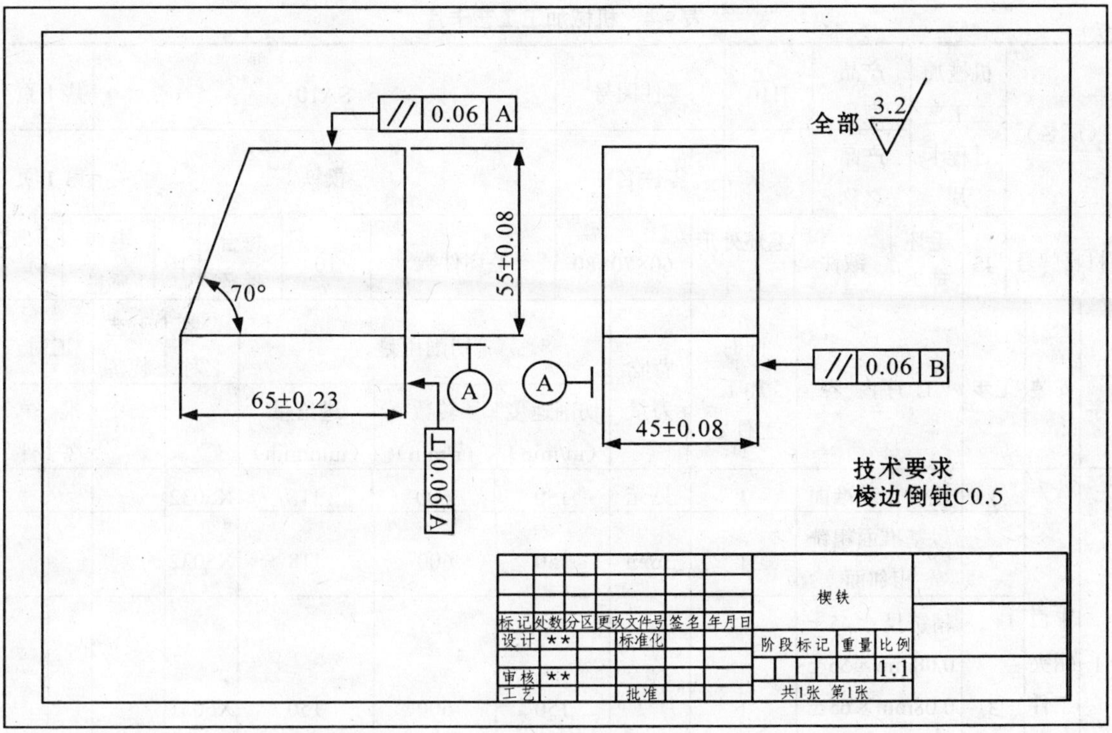

图 9-1

表 9-3 机械加工工艺过程卡片

<table>
<tr><td rowspan="2">（厂名）</td><td colspan="3" rowspan="2">机械加工工艺过程卡片</td><td colspan="2">产品型号</td><td colspan="2">H10</td><td colspan="2">零件图号</td><td>SA10</td><td>共 1 页</td></tr>
<tr><td colspan="2">产品名称</td><td colspan="2">楔铁</td><td colspan="2">零件名称</td><td>楔铁</td><td>第 1 页</td></tr>
<tr><td>材料牌号</td><td>45</td><td>毛坯种类</td><td>锻件</td><td>毛坯外形尺寸</td><td>60×70×80</td><td>毛坯件数</td><td>10</td><td>每台件数</td><td>10</td><td>毛坯质量</td><td>优</td></tr>
<tr><td rowspan="2">工序号</td><td rowspan="2">工序名称</td><td rowspan="2" colspan="3">工序内容</td><td rowspan="2">车间</td><td rowspan="2">工段</td><td rowspan="2">设备</td><td rowspan="2">工艺装备</td><td colspan="3">工时</td></tr>
<tr><td>准备</td><td colspan="2">单件</td></tr>
<tr><td>1</td><td>下料</td><td colspan="3">下料：60mm×70mm×80mm</td><td>热加</td><td></td><td>气割机</td><td></td><td></td><td colspan="2"></td></tr>
<tr><td>2</td><td>铣</td><td colspan="3">按图粗精铣至尺寸 45±0.08mm×55±0.08mm×65±0.23mm，保证形位公差要求</td><td>机加</td><td>铣</td><td>X5032</td><td>平口钳</td><td></td><td colspan="2"></td></tr>
<tr><td>3</td><td>铣</td><td colspan="3">铣斜度 70°</td><td>机加</td><td>铣</td><td>X5032</td><td>平口钳</td><td></td><td colspan="2"></td></tr>
<tr><td>4</td><td>检验</td><td colspan="3">检查尺寸、平行度、垂直度、斜度</td><td></td><td></td><td>卡尺、千分尺、万能角度尺</td><td></td><td></td><td colspan="2"></td></tr>
<tr><td>5</td><td>入库</td><td colspan="3"></td><td></td><td></td><td></td><td></td><td></td><td colspan="2"></td></tr>
<tr><td></td><td></td><td></td><td></td><td></td><td></td><td></td><td></td><td></td><td>编制</td><td>审核</td><td>会签</td></tr>
<tr><td>记标</td><td>处数</td><td>更改文件号</td><td>签字</td><td>日期</td><td>标记</td><td>处数</td><td>更改文件号</td><td>签字</td><td>日期</td><td></td><td></td></tr>
</table>

表 9-4 机械加工工艺卡片

<table>
<tr><td rowspan="2">（厂名）</td><td rowspan="2" colspan="2">机械加工工艺过程卡片</td><td colspan="2">产品型号</td><td>H10</td><td colspan="2">零件图号</td><td colspan="4">SA10</td><td>共 1 页</td></tr>
<tr><td colspan="2">产品名称</td><td>楔铁</td><td colspan="2">零件名称</td><td colspan="4">楔铁</td><td>第 1 页</td></tr>
<tr><td>材料牌号</td><td>45</td><td>毛坯种类</td><td>锻件</td><td>毛坯外形尺寸</td><td>60×70×80</td><td colspan="2">毛坯件数</td><td>10</td><td>每台件数</td><td>10</td><td>毛坯质量</td><td>优</td></tr>
<tr><td rowspan="2">工序</td><td rowspan="2">安装</td><td rowspan="2">工步</td><td rowspan="2">工 序内 容</td><td rowspan="2">同时加工工件数</td><td rowspan="2">背吃刀量</td><td colspan="3">切削用量</td><td rowspan="2">设备名称</td><td rowspan="2">工艺装备</td><td colspan="2">工时</td></tr>
<tr><td>切削速度（m/min）</td><td>转数（r/min）</td><td>进给量（mm/min）</td><td>准备</td><td>单件</td></tr>
<tr><td rowspan="4">1</td><td rowspan="4">平口钳夹工件</td><td>1</td><td>铣一个基准面</td><td>1</td><td>见光</td><td>150</td><td>600</td><td>118</td><td>X5032</td><td></td><td></td><td></td></tr>
<tr><td>2</td><td>以基准面粗铣相邻面</td><td>1</td><td>3mm</td><td>150</td><td>600</td><td>118</td><td>X5032</td><td></td><td></td><td></td></tr>
<tr><td>3</td><td>精铣尺寸 45±0.08mm×55±0.08mm×65±0.23mm，保证形位公差要求</td><td>1</td><td></td><td>150</td><td>600</td><td>150</td><td>X5032</td><td></td><td></td><td></td></tr>
<tr><td></td><td></td><td></td><td></td><td></td><td></td><td></td><td></td><td></td><td></td><td></td></tr>
<tr><td rowspan="4">2</td><td rowspan="4">平口钳夹工件</td><td>1</td><td>上立铣刀铣斜度 70°</td><td>1</td><td>5mm</td><td>25</td><td>235</td><td>30</td><td>X5032</td><td></td><td></td><td></td></tr>
<tr><td>2</td><td>锐边倒钝</td><td></td><td></td><td></td><td></td><td></td><td></td><td></td><td></td><td></td></tr>
<tr><td>3</td><td></td><td></td><td></td><td></td><td></td><td></td><td></td><td></td><td></td><td></td></tr>
<tr><td></td><td></td><td></td><td></td><td></td><td></td><td></td><td></td><td></td><td></td><td></td></tr>
<tr><td colspan="10"></td><td>编制</td><td>审核</td><td>会签</td></tr>
<tr><td>记标</td><td>处数</td><td>更改文件号</td><td>签字</td><td>日期</td><td>标记</td><td>处数</td><td>更改文件号</td><td>签字</td><td>日期</td><td></td><td></td><td></td></tr>
</table>

2．加工难点分析

（1）垂直度、平行度、斜度的保证。

（2）尺寸公差的保证。

（3）斜度的铣削加工方法。

二、工艺准备

根据图样的精度要求，平面加工可在立式铣床上用硬质合金端面刀铣削加工，也可以在卧式铣床上用圆柱铣刀铣削加工。本例选用 X5032 型立式升降台铣床，并采用硬质合金端面刀铣削加工。

1．工装及夹具准备（如表 9-5 所示）

表 9-5　工装及夹具准备表

	夹具名称	工具名称
1	平口钳	平行垫铁
2	压板	平口钳扳手
3		锉刀
4		手锤
5		活动扳手

2．量具及刀具准备（如表 9-6 所示）

表 9-6　量具及刀具准备表

	量具名称	刀具名称
1	刀口尺	硬质合金端铣刀 ¢80mm
2	游标卡尺 0～150mm	立铣刀 ¢30mm
3	千分尺 25～50mm/50～75mm	
4	游标万能角度尺 2′	
5	百分表 0.01	

三、生产过程组织

1．毛坯检测

（1）目测检验毛坯件的形状和表面质量，如各面之间是否基本平行、垂直，表面是否有无法通过铣削加工的凹陷、硬点等。

（2）用钢直尺检验毛坯件是否有足够的余量 60mm×70mm×80mm，并结合各毛坯面的垂直和平行情况，测量最短的尺寸，以检验毛坯件是否有加工余量，加工余量不得小于 5mm。

2．加工过程

（1）启动设备：观察设备外观情况，检查各手柄是否在正确的位置，检查危险源。打开机床电源开关，在符合安全要求的情况下启动主轴；运行各个自动进给手柄，观察机床是否运行正常。

（2）点检润滑：按照设备润滑点检表要求，进行设备润滑；检视各部分油窗内润滑油量。

（3）空载试车：按空载试车要求，检查各操作手柄、按钮的状态。

（4）刀具安装：安装前将铣刀、主轴圆锥孔擦干净，安装时，先把端面铣刀套在刀轴上，再旋紧螺钉，把铣刀紧固。

（5）分析图纸。

（6）安装、找正机用平口钳：将机用平口钳安装在工作台中间 T 形槽内，安装时注意底面与工作台台面之间的清洁度。用百分表找正虎钳固定钳口与工作台纵向平行。

（7）装夹工件：松开钳口，放上工件并夹紧，铣矩形工件。

（8）调整立铣头倾斜角度：松开主轴的锁紧螺钉将主轴扳到 20°，锁紧螺钉。

（9）检验工件，入库。

四、质量检测

1．首件检查记录表（如表 9-7 所示）

表 9-7　首件检查记录表

任务号		材料牌号或代号		45	数量	1
零件图号		SA10		零件名称		楔铁
工序号	图示尺寸	实测尺寸				测量工具、编号
		自检	签字	专检	签字	
1	65±0.23	65.10		65.10		游标卡尺寸
2	55±0.08	55+0.06		55+0.08		游标卡尺寸
3	45±0.08	45+0.02		45+0.02		游标卡尺寸
4	*Ra*3.2μm	3.2		3.2		样板
5	平面度 0.06	0.02		0.08		百分表
6	平行度 0.06	0.05		0.03		千分尺
7	垂直度 0.06	0.05		0.05		万能角度尺、角尺
8	斜度±15′	70°10′		70°10′		万能角度尺

2．过程抽检记录表如 9-8 所示。

表 9-8　过程抽检记录表

（厂名）	编号：							共 1 页	
	尺寸抽检记录表							第 1 页	
序号	零件标识								
零件名称	楔铁			零件图号		SA10			
材料	45			数量		1			
零件序号	设计尺寸	65±0.23	55±0.08	45±0.08	*Ra*3.2μm	平面度 0.06mm	平行度 0.06mm	垂直度 0.06mm	斜度± 15′
	实测尺寸								
		65.10	55.04	45.02	3.2	0.03	0.06	0.05	70°10′
操作者			日期	09.2.5	检查		日期	09.2.5	

3．质检员检测记录表（如表 9-9 所示）

表 9-9　质检员检测记录表

（厂名）		编号：						共 1 页	
		尺寸检查记录表						第 1 页	
序号				零件标识					
零件名称		楔铁		零件图号		SA10			
材料		45		数量		10			
零件序号	设计尺寸	65±0.23	55±0.08	45±0.08	*Ra*3.2μm	平面度 0.06mm	平行度 0.06mm	垂直度 0.06mm	斜度±15′
	实测尺寸								
1#		65.08	55.06	45.02	3.2	0.08	0.05	0.05	70°10′
2#		65.08	55.02	45.02	3.2	0.04	0.05	0.1	70°12′
3#		65.02	54.80	45.04	3.2	0.03	0.2	0.02	70°11′
4#		65.02	54.96	45.02	6.3	0.03	0.06	0.05	70°8′
5#		65.04	55.04	44.98	3.2	0.02	0.04	0.04	70°7′
6#		65.08	55.05	45.02	3.2	0.04	0.03	0.04	70°8′
7#		65.04	54.96	44.97	3.2	0.01	0.05	0.04	70°30′
8#		65.04	55.02	44.96	3.2	0.03	0.05	0.05	69°58′
9#		65.04	55.04	45.06	3.2	0.02	0.02	0.05	70°6′
10#		65.04	55.05	44.98	3.2	0.03	0.04	0.05	70°7′
操作者			日期	09.2.6	检查		日期	09.2.6	

五、质量事故分析与改进措施

平面度、尺寸公差及表面粗糙度的质量分析在前一章节已经讲到，这里我们只讲平行度、垂直度和斜度的质量事故分析。

1．平行度的质量分析

如表 9-9 所示，3#工件平行度的要求为 0.06mm，实测平行度为 0.2mm，不在图样要求的误差范围内，经检验此工件是由于工件是在加工过程中没有夹牢，活动钳口受力而向上抬起而形成的不合格。

影响平行度其他的相关因素有：平行垫铁不平；立铣头与工作台面不垂直；铣床精度差；升降台有间隙；刀杆轴与工作台面不平行。

提高平行度的措施：重新修磨平行垫铁；重新调整主轴，让主轴垂直于工作台面；恢复机床精度；调整镶条；调整工作台或更换刀杆轴。

2．垂直度的质量分析

如表 9-9 所示，2#工件垂直度要求为 0.06mm，实测垂直度为 0.1mm，不在图样要求的公差范围内，经检验此工件是由于平口钳的钳口与工作台面不垂直而影响工件不合格。

影响垂直度的其他相关因素有：固定钳口或夹具校正没做好；钳口与基准面间有杂物；

铣削过程中工件移动；工件上有毛刺；工件的基准面本身质量差，在装夹时造成误差

提高垂直度的措施：正确校正固定钳口和所用夹具；装夹前应仔细清除；应牢固地夹紧工件。

3．斜度的质量分析

如表 9-9 所示，7#工件斜度要求±15′，而实测斜度为+30′，不在图样要求的公差范围内，经检验此工件是由于工件划线不准而影响了工件的质量。

影响斜度的其他相关因素有：工件装夹不正确（如夹具与工件台、夹具与工件之间有杂物，与垫铁不能紧贴）；铣削时工件移动；万能平口钳或立铣头扳转角度不准确。

提高斜度的措施：应按图纸要求，仔细画好线；装夹前应将各接触面擦干净，选择光滑平整的垫铁，用力夹紧；复杂工件应先画好线，参照画线来扳转角度。

【职业能力分解】

根据示例零件的生产过程分析，完成以上要求的加工任务，需要掌握以下相关知识及操作技能。

一、理论知识

1．切削用量的基础知识

（1）铣削运动和铣削用量

① 铣削运动

铣削是利用铣刀旋转，工件相对铣刀作进给运动来进行切削。铣削过程中的运动分为主运动和进给运动。

主运动：主运动是在把切屑切下来时所具有的基本运动，是切削运动中速度最高、消耗机床动力最多的运动。在铣床上，铣刀的旋转运动是主运动。

进给运动：是不断地把被切削层投入切削，以逐渐切出整个工件表面的运动。它分为：

吃刀运动——控制刀刃切入深度的运动，在多数情况下是间隙性的。

走刀运动——沿着所要形成的工件表面的进给运动，用进给速度或进给量来表示。

② 铣削用量

铣削用量：包括铣削速度 V_c、进给量 f、铣削深度 a_p 和铣削宽度 a_e。

铣削速度 V_c：铣削速度是指切削刃选定点相对于空间的主运动的瞬时速度。它与铣刀直径、主轴转速有关，计算公式为：

$$V_c=\Pi d_0 n/1000$$

或

$$n=1000V_c/（\Pi d_0）$$

式中，V_c——铣削速度（m/min）；d_0——铣刀直径（mm）；n——主轴转速（r/min）。

在铣削加工中，应先选好合适的铣削速度 V_c，然后根据公式计算出主轴转速 n。

进给量 f ：进给量是铣刀在进给运动方向上相对工件的位移量。进给量的表示方法有 3 种：

a．每齿进给量 f_z：铣刀每转中每一刀齿在进给运动方向上相对工件的位移量；

b．每转进给量 f：铣刀每转一周在进给运动方向上相对工件的位移量；

c．每分钟进给量（即进给速度）V_f：铣刀每转 1 min 在进给运动方向上相对工件的位移量。

$$V_f = fn = f_z zn$$

式中，z——铣刀齿数；n——主轴转速；V_f——进给速度；f——每转进给量；f_z——每齿进给量。

铣削深度 a_p：铣削深度指在平行于铣刀轴线方向上测得的铣削层尺寸，如图 9-2 所示。

铣削宽度 a_e：铣削宽度指在垂直于铣刀轴线方向和工件进给方向上测得的铣削层尺寸，圆周铣和端铣的铣削用量如图 9-2 所示。

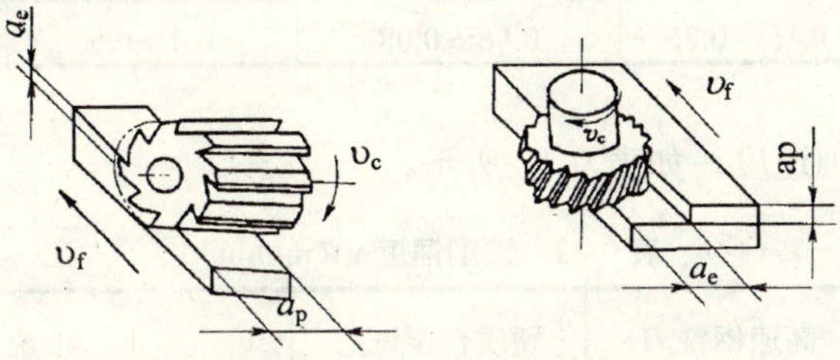

（a）圆周铣　　（b）端铣

图 9-2　圆周铣和端铣的铣削用量

（1）选择铣削用量的原则

① 保证铣刀刀具有合理的使用寿命。

② 保证工件加工表面的尺寸精度和表面粗糙度要求。

③ 保证铣床设备动力、转矩即工艺系统刚度的承受能力。

（2）选择铣削用量的顺序

① 选择较大的铣削深度、铣削用量的选择。

② 选择较大的进给量（即每齿进给量 f_z）。

③ 选择适宜的铣削速度。

（3）选择铣削用量的方法

① 铣削深度 a_p 的选择。铣削深度的选择应根据工件加工余量的大小及工件加工精度和表面粗糙度的要求来确定，并考虑加工工件的材质等。

一般工件余量不大且加工精度要求不高时，在设备工艺系统精度许可下，尽量一次进给铣去全部余量。只有当工件的加工精度要求较高或工件加工余量较大时，才分粗铣、精铣进行。铣削深度的选取如表 9-10 所示。

表 9-10　铣削深度 a_p 的选取（mm）

工件材料	高速钢铣刀		硬质合金铣刀	
	粗铣	精铣	粗铣	精铣
铸铁	5～7	0.5～1	10～18	1～2
软钢	＜5	0.5～1	＜12	1～2
中硬钢	＜4	0.5～1	＜7	1～2
硬钢	＜3	0.5～1	＜4	1～2

② 选择较大的进给量（即每齿进给量 f_z），如表 9-11 所示。

表 9-11　每齿进给量 f_z（mm/z）

刀具名称	高速钢铣刀		硬质合金铣刀	
	铸铁件	钢件	铸铁件	钢件
圆柱铣刀	0.12～0.2	0.1～0.15	0.2～0.5	0.08～0.20
立铣刀	0.08～0.15	0.03～0.06	0.2～0.5	0.08～0.20
套式	0.15～0.2	0.06～0.10	0.2～0.5	0.08～0.20
三面刃铣刀	0.15～0.25	0.06～0.08	0.2～0.5	0.08～0.20

③ 选择适宜的铣削速度，如表 9-12 所示。

表 9-12　铣削速度 v（m/min）

工件材料	高速钢铣刀	硬质合金铣刀	说明
20 钢	20～45	150～190	1．粗铣时取小值，精铣时取大值 2．工件材料的强度和硬度较高时取小值，反之取大值 3．刀具材料耐热性好时取大值，反之取小值
45 钢	20～35	120～150	
40 钢	15～25	60～90	
HT150	14～22	70～100	
黄铜	30～60	120～200	
铝合金	112～300	400～600	
不锈钢	16～25	50～100	

2．顺铣与逆铣

（1）圆周铣削时的顺铣和逆铣

圆周铣削（简称周铣）（如图 9-3 所示）是用分布在铣刀圆柱面上的刀刃来铣削并形成平面的铣削方法。

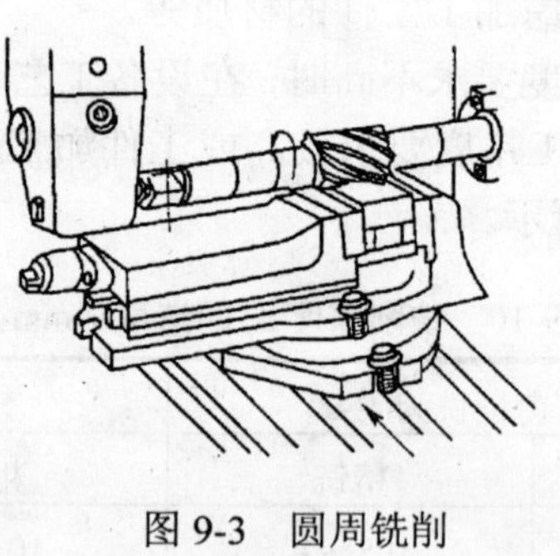

图 9-3　圆周铣削

圆周铣平面，平面度的好坏，主要取决于铣刀的圆柱素线是否直，因此在精铣平面时，铣刀的圆柱度一定要磨得好。圆柱铣刀有直齿和螺旋齿两种，螺旋齿圆柱铣刀在切削时，刀齿是逐渐切入工件的，切削过程比较平稳，所以多选用螺旋齿圆柱铣刀来铣削平面。圆周铣一般在卧式铣床上进行。

（a）顺铣　　（b）逆铣

图 9-4　圆周铣削时的顺铣和逆铣

① 顺铣。如图 9-4（a）所示为铣刀旋转方向与工件进给方向相同时的铣削。当铣刀刀刃作用在工件上的力在进给方向的水平分力与工件的进给方向相同时，这种铣削方式称为顺铣。

顺铣有下列优点：

a. 顺铣时的垂直分力始终向下，方向不变，有压紧工件的作用，故铣时较平稳。这对铣削工作是很有利的，尤其对不易夹紧的工件及细长和薄板形的工件更为合适。

b. 顺铣时刀刃切入工件是从切削厚处切到薄处，刀刃切入容易。而且在刀刃切到已加工面时，对已加工面的挤压摩擦也小，故刀刃磨损较慢，加工出的工件表面质量较高。

c. 顺铣时消耗在进给运动方面的功率较小。

顺铣的缺点：

a. 顺铣时，刀刃从工件的外表面切入，因此，当工件是有硬皮和杂质的毛坯件时，刀刃容易磨损和损坏。

b. 顺铣时，由于进给方向的水平分力，与进给方向相同，所以会拉动工作台。当丝杠与螺母、轴承的轴向间隙较大时，在工作台被拉动后，由于每齿进给量的突然增大，会造成刀齿折断，甚至使刀轴弯曲，工件和夹具产生位移而使工件、夹具以至机床遭到损坏等后果。所以，在没有调整好丝杠的轴向间隙以及水平分力较大时，严禁用顺铣进行工作。

② 逆铣。如图 9-4（b）所示为铣刀旋转方向与工件进给方向相反时的铣削。当铣刀刀刃作用在工件上的力与工件进给方向相反时的铣削称为逆铣。

逆铣有下列优点：

a. 逆铣时，在铣刀中心进入工件端面后，刀刃不是从工件的外表面切入，故表面有硬皮的毛坯件对刀刃损坏的影响较小。

b. 逆铣时，水平分力与工件进给方向相反，故不会拉动工作台。因此，在实际铣削过程中得到了广泛的应用。

逆铣的缺点：

a. 逆铣时，垂直铣削力的变化较大。在铣刀开始切到工件时，铣削力是向上的，而且较大，有把工件从夹具内挑出来的倾向，因此，工件必须装夹牢固。在铣刀中心进入工件后，刀刃开始时的铣削层厚度接近于 0，由于刀刃有一定的圆弧，所以要先滑动一小段距离后才能切入，此时的铣削力是向下的，后面又向上了，这对细长和薄形的工件，容易发生弹跳，影响加工质量。由于垂直铣削力在方向上的变化，铣刀和工件往往会产生振动，影响加工工件表面的粗糙度。

b. 逆铣时，由于刀刃开始切入时要先滑移一小段距离，故刀刃易磨损，并使已加工表面受到冷挤压和摩擦，影响工件已加工面的表面质量。

c. 逆铣时消耗在进给运动方面的功率较大。

综上所述，在铣床上用圆周铣削时，尽管顺铣比逆铣的优点多，但由于逆铣时不会拉动工作台，所以，一般情况下都采用逆铣进行加工，如当工件不易夹紧或工件薄而长时。当丝杠的轴向间隙调整到很小时就可以采用顺铣。另外，当水平分力小于工作台导轨间的摩擦力时，也可采用顺铣，但应随时观察铣削过程中的情况。

（2）端铣时的顺铣和逆铣

端铣又称面铣（如图 9-5 所示），是利用分布在铣刀端面上的端面刀刃（刀尖）来形成平面的。用端铣的方法铣出的平面，其平面度的好坏，主要取决于铣床主轴轴线与进给方向的垂直度。若主轴轴线与进给方向垂直，则刀尖旋转的轨迹（圆环）与进给方向平行，就能切出一个平面，刀纹成网：若主轴轴线与进给方向不垂直，则会切出一个弧形凹面，刀纹成单向的弧形。在实际铣削时发现，向一个方向进给时有“拖刀”现象；向反方向进给，则无“拖刀”现象。端铣时，根据铣刀与工件之间的相对位置不同而分为对称铣削和不对称铣削两种。

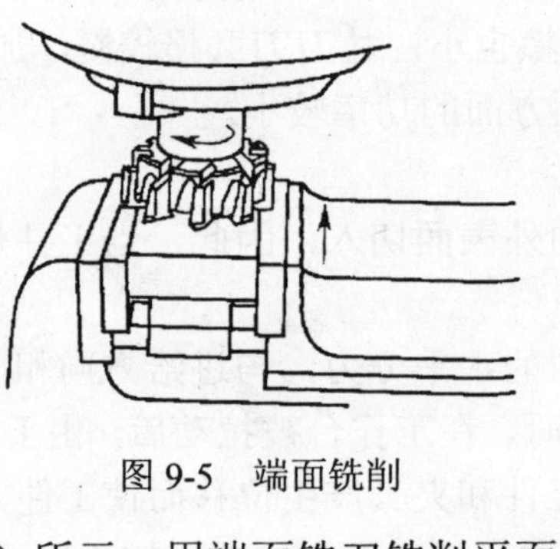

图 9-5　端面铣削

① 对称铣削：如图 9-6（a）所示。用端面铣刀铣削平面时，铣刀处于工件铣削层宽度的中间位置的铣削方式，称为对称端铣。

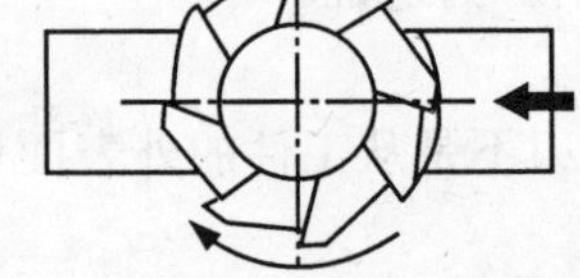

（a）对称端铣

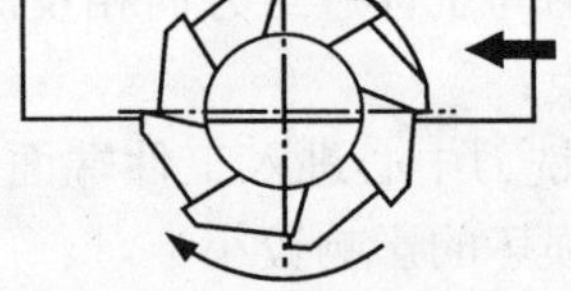

（b）不对称端铣（逆铣）

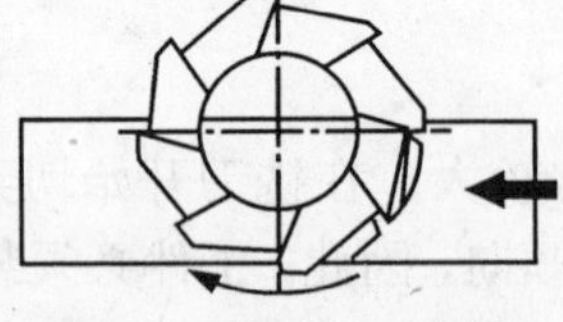

（c）不对称端铣（顺铣）

图 9-6　对称端铣与不对称端铣

若用纵向工作台进给作对称铣削，工件铣削层宽度在铣刀轴线的两边各占一半。左半部分为进刀部分是逆铣，右半部分是出刀部分是顺铣，从而使作用在工件上的纵向分力在中分线两边大小相等，这时作用在工作台横向进给方向上的分力较大，会使工作台沿横向产生突然拉动。因此，铣削前必须紧固工作台的横向。由于上述原因，用面铣刀进行对称铣削时，只适用于加工短而宽或较厚的工件，不宜铣削狭长或较薄的工件。

② 不对称端铣：如图 9-6（b）、（c）所示。用面铣刀铣削平面时，工件铣削宽度在铣刀中心两边不相等的铣削方式，称为不对称端铣。不对称端铣时，当进刀部分大于出刀部分时，称为逆铣，如图 9-6（b）所示；反之称为顺铣，如图 9-6（c）所示。顺铣时，同样有可能拉动工作台，造成严重后果，故一般不采用。端铣时，垂直铣削力的大小和方向较薄，切削刃受到的冲击较小，并且切削刃开始入时无滑动阶段，故可提高铣刀的寿命，用端铣法作顺铣时的优点是：切屑在切离工件时较薄，所以切屑容易去掉，切削刃切入时切屑较厚，不致在冷硬层中挤刮，尤其对容易产生冷硬现象的材料，如不锈钢，则更为明显。

二、操作技能分解

1．铣刀的安装

（1）铣刀的安装方法

安装铣刀是铣削前必要的准备工作，其安装方法正确与否决定了铣刀的运动精度，并直接影响铣削质量和铣刀的使用寿命。

①立铣刀的安装。安装立铣刀的具体操作步骤如下（如图 9-7 所示）：

a． 选择外锥面与铣床主轴锥孔相配合，内锥面与立铣刀配合的变径套，并擦净主轴锥孔、铣刀锥柄和变径套的内外锥面。选择与铣刀柄部内螺纹相同的拉紧螺杆。

b．将立铣刀 3 锥柄装入变径套锥孔。

c．将变径套连同铣刀装入主轴锥孔，并使变径套上的缺口对准主轴端部的键块。

d．用拉紧螺杆 1 将铣刀连同变径套紧固在主轴上。

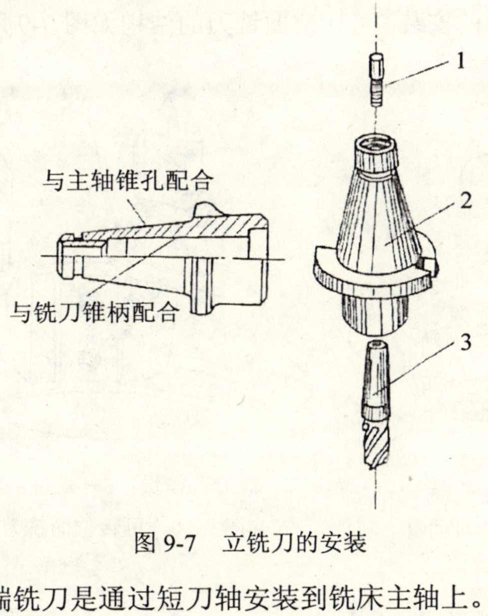

图 9-7　立铣刀的安装

② 端铣刀的安装。端铣刀是通过短刀轴安装到铣床主轴上。如图 9-8 所示的是在圆柱

面上带有键槽的刀轴，用来安装内孔具有键槽的铣刀或刀体。具体安装步骤如下：

a．安装前，擦净铣刀端面及孔径。

b．安装时，先把端铣刀套在刀轴上，再旋紧螺钉，把铣刀紧固，如图 9-8 所示的刀轴由三部分组成。刀轴体主要起对铣刀定中心作用，并通过拉紧螺杆固定在铣床主轴上，凸缘盘的两个键槽与铣床主轴端面上的键配合，端面上的两个凸块与主轴的端面键槽相配，是传递扭矩的主要零件，损坏后只要调换此零件即可；压紧螺钉是用来压紧铣刀。目前生产的端铣刀大都是在端面上有键槽，因此安装端铣刀的刀轴，也大都做成如图 9-8 所示的形式。

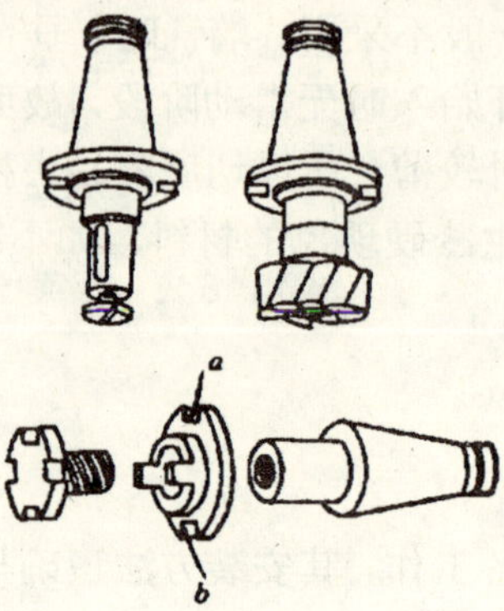

图 9-8　安装端铣刀用的刀轴

③ 刀轴的安装。刀轴的具体安装步骤如下：

a. 用干净的棉纱擦拭干净刀轴的锥柄和铣床的锥孔。

b. 把刀轴的锥柄插入主轴的锥孔中，使刀轴凸缘盘上的槽和主轴前端的传动块（或键）配合。

c. 用拉紧螺杆把刀轴拉紧和紧固在铣床主轴上，拉紧螺杆旋入刀轴后端的螺孔中时，最好旋入四圈以上，若太少，则会使螺纹损坏，甚至发生安全事故。

④ 可转位面铣刀刀片的安装。可转位面铣刀的结构如图 9-9 所示，刀片的安装步骤（如图 9-10 所示）如下：

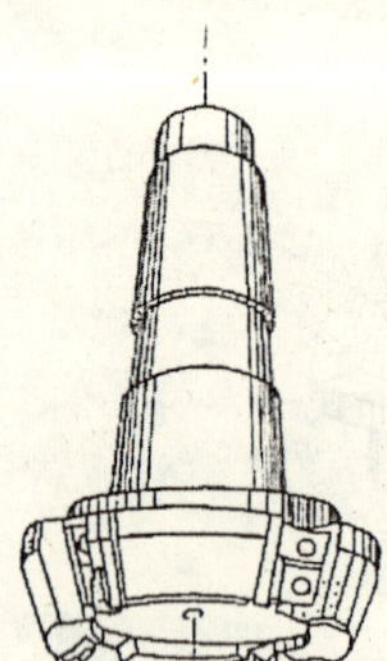

图 9-9　可转位面铣刀

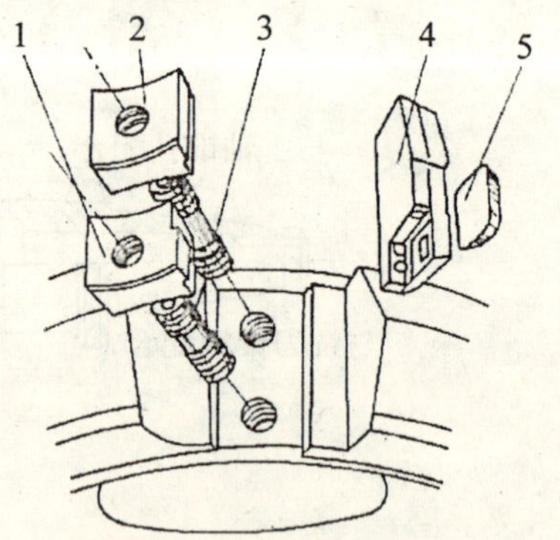

1，2—楔块；3—螺钉；4—刀垫；5—刀片

图 9-10　可转位面铣刀刀片的安装

a. 在刀体上装刀垫 4，使刀垫紧贴刀体槽侧面。

b. 装楔块 2，将螺钉 3 旋入螺孔内，用内六角扳手扳紧，使刀垫与刀体槽侧面压紧。

c. 装楔块 1，将螺钉 3 旋入螺孔内。

d. 将刀片 5 装入刀垫，使其与两定位面接触，然后用内六角扳手扳紧。

e. 安装铣刀和刀片后，应检查刀片的安装精度。检查时可用百分表测量各刀片最低点示值等同性，也可以试铣一个平面，然后观测刀片最低点与试切平面的间隙来判断刀片的安装精度。此外，为达到平面的要求，注意检查立铣头与工作台面的垂直度。

2．工件的装夹

铣削加工过程中所产生的作用力是很大的。如工件装夹不牢固，则工件在切削力的作用下会产生振动，使铣刀折断，还可能使刀杆、夹具和工件损坏，甚至会发生人身事故。因而工件的正确装夹对保证工件的加工质量以及铣削过程的顺畅是很重要的。在铣床上装夹工件的夹具有许多种，用得最多的是机床用平口虎钳和压板。

（1）平口钳的安装

铣削零件的平面、台阶、斜面和轴类零件的键槽等，都可以用机床用平口钳装夹工件。

安装机用平口钳的步骤如下：

① 将机床用平口钳安装在铣床工作台面上时，应先将钳底面和铣床工作台面擦干净，若有毛刺、凸起，应用锉刀磨石磨平整。

② 检查平口钳底部的定位键是否紧固，定位键定位面是否同一方向安装，平口钳安放的位置是否处在工作台长度方向的中心线偏左处，其固定钳口根据加工要求应与铣床主轴轴线垂直或平行，机床用平口虎钳的安装位置如图 9-11（a)、(b）所示。

③ 安装时，将平口钳以及底座的定位键与工作 T 形槽相配而紧固在工作台台面上，转动钳体，使固定钳口与铣床主轴轴线垂直或平行，也可按需调整成所要求的角度，用 T 形螺栓将平口钳压紧在工作台面上。

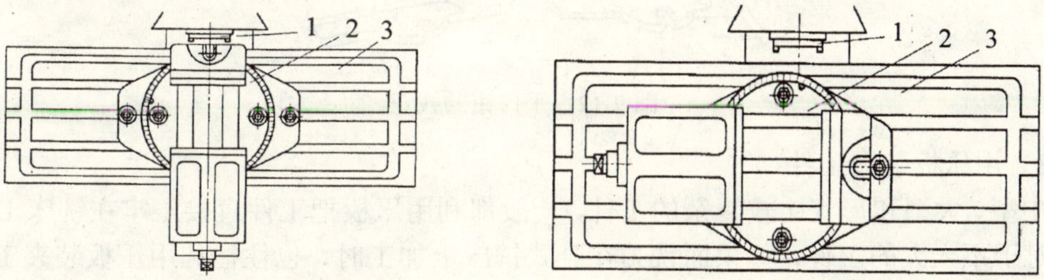

（a）固定钳口与主轴轴线垂直　　（b）固定钳口与主轴轴线平行

1—铣床主轴；2—平口钳；3—工作台

图 9-11　平口钳的安装

工件在机床用平口虎钳上装夹时的注意事项：

① 用机床用平口虎钳装夹毛坯时，应在毛坯面与钳口面之间垫上铜皮等物。

② 装夹工件时，必须将工件的基准面紧贴固定钳口或导轨面。在钳口平行于刀杆的情况下，承受切削力的钳口必须是固定。

③ 工件的加工表面必须高出钳口，以免铣坏钳口或损坏铣刀。如果工件加工表面低于

钳口平面，可在工件下面垫放适当厚度的平行垫铁，并使工件紧贴平行垫铁。

④ 工件的装夹位置和夹紧力的大小应合适，使工件装夹后稳固可靠，不致在切削力的作用下产生位移。

⑤ 用平口钳夹持毛坏时，应在毛坏面与钳口之间垫上铜皮等软物。

（2）平口钳的找正

平口钳的找正方法如图 9-12 所示，把带有百分表的弯杆，用固定环压紧在刀轴上，或者将带有磁性表座的百分表吸附在悬梁导轨或垂直导轨上，并使虎钳的固定钳口接触百分表的测头。然后将工作台作纵向或横向移动，并调整虎钳位置使百分表上指针的摆差在允许的范围内，找正以后，就可以把虎钳的位置固定下来。在精度要求不高时，也可用划针或角尺来代替百分表找正。

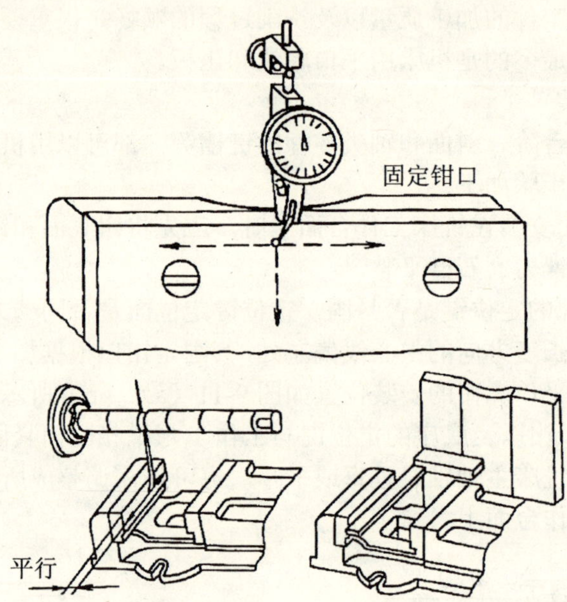

图 9-12　平口钳的找正

（3）用压板装夹工件

对中型、大型和形状比较复杂的工件，一般都利用压板把工件直接压牢在铣床工作台台面上。对于不太大的工件，如果面铣刀在卧式铣床上加工时，也往往利用压板装夹工件，如图 9-13 所示。在铣床上用压板装夹工件时，所用的工具比较简单，主要是压板、垫铁、T 形螺栓（或 T 形螺母和螺栓）及螺母。但是为了满足装夹不同形状工件的需要，压板的形状也可以做成多种，如图 9-14 所示是压板、螺栓和垫铁的形式。

使用压板时应注意以下事项（如图 9-15 所示）：

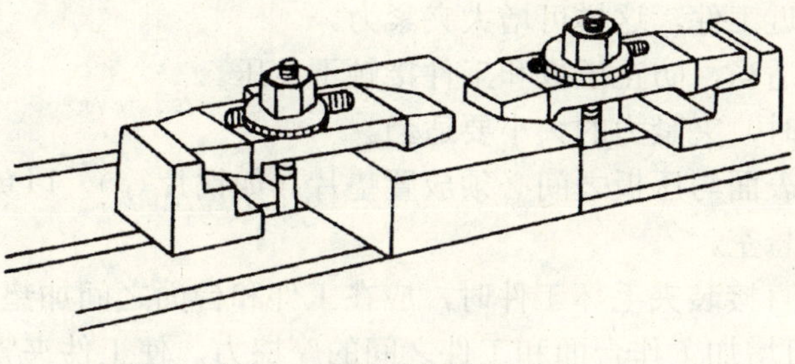

图 9-13　用压板装夹工件

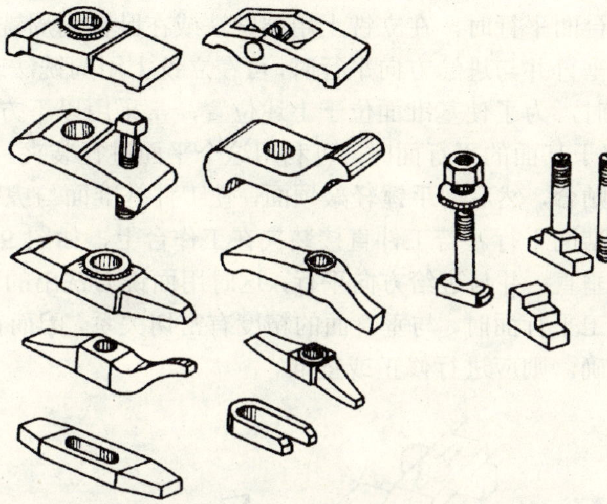

图 9-14　压板、螺栓和垫铁的形式

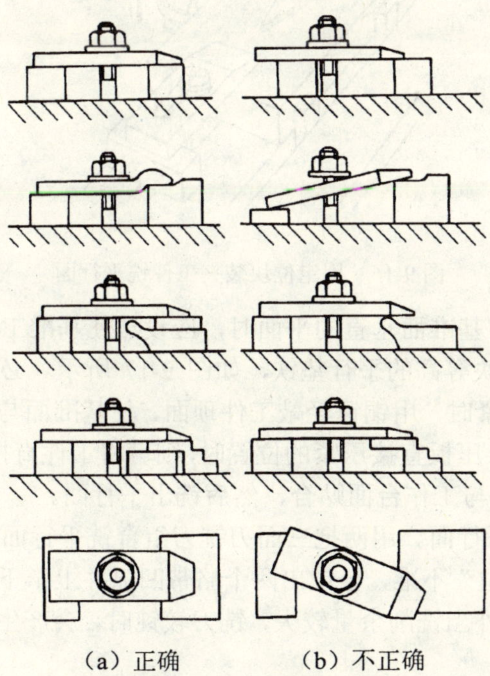

（a）正确　　　　（b）不正确

图 9-15　搭压板的方法

① 螺栓要尽量靠近工件，这样可增大夹紧力。

② 垫铁的高度要适当，防止压板和工件接触不良压。

③ 装夹薄板工件时，夹紧力的大小要适当。

④ 在工件的光整表面与压板之间必须放置垫片（如铜片等），以免损伤工件的表面。

⑤ 工件受处不能悬空。

⑥ 在工作台面上直接装夹毛坯工件时，应在工件和台面之间加垫纸片或铜片，这样不但可保护台面，而且可增加工作台面和工件之间的摩擦力，使工件夹紧牢靠。

3．平行面的铣削加工

当工件基准与工作台面平行时，在立铣上用端铣法或在卧铣用周铣法均可铣出平行面。当工件基准与工作台面垂直并与进给方向平行时，可在立铣上用周铣法或在卧铣上用端铣法铣出平行面。装夹工件时，为了使基准面位于上述位置，常采用以下方法：

（1）工件上有垂直于基面的平行面时，可利用这个平面进行装夹。工件在虎钳上装夹，可将该平面与固定钳口贴合，然后用手锤轻敲顶面，使工件基准面与虎钳导轨面贴合，这时铣出的工件顶面即与基准面平行。若工件直接装夹在工作台上，如图 9-16 所示，可采用定位块使基准面与工作台垂直，并与进给方向平行，这时用面铣刀铣出的平面即为平行面。由于采用这种装夹方法加工平行面时，与垂直面的精度有密切关系，因而在加工前必须预先检查其垂直度，若不够准确，则应进行修正或垫准。

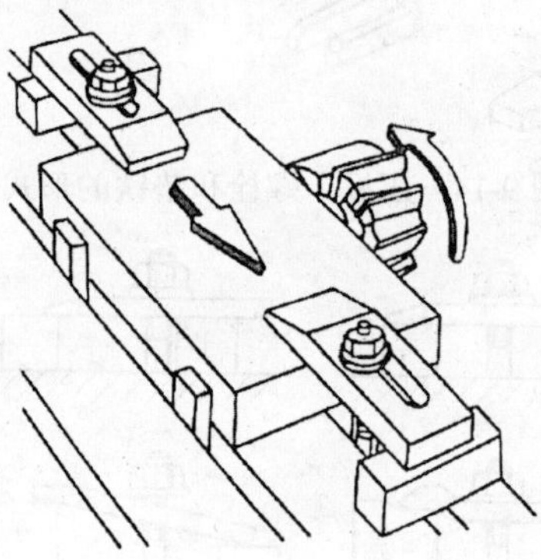

图 9-16　用定位块装夹工件铣平行面

（2）当工件上没有与基准面垂直的平面时，应设法使基准工作台面平行。若在虎钳上装夹工件，下面最好垫两块等高的平行垫铁，如图 9-17 所示。必要时可在固定钳口的下部或上部垫铜片或纸片。夹紧时，用铜锤轻敲工件顶面，使基准面与垫铁面紧贴，从而与工作台面平行。若工件上有可供压板直接压紧的位置时，则可将工件直接装夹在工作台面上加工，如图 9-18 所示。使基准面与工作台面贴合，然后铣出平行面。

（3）用组合铣刀铣平行面。用两把三面刃铣刀组合铣平行面的方法，如图 9-19 所示。铣削时，若工作台的“零位”不准，会铣出两个略带凹弧并上窄下宽互不平行的面，但两个面在纵向还是平行的。另外当铣削余量较大，铣刀较钝时，会产生让刀现象，有时也会使两个平面不平行。

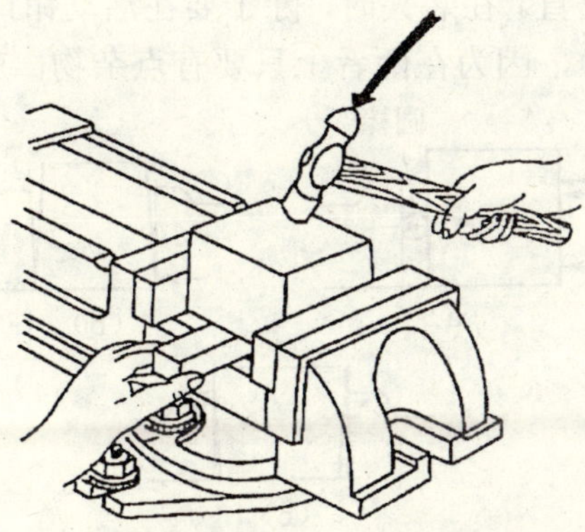

图 9-17 铣平行面时的装夹方法

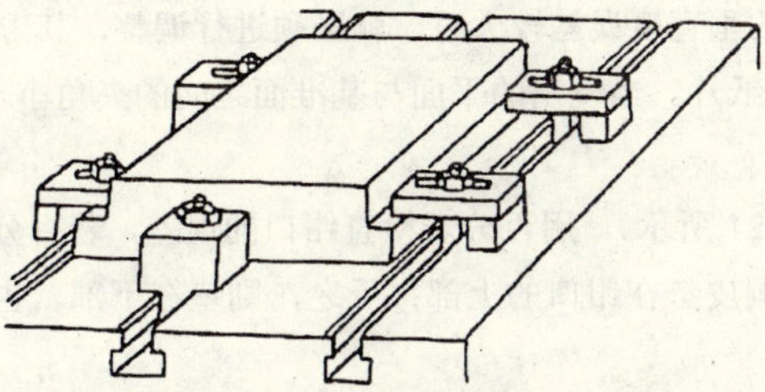

图 9-18 工件直接压在工作台台面上的装夹方法

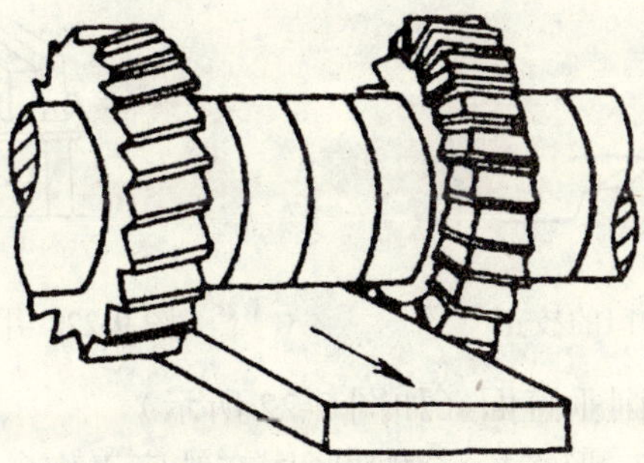

图 9-19 用两把三面刃组合铣刀铣平行面

4．垂直面的铣削加工

两相邻表面相交成 90°的平面称为垂直面。在卧式铣床上用圆柱铣刀和在立式铣床上用端铣刀铣出的平面，都与工作台台面平行。因此，只需将工件基准面装夹成与工作台台面垂直即可铣出垂直面。至于加工方法，除了工件的装夹有要求外，其他与铣平面基本相同。和基准面相互垂直的平面称为垂直面。

（1）用机床用平口虎钳装夹工件铣削垂直面

铣削垂直面时，用机床用平口虎钳装夹工件只需把工件基准面与固定钳口紧密贴合即可。为了使工件基准面与固定钳口紧密贴合，往往在活动钳口与工件之间放置一根圆棒，如图 9-20（a）所示。对于工件基准面是高低不平的毛坯面或不平行基准面时，若不放圆棒，夹紧后工件的基准面与固定钳口不一定会很好地贴合，如图 9-20（b）、（c）所示。这样铣出的平面也就不一定与基准面垂直。在装夹时，除了要在活动钳口处放一根圆棒外，还应仔细地把固定钳口和基准面擦干净，因为在两者上只要有点杂物，就会影响定位精度。

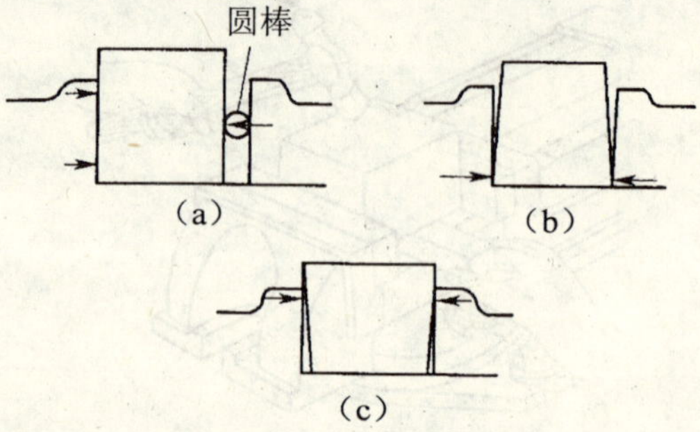

图 9-20　机用平口虎钳装夹工件铣削垂直面

注：若固定钳口与底平面的垂直度误差较大时，就必须进行调整，其方法是：

① 在固定钳口处垫铜片或纸片。当铣出的平面与基准面之间的夹角小于 90°时，铜片或纸片应垫在钳口的上部；反之，则垫在下部。

② 校正固定钳口（如图 9-21 所示）。用百分表检查钳口的误差，若百分表的读数显示钳口上部的误差大，则应用厚度相当的钢片或铜皮垫在钳口的上部；反之，则垫在下部。也可将钳口铁拆下，按误差的数值磨削校准。

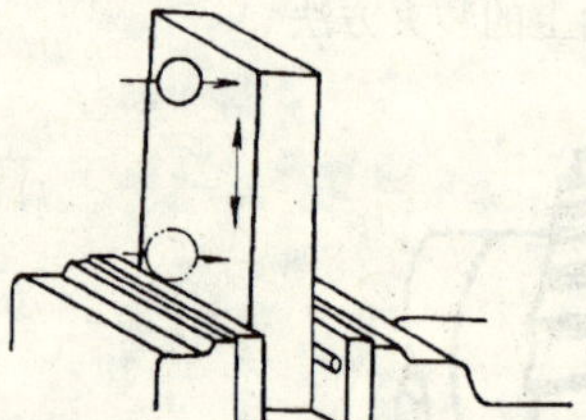

图 9-21．固定钳口的校正

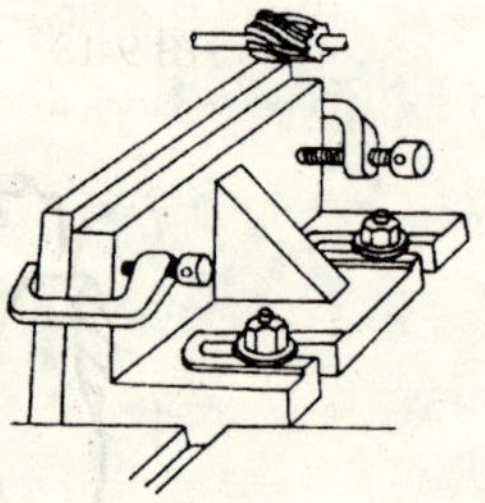

图 9-22　用角铁装夹铣削垂直面

（2）用角铁装夹工件铣削垂直面（如图 9-22 所示）

将角铁底面擦干净，用 T 形螺栓将角铁紧固在铣床工作台台面上，把工件的基准面紧贴在角铁上，用 C 形夹头夹紧工件。

（3）用压板装夹工件铣削垂直面（如图 9-23 所示）

对于尺寸较大的工件，用压板将工件压紧在卧式铣床工作台台面上用端铣刀铣削垂直面较合适。装夹时，将铣床工作台台面和工件定位基准面擦干净，使它们能紧密贴合，用压板、垫铁、T 形螺栓进行紧固。对于薄而宽的工件，在立式铣床上用立铣刀铣削垂直面较合适。装夹时，工件与工作台台面之间垫平行垫铁，再用压板压紧。装夹及加工情况如图 9-23 所示。

5．矩形零件的铣削

在铣削过程中，为了保证各表面之间的平行度和垂直度，铣削顺序如图 9-24（a）～（f）所示。

（1）先加工基准面 *A*，因为基准面是加工其他各面的定位基准，通常要求具有较小的表面粗糙度值和较好的平面度。

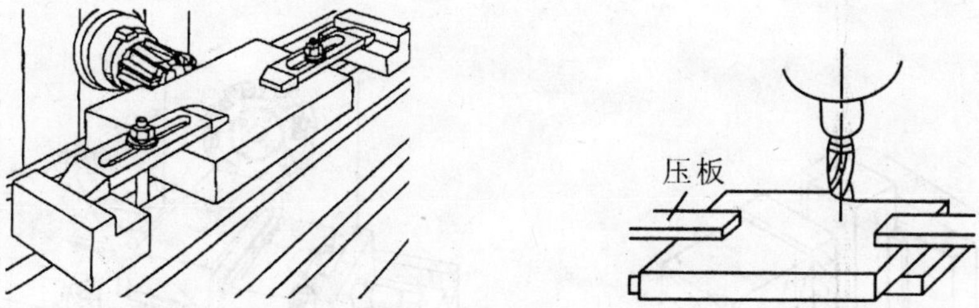

（a）较大工件铣垂直面　　　　（b）薄而宽工件铣垂直面

图 9-23　用压板装夹铣削垂直面的方法

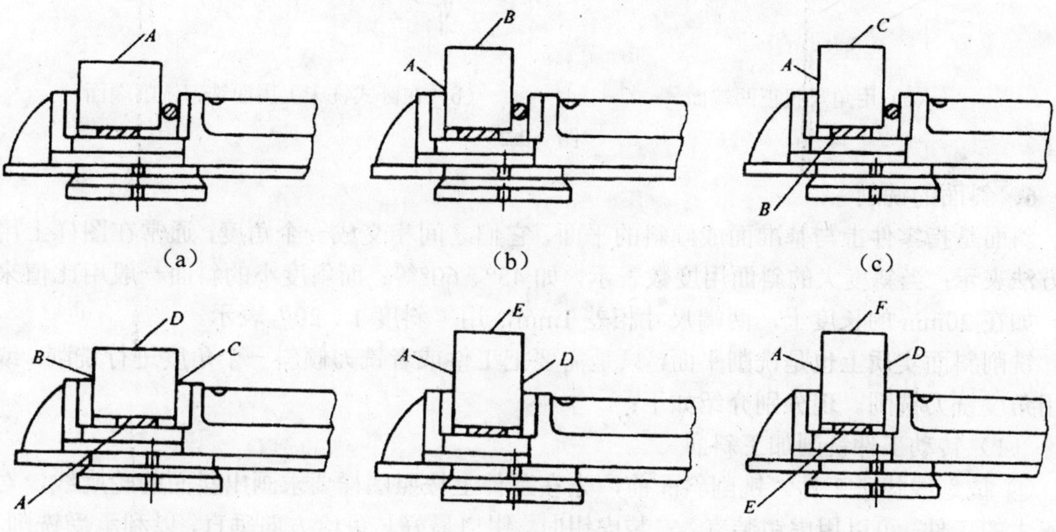

（a）　（b）　（c）　（d）　（e）　（f）

图 9-24　铣矩形工件的步骤

（2）接着以 A 平面为基准，铣削 B 面和 C 面，并应保证与 A 面垂直。

（3）铣削 D 面时，仍以 A 面为基准。

（4）铣削 C 面和 D 面时，应保证其与相对面的平行度和尺寸公差，尤其是精铣时更应重视。第一件工件一般以多次试切来获得所要求的尺寸。

（5）铣削 E 面时，为了保与 A 面和 B 面都垂直，除了使 A 面和虎钳固定钳口相贴合外，还要用角尺找下 B 面对工作台台面的垂直度，找正的方法如图 9-25（a）所示。角尺的一面与虎钳的水平导轨贴合，另一面与工件的 B 面贴合。

用上述方法铣削端面，每件都需要用角尺找正，故较费时。在件数较多或批量生产时，可按图 9-25（b）所示的方法进行铣削。在加工之前，只要把固定钳口找正得与纵向进给方向垂直，在工件下面垫平行垫铁（或不垫），使基准面 A 紧贴平行垫铁（或虎钳导轨），侧面 B 紧贴固定钳口，即可铣出合乎要求的端面，并不需要每件都找正，且容易保证质量。另外，在工件端面处可安装一个弯头挡铁，以控制工件长度的加工尺寸。

（6）铣削 F 面，并铣准长度。

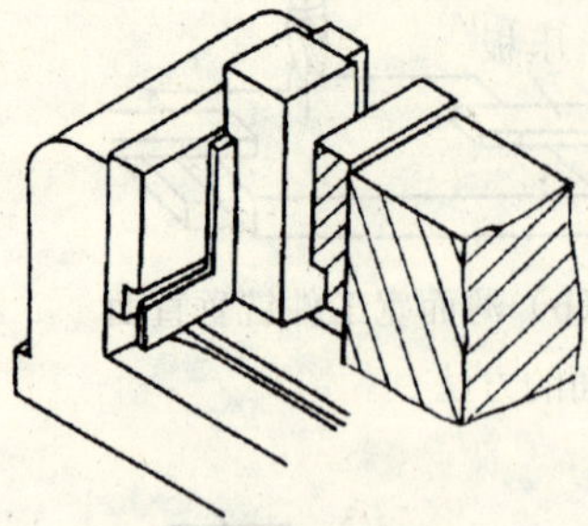
（a）用角尺找正两端面

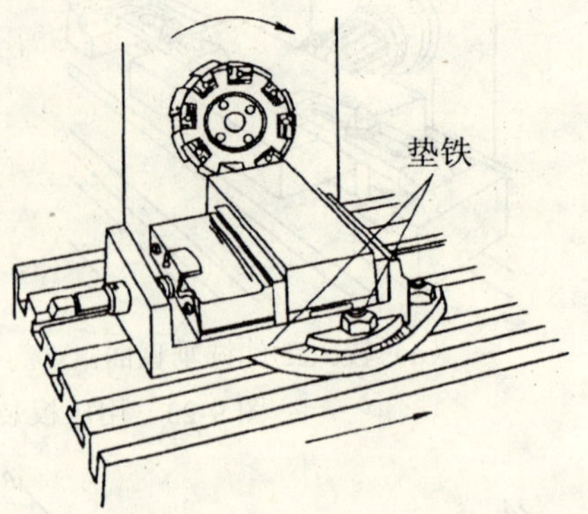

（b）在卧式铣床上用面铣刀铣削端面

图 9-25

6．斜面的铣削

斜面是指零件上与基准面成倾斜的平面，它们之间相交成一个角度，通常在图样上用两种方法表示：当斜度大的斜面用度数表示，如 45°、60°等；而斜度小的斜面一般用比值来表示，如在 20mm 的长度上，两端尺寸相差 1mm，用“斜度 1∶20”表示。

铣削斜面实质上也是铣削平面，只是需要把工件或者铣刀倾斜一个角度进行铣削，或者采用角度铣刀铣削。现分别介绍如下：

（1）转动工件铣削加工斜面

① 按划线找正工件。铣削斜面前，先在工件上按照图样要求画出斜面的轮廓线，对尺寸不大的工件，可以用虎钳装夹。安装虎钳时，钳口最好与进给方向垂直，以利承受铣削力。工件装夹在虎钳上后，用划针盘按所画的线找正使线与工作台台面平行，然后夹紧，如图 9-26 所示，即可铣削。若工件直接装夹在工作台上，可以将划针固定，移动工作台找正工件上的画线，使这与进给方向平行，然后用压板压紧工件，即可以进行铣削。

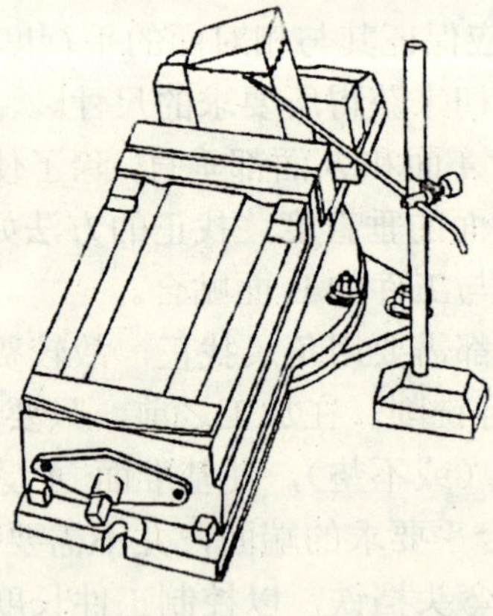
图 9-26　按划线找正工件

按划线铣削斜面时，先把余量的大部分切去，在最后一次铣削前，应再用划针校验一下，若工件走动，则应重新找正。铣削完毕，工件上应留下样冲眼的一半，此时便得到了所需要的斜面。采用这种加工方法，由于划线和找正比较费时，因而只适宜单件或少量生产。

② 用倾斜垫铁和专用夹具装夹工件。用倾斜垫铁装夹工件的方法如图 9-27 所示，由图可见，当倾斜垫铁的角度为θ 时，铣削出的斜面倾斜角$\alpha=\theta$。由于用斜垫铁装夹工件比较方便，因而在小批量生产时，通常采用这种加工方法。

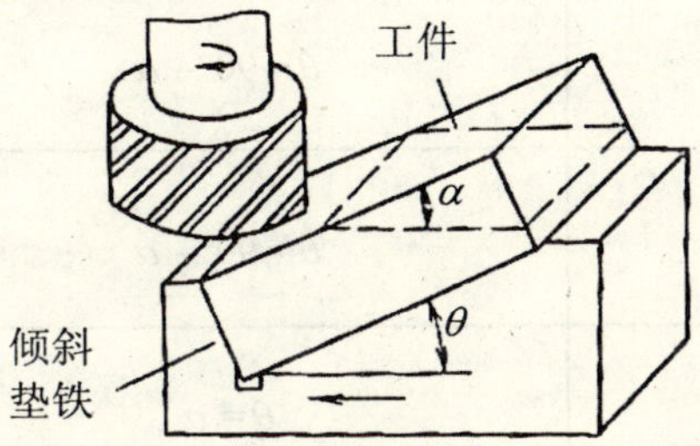

图 9-27 用倾斜垫铁铣削斜面

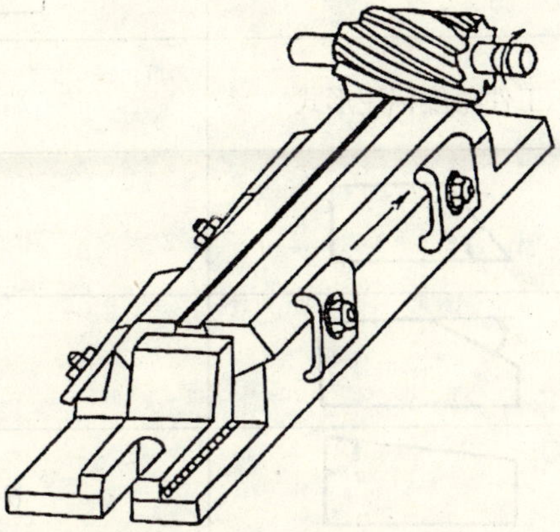

图 9-28 用专用夹具铣削斜面

在大批量生产时，最好采用专用夹具来铣削斜面。如图 9-28 所示的专用夹具，是在用倾斜垫铁铣削斜面的基础上改进而成的，其特点或多件，故生产效率比较高。

（2）转动立铣头铣削加工斜面

在铣头可回转的立式铣床上，可以不转动工件而转动立铣头来铣削斜面，如图 9-29 所示。立铣头转动的角度θ与工件斜角的标注形式及铣削方式有关。实际加工时可参照表 9-13，也可参照转动工件铣削斜面的计算公式来换算。

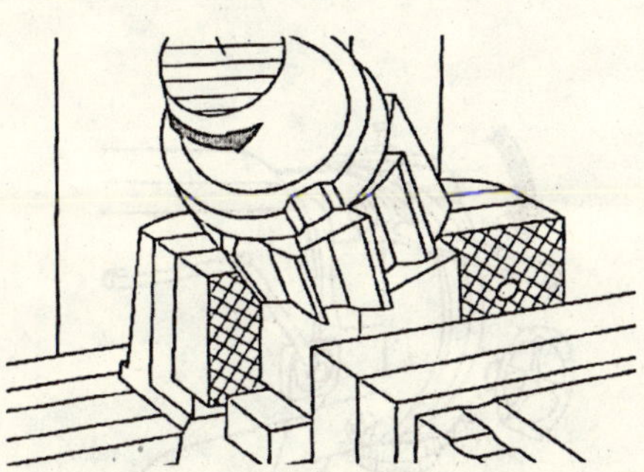

图 9-29 转动立铣头铣削斜面

立铣头倾斜角度调整的具体操作方法如下：

① 用扳手顺时针旋拧立铣头右面的定位销顶端的六角螺母，拨出定位销，如图 9-30（a）所示。

② 松开立铣头回转盘的四个紧固螺母，如图 9-30（b）所示。

③ 根据角度要求，转动立铣头回转盘左侧的齿轮轴，如图 9-30（c）所示，按回转刻度所需要的角度。

表 9-13　铣削斜面时立铣头的倾斜角度

α—工件标注的角度 θ—立铣头主轴倾角	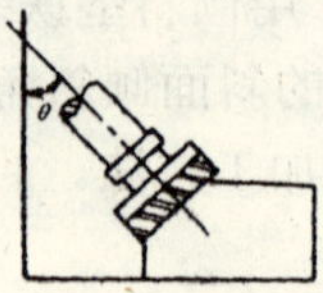	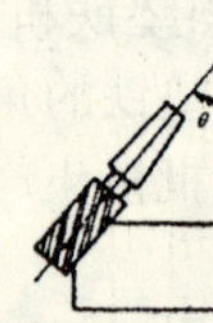
工件角度标注形式	端面刃铣削	立铣刀铣削
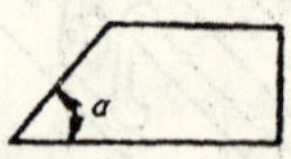	$\theta=\alpha$	$\theta=90°-\alpha$
	$\theta=\alpha$	$\theta=90°-\alpha$
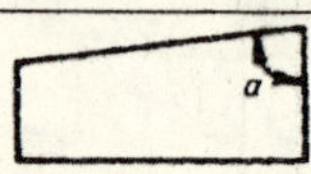	$\theta=90°-\alpha$	$\theta=\alpha$
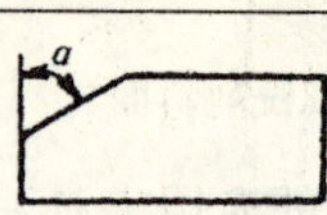	$\theta=90°-\alpha$	$\theta=\alpha$
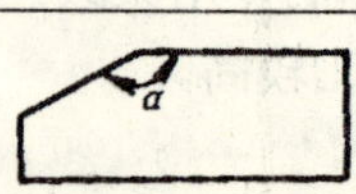	$\theta=180°-\alpha$	$\theta=\alpha-90°$
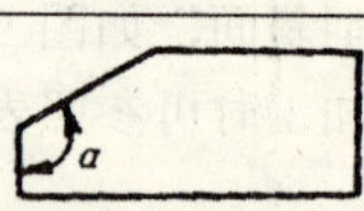	$\theta=\alpha-90°$	$\theta=180°-\alpha$

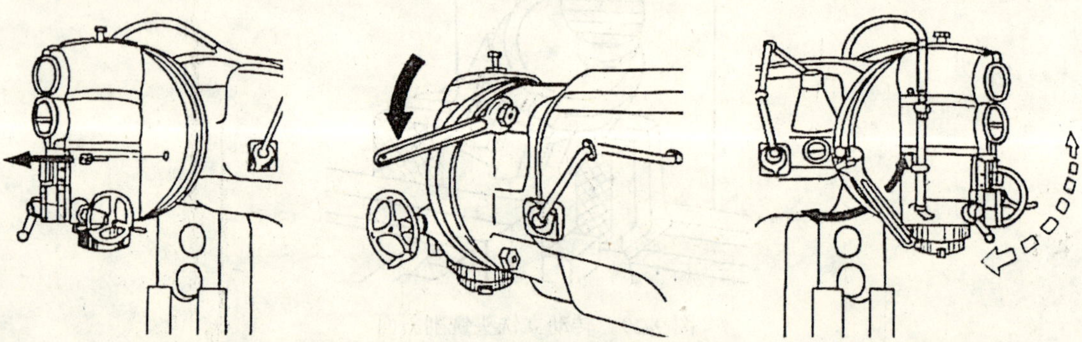

（a）取出定位锥销　　（b）松开紧固螺母　　（c）转动倾斜角

图 9-30　立铣头倾斜角调整操作步骤

④ 紧固四个回转盘螺母，具体操作方法是按对角度顺序逐步坚固。坚固后应观察零线与刻度的位置，复核立铣头的倾斜角度。

（3）用角度铣刀铣削加工斜面

较小的斜面可以有角度铣刀直接铣削，所铣削出的斜面的倾斜角度由铣刀的角度保证，如图 9-31 所示，先铣“1”面，当“1”面铣好之后再将工件旋转 180°铣“2”面。在工件数量较多时，为了保证加工质量和提高生产效率，也可以将多把角度铣刀组合起来进行铣削，如图 9-32 所示是采用两把规格相同、刃口相反的单角度铣刀，在同时铣削工件的两个斜面。由于角度铣刀的刀齿强度较差，容屑槽又小，因此在使用时，应选取较小的铣削用量，尤其是每齿进给量更要适当减少。在铣削钢件时，应冲注足够的切削液，以免刀具严重磨损。

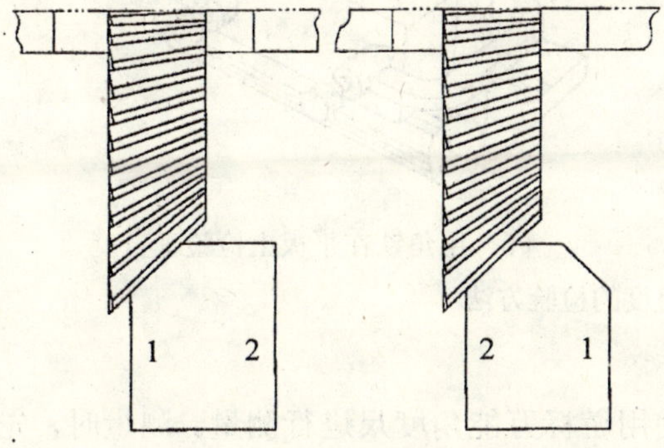

图 9-31　用一把单角度铣刀铣斜面

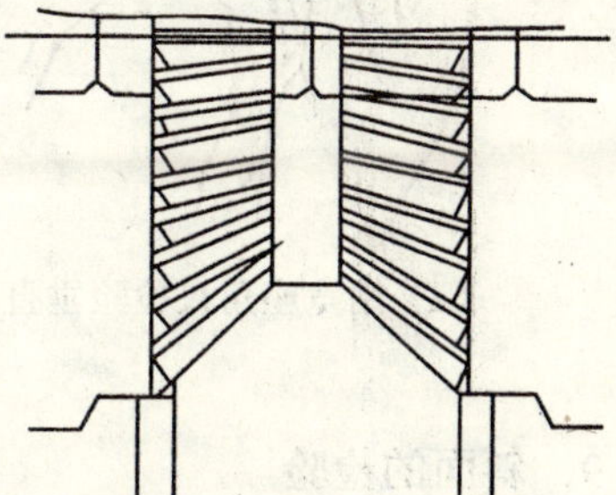
图 9-32　用两把单角度铣刀铣斜面

7．平行度的检验

平行度及尺寸精度的检验通常用游标卡尺或外径千分尺测量，根据平面的大小、形状，测量时应合理确定测量点的数目和分布位置。观察各部分尺寸的差值，这个差值就是平行度误差。另外，检查所有尺寸是否都在图样所规定的尺寸范围内。

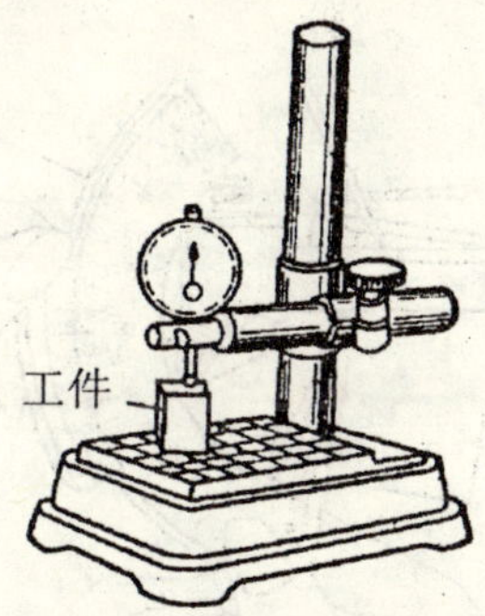

图 9-33　用百分表检验平行度和尺寸精度

在检查成批零件时，用如图 9-33 所示的方法可同时检验零件的尺寸精度和平行度。检验时，先按图样要求的公称尺寸组合块规拼放在平台上，使百分表测头与组合块规的上表面接触，并把长指针对准表面点的零位，然后移去块规，把工件放在百分表下，并紧贴平台移动，根据百分表的读数便可测出工件的尺寸误差及平行度误差。

8．垂直度的检验

（1）较小平面的垂直度检验可使用 90°角尺和塞尺配合进行，如图 9-34（a）所示，塞尺的厚度规格可按垂直度的公差确定。在使用直角尺时，应注意用力准确，将直角尺级短厚的一端（尺座）紧贴工件基准面，轻微向下用力使相对较长较薄的一端（尺苗）与工件检测表面缓慢接触。垂直于直角尺尺座用力，保证尺座与工件基准面有效贴合。

（2）较大平面的垂直度测量，可按工件基准面与标准平板贴合，然后使用较大规格的 90°和塞尺配合进行测量。

（3）精度要求较高的垂直面检验，可采用如图 9-34（b）所示的方法测量，工件下面起垫块作用的圆柱可防止角铁倾倒，消除下平面与基准侧面不垂直度对测量的影响。

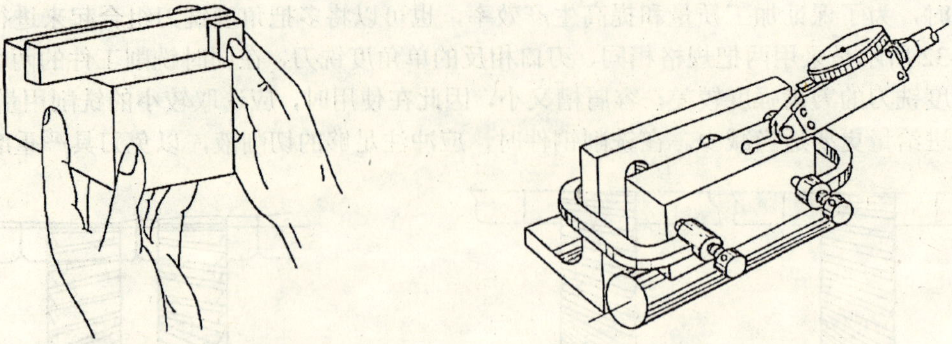

（a）用宽座角尺检验垂直度　　（b）用角铁在平板上检验垂直度

图 9-34　垂直度的检验方法

9．斜面的检验

检验斜面与基准面的夹角精度时，通常使用游标万能角度尺进行测量。测量时，先将游标万能角度尺的底边紧贴工件的基准面底，然后把直尺调整到紧贴工件斜面，若角度尺的游标读数值在图样要求的公差范围内，则斜面的倾斜角度正确，如图 9-35（a）所示。对精度要求较高的斜面和角度较小的斜面，一般都用正弦规、量块和百分表配合进行测量，如图 9-35（b）。

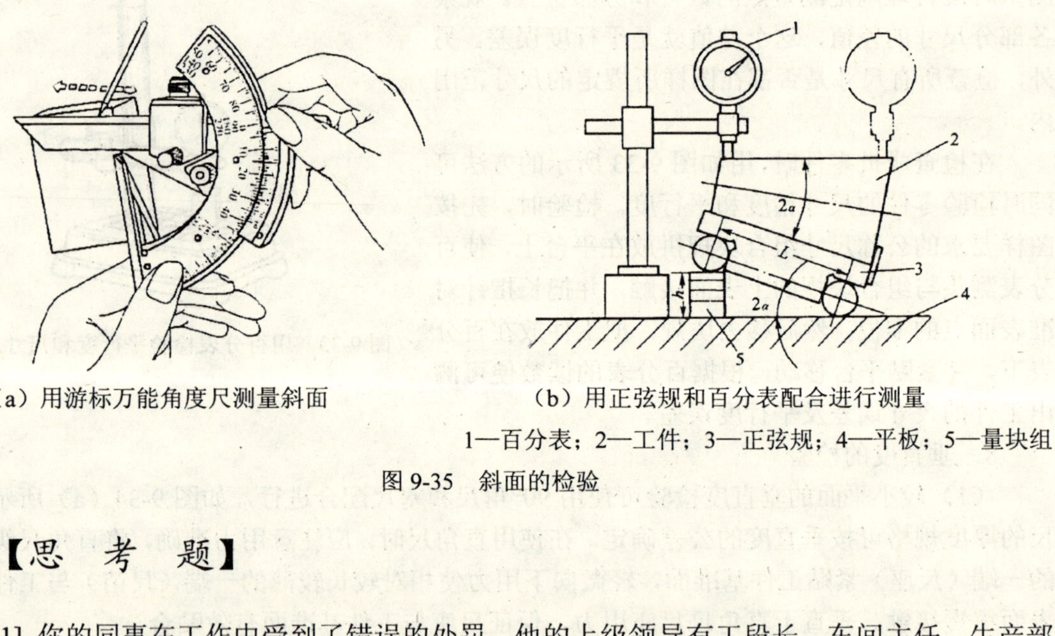

（a）用游标万能角度尺测量斜面　　（b）用正弦规和百分表配合进行测量

1—百分表；2—工件；3—正弦规；4—平板；5—量块组

图 9-35　斜面的检验

【思　考　题】

[1] 你的同事在工作中受到了错误的处罚，他的上级领导有工段长、车间主任、生产部长、分管厂长。他应该如何为自己争取权益？你是否主张“越级反映”？“越级反映”和“逐级反映”的优缺点是什么？

[2] 测量工件平行度应该测量几个点？分析影响工件平行度的主要因素，提出相关措施。

[3] 分析使用平口钳装夹工件时，固定钳口面、底部导轨面、平行垫铁表面与工件表面之间的油污、铁屑、毛刺等杂物对工件加工质量的影响。

学习情景 10　台阶及槽类零件的铣削加工

【学习任务】

通过本环节的学习，需要了解并掌握如表 10-1 所示的相关知识与技能。

表 10-1　学习任务

序号	理论知识点	技能点
1	了解台阶、直角槽的种类	台阶、直角槽、V 形槽的铣削加工
2	学习拆装立铣刀、锯片铣刀、角度铣刀的方法	平口钳的安装与找正、工件的装夹
3	掌握台阶、直角槽、V 形槽铣削技术要求	各种铣刀的安装；百分表、千分尺、内径千分尺的使用
4	掌握分析产生质量问题的原因	分析产生质量问题的原因及采取相应的措施

【危险源辨识】

危险源辨识如表 10-2 所示。

表 10-2　危险源辨识表

序号	危害事件	危险源	预防措施
1	绞伤	衣物绞入旋转的刀具或其他旋转部件	1．正确穿戴劳保用品，不接近正在旋转的部件； 2．更换铣刀时按下主轴紧急停止按钮
2	砸伤	1. 工作台、工具柜上放置的工件等物品； 2．行车起吊物品掉落	1．物品正确摆放，工作台上不允许放置物品，工件应装夹牢固； 2．非专职人员不允许使用行车，遇行车起吊应绕行，不得在起吊物下穿行
3	烫伤	加工时飞出的铁屑	选择合理的切削用量、正确站位
4	划伤	工件毛刺、铣刀刃	正确清理毛刺，用专用工具清理铁屑，正确拆装铣刀
5	摔伤	工作台、脚踏板油污、攀爬机床换刀	换刀时攀爬动作应站稳，工作时注意留心脚下，防止滑倒
6	触电	电气线路破损，私自开启电控柜	电气故障必须由专职电工进行维修，操作人员不得拆接电气线路、元件，不得开启电控柜

【生产流程】

一、信息分析

1．零件图与技术文件（如图 10-1、表 10-3、表 10-4 所示）

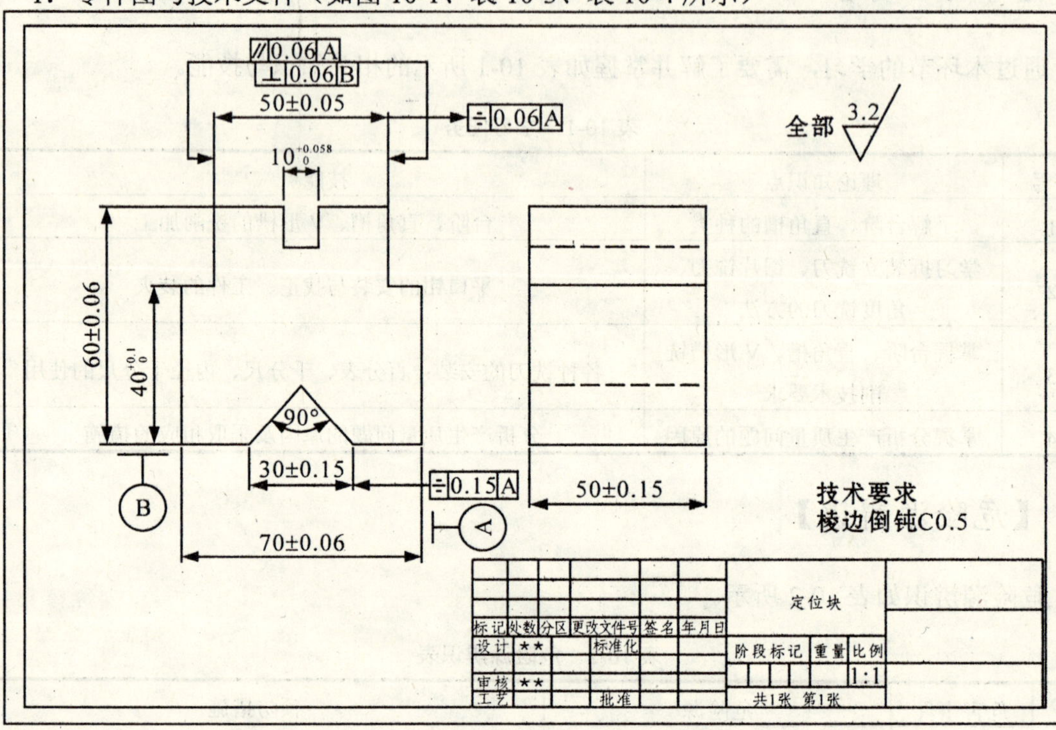

图 10-1

表 10-3 机械加工工艺过程卡片

（厂名）	机械加工工艺过程卡片	产品型号	H11	零件图号	SA11	共 1 页
		产品名称	定位块	零件名称	定位块	第 1 页

材料牌号	45	毛坯种类	锻件	毛坯外形尺寸	60×70×80	毛坯件数	10	每台件数	10	毛坯质量	优

工序号	工序名称	工序内容	车间	工段	设备	工艺装备	工时	
							准备	单件
1	下料	下料：60mm×70mm×80mm	热加		气割机			
2	铣	（1）按图铣六方至尺寸 50±0.15mm×60±0.06mm×70±0.06mm，保证形位公差要求； （2）铣台阶 50±0.05mm，保证形位公差要求； （3）铣直角槽 $10^{+0.058}$mm； （4）上锯片铣刀铣 3mm 槽深 18mm； （5）铣 V 形槽	机加	铣	X5032	平口钳		

（续表）

（厂名）	机械加工工艺过程卡片		产品型号	H11	零件图号	SA11	共1页
			产品名称	定位块	零件名称	定位块	第1页
3	检验	检查尺寸、平行度、垂直度、斜度			卡尺、千分尺、万能角度尺、百分表		
4	入库						
					编制	审核	会签
记标	处数	更改文件号	签字	日期	标记	处数	更改文件号
签字	日期						

表 10-4　机械加工工艺卡片

（厂名）			机械加工工艺过程卡片	产品型号	H11	零件图号		SA11			共1页	
				产品名称	定位块	零件名称		定位块			第1页	
材料牌号		45	毛坯种类	锻件	毛坯外形尺寸	60×70×80	毛坯件数	10	每台件数	10	毛坯质量	优
工序	安装	工步	工序内容	同时加工工件数	背吃刀量	切削用量：切削速度（m/min）	切削用量：转数（r/min）	切削用量：进给量（mm/min）	设备名称	工艺装备	工时：准备	工时：单件
1	平口钳夹工件	1	铣一个基准面	1	见光	150	600	118	X5032			
		2	以基准面铣相邻面	1	3mm	150	600	118	X5032			
		3	精铣保证各尺寸 50±0.15mm×60±0.06mm×70±0.06mm	1		150	600	150	X5032			
		4	上锯片铣刀铣3mm 槽深 18mm	1	9mm	20	118	23.5	X6132			
2	平口钳夹工件	1	上立铣刀Φ30mm 铣台阶	1	5mm	25	235	30	X5032			
		2	上立铣刀Φ10mm 铣槽	1	10mm	20	600	23.5	X5032			
		3	将主轴转 45°铣V形槽	1	5mm	20	600	23.5	X5032			
							编制	审核	会签			
记标	处数	更改文件号	签字	日期	标记	处数	更改文件号	签字	日期			

2．加工难点分析

（1）对称度 0.06mm 的保证及尺寸的控制。

（2）表面粗糙度 *R*a3.2μm 的保证及切削用量的选择。

（3）台阶 55±0.05mm，直角槽 $10^{+0.058}$mm 控制，V 形槽的保证。

二、工艺准备

根据图样的精度要求，平面加工可在立式铣床上用硬质合金端面刀铣削加工，V 形槽的中间在卧式铣床上用锯片铣刀铣削加工。

1．工装及夹具准备（如表 10-5 所示）

表 10-5　工装及夹具准备表

	夹具名称	工具名称
1	平口钳	平行垫铁
2	压板	平口钳扳手
3		锉刀
4		手锤

2．量具及刀具准备（如表 10-6 所示）

表 10-6　量具及刀具准备表

	量具名称	刀具名称
1	刀口尺	硬质合金端铣刀 Φ80
2	游标卡尺 0～150mm	立铣刀 Φ10，Φ30
3	内径千分尺 0～25mm	锯片铣刀 3× Φ80×40
4	外径千分尺 50～75mm	
5	游标万能角度尺 2′	
6	百分表 0.01mm	

三、生产过程组织

1．毛坯检测

（1）目测检验工件的形状和表面质量，如各面之间是否基本平行、垂直，表面是否有无法通过铣削加工的凹陷、硬点等。

（2）用钢直尺检验工件是否有足够的余量 60mm×70mm×80mm，并结合各毛坯面的垂直和平行情况，测量最短的尺寸，以检验工件是否有加工余量，加工余量不得小于 5mm。

2．加工过程

（1）启动设备：观察设备外观情况，检查各手柄是否在正确的位置，检查危险源。打开机床电源开关，在符合安全要求的情况下启动主轴；运行各个自动进给手柄，观察机床运行是否正常。

（2）点检润滑：按照设备润滑点检表要求，进行设备润滑；检视各部分油窗内润滑油量。

（3）空载试车：按空载试车要求，检查各操作手柄、按钮的状态。

（4）刀具安装：安装前将铣刀、主轴圆锥孔擦干净，安装时，先把端面铣刀套在刀轴上，再旋紧螺钉，把铣刀紧固。

（5）工件的装夹：在铣床上中小型工件一般用平口钳来装夹，装夹前将平口钳松开，把工件放在平口钳中夹紧。先铣出矩形工件；换立铣刀，找正机用平口钳；对刀；调整工作台的位置粗铣；预检；准确调整工作台的位置；精铣；按同样的方法铣台阶的另一面至图样要求。

（6）铣直角槽：装上Φ10mm 的立铣刀（磨小尺寸的立铣刀），目测立铣刀的圆跳动，也可以用百分表测量；对刀；将立铣刀调到中间位置（即向工件中心方向摇 30mm）粗铣；预检；根据预检尺寸精铣中间槽至图样要求。

（7）铣 V 形槽：在工件表面划出窄槽对刀线；装夹找正工件；在卧式铣床上安装锯片铣刀；对刀；试切预检；铣削窄槽；拆下Φ10mm 的立铣刀装上Φ30mm 的立铣刀；将主轴搬到 V 形槽角度的一半 45°锁紧主轴；对刀，目测使铣刀刀尖处于窄槽中间，垂向上升使铣刀在窄槽槽口铣出切痕；微量调整位置，使铣出的的两切痕相等。计算 V 形槽深度；粗铣预检；精铣至图样要求。

四、质量检测

1．首件检查记录表（如表 10-7 所示）

表 10-7　首件检查记录表

任务号		材料牌号或代号		45	数量	1
零件图号		SA11		零件名称	定位块	
工序号	图示尺寸	实测尺寸				测量工具
		自检	签字	专检	签字	
1	70±0.06	70.04		70.04		千分尺
2	60±0.06	60.05		60.04		千分尺
3	50±0.05	50.02		50.02		千分尺
4	50±0.15	50.10		50.10		游标卡尺
5	$40_{0}^{+0.10}$	40.08		40.08		游标卡尺
6	30±0.15	30.10		30.08		游标卡尺
7	$10_{0}^{+0.058}$	10.04		10.03		内径千分尺
8	90°±15′	90°10′		90°10′		万能角度尺
9	对称度 0.06	0.04		0.05		百分表
10	对称度 0.15	0.10		0.10		百分表
11	平面度 0.05	0.02		0.04		百分表
12	平行度 0.6mm	0.03		0.03		千分尺
13	*Ra*3.2μm	3.2		3.2		样板

2．过程抽检记录表（如表 10-8 所示）

表 10-8　过程抽检记录表

任务号		材料牌号或代号	45	数量	1
零件图号		SA11	零件名称	定位块	
工序号	图示尺寸	实测尺寸		测量工具	
		抽检	签字		
1	70±0.06	70.04		千分尺	
2	60±0.06	60.04		千分尺	
3	50±0.05	50.02		千分尺	
4	50±0.15	50.10		游标卡尺	
5	$40_{0}^{+0.10}$	40.08		游标卡尺	
6	30±0.15	30.08		游标卡尺	
7	$10_{0}^{+0.058}$	10.03		内径千分尺	
8	90°±15′	90°10′		万能角度尺	
9	对称度 0.06	0.05		百分表	
10	对称度 0.15	0.12		百分表	
11	平面度 0.05	0.04		百分表	
12	平行度 0.6mm	0.03		千分尺	
13	*R*a3.2μm	3.2		样板	

3．质检员检验记录表（如表 10-9 所示）

表 10-9　质检员检验记录表

(厂名)	编号：												共 1 页	
	尺寸检查记录表												第 1 页	
序号				零件标识										
零件名称	定位块			零件图号				SA11						
材料	45			数量				10						
零件序号　设计尺寸	70±0.06	60±0.06	50±0.05	50±0.15	$40_{0}^{+0.10}$	30±0.15	$10_{0}^{+0.058}$	90°±15′	对称度 0.06	对称度 0.15	平面度 0.05	垂直度 0.06	平行度 0.06	*R*a3.2μm
实测尺寸														
1#	70.04	60.02	50.01	50.10	40.01	30.08	10.01	90°10′	0.01	0.10	0.12	0.02	0.03	3.2
2#	70.02	60.01	50.11	50.06	40.04	30.08	10.02	90°05′	0.02	0.08	0.04	0.02	0.03	3.2
3#	70.02	59.98	49.99	50.12	40.03	29.96	10.01	90°06′	0.02	0.12	0.03	0.13	0.01	3.2
4#	70.02	59.98	50.02	49.90	40.03	30.06	10.03	90°12′	0.10	0.12	0.03	0.02	0.02	3.2
5#	70.04	60.02	50.02	50.08	40.02	30.06	10.02	90°15′	0.02	0.2	0.04	0.03	0.02	3.2
6#	69，98	59.98	50.01	49.96	40.04	30.08	10.01	90°11′	0．03	0.08	0.02	0.04	0.11	3.2
7#	70.04	60.03	49.98	50.08	40.01	30.16	10.04	89°55′	0.02	0.13	0.03	0.04	0.04	3.2
8#	69.96	60.02	50.05	50.10	40.03	30.08	10.05	89°35′	0.04	0.08	0.03	0.03	0.03	3.2
9#	70.04	60.04	50.03	50.04	40.02	30.06	10.03	90°05′	0.03	0.09	0.02	0.05	0.03	3.2
10#	70.04	59.97	49.99	49.98	40.03	30.04	10.02	90°14′	0.05	0.12	0.02	0.04	0.04	3.2
操作者		日期		09.2.6		检查					日期		09.2.6	

五、质量事故分析与改进措施

1．台阶的质量分析

如表 10-9 所示，2#工件尺寸要求为 50±0.05mm，实测尺寸为 50.11mm，不在要求的公差范围内，经检查是对刀不准所致。

影响尺寸的其他相关因素有：对刀不准确；预检不准确；工作台调整数值计算错误；铣刀安装后的跳动过大；铣刀刀尖刃磨质量差。

提高尺寸精度的措施：多预检几次；正确计算工作台的数值；铣刀安装后一定要找正；将铣刀磨好。

如表 10-9 所示，6#工件的平行度要求为 0.06mm，实测平行度为 0.11mm，不在要求的公差范围内，经检查是工件没有找正所致。

影响平行度的其他相关因素有：铣刀直径较大，工作时向不受力的一侧偏出；工件定位面与纵向工作台不平行；主轴不垂直于工作台；铣削时工作台没有锁紧或者没有锁。

提高平行度的措施：选择比较小的立铣刀；找正工件和平口钳； 找正主轴；铣削时锁紧工作台。

如表 10-9 所示，4#工件的对称度要求为 0.06mm，实测对称度为 0.10mm，不在要求的对称度范围内，经检查是工件没有找正所致。

影响对称度的其他相关因素有：工作台的调整错误； 预检测量误差。

提高对称度的措施：正确调整工作台；预检时多测几次。

2．直角槽的质量分析

直角槽的尺寸、对称度、平行度超差的主要原因与铣台阶时相同。

3．V 形槽的质量分析

如表 10-9 所示，7#工件的尺寸要求为 30±0.15mm，实测尺寸为 30.16mm，不在要求的尺寸公差范围内，经检查是工件上平面与工作台面不平行所致。

影响尺寸的其他相关因素有：工件夹紧不牢固；铣削过程中工件底面基准脱离定位面；对刀不准。

提高尺寸公差的措施：将工件夹牢固；对刀时慢一点并一定要对准。

如表 10-9 所示，5#工件的对称度要求为 0.15mm，实测对称度为 0.20mm，不在要求的对称度范围内，经检查是角度铣刀的角度不对所致。

影响对称度的其他因素有：在铣削时对刀不准；预检时测量不准；精铣时工件重装有误差。

提高对称度的措施：选择角度正确的角度铣刀；检测时多测几次；精铣时定位一定要准确。

如表 10-9 所示，8#工件的角度要求为 90°±15′，实测角度为 89°35′，不在要求的公差范围内，经检查是工件的上平面没有找正所致。

影响角度的其他因素有：铣刀的角度不准确；工件装夹不牢固。

提高角度的措施：选择角度正确的角度铣刀；工件装夹要牢固。

【职业能力分解】

根据示例零件的生产过程分析，完成以上要求的加工任务，需要掌握以下相关知识及操作技能。

一、理论知识

1. 台阶的种类

台阶由平行面和垂直面组成，台阶零件的形式如图 10-2 所示。台阶的工艺要求：

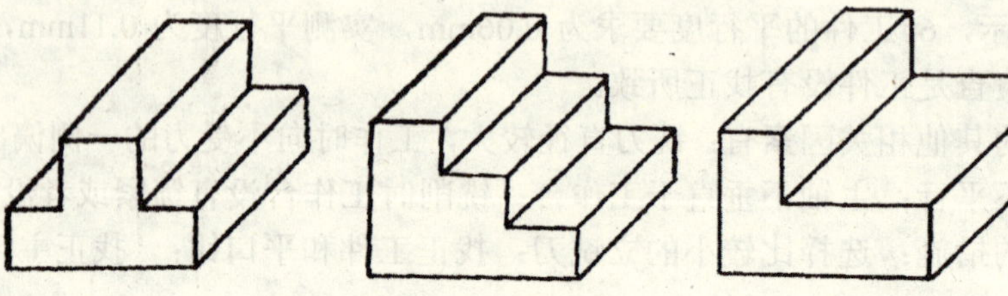

(a) (b) (c)

图 10-2 台阶零件的形式

（1）尺寸精度：台阶上与其他零件相配合的尺寸，其尺寸精度一般要求较高。

（2）形状位置精度：如各表面的平面度、台阶侧面与基准面的平行度，以及双台阶对中分线的对称度。

（3）表面粗糙度：台阶两侧配合面一般都要求表面粗糙度较低。

2. 直角槽的种类

（1）常见的直角槽的种类

常见的直角槽有敞开式、封闭式和半封闭式三种，如图 10-3 所示。其中半封闭式的尾部有立式铣刀圆弧（立圆弧）和盘形铣刀圆弧（卧圆弧）两种形式，轴上键槽是用平键联结轴与套的一种典型的直角槽。在铣床上铣削加工的特形沟槽有 V 形槽、T 形槽、半圆键槽和燕尾槽等。机床导轨、轴类零件的定位常用 V 形槽；T 形槽主要用于穿装 T 形螺栓，如机床工作台面上的 T 形槽，用于穿装螺栓装夹工件；燕尾配合通常也用于机床导轨，如铣床的纵向和垂向导轨。

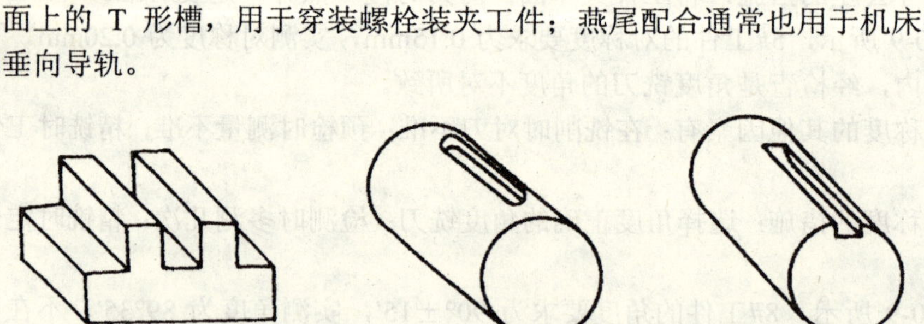

（a）敞开式 （b）封闭式 （c）半封闭式

图 10-3 直角槽的种类

（2）常用槽的铣削技术要求

①尺寸精度要求：槽的宽度、长度和深度都有一定的尺寸精度要求，尤其是对与其他零件相配合的部位，尺寸的精度要求相对较高。

②形状精度要求：各种形状的沟槽经铣削加工后，应符合图样要求的形状精度要求，直角槽和特形沟槽都是由平面组成，因此，通常有平面度和直线度基本要求。

③位置精度要求：槽与基准之间一般都有位置精度要求。如轴上键槽一般有槽宽尺寸对工件轴线的对称度要求。

④表面粗糙度要求：对组成槽的各表面都有表面粗糙度要求，用于配合的表面要求较小的表面粗糙度值。

3．台阶的加工方法

（1）用一把三面刃铣刀铣削加工台阶

用一把三面刃铣刀铣削台阶时，一般可在卧式铣床上进行（如图 10-4 所示）。

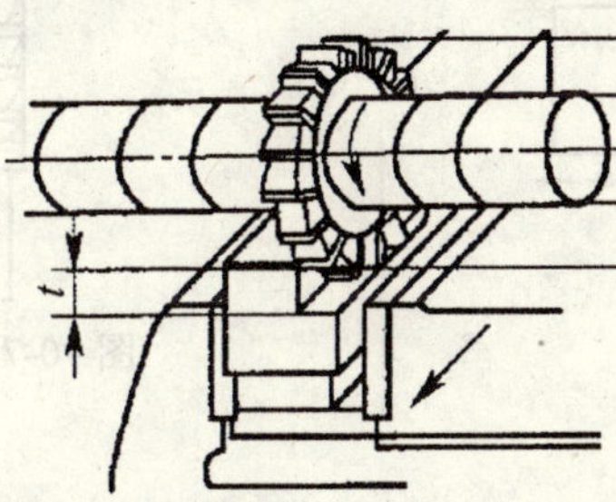

图 10-4 用一把三面刃铣刀铣削台阶

① 铣刀的选择。选择铣刀时需考虑铣刀的宽度应大于所铣阶台面的宽度，以便在一次进给中铣削完毕，同时，铣削时应能使工件上平面在铣刀轴下通过，铣刀的直径按下式确定：

$$D > d+2t$$

式中，D——铣刀直径（mm）；d——刀轴垫圈直径（mm）；t——台阶深度（mm）。

② 工件的安装和校正。采用平口钳装夹工件，安装平口钳时，应校正固定钳口与铣床主轴轴心线垂直。安装工件时，应使工件的侧面靠向平口钳的固定钳口，工件的底面靠向钳体导轨平面，铣削的阶台底面应高出钳口上平面。

③ 铣削方法。安装校正工件后摇动各进给手柄，使铣刀侧刃划阶台侧面（如图 10-5（a）所示），然后降落垂直进给（如图 10-5（b）所示）；移动横向进给一个阶台宽度的距离，将横向进给紧固，上升工作台，使铣刀圆周刃轻轻划着工件（如图 10-5（c）所示）；摇动纵向进给手柄，使铣刀退出工件，上升工作台一个阶台深度，手摇纵向进给手柄使工件靠近铣刀，扳动自动进给手柄铣出阶台（如图 10-5（d）所示）。

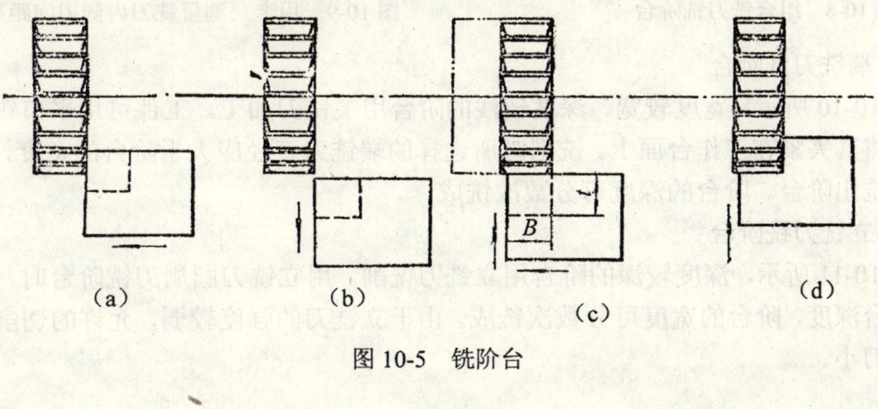

图 10-5　铣阶台

④ 铣削较深的阶台时，阶台的侧面留 0.5～1mm 的余量。阶台的深度：分数次铣到尺寸。最后一次走刀铣削时，可将阶台的侧面和底面同时铣成（如图 10-6 所示）。

⑤ 一把三面刃铣刀铣双面阶台时，先铣出一侧的阶台，并保证尺寸要求使铣刀退出工件，移动横向工作台一个距离 $A=B+C$，再将横向进给紧固，铣出一侧的阶台（如图 10-7 所示）。

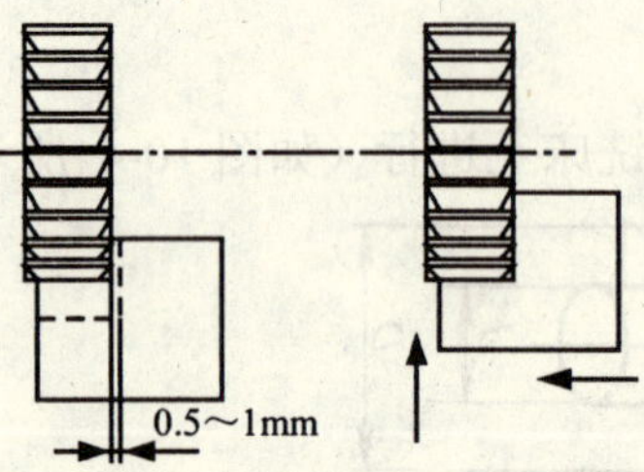

图 10-6　铣较深的阶台

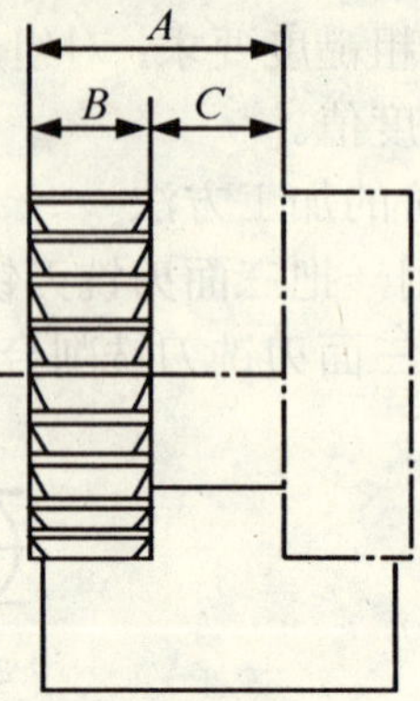

图 10-7　铣双面阶台

（2）用组合铣刀铣阶台

在成批生产中，阶台都应是采用组合铣刀来铣削。这样不仅大大提高了生产率，而且操作简单，并能保证工件的质量。采用组合铣刀铣削时，应选用两把直径相同的三面刃盘铣刀，中间用刀轴垫圈把两刀隔开，将刀刃之间的距离调整到所需要的尺寸（如图 10-8 所示）。铣刀紧固以后，要用游标卡尺检查两铣刀相对两刀刃的间隔距离是否符合尺寸要求，如果不合要求，则应重新调整。在用游标卡尺测量组合铣刀的中间距离时，要特别注意：组合铣刀中间的尺寸绝对不能小于实际需要的尺寸，而应该比这个尺寸略大一些（一般可加大 0.1～0.3mm），这是为了避免因铣刀“让刀”使铣得的中间尺寸减小（如图 10-9 所示）。

图 10-8　组合铣刀铣阶台

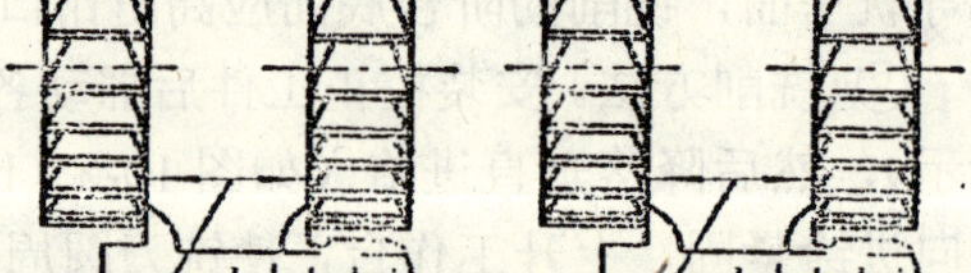

图 10-9　用卡尺测量铣刀内侧刃间距离

（3）端铣刀铣阶台

如图 10-10 所示，宽度较宽、深度较浅的阶台用端铣刀加工。工件可用平口钳装夹，也可用压板将其夹紧在工作台面上。铣削时所选择的端铣刀直径应大于阶台的宽度，以便在一次进给中铣出阶台。阶台的深度可分数次铣成。

（4）立铣刀铣阶台

如图 10-11 所示，深度较深的阶台用立铣刀铣削。用立铣刀圆周刃铣阶台时，先调整到要求的阶台深度，阶台的宽度可分数次铣成。由于立铣刀的强度较弱，允许的切削用量应比三面刃铣刀小。

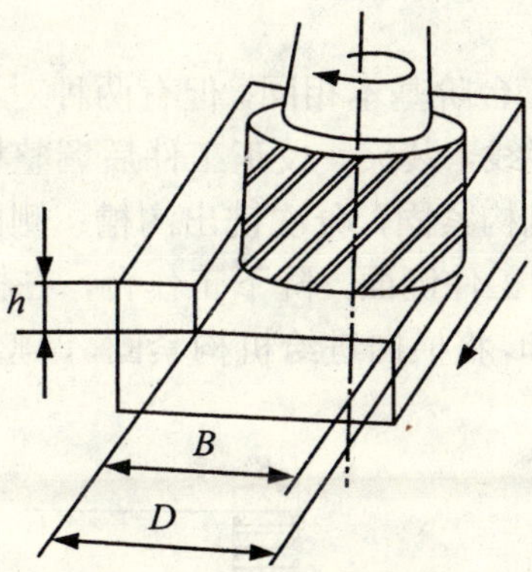

图 10-10　端铣刀铣阶台

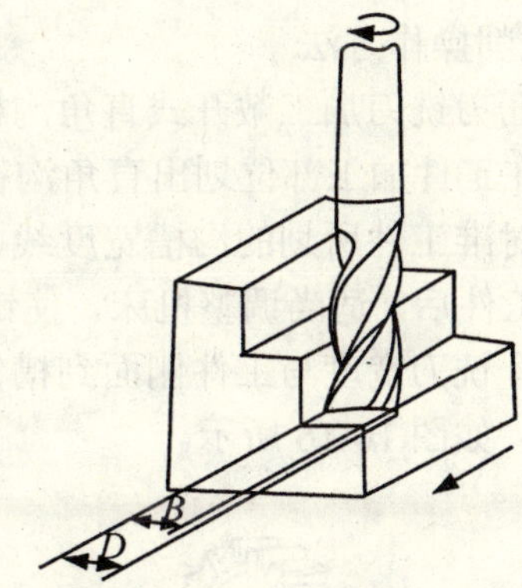

图 10-11　立铣刀铣阶台

（5）划线对刀

在装夹前，用高度尺划出阶台尺寸线，然后安装在平口虎钳内，开动机床，如图 10-12 如示。目测两把铣刀的内侧齿刃落在两线边缘上，缓慢上升垂向工作台，使铣刀在工件表面切出刀痕。观察切痕是否处于两线条上，若有偏差，则重新调整横向工作台。

（6）侧面对刀

调整机床，使铣刀处于工件侧面；开动机床，使铣刀侧面刀刃刚好擦到工件侧面；下降工作台退出工件，横向工作台向着铣刀方向移动一个距离 S，如图 10-13 所示。

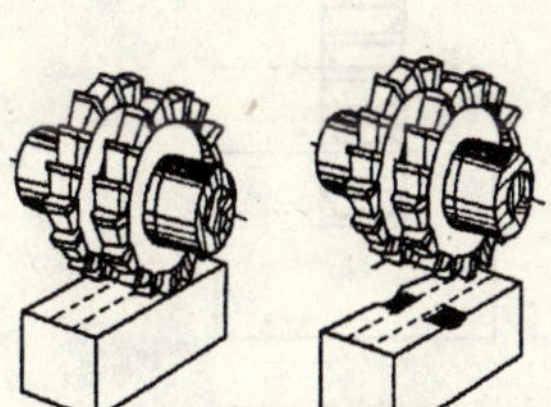

图 10-12　划线对刀

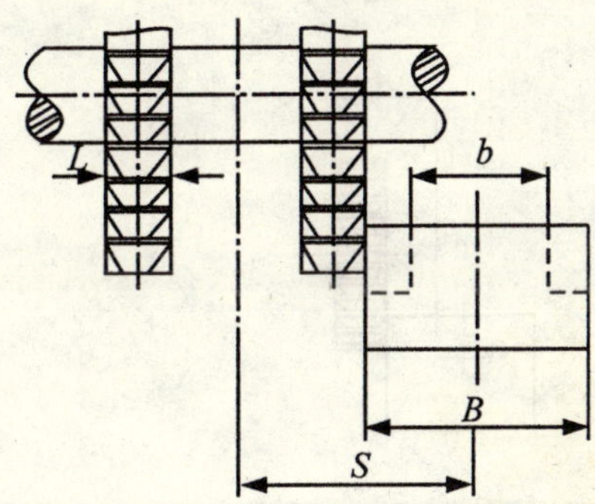

图 10-13　侧面对刀

$$S=b/2+B/2+L$$

式中，b——阶台凸台宽度（mm）；B——工件宽度（mm）；L——铣刀宽度（mm）。

4．直角槽的加工方法

直角沟槽有敞开式、封闭式和半封闭式三种。直角沟槽的工艺要求和阶台基本相同。

（1）用三面刃铣刀铣直角沟漕

敞开式直角沟槽又称直角通槽。当尺寸较小时，通常都用三面刃铣刀加工；成批生产时采用盘形槽铣刀加工；如图 10-14 所示为用三面刃铣刀铣削直角通槽。成批生产较宽的直角通槽，则常采用合成铣刀加工。

① 选择铣刀

所选择的三面刃铣刀的宽度 B 应等于或小于所加工的沟槽宽度 B'，即 $B \leqslant B'$；铣刀直径 D 应大于刀轴垫圈的直径 d 加上两倍的槽深 H，即 $D>d+2H$。铣刀的选择如图 10-15 所示。

② 铣削操作方法

用三面刃铣刀加工敞开式直角沟槽的方法与加工台阶基本相同，但有两种对刀方法：划线对刀。在工件加工部位划出直角沟槽的尺寸、位置线，装夹、校正工件后调整机床，使铣刀两侧刃对准工件所划的沟槽宽度线，将横向进给机构紧固，分次铣出沟槽；侧面对刀。装夹、校正工件后，适当调整机床，使铣刀侧面刚擦到工件侧面，降下工作台，在横向进给方向移动一个铣刀宽度与工件侧面到槽侧面的距离之和，将横向进给机构紧固，调整切削深度，铣出沟槽，如图 10-16 所示。

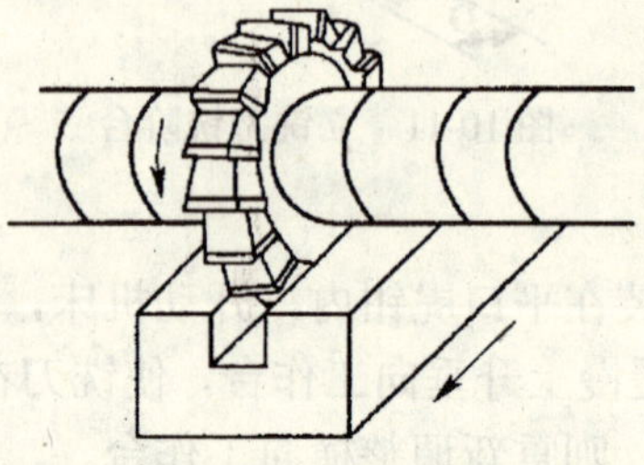

图 10-14　用三面刃铣削直角通槽

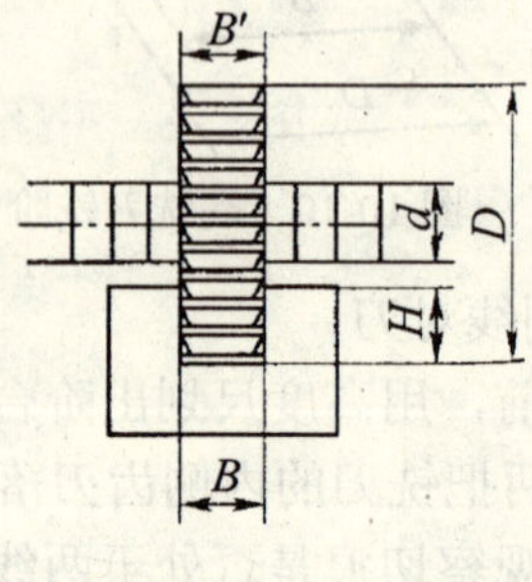

图 10-15　铣刀的选择

用三面刃铣刀铣削精度要求较高的直角沟槽时，应选择略小于槽宽的铣刀；先铣好槽的深度，再扩铣出槽的宽度，如图 10-17 所示。

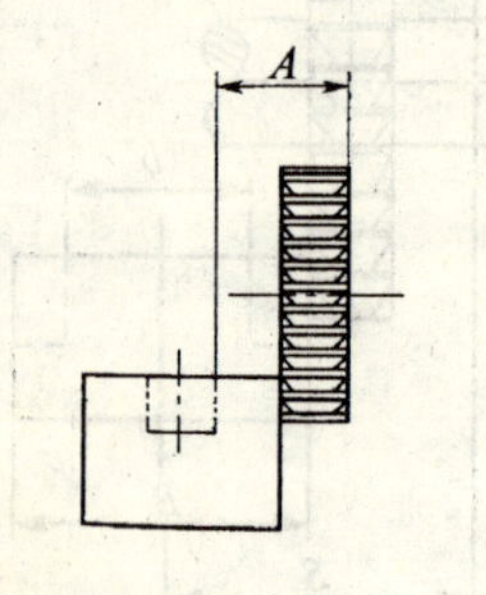

图 10-16　侧面对刀

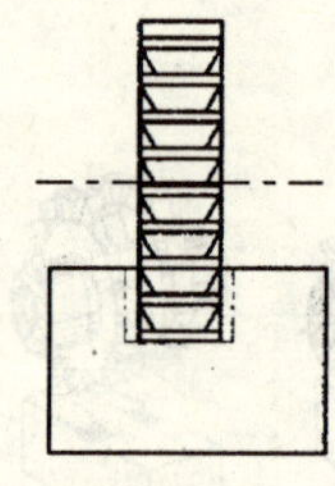

图 10-17　深度铣好后扩铣两侧

用盘形铣刀加工直角通槽的方法和步骤，与加工阶台基本相同。由于直角沟槽的宽度和位置一般要求都比较高，因此，在铣削过程中，应注意以下几点：要注意铣刀的轴向（即端面）摆差，因为铣刀产生轴向摆差时，会把沟槽的宽度铣大；在槽宽上分几刀铣准时，要注意铣刀单面切削时的让刀观象；若工作台零位不准，铣出的直角沟槽会出现上宽下窄的现象，并使两侧面呈弧形凹面；在铣削过程中，不能中途停止进给；铣刀在槽旋转时，也不能退回工件。

（2）用立铣刀铣直角沟槽

封闭式的直角沟槽一般都采用立铣刀或键槽铣刀加工。对槽宽尺寸较大的直角通槽，也往往采用立铣刀加工。

如图 10-18 所示，用立铣刀铣削直角槽时，立铣刀一定要夹紧，防止切削过程中立铣刀向工件槽的一侧偏让；否则，它会在偏让的同时，多铣去一部分槽壁，使铣得的槽宽增加，从而影响铣削质量。当立铣刀伸出愈长、立铣刀直径愈小、吃刀量愈大时就愈为显著。

（3）用合成铣刀铣直角沟槽

如图 10-19 所示，成批加工宽度较大的沟槽，可用合成铣刀加工。合成铣刀由两半部镶合而成。当铣刀刀齿因刃磨后而变窄时，中间可加垫圈或铜皮，使铣刀宽度增大到所需要的尺寸。其他使用情况与错齿三面刃铣刀相同。

图 10-18 立铣刀铣直角沟槽

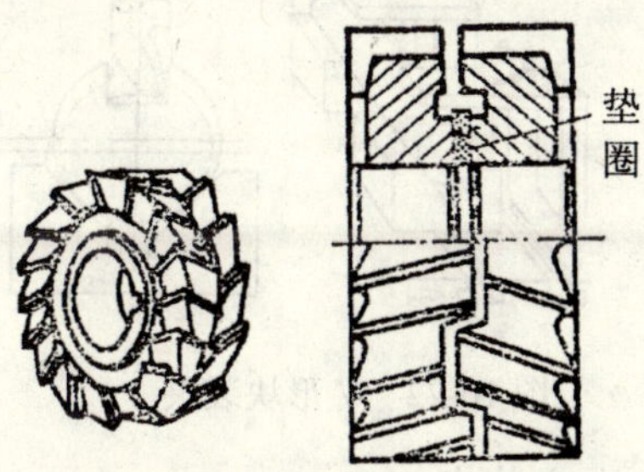

图 10-19 合成铣刀铣削直角槽

5．铣轴上键槽

轴类零件上常常带有键槽。键槽有两种：一种是封闭式键槽，如铣床纵向丝杆一端装齿轮用的槽子；还有一种是敞开式键槽，即一端不封闭或两端都不封闭的键槽，如车床光杆上的槽子。键槽也是一种直角槽，它除了用三面刃盘铣刀与立铣刀来铣削外，还常用键槽铣刀来铣削。

三面刃盘铣刀适宜用来铣削敞开式键槽，但不能用来铣封闭式键槽。立铣刀可用来加工多种键槽。键槽铣刀不但能用来铣直角槽，而且还能用来钻孔，所以通常采用键槽铣刀来铣封闭式键槽。

（1）轴类零件的装夹

① 平口虎钳装夹

如图 10-20 所示，工件的轴线随轴径的变动而变动。在采用定距切削时，会影响键槽的深度和对称度，其对称度定位误差为 $\Delta d/2$。此法装夹简便、稳固，常用于单件生产。

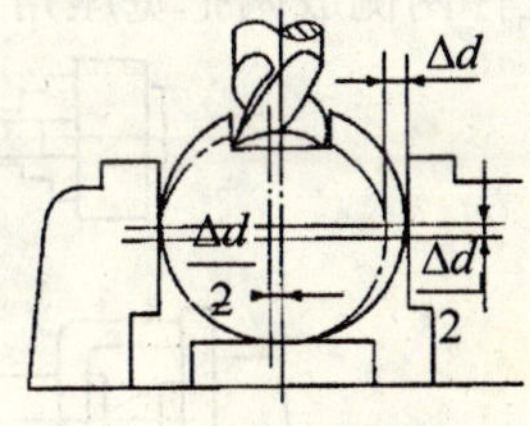

图 10-20 平口虎钳装夹

② V 形铁装夹

如图 10-21 所示，在 V 形铁内放入标准量棒，用百分表校正量棒上母线与工作台面的平行度、侧母线与工作台进给方向的平行度。

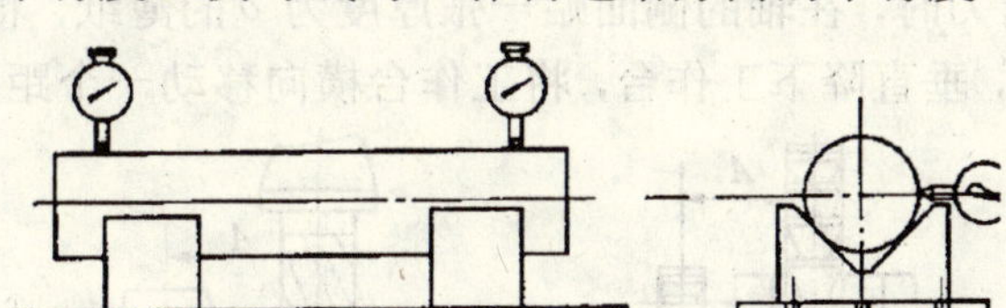

图 10-21 校正上母线和侧母线

如图 10-22 所示，把轴类零件置于 V 形铁内用压板紧固是常用且精确的定位方法。其特点是工件轴线只能沿 V 形的角平分线上下移动。显然，对称度定位误差等于 0，深度定位误差为 $0.707\Delta d$，一般不会超过槽深的尺寸公差。

③ 轴用虎钳装夹

如图 10-23 所示，轴用虎钳同时具有平口虎钳和 V 形铁的优点，所以装夹简便迅速。轴用虎钳上的 V 形铁能两面使用，其夹角大小不同，以适应不同轴径的变化。

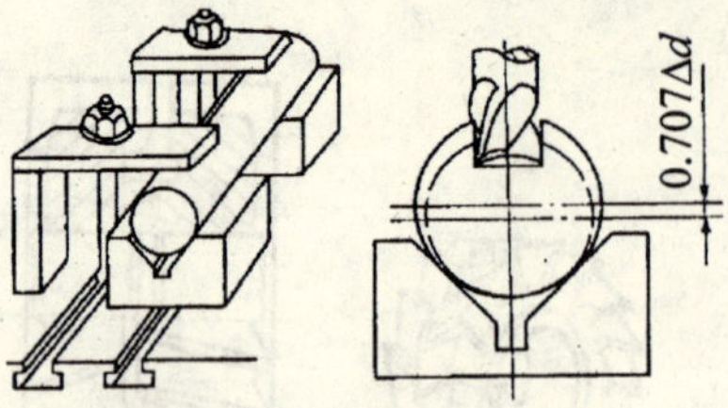

图 10-22　V 形块装夹

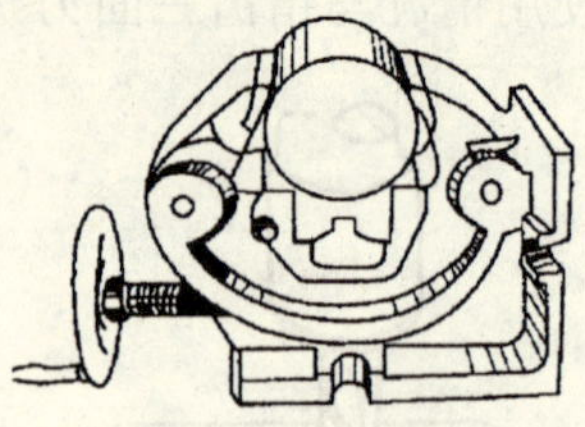

图 10-23　轴用虎钳装夹

④ 定中心装夹

如图 10-24 所示，工件的轴线位置不受轴径变动的影响，因此键槽的对称度也不受轴径变动的影响，槽深加工误差为直径公差的一半。但使用前，应用百分表校正量棒上母线与工作台面的平行度、侧母线与工作台进给方向的平行度。

（2）键槽的对刀

① 百分表调整对刀法。如图 10-25 所示，对刀时，将杠杆百分表磁座吸到铣床主轴上，用手转动主轴，使杠杆百分表转动 180°。参照百分表的两次读数，可以移动工作台，使百分表在钳口两侧的读数相等，来实现精确的对中心。

V 形铁装夹时，先不装工件，用百分表接触 V 形的两面进行调整定中心装夹时，可在工件两侧放两把宽座角尺，用百分表接触角尺的侧面进行调整。

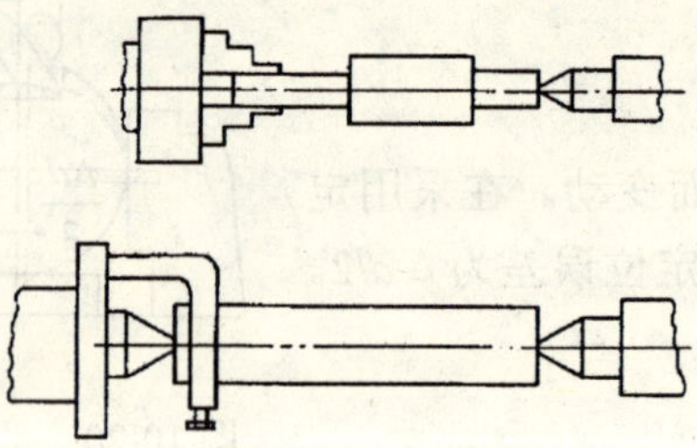

图 10-24　定中心装夹

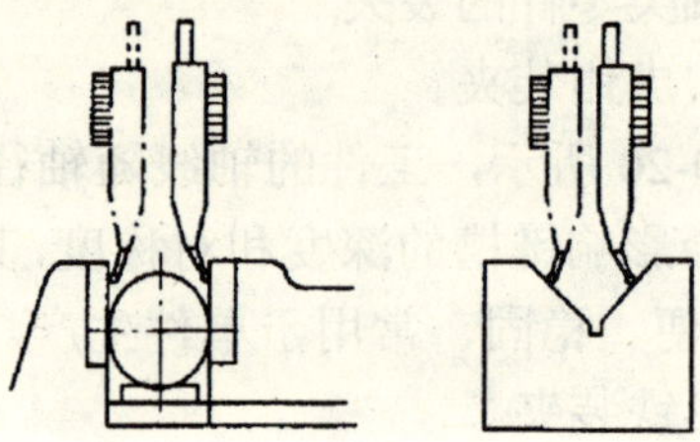

图 10-25　百分表调整对刀法

② 侧面对刀法。对刀时，在轴的侧面贴一张厚度为 δ 的薄纸，将旋转的铣刀靠向工件，当铣刀刀刃擦到薄纸后，垂直降下工作台，将工作台横向移动一个距离 A，如图 10-26 所示。

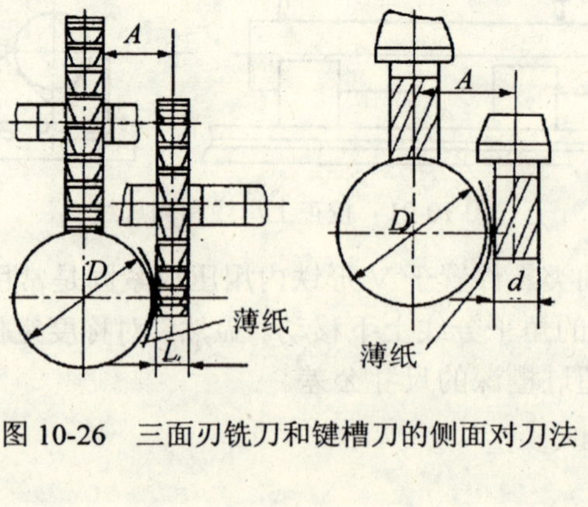

图 10-26　三面刃铣刀和键槽刀的侧面对刀法

三面刃铣刀：

$$A=(D+L)/2+\delta$$

键槽铣刀：

$$A=(D+d)/2+\delta$$

式中，L——三面刃铣刀宽度（mm）；D——工件直径（mm）；d——键槽铣刀直径（mm）；A——工作台横向移动距离（mm）。

③ 切痕对刀。三面刃铣刀：使旋转的铣刀擦到工件的上母线，横向退出铣刀，然后纵向略进刀；横向移动工作台，使铣刀在工件表面切出一个椭圆形刀痕，如图 10-27（a）所示。目测使铣刀处于刀痕的中间位置，再纵向略进刀并切出浅痕后停机；观察浅痕与两边距离是否相等，相等则对准，如图 10-27（b）所示。此法的准确性取决于操作者的技术水平。

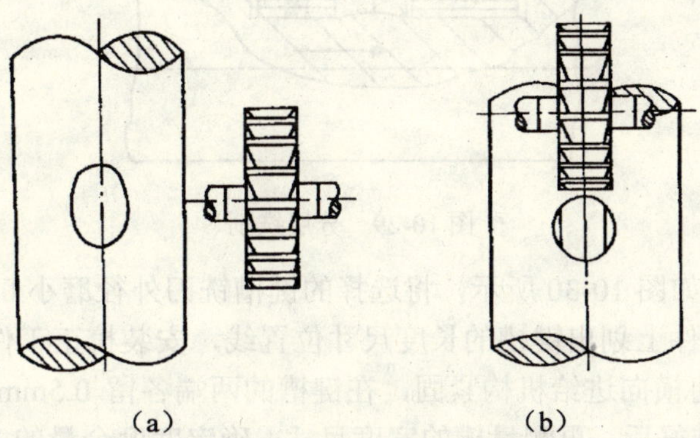

图 10-27　三面刃铣刀切痕对刀

④ 键槽铣刀：使旋转的铣刀擦到工件的上母线，横向退出铣刀，然后垂向略进刀；横向移动工作台，使铣刀在工件表面切出一个矩形刀痕，如图 10-28（a）所示。目测使铣刀处于刀痕的中间位置，再垂向略进刀并切出圆痕后停机；观察矩形刀痕的两边至圆痕的周边距离是否相等，相等则对准，如图 10-28（b）所示。

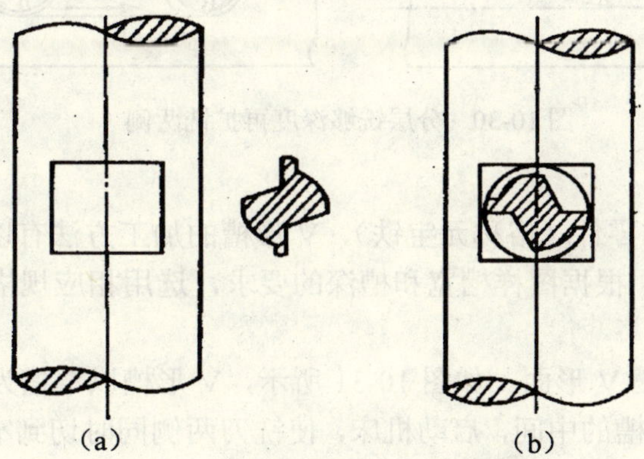

图 10-28　键槽铣刀切痕对刀

（3）键槽的铣削方法

① 分层铣削法。如图 10-29 所示，安装铣刀后，先在废料上试铣，检查所铣键槽的宽度尺寸符合图样要求后，再安装工件。先在工件上划出键槽的长度尺寸位置线，再安装校正

工件，并且对准中心。

铣削时，根据铣刀直径的大小，分别选择每次吃刀深度在 0.15～1mm 之间，键槽的两端各留 0.5mm 的余量，手动进给由键槽的一端铣向另一端，然后以较快速度手动将工件退至原位，再吃刀，仍由原来一端铣向另一端。逐次铣到键槽要求的深度尺寸后，再同时铣到要求的键槽长度。这种方法适用于加工长度较短、生产数量不多的键槽。

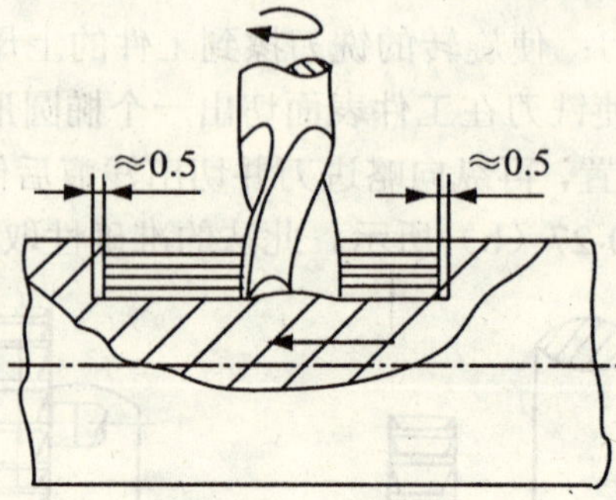

图 10-29　分层铣削

② 扩刀铣削法。如图 10-30 所示，将选择的键槽铣刀外径磨小 0.3～0.5mm（磨出的铣刀圆柱度要好）。在工件上划出键槽的长度尺寸位置线，安装校正工件后，对好中心，记住横向刻度盘的数值；将横向进给机构紧固，在键槽的两端各留 0.5mm 余量，分层往复吃刀铣出槽的深度。深度铣好后，再测量槽的宽度尺寸，确定宽度余量的大小，由键槽的中心对称扩铣键槽两侧到尺寸，并同时铣够键槽的长度。铣削时注意保证键槽两端圆弧的圆度。

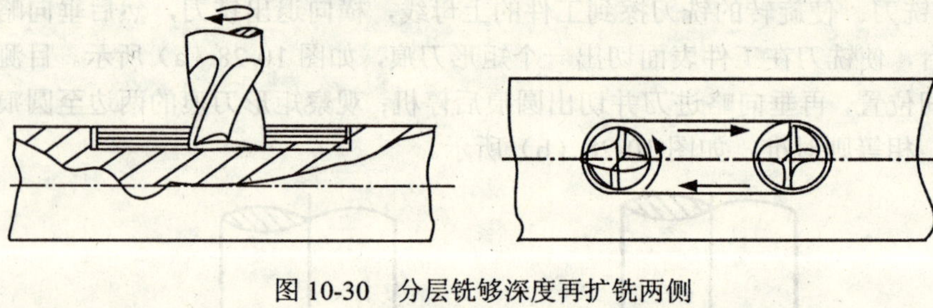

图 10-30　分层铣够深度再扩铣两侧

6．V 形槽的铣削

具有 V 形槽的棱柱体零件（俗称元宝铁），V 形槽的加工方法有以下几种：

铣削窄槽 V 形槽前，根据图样槽宽和槽深的要求，选用相应规格的锯片铣刀铣出工艺窄槽。

① 用双角度铣刀加工 V 形面。如图 10-31 所示，V 形槽以窄槽为准，调整铣刀位置，将双角铣刀的刀尖对准窄槽的中间，启动机床，使铣刀两侧同时切到窄槽口的两边，固定横向工作台，退出工件后，调整切削深度，切出 V 形槽至规定尺寸。

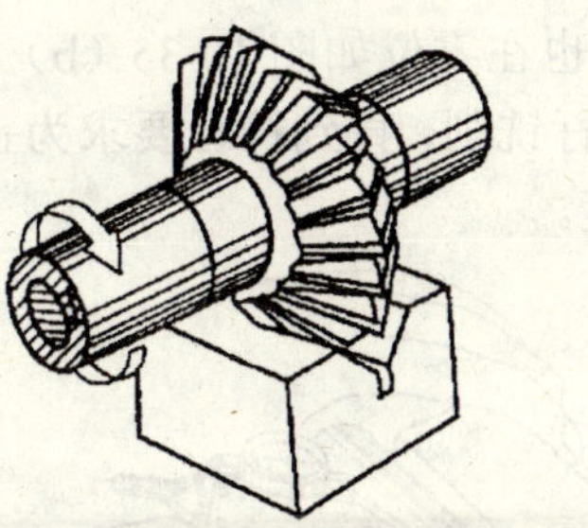

图 10-31　用双角铣刀铣削 V 形槽

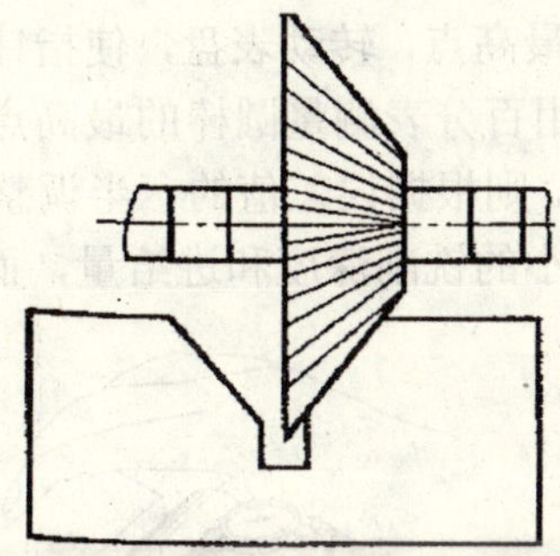

图 10-32 用单角铣刀铣削 V 形槽

双角铣刀铣削深度 H 的调整

$$H=(B-B')\,\mathrm{ctan}\,\alpha/2$$

式中，H——铣削深度（mm）；B——V 形槽宽度（mm）；B'——窄槽宽度（mm）；α——V 形槽槽形角（°）。

② 用单角度铣刀铣削 V 形槽。V 形槽也可用单角度铣刀进行铣削，其铣削方法与用双角铣刀铣削 V 形槽基本相同。可用一把单角度铣刀铣削 V 形槽的一侧，然后将工件翻转 180° 装夹，再铣削另一侧 V 形槽，这种方法虽然比较费时，但如果装夹位置准确，铣出的 V 形槽对称度较好。也可以采用两把直径相同、角度相同，而刃口相反的单角铣刀组合起来进行铣削，以代替双角铣刀，如图 10-32 所示。

注：双角度铣刀、单角度铣刀适于铣削槽角不大于 90° 的小型 V 形槽。

③ 用立铣刀铣削 V 形槽。如图 10-33 所示，用立铣刀铣削 V 形槽一般在立式铣床上进行，铣削前应先铣出窄槽。首先将立铣头转过 V 形槽半角并进行固定，然后把工件装夹好，横向移动工作台进行铣削。

其操作方法是：先将立铣刀刀尖对准窄槽中心线，调整铣削深度，将一侧铣削至尺寸，然后把工件转过 180°装夹，再铣削另一侧至相同深度。由于工作台纵向固定不动，铣削深度一致，V 形槽对矩形工件两侧的对称度较好。适用于加工较宽的 V 形槽。

④ 操作方法。粗铣：粗铣时可选用较大的铣削深度和较大的进给量。粗铣分多次进给，但必须留 1mm 左右的精铣余量。为保证铣削加工的精度要求， 在第一、二次粗铣后，可用游标卡尺预检 V 形槽的对称度，如图 10-34 所示，并在下次进给之前根据测量结果调整横向工作台的位置。

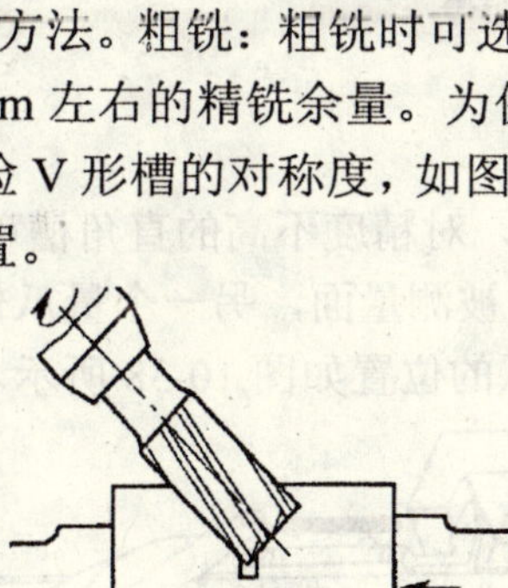

图 10-33　用立铣刀铣削 V 形槽

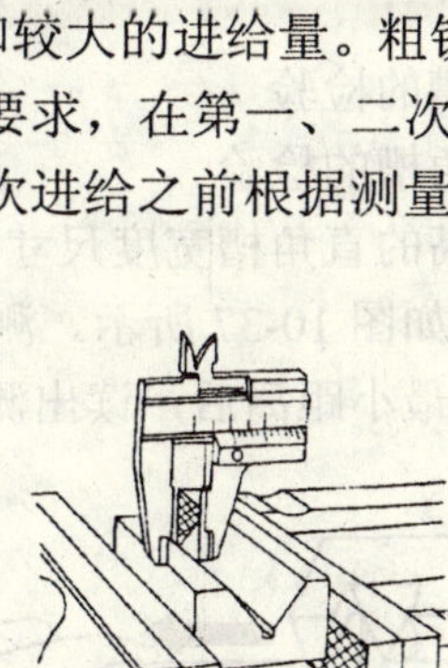

图 10-34　预检对称度

精铣：粗铣结束后取下工件，在平板上用百分表配合标准圆棒测量对称度。如图 10-35 所示，测量时，工件以两侧面为基准放在平板上，将标准圆棒放入 V 形槽内，用百分表测出圆棒的最高点，转动表盘，使指针读数值对准零位如图 10-35（a）所示。然后将工件翻转180°，再用百分表测量圆棒的最高点。观察读数值是否也在零位如图 10-35（b）所示。如读数不一致，则根据误差值的一半调整横向工作台，再进行铣削，直到符合要求为止。精铣时，应选取较小的铣削深度和进给量，而适当提高铣削速度。

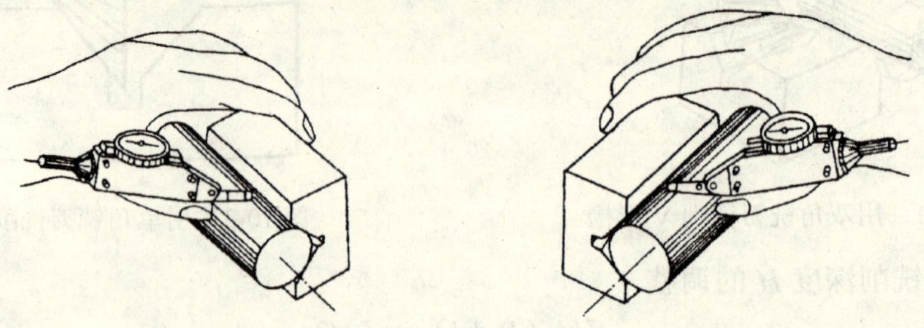

（a）　　　　（b）

图 10-35　测量对称度

7．台阶的检验

（1）台阶的宽度尺寸用外径千分尺测量；台阶底面高度尺寸用游标卡尺测量。

（2）台阶侧面对工件宽度的对称度用百分表借助标准平面和六面角铁进行测量。测量时采用工件翻身法进行对比测量，具体操作方法如图 10-36 所示。

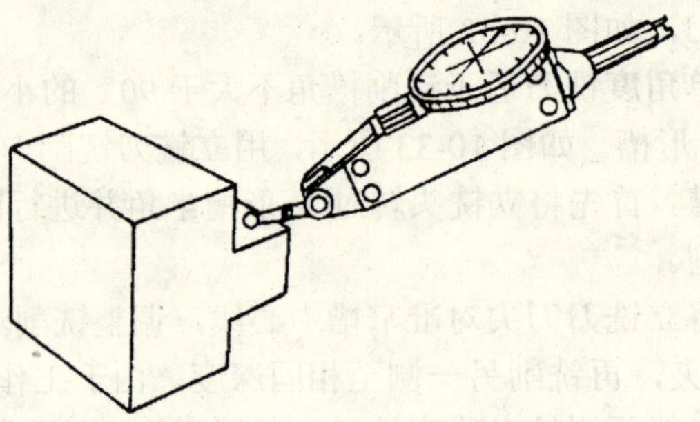

图 10-36　台阶对称度的测量

8．直角槽的检验

（1）直角槽的检验

① 精度高的直角槽宽度尺寸可用内径千分尺测量，对精度不高的直角槽可以直接用游标卡尺测量，如图 10-37 所示。测量时将一个量爪紧贴被测量面，另一个量爪作微量摆动，以寻得槽侧间最小距离后，读出测量数值。测量时量爪的位置如图 10-38 所示。

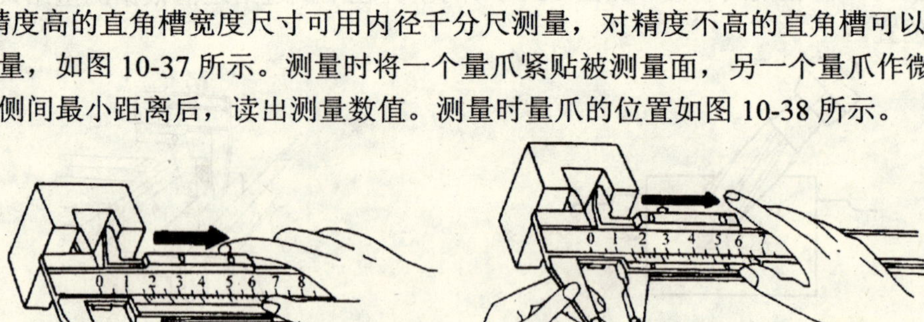

图 10-37　用游标卡尺测量直角槽宽度

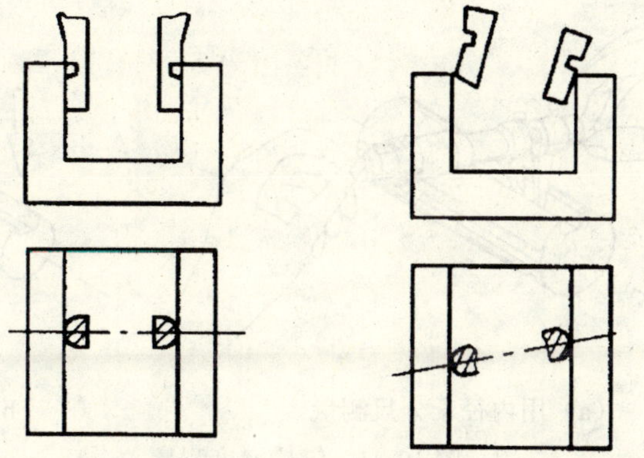

（a）正确　　　　　　　　（b）错误

图 10-38　游标卡尺测量直角槽宽度时量爪的位置

② 用百分表在标准平板上测量槽宽对工件两侧面的对称度时，应将工件侧面与平板表面贴合，然后用翻身法比较测量，百分表的示值应在公差范围内，如图 10-39 所示。

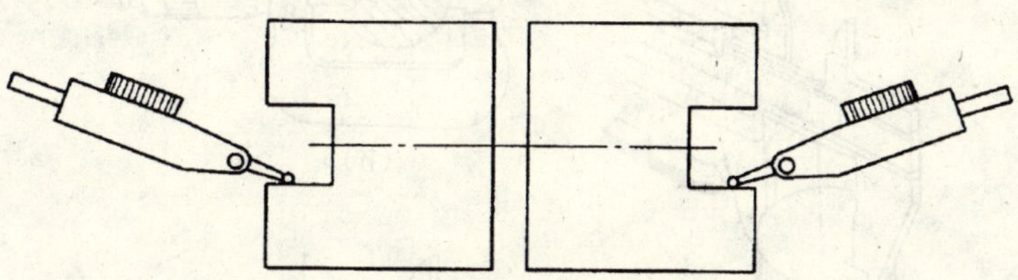

图 10-39　用百分表测量直角槽的对称度

③ 用游标卡尺深度尺测量槽深的方法如图 10-40 所示，应使尺身端面与测量基准面贴合，用手拉动尺框，使深度尺与槽底接触，测量时尺身应垂直于被测部位，不可歪斜。

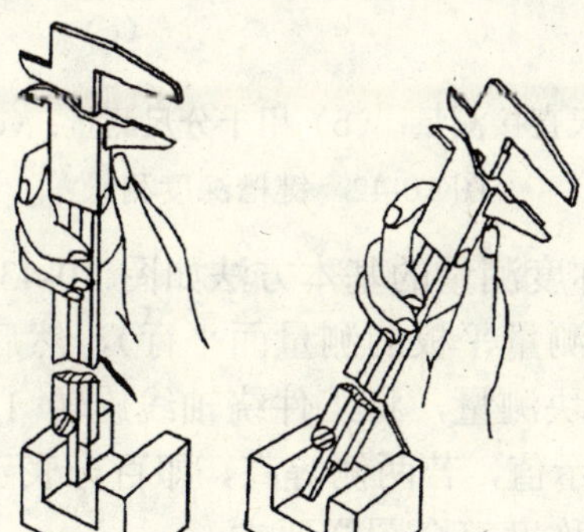

图 10-40　用游标卡尺测量槽深

（2）键槽的检验

① 测量键槽宽度：键槽宽度要求比较高，常用内径千分尺和塞规检验，如图 10-41 所示。

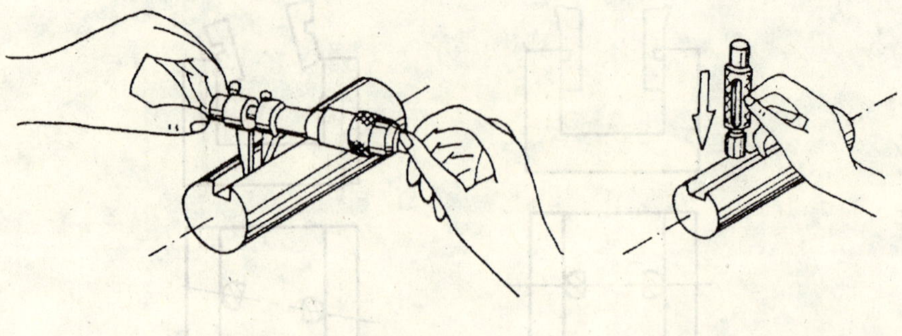

（a）用内径千分尺测量　　（b）用塞规测量

图 10-41　键槽宽度测量

② 测量键槽深度：键槽的深度要求不很高，但尺寸的基准可能是工件上、下素线或轴线，测量时常需要进行尺寸换算，如图 10-42 所示。用游标卡尺测量后，若槽深尺寸基准是轴线，则需减去工件实际半径才能得到槽深测量尺寸。

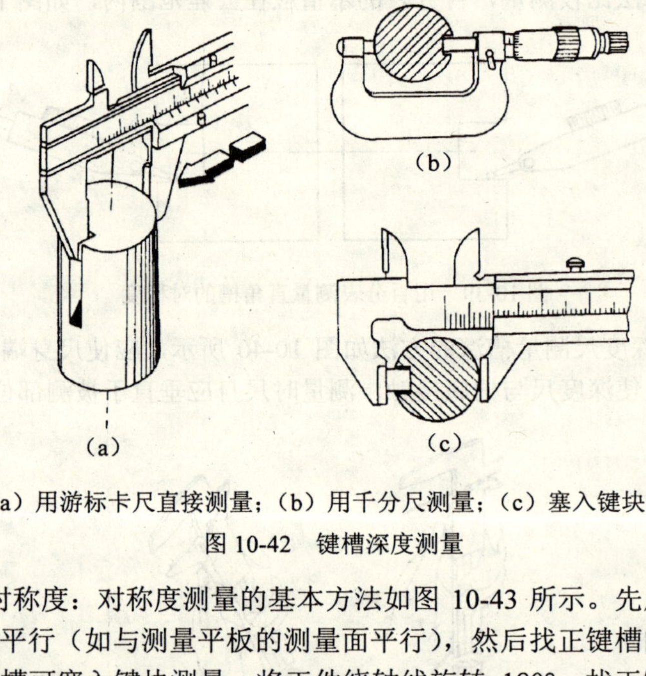

（a）用游标卡尺直接测量；（b）用千分尺测量；（c）塞入键块测量

图 10-42　键槽深度测量

③ 测量键槽对称度：对称度测量的基本方法如图 10-43 所示。先用百分表检测工件的轴线与测量基准面平行（如与测量平板的测量面平行），然后找正键槽的一侧平面与基准平面平行，较小的键槽可塞入键块测量，将工件绕轴线旋转 180°，找正键槽另一侧平面与基准平面平行，并观察百分表的示值，若两侧等高，即百分表示值相同或有偏差，但在对称度允许差值的范围内，则说明对称度符合图样要求。

④ 测量键槽的长度和轴向位置：这两项可用钢直尺或游标卡尺测量。

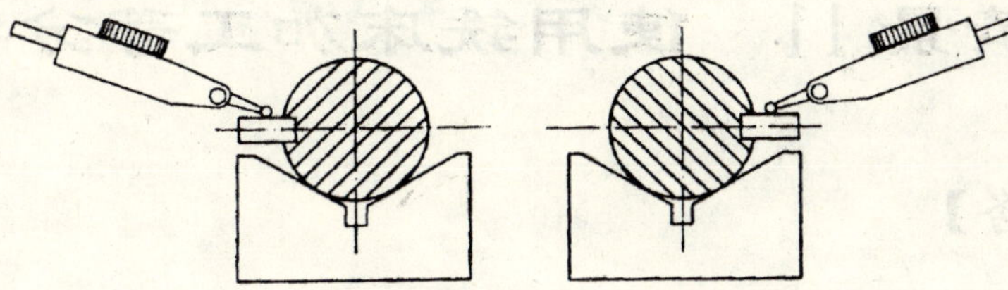

图 10-43 键槽对称度的测量

【思 考 题】

[1] 查阅企业质量控制相关制度，试分析对于出现质量事故后隐瞒不报，试图混淆过关现象对企业和个人造成的损害，对此应采取什么样的措施加以防范？

[2] 使用压板装夹工件时，压紧螺栓在工件和压板后侧垫块之间在什么位置更合适？压板后侧和垫块接触点、压板前端与工件接触点，这两个位置，哪个位置应该更高？高出的距离应该是多少？为什么？

[3] 使用游标卡尺测量工件和使用千分尺测量工件所得测量数据的误差是多少？为什么会出现这样的误差？如何防止因测量误差造成的质量事故？

学习情景11　使用铣床加工等分零件

【学习任务】

通过本环节的学习，需要了解并掌握如表 11-1 所示的相关知识与技能。

表 11-1　学习任务

序号	理论知识点	技能点
1	学习掌握万能分度头的结构和作用	掌握分度头的安装与找正
2	掌握回转工作台的工作原理	了解在回转工作台上加工零件的方法
3	简单分度法、角度分度法和差动分度法	掌握使用简单分度法、角度分度法加工零件的方法

【危险源辨识】

危险源辨识如表 11-2 所示。

表 11-2　危险源辨识表

序号	危害事件	危险源	预防措施
1	绞伤	衣物绞入旋转的刀具或其他旋转部件	1．正确穿戴劳保用品，不接近正在旋转的部件； 2．更换铣刀时按下主轴紧急停止按钮；
2	砸伤	1．工作台、工具柜上放置的工件等物品 2．行车起吊物品掉落	1．物品正确摆放，工作台上不允许放置物品，工件应装夹牢固； 2．非专职人员不允许使用行车，遇行车起吊应绕行，不得在起吊物下穿行
3	烫伤	加工时飞出的铁屑	选择合理的切削用量、正确站位
4	划伤	工件毛刺、铣刀刃	正确清理毛刺，用专用工具清理铁屑，正确拆装铣刀
5	摔伤	工作台、脚踏板油污，攀爬机床换刀	换刀时攀爬动作应站稳，工作时注意留心脚下防止滑倒
6	触电	电气线路破损，私自开启电控柜	电气故障必须由专职电工进行维修，操作人员不得拆接电气线路、元件，不得开启电控柜

【生产流程】

一、信息分析

1．零件图与技术文件（如图 11-1、表 11-3、表 11-4 所示）

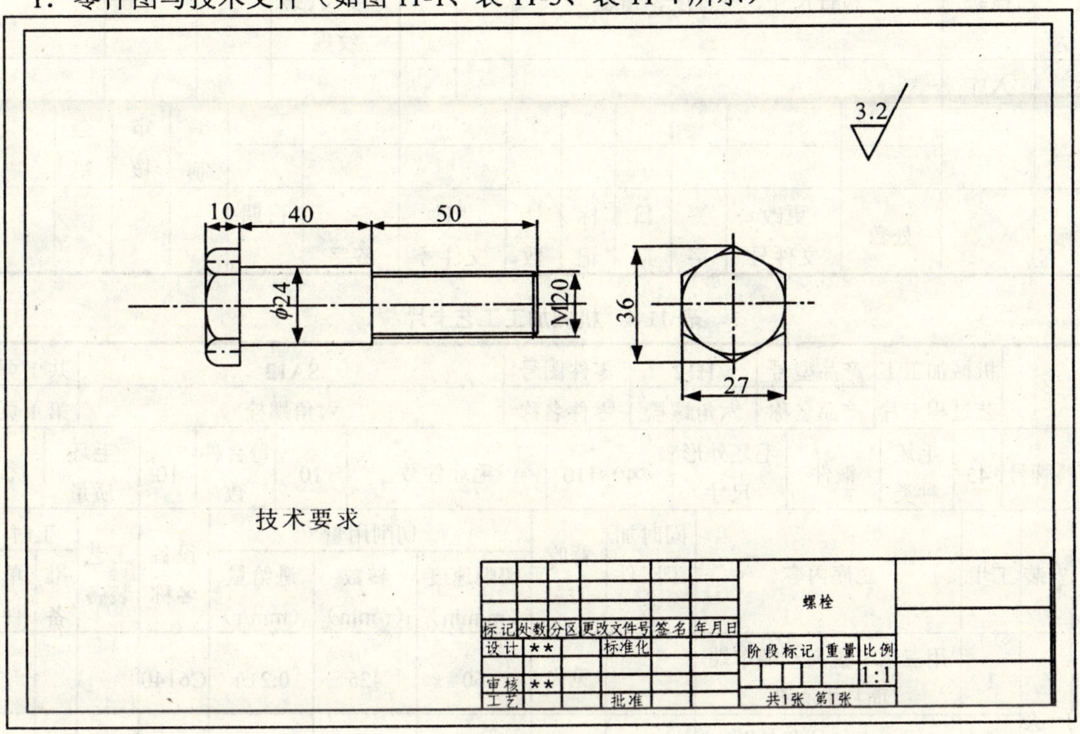

图　11-1

表 11-3　机械加工工艺过程卡片

<table>
<tr><td colspan="2" rowspan="2">（厂名）</td><td colspan="2" rowspan="2">机械加工
工艺过程卡片</td><td colspan="2">产品型号</td><td colspan="2">H12</td><td>零件图号</td><td colspan="2">SA12</td><td>共 1 页</td></tr>
<tr><td colspan="2">产品名称</td><td colspan="2">六角螺栓</td><td>零件名称</td><td colspan="2">六角螺栓</td><td>第 1 页</td></tr>
<tr><td>材料牌号</td><td>45</td><td>毛坯种类</td><td>锻件</td><td>毛坯外形尺寸</td><td>Φ40×110</td><td>毛坯件数</td><td>10</td><td>每台件数</td><td>10</td><td>毛坯质量</td><td>优</td></tr>
<tr><td rowspan="2">工序号</td><td rowspan="2">工序名称</td><td colspan="3" rowspan="2">工序内容</td><td rowspan="2">车间</td><td rowspan="2">工段</td><td rowspan="2">设备</td><td rowspan="2">工艺装备</td><td colspan="3">工时</td></tr>
<tr><td colspan="2">准备</td><td>单件</td></tr>
<tr><td>1</td><td>下料</td><td colspan="3">下料：Φ40×110mm</td><td>机加</td><td>锯</td><td>锯床</td><td></td><td colspan="2"></td><td></td></tr>
<tr><td>2</td><td>车</td><td colspan="3">按图纸车尺寸Φ36×10、Φ24×40、Φ20×50，保证尺寸精度和圆柱度</td><td>机加</td><td>车</td><td>C6132</td><td></td><td colspan="2"></td><td></td></tr>
<tr><td>3</td><td>车</td><td colspan="3">车螺纹 M20</td><td>机加</td><td>车</td><td>C6132</td><td></td><td colspan="2"></td><td></td></tr>
<tr><td></td><td>铣</td><td colspan="3">铣六方至尺寸 27mm</td><td>机加</td><td>铣</td><td>X5032</td><td>分度头</td><td colspan="2"></td><td></td></tr>
</table>

（续表）

（厂名）	机械加工工艺过程卡片	产品型号	H12	零件图号	SA12	共 1 页
		产品名称	六角螺栓	零件名称	六角螺栓	第 1 页

工序	名称	工序内容			设备		
4	检验	检查尺寸、平行度、角度			卡尺、万能角度尺、螺纹规		
5	入库						

									编制	审核	会签
记标	处数	更改文件号	签字	日期	标记	处数	更改文件号	签字	日期		

表 11-4　机械加工工艺卡片

（厂名）	机械加工工艺过程卡片	产品型号	H12	零件图号	SA12					共 1 页
		产品名称	六角螺栓	零件名称	六角螺栓					第 1 页
材料牌号	45	毛坯种类	锻件	毛坯外形尺寸	$\Phi 40\times110$	毛坯件数	10	每台件数	10	毛坯质量：优

工序	安装	工步	工序内容	同时加工工件数	背吃刀量	切削用量：切削速度（m/min）	切削用量：转数（r/min）	切削用量：进给量（mm/r）	设备名称	工艺装备	工时：准备	工时：单件
1	一夹一顶装夹工件	1	用三爪卡盘夹一端车端面打中心孔	1	见光	60	425	0.21/r	C6140			
		2	用一夹一顶车外圆 $\Phi 36\times10$、$\Phi 24\times40$、$\Phi 20\times50$	1	3mm	60	425	0.3/r	C6140			
		3	用一夹一顶国螺纹 M20	1		150	600	150	X5032			
2	分度头装夹工件	1	用分度头装夹工件铣六方到尺寸 27mm	1	4.5mm	150	750	190	X5032			
		2	锐边倒钝									
		3										

									编制	审核	会签
记标	处数	更改文件号	签字	日期	标记	处数	更改文件号	签字	日期		

2．加工难点分析

角度的保证和尺寸的控制。

二、工艺准备

根据图样的精度要求，六面加工可在立式铣床上用硬质合金端面刀铣削加工。

1．工具及夹具准备（如表 11-5 所示）

表 11-5　工装及夹具准备表

	夹具名称	工具名称
1	分度头	铜皮
2		卡盘扳手
3		锉刀

2．量具及刀具准备（如表 11-6 所示）

表 11-6　量具及刀具准备表

	量具名称	刀具名称
1	刀口尺	硬质合金端铣刀Φ50
2	游标卡尺 0～150mm	
3	游标万能角度尺 2′	

三、生产过程组织

1．毛坯检测

（1）目测检验工件的形状和表面质量，如各面之间是否基本平行、垂直，表面是否有无法通过铣削加工的凹陷、硬点等。

（2）用游标卡尺检验工件是否有足够的余量Φ40mm×110mm，测量最短的尺寸，以检验工件是否有加工余量，不得小于 5mm。

2．加工过程

（1）启动设备：观察设备外观情况，检查各手柄是否在正确的位置，检查危险源；打开机床电源开关，在符合安全要求的情况下启动主轴；运行各个自动进给手柄，观察机床是否运行正常。

（2）点检润滑：按照设备润滑点检表要求，进行设备润滑；检视各部分油窗内润滑油量。

（3）空载试车：按空载试车要求，检查各操作手柄、按钮的状态。

（4）刀具安装：安装前将铣刀、主轴圆锥孔擦干净，安装时，先把端面铣刀套在刀轴上，再旋紧螺钉，把铣刀紧固。

（5）工件的装夹：工件用铜皮包住直接装夹在三爪卡盘内，用卡盘扳手扳紧。

四、质量检测

1．首件检查记录表（如表 11-7 所示）

表 11-7　首件检查记录表

任务号		材料牌号或代号		45	数量	1
零件图号		SA12		零件名称		六角螺栓
工序号	图示尺寸	实测尺寸				测量工具、编号
		自检	签字	专检	签字	
1	$27^{0}_{-0.20}$	26.90		26.92		游标卡尺寸
2	*Ra*3.2μm	3.2		3.2		样板
3	平行度 0.1mm	0.04		0.06		百分表
4	斜度 120°±20′	120°10′		120°10′		万能角度尺

2．过程抽检记录表（如表 11-8 所示）

表 11-8　过程抽检记录表

（厂名）	编号：						共 1 页
	尺寸抽检记录表						第 1 页
序号			零件标识				
零件名称	六角螺栓		零件图号		SA12		
材料	45		数量		1		
零件序号	设计尺寸	$27^{0}_{-0.20}$	*Ra*3.2μm	平行度 0.1mm	斜度 120°±20′		
	实测尺寸	26.90	3.2	0.06	120°10′		
操作者			日期	09.2.5	检查	日期	09.2.5

3．质检员检测记录表（如表 11-9 所示）

表 11-9　质检员检测记录表

（厂名）		编号：					共 1 页	
		尺寸检查记录表					第 1 页	
序号				零件标识				
零件名称		六角螺栓		零件图号		SA12		
材料		45		数量		10		
零件序号	设计尺寸	$27^{0}_{-0.20}$	$Ra3.2\mu m$	平行度 0.1mm	斜度 120° ±20			
	实测尺寸							
1#		26.90	3.2	0.05	120°10′			
2#		26.96	3.2	0.08	120°14′			
3#		26.90	3.2	0.07	120°13′			
4#		26.86	3.2	0.07	120°15′			
5#		26.86	3.2	0.08	120°12′			
6#		26.88	3.2	0.06	120°12′			
7#		26.98	3.2	0.06	120°10′			
8#		26.84	3.2	0.06	120°15′			
9#		26.80	3.2	0.06	120°10′			
10#		26.90	3.2	0.05	120°13′			
操作者			日期	09.2.6	检查		日期	09.2.6

五、质量事故分析与改进措施

六面体的质量检验其实就是尺寸和角度的检验，在前面的章节已经讲过，请查阅。

【职业能力分解】

根据示例零件的生产过程分析，完成以上要求的加工任务，需要掌握以下相关知识及操作技能。

一、理论知识

1. 万能分度头

分度头是铣床的精密附件之一。机械制造中的许多零件（如花键、齿轮、离合器等）在铣削中都需利用分度头进行圆周分度，以铣削出等分的齿槽。常用分度头有等分分度头、半万能分度头和万能分度头等，其中，万能分度头使用最广泛。

（1）万能分度头的主要功用

① 能将工件做任意圆周等分或通过交换齿轮做直线移距分度。

② 可将工件轴线装夹成水平、垂直或倾斜的位置。

③ 通过交换齿轮，可使分度头主轴随纵向工作台的进给运动做等速连续旋转，用以铣削螺旋面和等速凸轮的型面。

（2）万能分度头的型号

常用的万能分度头型号有 FW100 型、FW125 型、FWl35 型和 FWl60 型等几种，它们的中心高分别为 100mm、125mm、135mm 和 160mm。如图 11-1 所示，FWl25 型万能分度头的外形和转动系统，是目前铣床上使用较多的一种分度头。它的主要功用是：能够将工件作任意的圆周分度或作直线移距分度；可把工件轴线装置成水平、垂直或倾斜的位置；通过挂轮，可使分度头主轴随工作台的进给运动作连续旋转，以铣削螺旋面。

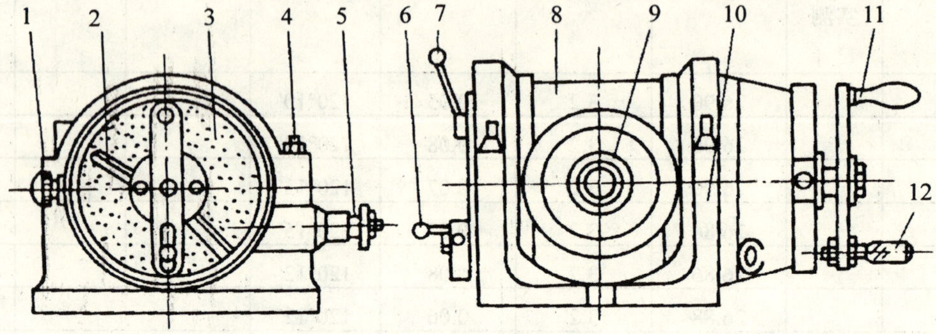

1—分度盘紧固螺钉；2—分度叉；3—分度盘；4—螺母；5—侧轴；6—涡杆脱落手柄；7—主轴锁紧手柄
8—回转体；9—主轴；10—基座；11—分度手柄；12—分度定位销；13—刻度盘

图 11-2 FW125 型万能分度头的外形和传动系统

（3）分度头的结构及作用

① 分度头主轴。分度头主轴为空心轴，两端均为莫氏 4 号锥度，前锥孔用来安装顶尖或锥度心轴，后锥孔用来安装挂轮轴。主轴前端有一短圆锥，用来安装三爪自定心卡盘的连接盘。松开基座后方的两个紧固螺钉，可使分度头的主轴随回转体在基座的环形导轨内转动 −6°～90°。主轴的前端的刻度盘上有 360°刻线，可用来直接分度。主轴锁紧手柄用来紧固分度头主轴。涡杆脱落手柄用于涡轮副的结合或脱落。侧轴用来安装交换齿轮。分度手柄与孔盘、定位销、分度叉配合使用完成分度工作。

如图 11-3 所示，FW125 表示中心高为 125mm 的万能分度头，其中，F 表示分度头，W 表示万能型，125 表示中心高（分度头主轴处于水平位置时，主轴轴心线到基座底面的高度为 125mm）。

② 传动系统

主轴传动路线：转动分度手柄，使 1∶1 圆柱直齿轮转动，再带动 1∶40 蜗杆涡轮旋转，最后使主轴转动。

侧轴传动路线：先松开孔盘侧面的紧固螺钉，把定位销插入孔盘孔眼中，转动分度手柄，使孔盘转动，再带动 1∶1 螺旋齿轮旋转，最后使侧轴转动，如图 11-4 所示。

③ 传动原理

主轴传动原理：分度手柄转 40r 代表分度头主轴转 1r。侧轴传动原理：分度手柄与侧轴转数相等，如图 11-5 所示。

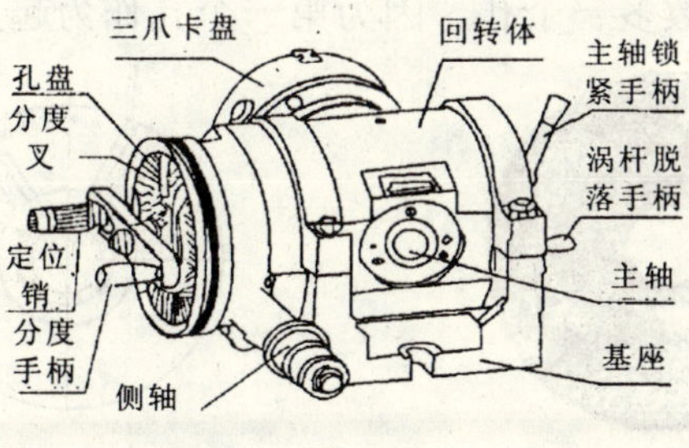

图 11-3　FW125 型万能分度头的结构及作用

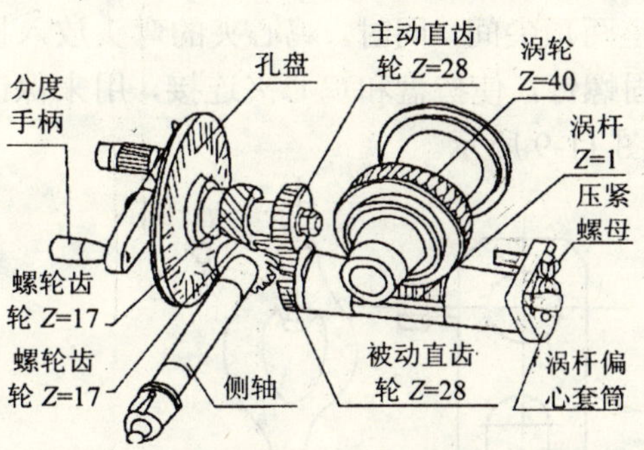

图 11-4　传动系统

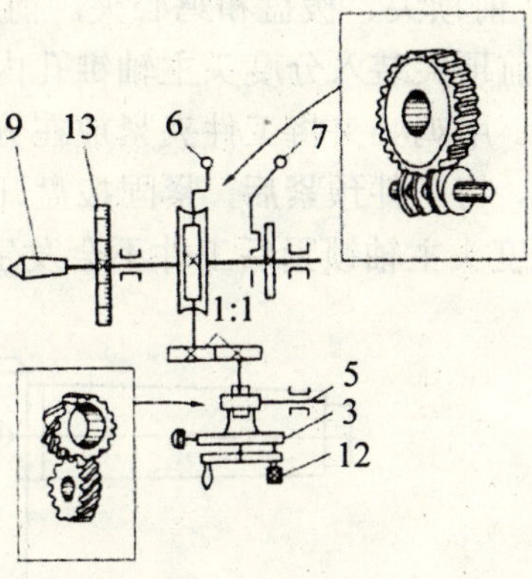

图 11-5　传动原理

（4）万能分度头附件

① 三爪自定心卡盘通过连接盘安装在分度头主轴上，用来夹持工件。将方头扳手插入卡盘体底方孔 1 内，转动扳手可使小锥齿轮 2 带动大锥齿轮 3 转动。大锥齿轮 3 的背面有一平面螺纹 4，与三爪卡爪 5 上的牙齿啮合，因此，当平面螺纹转动时，三爪卡爪同时向心或离心移动，将工件夹紧或松开，如图 11-6 所示。

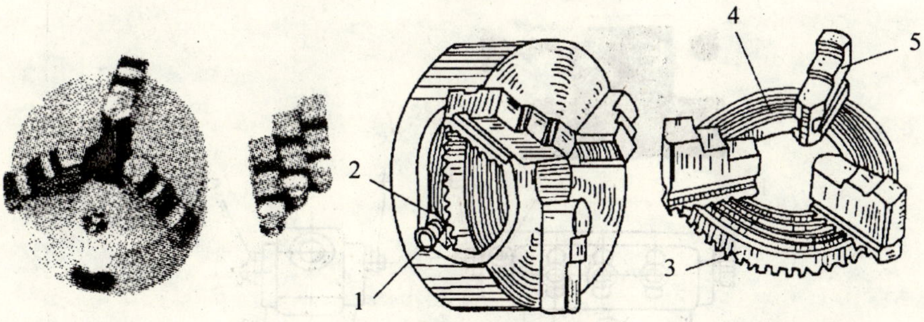

图 11-6　三爪自定心卡盘

能解决分度手柄不是整转数时的分度，是各种分度方法的分度依据。孔盘随分度头备有一块或两块，其正反两面都有均布的孔圈，如图 11-7 所示。

② 分度叉。如图 11-8 所示，分度叉的作用是避免每次分度要数一次孔数的麻烦，且防

止摇错。在分度时，松开分度叉两只紧固螺钉 3，使分度叉叉脚 1 和 2 之间调整成需要转过的孔距数（比需要转过的孔数多一个孔，因为第一个孔作为起点，不计算）。

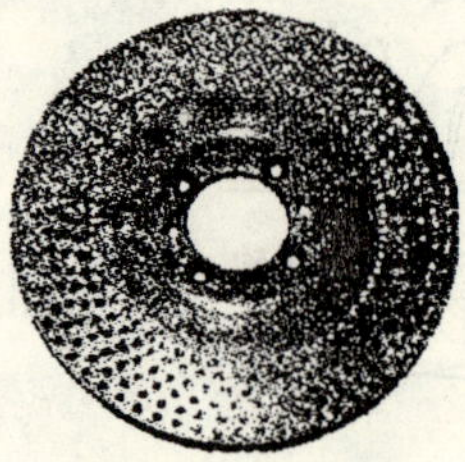

图 11-7 孔盘

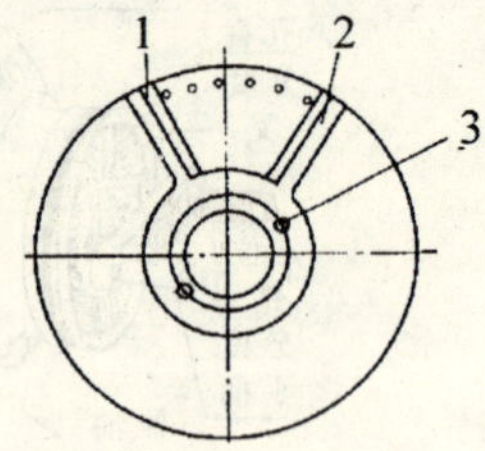

图 11-8 分度叉

③ 前顶尖、拨盘和鸡心夹。前顶尖、拨盘和鸡心夹是装夹带中心孔的轴类零件。使用时，将前顶尖装入分度头主轴锥孔内，将拨盘装在分度头主轴前端端面上，然后用内六角螺钉紧固。用鸡心夹将工件夹紧放在分度头与尾座两顶尖间，同时，鸡心夹的弯头放入拨盘的开口内，将工件预紧后，紧固拨盘开口上的紧固螺钉，使拨盘和鸡心夹连接，用来保证在铣削时分度头主轴锁紧后工件不会发生转动，如图 11-9 所示。

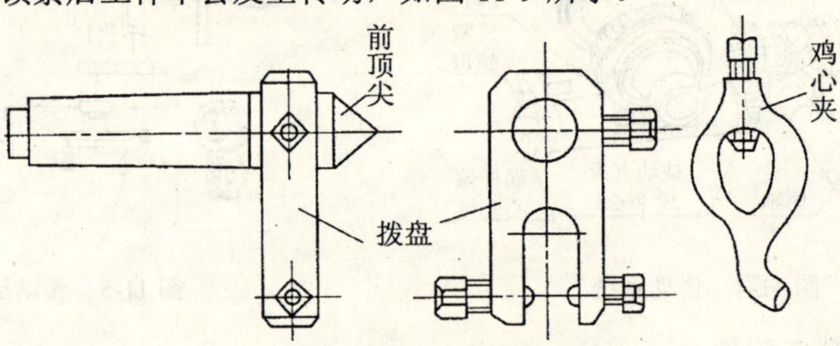

图 11-9 前顶尖、拨盘和鸡心夹

④ 尾座。如图 11-10 所示，尾座用来配合分度头装夹带中心孔的轴类零件。转动手柄可使顶尖进退，以便装卸工件；松开螺钉，转动调整螺钉，可使顶尖升降或倾斜一个不大的角度，使尾座顶尖中心线与分头主轴中心线调整到同轴。

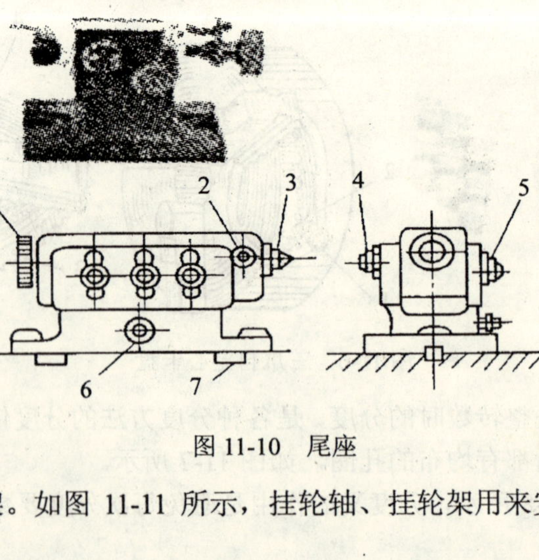

图 11-10 尾座

⑤ 挂轮轴、挂轮架。如图 11-11 所示，挂轮轴、挂轮架用来安装交换齿轮。挂轮轴装

入分度头主轴的后锥孔内，用来安装交换齿轮；挂轮架利用开缝孔安装在分度头的侧轴上，用来安装挂轮轴套；挂轮轴套用来安装交换齿轮；支承板通过螺钉轴安装在分度头基座后方的螺孔上，用来支撑挂轮架。

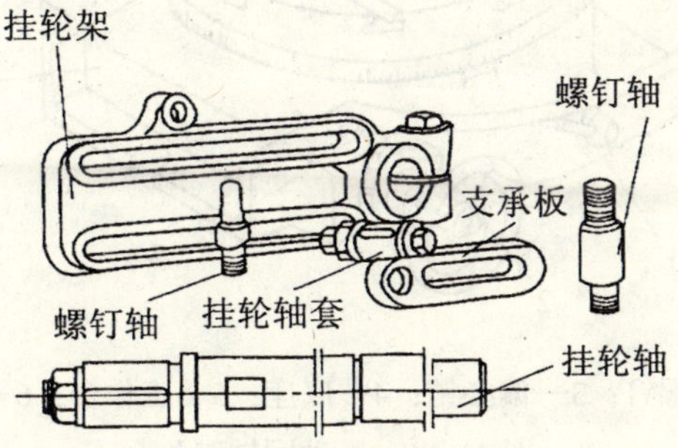

图 11-11 挂轮轴、挂轮架

⑥ 交换齿轮。如图 11-12 所示，交换齿轮一套共 12 个，即 25（两个）、30、35、40、50、55、60、70、80、90、100，用来进行轮系底配置、铣削螺旋槽配置、斜齿轮配置等工件。

⑦ 千斤顶。如图 11-13 所示，千斤顶用来支撑刚性较差、易弯曲变形的工件，以减小铣削时的变形和振动。使用时松开紧固螺钉，转动调整螺母，使 V 形顶头上下移动，当 V 形顶头的 V 形槽与工件接触稳固后，再锁紧紧固螺钉。

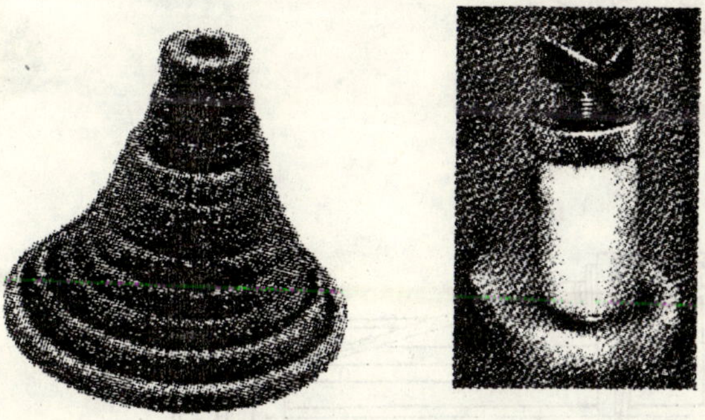

图 11-12 交换齿轮

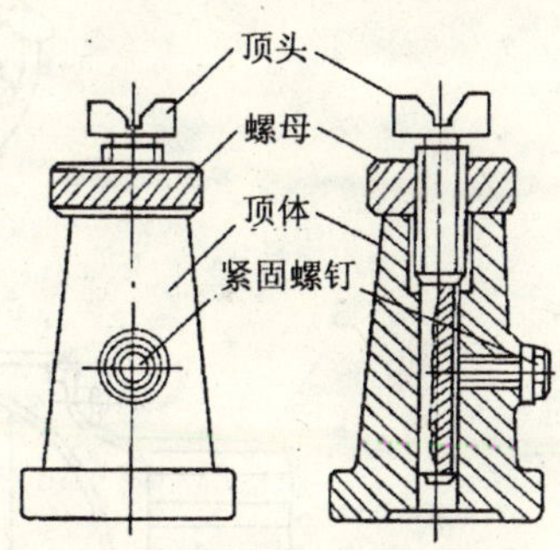

图 11-13 千斤顶

2. 回转工作台

（1）回转工作台的种类

回转工作台简称转台，其主要功用是铣削圆弧曲线外形、平面螺旋和分度。回转工作台有机动回转工作台、手动回转工作台、立卧回转工作台、可倾回转工作台和万能回转工作台等多种类型。常用的立轴式手动回转工作台如图 11-14 所示。机动回转工作台如图 11-15 所示。常用的回转工作台的型号有 T12160、T12200、T12320、T12400、T12500 等。

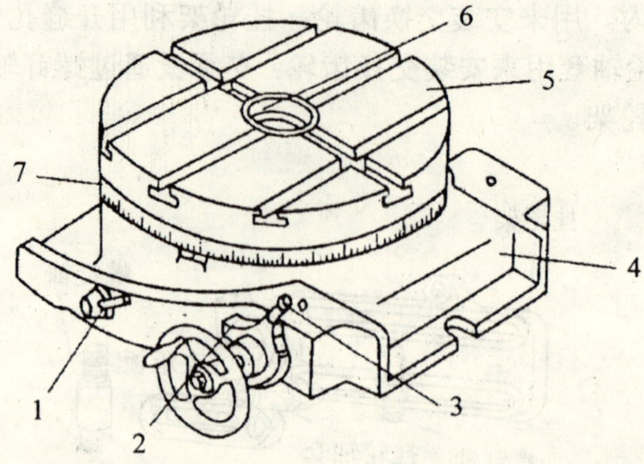

1—锁紧手柄；2—偏心套锁紧螺钉；3—偏心销；4—底座；5—工作台；6—定位台阶圆与锥孔；7—刻度线

图 11-14　手动回转工作台

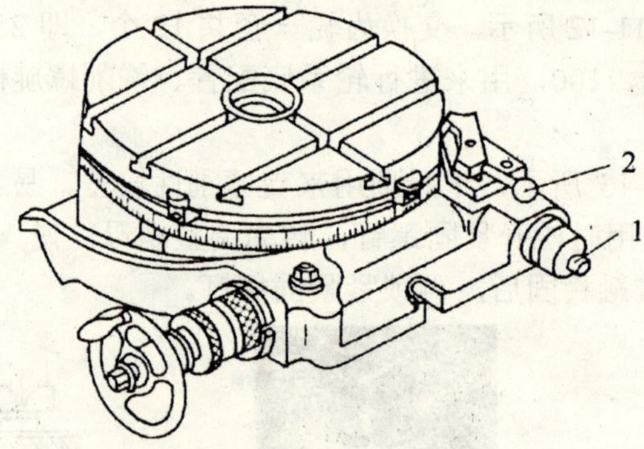

（a）外形

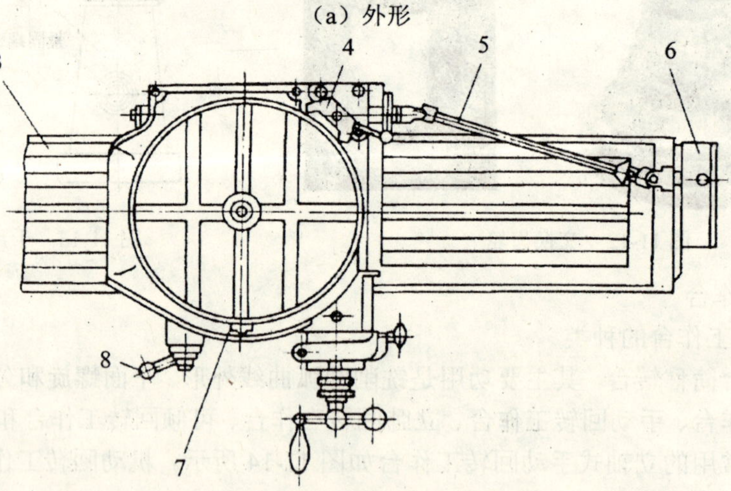

（b）机动传动装置

1—传动轴；2—离合器手柄；3—机床工作台；4—离合器手柄拨块；

5—万向联轴器；6—传动齿轮箱；7—挡铁；8—锁紧手柄

图 11-15　机动回转工作台

（2）回转工作台的外形结构和传动系统

如图 11-14 所示中，回转工作台 5 的台面上有数条 T 形槽，供装夹工件和辅助夹具穿装 T 形螺栓用，工作台的回转轴上端有定位圆台阶孔和锥孔 6，工作台的周边有 360°的刻度圈，在底座 4 前面有 0 线刻度，供操作时观察工作台的回转角度。底座前面左侧的手柄 1 可锁紧或松开工作台。使用机床工作台作直线进给铣削时，应锁紧回转工作台；使用回转工作台作圆周进给铣削或分度时，应松开回转工作台。

底座前面右侧的手轮与涡杆同轴联结，转动手轮使涡杆旋转从而带动与回转工作台主轴联结的涡轮旋转，以实现装夹在工作台上的工件作圆周进给和分度运动。手轮轴上装有刻度盘，若涡轮是 90 齿，则刻度一周为 4°，每一格的示值为 4°/*n*，*n* 为刻度盘的刻度格数。

偏心销 3 与穿装涡杆的偏心套联结，如松开偏心套锁紧螺钉 2，使偏心销 3 插入涡杆副啮合定位槽或脱开定位槽，可使涡轮涡杆处于啮合或脱开位置。当涡轮涡杆处于啮合位置时应锁紧偏心套，处于脱开位置时，可直接用手推动转台旋转至所需位置。

如图 11-15 所示，机动回转工作台与手动回转台的结构基本相同，主要区别是能利用万向联轴器 3，由机床传动装置通过传动齿轮箱 4 带动传动轴而使转台旋转，不需要机动时，将离合器的柄处于中间位置，直接转动手轮作手动操作。作机动操作时，逆时针扳动或顺时针扳动离合器手柄，可使回转工作台获得正、反方向的机动旋转。在回转工作台的圆周中部圈槽内装有机动挡铁 5，调节挡铁的位置，可利用挡铁 5 推动拨块 2，使机动旋转自动停止，用以控制圆周进给的角位移动行程位置。

二、操作技能分解

1．简单分度法加工等分零件

简单分度法是分度中使用最多的一种方法。分度时，将分度盘固定，转动分度手柄使涡杆带动涡轮旋转，从而使装夹的工件转到所需要的角度。

由 FWl25 型分度头传动系统可知，当分度手柄转过 40 转时，主轴旋转 1 转，比值 40 就叫做分度头的定数。其他各种型号的分度头基本上都采用这种定数。简单分度法可写成下列算式：

$$n=N/Z=40/Z$$

式中，n——每等分一次分度手柄应转过的转数；Z——工件的圆周等分数（齿数或边数）；N——分度头定数，一般为 40。

上式为简单分度的计算公式，当计算所得的 n 不是整数而是分数时，可用分度盘上的孔数来进行分度（把分子和分母根据分度盘上的孔圈数，同时扩大或缩小同一倍数）。FWl25 型分度头有两块分度盘，每一块的正面圆周上有 6 道均匀分布的孔圈，反面有 5 道，每块分度盘上的孔圈孔数如表 11-10 所示。

表 11-10

分度盘		孔圈孔数					
第一块	正面	24	25	28	30	34	37
	反面	38	39	41	42	43	
第二块	正面	46	47	49	51	53	54
	反面	57	58	59	62	66	

例　在 FW250 分度头上加工一六方工件，求每铣一面分度手柄应转过多少转？

解：

$$n=40/6=6+2/3 \text{ 转}$$

即分度头手柄应摇 6 转又 2/6 转，这时工件转过了 1/6 转。

2．角度分度法加工等分零件

角度分度法实质上是简单分度法的一种特殊形式，只是分度计算的依据不同。简单分度法是以工件的等分数 z 作为计算依据，而角度分度法则以工件的角度θ作为计算依据。从分度头结构可知，分度手柄摇 40 转，分度头主轴带动工件转一转，也就是手柄转一转，工件只转了 9 度，所以得出计算公式为：

$$n=\theta°/9°$$

或

$$n=\theta'/540'$$

$$n=\theta'/32400''$$

式中，n——手柄转数；θ——工件所需的转角。

3．工件的装夹

分度头主轴前端具有一段短的外锥面，三爪卡盘的过渡盘就是用它来定心的，并且用三个螺钉固定在主轴的台阶面上。工件可以一端用三爪卡盘夹紧，一端用尾架顶尖顶住，这样装夹的刚性比较好，但定心精度比较差，主要取决于三爪卡盘的精度。为了增加工件的刚性，可以在工件装夹之后，再用一个或两个千斤顶把它撑住；也可以把工件的两端都用顶尖顶起来，这样装夹的定心精度比较高，但刚性比较差，此时，为了带动工件和分度头主轴一起转动，应当把拨盘用三个螺钉固定在主轴前端的台阶面上，同时把鸡心夹头固定在工件上，并且把它的柄部嵌在拨盘的缺口中，用两个螺钉顶住，以防松动。

【思　考　题】

[1] 机械加工企业中，常将生产管理部门与质量检测部门相对独立，这样设置有什么必要性？是否可以将生产管理部门与质量检测部门合并为一个部门？

[2] 如果你是一个企业的管理者，你的企业目前还处于一种个体企业的粗放管理状态，你将按什么样的顺序来推行 ISO2000、5S、“QC”活动等，你觉得应该优先实施的是哪一种管理改革？

[3] 对你的工作过程进行总结，认真写好实训报告，分析自己在实训过程中遇到的问题，自己是如何改进或以后将如何改进？你将通过怎样的努力去成为一名优秀员工？

参考文献

[1] 蒋士博，欧阳刚. 机械加工实训教程. 成都：电子科技大学出版社，2007

[2] 朱少军. 优秀班组长管理培训督导手册. 北京：中国时代经济出版社，2007

[3] 滕宝红. 班组长岗位职业技能培训教程. 广东：广东经济出版社，2007

[4] 唐苏亚. 5S 活动推行与实施. 广东：广东经济出版社，2007

[5] 宋振杰. 团队领导. 北京：北京大学出版社，2007

[6] 蒋增福. 车工工艺与技能训练（第二版）. 北京：高等教育出版社，1998. 6

[7] 何建民，寇立平. 铣工基本技术. 北京：金盾出版社，2005

[8] 孟庆祥. 铣工操作技能图解. 山东：山东科学技术出版社，2006

[9] 詹明荣. 铣工现场操作技能. 北京：国防工业出版社，2008

[10] 陈宏钧. 铣工实用技术. 北京：机械工业出版社，2008

[11] 郭蕴玉. 磨工工艺学. 北京：科学普及出版社，1982

[12] 吴国洪，刘泽民. 磨工. 北京：中国劳动出版社，1998

[13] 薄宵. 磨工实用技术手册. 南京：江苏科学技术出版社，2002

[14] 劳动人事部培训就业局. 车工生产实习. 北京：劳动人事出版社，1985

[15] 劳动人事部培训就业局. 车工工艺学. 北京：劳动人事出版社，1984

[16] 上海第一毛麻纺织机械厂. 车工实践（第二版）. 上海：上海人民出版社，1971

[17] 上海市第一机电工业局工会. 车工. 北京：机械工业出版社，2004

[18] 机械工业职业技能鉴定指导中心. 初、中、高级车工技术. 北京：机械工业出版社，2004

[19] 国家机械工业委员会. 铣工生产实习. 北京：机械工业出版社，1998

[20] 上海机械制造学校. 机械制造基础. 北京：高等教育出版社，1978

[21] 劳动人事部培训就业局. 铣工工艺学. 北京：中国劳动出版社，1987

[22] 机械工业职业技能鉴定指导中心. 铣工技术（初级）. 北京：机械工业出版社，2007

[23] 国家职业资格培训教材编审委员会，胡家富. 铣工（初级）. 北京：机械工业出版社，2008